W0185216

Weisbrod/Müller/Petznick

# Dampflokomotiven deutscher Eisenbahnen

## Baureihe 41–59

Eisenbahn-Fahrzeug-Archiv

Weisbrod / Müller / Petznick

# Dampflokomotiven deutscher Eisenbahnen

## Baureihe 41-59

alba

Verfasser und Verlag sind Herrn Rb.-Direktor Dipl.-Ing. Max Baumberg † für sein Mitwirken als Fachberater und Herrn Rb.-Oberrat Dipl.-Ing. Heinz Schnabel für sein Mitwirken als Gutachter zu herzlichem Dank verpflichtet.
Dank gebührt auch Herrn Wolfgang Valtin, Berlin, für seine Mithilfe bei der Vervollständigung des Tabellenwerkes.

Durchgesehene Lizenzausgabe der
Alba Buchverlag GmbH + Co. KG,
Düsseldorf,
für die Bundesrepublik Deutschland,
Berlin (West), Österreich und die Schweiz

© transpress VEB Verlag für Verkehrswesen, Berlin 1978
3., bearbeitete und ergänzte Auflage 1982
Printed in the German Democratic Republic
ISBN 3-87094-082-4

Die 1. und 2. Auflage erschienen unter dem Titel „Deutsche Dampflokomotiven Baureihe 41–59".

# Vorwort

Dieser Band des „Dampflok-Archiv" setzt die mit den Reisezuglokomotiven begonnene Reihe fort und behandelt alle Güterzuglokomotiven mit Schlepptender, die nach dem endgültigen Umzeichnungsplan (1925) von der DRG übernommen wurden.
Nicht berücksichtigt werden konnten Lokomotiven, die in den Jahren nach Gründung der DRG von privaten Bahngesellschaften übernommen wurden oder die im Gefolge der Kriegshandlungen zeitweilig eine DRG-Betriebsnummer trugen. Aufnahme fanden dagegen alle Neubauten, Umbauten und Rekonstruktionen beider deutscher Bahnverwaltungen bis zur letzten für eine deutsche Bahnverwaltung gebauten Dampflokomotive, der 50 4088 vom VEB Lokomotivbau „Karl Marx" Babelsberg.
Die Gliederung entspricht dem Nummernplan der DRG von 1925, in den auch von beiden deutschen Bahnverwaltungen, der DR und der DB, die Neubau- und Rekolokomotiven eingeordnet worden waren. Bei den einzelnen Baureihen dominiert die Darstellung ihrer Geschichte, ihrer Entstehung und betrieblichen Bewährung. In einem zweiten Abschnitt werden dem technisch interessierten Leser die wichtigsten konstruktiven Merkmale der betreffenden Baureihe stichwortartig vorgestellt. Der Baureihenbeschreibung sind stets mindestens ein Foto und eine Maßskizze zugeordnet. Mit viel Sorgfalt sind im Tabellenteil die Hauptkenndaten zusammengestellt, die auch, soweit verwertbares und glaubwürdiges Material vorlag, alle Unterbauarten und Bauartabweichungen enthalten, auf die im Text nicht eingegangen werden konnte.
Wie auch im ersten Band wird die Bezeichnung DRG (Deutsche Reichsbahn-Gesellschaft) für den Zeitraum von 1920 bis Mai 1945 verwendet. Beide deutsche Bahnverwaltungen werden bereits ab Mai 1945 als DR (Deutsche Reichsbahn) und DB (Deutsche Bundesbahn) bezeichnet. Die im Text erwähnten Bahnnummern von Lokomotiven der Sächsischen Staatsbahn beziehen sich, wenn nicht anders vermerkt, auf den ab 1892 gültigen Nummernplan.

Manfred Weisbrod
Hans Müller
Wolfgang Petznick

# Inhaltsverzeichnis

# Abkürzungen

Kurzbezeichnungen für Länderbahn-Lokomotiven und -Tender

| | |
|---|---|
| pr. | für Königlich Preußische und Großherzoglich Hessische Staatseisenbahn |
| bay. | für Königlich Bayerische Staatseisenbahn |
| sä. | für Königlich Sächsische Staatseisenbahn |
| wü. | für Königlich Württembergische Staatseisenbahn |
| bad. | für Großherzoglich Badische Staatseisenbahn |
| meck. | für Großherzoglich Mecklenburgische Friedrich-Franz-Eisenbahn |
| old. | für Großherzoglich Oldenburgische Staatseisenbahn |
| pfälz. | für Pfalzbahn der Königlich Bayerischen Staatseisenbahn |

Weitere Abkürzungen

| | |
|---|---|
| AEG | Allgemeine Elektricitäts-Gesellschaft, Berlin |
| AL | Alsace-Lorraine (Elsaß-Lothringen), ab 1937 SNCF Region 1 |
| AW | Ausbesserungswerk |
| BBC | Brown, Boveri & Cie, Mannheim |
| BBW | Berliner Bremsenwerk |
| BD | Bundesbahndirektion |
| BDŽ | Bulgarski Duržawni Železnice (Bulgarische Staatsbahnen) |
| Bf | Bahnhof |
| Bln | Berlin |
| BMAG | Berliner Maschinenbau AG (vorm. Louis Schwartzkopff) |
| BR | Baureihe |
| Bw | Bahnbetriebswerk |
| BZA | Bundesbahn-Zentralamt |
| CFL | Chemins de fer Luxembourgeois (Luxemburgische Eisenbahnen) |
| CFR | Câile Ferate Române (Rumänische Eisenbahnen) |
| ČSD | Československé Státni Dráhy (Tschechoslowakische Staatsbahnen) |
| ČSR | Tschechoslowakische Republik |
| DB | Deutsche Bundesbahn |
| DR | Deutsche Reichsbahn |
| DRG | Deutsche Reichsbahn-Gesellschaft |
| ED | Eisenbahn-Direktion |
| EDV | Elektronische Datenverarbeitung |
| EZA | Eisenbahn-Zentralamt |
| FVA | Fahrzeug-Versuchsanstalt |
| G-Lok | Güterzug-Lokomotive |
| HD | Hochdruck |
| HDŽ | Hrvatska Drzavne Železnice (Kroatische Staatsbahnen) |
| HV | Hauptverwaltung |
| HVB | Hauptverwaltung der Deutschen Bundesbahn |
| IfS | Institut für Schienenfahrzeuge, Berlin |
| JDŽ | Jugoslavenske Drzavne Železnice (Jugoslawische Staatseisenbahnen – 1931–1956) |
| KED | Königliche Eisenbahn-Direktion |
| kN | Kilonewton |
| KPEV | Königlich Preußische Eisenbahn-Verwaltung |
| LBE | Lübeck-Büchener Eisenbahn |
| LEW | VEB Lokomotivbau Elektrotechnische Werke „Hans Beimler", Hennigsdorf b. Berlin |

| | |
|---|---|
| LOWA | Vereinigung der Lokomotiv- und Waggonbauindustrie |
| LüP | Länge über Puffer |
| LVA | Lokomotiv-Versuchsamt oder -anstalt |
| l. W. | lichte Weite |
| MÁV | Magyar Államvasutak (Ungarische Staatseisenbahnen) |
| MBA | Maschinenbau-Anstalt Karlsruhe |
| MBG | Maschinenbau-Gesellschaft Karlsruhe |
| Mp | Megapond |
| N | Newton |
| ND | Niederdruck |
| NS | Nederlandse Spoorwegen (Niederländische Eisenbahnen) |
| ÖBB | Österreichische Bundesbahnen (seit 1947) |
| O & K | Orenstein & Koppel |
| P | in Verbindung mit Bw: Personenbahnhof |
| PKP | Polskie Koleje Panstwowe (Polnische Staatsbahnen) |
| PS | Pferdestärke |
| PSe | effektive PS (Zylinderleistung) |
| PSeh | effektive PS-Stunden |
| PSh | PS-Stunden |
| PSi | indizierte PS (Zylinderleistung) |
| PSih | indizierte PS-Stunden |
| RAW | Reichsbahn-Ausbesserungswerk (bis 1945) |
| Raw | Reichsbahn-ausbesserungswerk (DR ab 1945) |
| RBD | Reichsbahndirektion (bis 1945) |
| Rbd | Reichsbahndirektion (DR ab 1945) |
| Rhld. | Rheinland |
| RR | Reichsbahnrat |
| RVM | Reichsverkehrsministerium |
| RZA | Reichsbahn-Zentralamt |
| SNCB | Société Nationale des Chemins de fer Belges (Belgische Staats-eisenbahn-Gesellschaft |
| SNCF | Société Nationale des Chemins de fer Français (Französische Staats-eisenbahn-Gesellschaft) |
| SO | Schienen-Oberkante |
| Stug | Studiengesellschaft für Kohlenstaubfeuerung auf Lokomotiven |
| SŽD | Sovjetskije Železnyje Dorogi (Sowjetische Eisenbahnen) |
| t | Tonne |
| TCCD | Türkiye Cumhuriyeti Devlet Demiryollari (Staatseisenbahnen der Türkischen Republik) |
| TH | Technische Hochschule |
| ÜK | Übergangs-Kriegslok |
| VB | Vereinheitlichungsbüro der Deutschen Reichsbahn-Gesellschaft |
| VDI | Verein Deutscher Ingenieure |
| VEB | Volkseigener Betrieb |
| VES-M | Versuchs- und Entwicklungsstelle für die Maschinenwirtschaft der Deutschen Reichsbahn |
| WLF | Wiener Lokomotiv-Fabrik |

Anmerkung:

Im Text wird Gebrauch gemacht von den Bezeichnungen Bahnnummer und Betriebsnummer:

| | |
|---|---|
| Bahnnummer | Lokomotivnummer bei Privat- oder Länderbahnen |
| Betriebsnummer | Lokomotivnummer bei der DRG, der DR oder der DB |

# 41 Einheitslok

Als Anfang der dreißiger Jahre an einen Ersatz der preußischen Güterzuglokomotive G $8^2$ (Baureihe $56^{20-29}$) gedacht werden mußte, erhielten die Lokomotivfabriken die Aufgabe, Entwürfe für eine 1'D-Maschine für 90 km/h einzureichen. Ein Leistungsprogramm war nicht vorgegeben.

Der Lokausschuß hatte darauf in seiner 24. Sitzung vom Mai 1934 in Wernigerode über vier Entwürfe der Firmen Henschel, Schwartzkopff, Schichau und Krauss-Maffei zu beraten, die recht unterschiedliche Projekte einer 1'D-Maschine anboten. Ein Zusatzentwurf von Schwartzkopff schlug eine 1'D1' mit dem Tender 2'2' T 32 vor.

Auf ein Triebwerk mit mehr als zwei Zylindern hatten alle Firmen bei der zulässigen Achsfahrmasse von 18 t aus Massegründen verzichtet. R. P. Wagner, der im Lokausschuß die Angebote gegenüberstellte, empfahl den Schichau-Entwurf, zweifelte aber an, ob die Heizfläche von 193 $m^2$ und die Überhitzerheizfläche von 72,5 $m^2$ bei 18 t Achsfahrmasse unterzubringen seien. Der Henschelsche Kesselentwurf (176 $m^2$) sei wahrscheinlich zweckmäßiger. Prof. Nordmann wies nach, daß es Schwierigkeiten bereiten werde, auf der 1'D einen genügend leistungsfähigen Kessel unterzubringen, wenn bei der geforderten Fahrgeschwindigkeit von 90 km/h nicht erhebliche Abstriche von der Zugleistung gegenüber der G $8^2$ gemacht werden sollten. Der Zusatzentwurf von Schwartzkopff sah eine 1'D1' unter Verwendung des 03-Kessels vor. In Anbetracht der erforderlichen Leistungssteigerung gegenüber der G $8^2$ empfahl der Ausschuß nach eingehender Diskussion, den Bau der 1'D zurückzustellen und den Bau der 1'D1' vorzuziehen. Die Hauptverwaltung folgte dieser Empfehlung und wies den Bau der 1'D1' mit 03-Kessel, allerdings für 20 bar (20 kp/$cm^2$), an.

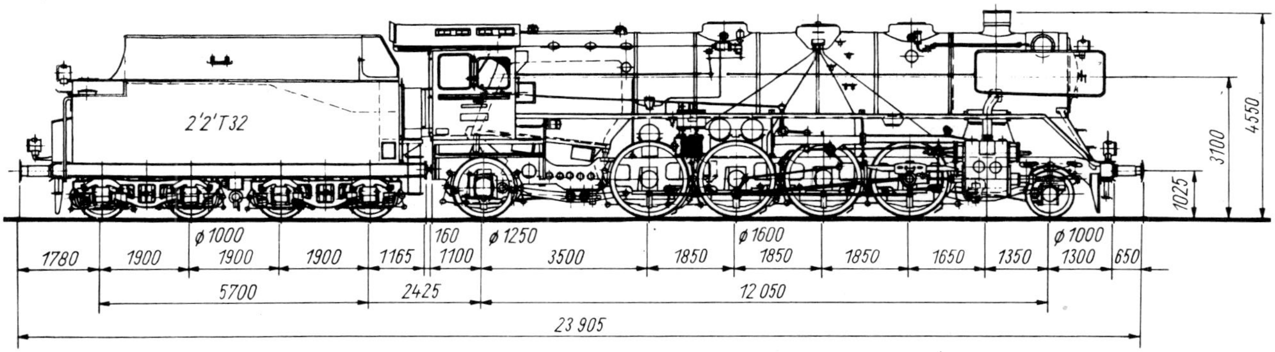


BR 41 (Serienausführung) mit Tender 2'2' T 32

Die beiden ersten Vorausmaschinen lieferte Schwartzkopff schon 1936. Mit dieser Baureihe 41 schuf die DRG die erste echte Mehrzwecklokomotive. Die 41 001 kam nach Grunewald zu Versuchsfahrten beim LVA. Ihre Leistung lag etwa 73 kW (100 PS) über der der BR 03, was auf den höheren Kesseldruck und die günstig gewählten Zylinderabmessungen zurückzuführen sein dürfte. Der Lauf der Maschine war auch bei 100 km/h noch einwandfrei und ruhig. Den Versuchen folgte eine einjährige Betriebserprobung beider Maschinen. Während dieser Zeit wurden vornehmlich schnellfahrende Viehzüge von Schneidemühl, dem ersten Bw der beiden Vorausmaschinen, nach Berlin befördert, was den Maschinen den Spitznamen „Ochsenlok" einbrachte.

Die Serienmaschinen (ab 41 003) erfuhren einige Verbesserungen: zusätzliche Luftklappen am Aschkasten, verbreiterter Bodenring, bewegliche Stehbolzen in den Bruchzonen und Hängeeisen statt Kuhnscher Schleife. Die Baumusterlokomotiven waren mit Regelkolbenschiebern und Eckventil-Druckausgleichern geliefert worden. Ab 41 003 kamen die Lokomotiven mit Karl-Schulz-Schiebern, wodurch die Eckventil-Druckausgleicher entfallen konnten. Das Führerhaus wurde innen von 2970 mm auf 3050 mm verbreitert. Ab 41 003 wurden die Maschinen mit dem geschweißten Tender 2'2' T 34 ausgerüstet, während die Vorausloks noch den genieteten 2'2' T 32 besaßen.

Obwohl die Baureihen 06, 41 und 45 von drei verschiedenen Lokomotivfabriken entworfen worden waren, sind viele Bauteile vereinheitlicht bzw. entsprechen anderen Einheitsloks. Es wurde bereits erwähnt, daß der Kessel in der Heizfläche, Überhitzerheizfläche und den Rostabmessungen mit der 03 übereinstimmte, jedoch für 20 bar (20 kp/cm$^2$) ausgelegt war. Die Außenzylinder entsprachen denen der BR 06 und 45, das Krauss-Helmholtz-Gestell und die Bisselachse wurden wie die Bremse fast unverändert von der BR 45 übernommen. Die Achsfahrmasse konnte durch Umstecken der Lagerbolzen in den Ausgleichhebeln zwischen Lauf- und Kuppelachsen wahlweise auf 18 t oder 20 t eingestellt werden. Der nicht alterungsbeständige Kesselbaustahl St 47 K zwang allerdings nach dem Kriege zu einer Reduzierung des Kesseldruckes auf 16 bar (16 kp/cm$^2$). Damit verlor die BR 41 auch einiges von ihrer Leistungsfähigkeit.

In den Jahren 1936 bis 1941 wurden 366 Maschinen der BR 41 gebaut. Am Bau waren fast alle deutschen Lokomotivfabriken beteiligt: Borsig (73), Esslingen (35), Henschel (86), Jung (40), Krauss-Maffei (18), Krupp (31), MBA (21), Schichau (37), BMAG (25). Die Betriebsnummern 41 367–41 390 waren bei Schichau, 41 391–41 436 bei

Baumusterlokomotive 41 002 (Schwartzkopff 10 399/1936) mit Eckventil-Druckausgleichern und Kuhnscher Schleife

41 166 (Krauss-Maffei 15 713/1939) Serienausführung

der BMAG bestellt, wurden aber 1941 storniert.
Nach dem zweiten Weltkrieg befanden sich 220 Loks bei der DB, 124 bei der DR, 9 bei den PKP und eine bei den ČSD. Von 12 Maschinen ist der Verbleib unbekannt. Von der DR wurden die 41 076 im Jahre 1946 an die PKP und die 41 034 und 41 082 an die SŽD abgegeben. 12 Maschinen wurden bei der DR bis 1971 ausgemustert.

## Konstruktive Merkmale

Kessel: Fast unveränderter 03-Kessel mit 3,9 $m^2$ Rostfläche, jedoch wegen höheren Kesseldruckes mit anderer Stehbolzenteilung. Kesselbaustoff St 47 K. Kessel vollständig genietet. Langkessel aus 2 Schüssen. Abstand zwischen den Rohrwänden 6800 mm. Dreischleifen-Überhitzer Bauart R. P. Wagner. Dampfdom mit Naßdampfventilregler Bauart Schmidt & Wagner auf dem 2. Kesselschuß. Speisedom mit Schlammabscheider auf dem 1. Kesselschuß. Schlammtopf mit Gestra-Schnellschluß-Abschlammventil am Kesselbauch. Sandkasten zwischen beiden Domen. 2 Sicherheitsventile Bauart Ackermann. Aschkasten abweichend von BR 03 mit je 2 seitlichen Luftfangtaschen wie BR 45. Speiseeinrichtungen: Kolbenspeisepumpe Bauart Knorr-Tolkien (250 l/min) mit Oberflächenvorwärmer Bauart Knorr quer vor dem Schornstein in der Rauchkammer; Dampfstrahlpumpe (250 l/min).
Rahmen: 100 mm dicker, allseitig bearbeiteter Barrenrahmen. An beiden Enden Ausschnitte, um Seitenverschiebbarkeit der Laufachsen zu ermöglichen. Pendelbleche zwischen Rahmen und Kessel.
Laufwerk: Vierpunktabstützung. Vordere Laufachse und 1. und 2. Kuppel-

achse sowie 3. und 4. Kuppelachse und Schleppachse bilden je ein Stützsystem. Achsfahrmasse der Kuppelachsen durch Umstecken der Ausgleichhebel wahlweise auf 18 t oder 20 t einstellbar. Vordere Laufachse und 1. Kuppelachse bilden Krauss-Helmholtz-Lenkgestell. Vordere Laufachse mit ± 125 mm, 1. Kuppelachse mit ± 15 mm Seitenverschiebbarkeit. Treibachse mit 15 mm Spurkranzschwächung. Hintere Laufachse als Bisselachse mit ± 62 mm Seitenverschiebbarkeit.

Triebwerk: Zweizylinder-Heißdampftriebwerk mit einstufiger Dehnung. Zylinder tauschbar mit BR 06 und BR 45. Antrieb der 3. Kuppelachse.

Steuerung: Außenliegende Heusinger-Steuerung mit Kuhnscher Schleife für 41 001/002. Serienausführung mit Hängeeisen. Größte Anfahrfüllung 81,5 %. Eckventil-Druckausgleicher bei 41 001/002. Serienausführung mit Karl-Schulz-Schiebern ohne Eckventil-Druckausgleicher.

Bremse: Einkammer-Druckluftbremse Bauart Knorr mit Zusatzbremse und G-P-Wechsel. Doppelseitige Abbremsung aller Achsen. Kuppelachsbremse als Scherenbremse ausgebildet. 2 Hauptluftbehälter (je 400 l) quer zur Fahrtrichtung auf dem Rahmen zwischen 3. und 4. Kuppelachse. Doppelverbundluftpumpe Bauart Nielebock-Knorr an Pumpenträger zwischen 3. und 4. Kuppelachse.

Sondereinrichtungen: Druckluftsandstreuer Bauart Borsig-Reichsbahn sandet die Räder aller Kuppelachsen von vorn. Zentralschmierung aller unter Dampf gehenden Teile durch Hochdruckpumpe Bauart Bosch-Reichsbahn. Elektrische Beleuchtung durch Dampf-Turbogenerator. Dampfheizungseinrichtung.

Tender: 41 001/002 mit 2′2′ T 32 (10 t Kohle), genietete Ausführung. Serie mit 2′2′ T 34 (10 t Kohle), geschweißt.

# 41 Umbaulok DB

Bei beiden deutschen Bahnverwaltungen mußten in den fünfziger Jahren die Kessel der Einheitslokomotiven, die aus dem nicht alterungsbeständigen Kesselbaustahl St 47 K bestanden, ersetzt werden. Bereits nach dem Krieg war der Druck der für 20 bar (20 kp je $cm^2$) ausgelegten Kessel auf 16 bar (16 kp/$cm^2$) erniedrigt worden.

Die DB entwickelte einen Hochleistungskessel mit Verbrennungskammer, der als Ersatz für die Kessel der Baureihen 03, $03^{10}$ und 41 diente. Dieser Kessel wurde in Schweißkonstruktion hergestellt und besaß durch die Verbrennungskammer einen größeren Anteil hochwertiger Strahlungsheizfläche als der Einheitskessel Wagnerscher Bauart. So betrug beim Einheitskessel das Verhältnis Berührungs- zu Strahlungsheizfläche 1:11, beim DB-Hochleistungskessel 1:7.

Die DB rüstete 1957–1961 103 ihrer Maschinen der BR 41 mit den neuen Kesseln aus. 40 dieser 103 Maschinen erhielten Ölhauptfeuerung. Nach der Umnummerung erhielten die rostgefeuerten Maschinen die Baureihenbezeichnung 041, die ölgefeuerten die 042. Bereits bei der Neubekesselung wurden die ölgefeuerten Maschinen mit Schornsteinaufsatz ausgerüstet; die rostgefeuerten fuhren wie die $03^{10}$ anfangs ohne diesen Aufsatz, wurden aber nachträglich wegen der besseren Saugwirkung umgerüstet.

Der Einbau der Hochleistungskessel erfolgte im AW Braunschweig. Anschließend kamen die für Ölhauptfeuerung vorgesehenen Maschinen zu Henschel, erhielten dort die Ölfeuerung eingebaut und wurden zur Abnahme wieder ins AW Braunschweig überführt.

Vom LVA Minden wurden zwei Maschinen der BR 41 mit Reko-Kessel vor dem Meßwagen untersucht: die ölgefeuerte 41 224 (042 224–6) im zweiten Halbjahr 1958, die rostgefeuerte 41 237 (041 237–9) im Frühjahr 1959. Als Bremslok diente eine Maschine der BR 45. Mit der 41 224 fanden 86, mit der 41 237 40 Beharrungsmeßfahrten von 30···90 min Dauer und bei Geschwindigkeiten von 35 km/h, 55 km/h, 75 km/h und 90 km/h statt.

Dem neuen Kessel konnten ohne Anstände 12 t/h als Nenndampfleistung abverlangt werden. Das entspricht einer Heizflächenbelastung von 67,5 kg je $m^2$h. Die größte Dampfleistung in der Beharrung wurde mit 13,6 t/h erzielt (≙ 76,5 kg/$m^2$h). Die Kessel der Einheitsloks waren ausnahmslos nur mit 57 kg/$m^2$h belastbar. Die maximale indizierte Leistung der 41 224 betrug 1 574 kW (2 139 PSi), die der 41 237 1 509 kW (2 050 PSi). Die ölgefeuerten Maschinen brachten höhere Leistungen, weil die Rauchgas- und Überhitzertemperatur bei Ölfeuerung höher lagen als bei Kohlefeuerung. Bei der erzielten Heißdampftemperatur von 480 °C bestand die Gefahr, daß der Schmierölfilm im Zylinder verkokte. Deshalb wurden die Heißdampftemperaturen durch Überhitzerkühlung auf 420···440 °C gesenkt. Die Ölloks erzielten trotz zusätzlichen Dampfverbrauchs für Ölvorwärmung im Tender und Zerstäuben des Öls im Brenner einen höheren Wirkungsgrad als die rostgefeuerten Maschinen (8,5 % zu 8,4 %), weil wegen der höheren Rauch-

gas- und Überhitzertemperatur ihr spezifischer Dampfverbrauch geringer war.
Neben dem Einbau neuer Kessel wurde auch das Äußere der Maschinen etwas verändert. Mit dem Zurückschneiden der Frontschürze und einigen Änderungen an der vorderen Rahmenpartie erhielten die 41er das typische Gesicht der DB-Umbaumaschinen.
Bereits 1966 begann man, die nicht rekonstruierten 41er auszumustern. Ende

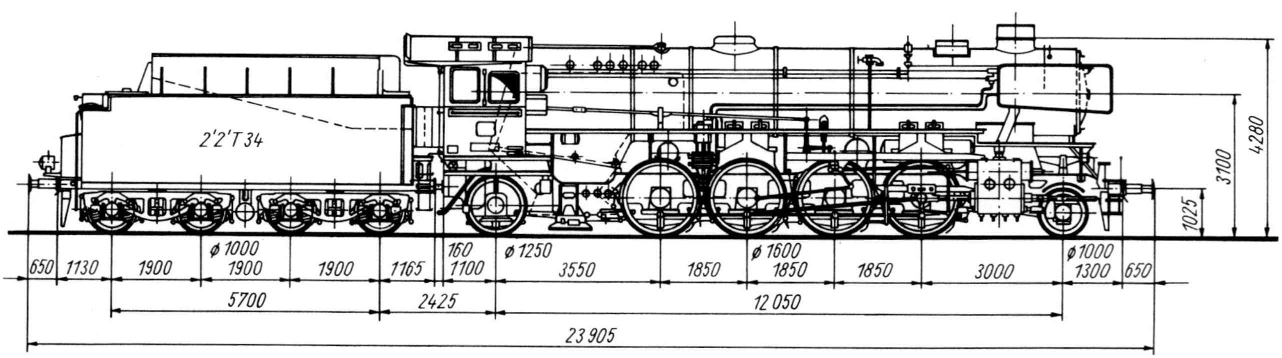

41 300 (Jung 8689/1939) Umbaulok mit Neubau-Ersatzkessel und Rostfeuerung

042 052-1/41 052 (Henschel 24 354/1938) Umbaulok mit Neubau-Ersatzkessel und Ölhauptfeuerung

1971 waren auch die rostgefeuerten Lokomotiven mit Rekokessel von den Strecken verschwunden, und die noch verbliebenen 35 Maschinen der Reihe 042 (41 Öl) waren ausnahmslos im Bw Rheine beheimatet.

BR 41 (Umbaulok DB mit Neubau-Ersatzkessel) und Tender 2′2′ T 34 (Rostfeuerung)

## Konstruktive Merkmale

Kessel: In allen Teilen vollständig geschweißter Kessel, lediglich Domhals und Pendelblechhalter angenietet. Langkessel mit konischem Übergangsschuß zum Hinterkessel. Feuerbüchse mit Verbrennungskammer. Kleine, spezifisch hochbelastete Rostfläche mit Kipprost. Aschkasten auf dem Rahmen liegend, nicht mehr mit dem Kessel verbunden. Drei Schnellschluß-Abschlammventile. Einfachventil-Heißdampfregler mit Seitenzugbetätigung. Kessel ohne Speisedom, nur mit Reglerdom. Tiefton-Dampfpfeife mit Absperrventil und eigenem, unmittelbar rechts am Kessel angeflanschtem Dampfentnahmerohr. 2 Sicherheitsventile Bauart Henschel-Ackermann mit im Dampfraum liegenden Federn. Großer flacher Schornstein mit Entlüftungsöffnung für Mischkasten und auswechselbaren Einsätzen zur Veränderung der Blasrohranlage. Speiseeinrichtungen: Einheitsmischvorwärmer-Anlage Bauart 1957 mit Kolbenmischpumpe; nichtsaugende Dampfstrahlpumpe tiefhängend links unter dem Führerhaus.

Rahmen: wie Baureihe 41 (Einheitslok), jedoch mit geänderten Auflagen für breiteren Hinterkessel und Umlaufträgerkonsolen (Umlaufführung wie BR 23 DB, Bauform 1950).
Laufwerk: wie Baureihe 41 (Einheitslok), jedoch mit geänderter Ausgleichhebelaufhängung. Verstellung der Achsfahrmasse nicht mehr möglich, sondern auf 18 t eingestellt. Teilweise mit von der Schwinge angetriebener Spurkranzschmierung.
Triebwerk: wie Baureihe 41 (Einheitslok), jedoch mit neuen Stahlguß-Ersatzzylindern alter Abmessung und angegossenen Ausströmkästen.
Steuerung: wie Baureihe 41 (Einheitslok), jedoch mit federlosen Druckausgleich-Kolbenschiebern Bauart Müller. Neue, am Rahmen befestigte Steuerbockkonstruktion. Steuerstange wegen breiterem Hinterkessel geteilt und mit am Langkessel befestigter Pendelaufhängung seitlich gegeneinander versetzt.
Bremse: wie Baureihe 41 (Einheitslok), jedoch mit Schnellhub-Luftpumpe Bauart Wülfel.
Sondereinrichtungen: Gegenüber Baureihe 41 (Einheitslok) folgende Ergänzungen: Dampfbetriebener Rußbläser Bauart Gärtner an der Stehkesselrückwand über der Feuertür. Einbau von verbesserten und leichteren Kipp-Feuertüren. Windstauschuten statt Sonnenblenden an der Führerhausvorderwand. Indusi Bauart Siemens. Fest eingebautes Dreilichtspitzensignal an Lok und Tender mit vereinheitlichten Reflektorglas-Signallaternen.
Tender: 2'2' T 34 der Einheitsbauart, jedoch mit Erhöhung der Kohlenkasten-Seitenwände auf halber Länge. Dosiereinrichtung mit eingebauten Vorratsbehältern für Wasseraufbereitungsmittel. Wasserkasten-Öffnungsvorrichtungen.
Zahl der umgebauten Lokomotiven: 99, davon auf Ölhauptfeuerung: 40.

# 41

## Umbaulok DR
## Rekolok DR

Auch bei der Deutschen Reichsbahn waren zum Ende der 50er Jahre die aus St 47 K gefertigten Kessel der BR 41 erneuerungsbedürftig. Zwar war der Kesseldruck schon vorher von 20 bar (20 kp/cm$^2$) auf 16 bar (16 kp je cm$^2$) reduziert worden, doch hatte das die Schadanfälligkeit nur verlangsamen, nicht aber verhindern können.
Die DR mußte bei einigen Maschinen sofort für Kesselersatz sorgen und rüstete 21 Lokomotiven mit Nachbau-Ersatzkesseln aus, weil die Rekokessel noch nicht zur Verfügung standen. Diese Nachbaukessel, geliefert vom VEB Schwermaschinenbau „Karl Liebknecht" Magdeburg, entsprachen konstruktiv den Ursprungskesseln, waren jedoch vollständig geschweißt und besaßen keinen Speisedom mehr. Von diesen 21 Lokomotiven besaßen 20 Lokomotiven Oberflächenvorwärmer Bauart Knorr und eine Lokomotive (die 41 288) eine Mischvorwärmeranlage. Diese Maschinen mit Nachbaukesseln sind äußerlich an den nur zwei Kesselaufbauten und den vier in einer Reihe liegenden Waschluken am Hinterkessel erkennbar.
80 Maschinen wurden mit dem Neubau-Ersatzkessel der BR 03$^{10}$/22 ausgerüstet und gelten als Rekolokomotiven. Der Kessel ist ebenfalls vollständig geschweißt, besitzt eine Verbrennungskammer und keinen Speisedom. Alle 80 Rekoloks sind mit Mischvorwärmeranlagen ausgestattet. Die Hinterkessel dieser Maschinen haben 7 Waschluken in einer Reihe.
5 Lokomotiven behielten den Altbaukessel und bekamen lediglich anstelle des Knorr-Vorwärmers eine Mischvorwärmeranlage. Diese Maschinen sind außer am Mischvorwärmer vor dem Schornstein an den drei Kesselaufbauten (Speisedom, Sandkasten, Dampfdom) zu erkennen. Auch hier handelt es sich nicht um Reko-, sondern um Umbaulokomotiven.
Die Rekonstruktion der BR 41 erfolgte ab 1961 in den Raw Karl-Marx-Stadt und Zwickau. Die Karl-Marx-Städter Rekoloks unterscheiden sich von den Zwickauern durch die Lage der Ventilzüge auf der linken Maschinenseite. Die Züge laufen bei den Karl-Marx-Städter Rekoloks über den Waschluken, bei den Zwickauer Rekoloks etwas tiefer (in Höhe des Stirnwandfensters) und lassen die Waschluken frei.
Im Gegensatz zur DB, die bei den von ihr neubekesselten 41ern den Rauchkammerträger verlängerte und die Pendelblechstützen versetzte, paßte die DR die Kessel individuell dem 41er Fahrwerk an. DR- und DB-Kessel besitzen zwar zufällig die gleiche Strahlungsheizfläche, jedoch verfügt der DR-Kessel über eine größere Rohrheizfläche (DB 156,32 m$^2$; DR 185,0 m$^2$).
Wegen des günstigeren Verhältnisses von Strahlungs- zu Rohrheizfläche (1:7,37) ist der DB-Kessel bis 75 kg je m$^2$h belastbar (DR-Kessel 70 kg/m$^2$h), jedoch liegt die Dampfleistung des DR-Kessels mit 15 t/h wesentlich höher als die des DB-Kessels mit 13,32 t/h. Mit dem Reko-Kessel konnte die Leistung der BR 41 wieder auf die Höhe der Ursprungsausführung angehoben werden. Allerdings mußte mit größeren Fül-

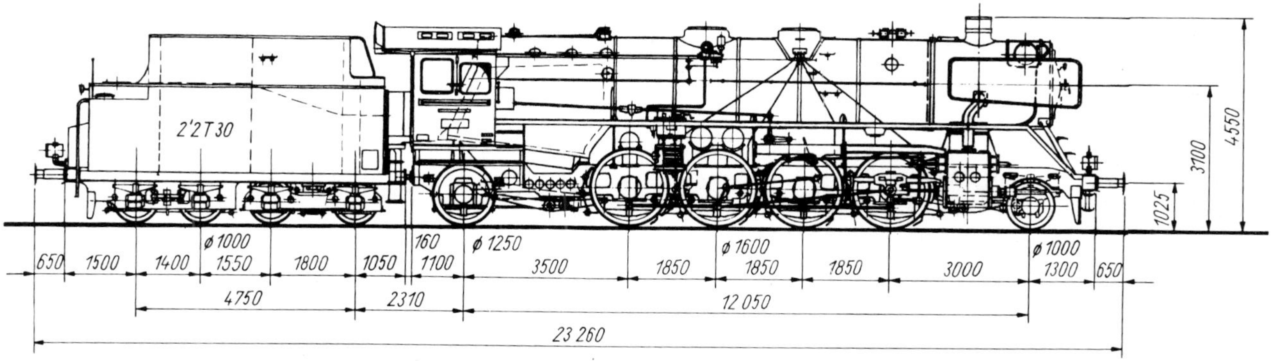


BR 41 (Umbaulok DR mit Nachbaukessel) und Tender 2′2′ T 30

lungen gefahren werden, weil die Ursprungszylinder aus wirtschaftlichen Gründen unverändert blieben.

Die BR 41 mit Rekokessel bewältigte in der Ebene mit 90 km/h 575 t im Güterzug- und 750 t im Personenzugdienst. Auf Steigungen von 5‰ wurden im Güterzugdienst mit 55 km/h 765 t, im Personenzugdienst mit 70 km/h 530 t gezogen. Auf Steigungen von 10‰ waren mit 50 km/h für beide Dienste 500 t zulässig.

Die Baureihe 41 ist auch nach der Rekonstruktion das geblieben, als was sie konzipiert war: die vielseitigste Lokomotive im Triebfahrzeugpark der DR. Sie wurde im Thüringer Raum für den Schnellzug- und Personenzugdienst

41 1038-3/41 038 (Henschel 24 340/1938) Rekolok mit Neubau-Ersatzkessel

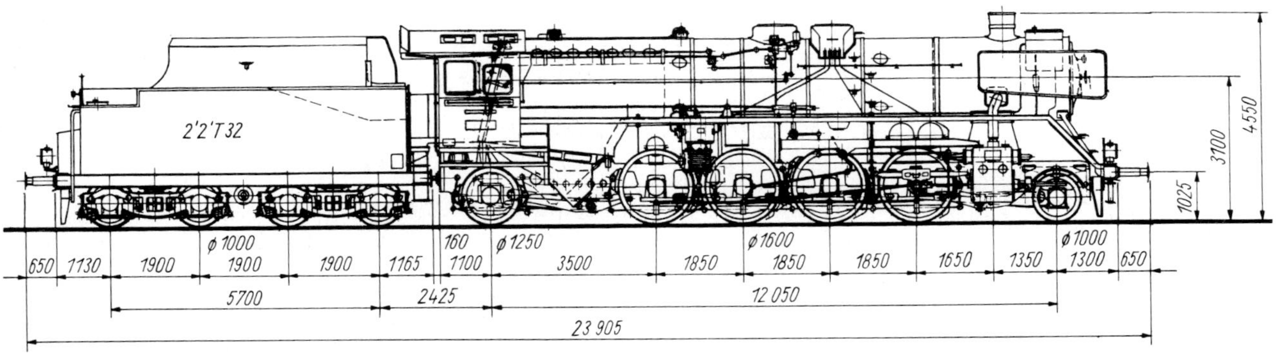


BR 41 (Rekolok DR) und Tender 2′2′ T 32

auf den Hügellandstrecken als Nachfolgerin der BR $39^{0-2}$ (pr. P 10) bzw. der BR 22 eingesetzt und war u. a. in den Bw Saalfeld (Saale), Meiningen und Erfurt P beheimatet. Jahrelang oblag ihr der Schnellzugdienst Saalfeld (Saale)–Leipzig–Saalfeld (Saale), bis sie diese Leistung an die von Erfurt P nach Saalfeld verlegten Maschinen der BR $01^5$ verlor. Von Magdeburg aus förderten Oebisfelder Maschinen die Schnellzüge des grenzüberschreitenden Verkehrs nach dem Grenzbahnhof Oebisfelde, bis sie hier von der BR 03 abgelöst wurden. Die Bw Stendal, Neubrandenburg und Stralsund, um nur einige zu nennen, setzten die Lokomotiven der Baureihe 41 für alle Zugarten ein, vom Eilgüter- bis zum Personenzug.
Mitte der 70er Jahre wurde die BR 41 allmählich entbehrlich. Durch Diesel- oder E-Traktion freigewordene Schnellzuglokomotiven der BR $01^5$ und 03 verdrängten sie aus dem hochwertigen Reisezugdienst, den Personenzugdienst übernahmen Maschinen der BR 110 und 118, den Güterzugdienst die schweren Maschinen der BR 44 oder die ölgefeuerten Loks der BR 50. Noch ist im Jahr 1982 ein kleiner Restpark vorhanden gewesen, der schwerpunktmäßig im Bw Oebisfelde der DR beheimatet ist, die Schnellzuglokomotiven der BR 015 und 03 doch noch überlebte und bis zum Auslauf der Dampftraktion im Bereich des Bahnbetriebswerks Oebisfelde Dienst leisten wird.

## Konstruktive Merkmale

Kessel: Neubau-Ersatzkessel wie BR $03^{10}$/22. Vollständig geschweißt, Domhals eingeschweißt, mit zylindrischem Langkessel und konischem Übergangsschuß zum Hinterkessel. Feuerbüchse mit Verbrennungskammer. Sämtliche Stehbolzen und Verankerungen gewindelos mit Spiel eingeschweißt. Aschkasten Bauart Stühren am Rahmen befestigt. 2 Gestra-Schnellschluß-Abschlammventile.
Pendelblechhalter am Langkessel angenietet. 2 Sicherheitsventile Bauart Ackermann 60 mm l. W. Naßdampf-Ventilregler Bauart Wagner mit Seitenzug. Speiseeinrichtungen: Mischvorwärmeranlage Bauart IfS/DR mit Kolbenverbund-Mischpumpe Bauart BBW; 1 Dampfstrahlpumpe. Speise- und Luftpumpe an besonderem Pumpenträger in Fahrzeugmitte.
Rahmen: wie Baureihe 41 (Einheitslok)
Laufwerk: wie Baureihe 41 (Einheitslok)
Triebwerk: wie Baureihe 41 (Einheitslok)
Steuerung: wie Baureihe 41 (Einheitslok) ab 41 003, jedoch Steuerbock am Rahmen befestigt. Steuerstange dreifach gelagert. Druckausgleichkolbenschieber Bauart Trofimoff.
Bremse: wie BR 41 (Einheitslok)
Sondereinrichtungen: wie Baureihe 41 (Einheitslok)
Weitere Bauartänderungen: Neue Führerhausvorderwand wegen breiteren Hinterkessels. Frontfenster mit Klarsichtapparaten.
Tender: 2′2′ T 32 mit 10 t Kohle oder 2′2′ T 34 mit 10 t Kohle (Einheitsbauart).

# 42 Kriegslok

Die als sogenannte 2. Kriegslokomotive (KDL 2) gebaute Reihe 42 ist in ihrer Entstehungsgeschichte älter als die 1. Kriegslokomotive, die BR 52. Die 42er stand bereits 1941 zur Diskussion, als eine Maschine mit 18 t Achsfahrmasse für die Strecken der damaligen BBÖ (heute ÖBB) gefordert wurde, eine 44er mit dem Fahrwerk der BR 50. Die österreichischen Strecken und auch einige Strecken in den okkupierten Gebieten der UdSSR waren für 18 t ausgebaut, so daß der Betrieb mit Maschinen der 15-t-Reihe unwirtschaftlich war. Ein versuchsweiser Einsatz der Baureihe 44 (20 t) hatte allerdings schwere Oberbauschäden verursacht.

Die Lokomotivfabriken, um Projekte ersucht, reichten bis zum Ende des Jahres 1942 20 Vorschläge ein, unter anderem

| | |
|---|---|
| Krupp | BR 42 in Anlehnung an einen 1939 für den Iran gelieferten Loktyp, |
| Borsig | BR 42 nach den Grundprinzipien der BR 52, |
| WLF | BR 42 mit Brotan-Wasserrohrkessel, |
| Henschel | BR 42 mit Kondenstender. |

Elf Vorschläge kamen in die engere Wahl und wurden in 2 Hauptbaurichtungen aufgeteilt:

| | |
|---|---|
| BR 42 | mit Blechrahmen und Brotan-Kessel, |
| BR 42 | mit Barrenrahmen und Stehbolzenkessel. |

Der Hauptausschuß Konstruktion legte am 5. 8. 1942 den Bau von 8000 Einheiten fest, reduzierte einen Monat später auf 5000 Einheiten und empfahl zunächst die Produktion des fertigungstechnisch einfacheren Brotan-Kessels. Witte warnte davor, Maschinen mit Brotan-Kessel, über den kaum Betriebserfahrungen vorlagen, an die Front zu schicken. Am 16. 4. 1943 wurde vom Hauptausschuß Konstruktion festgelegt:

| | |
|---|---|
| 2500 Loks | mit Stehbolzenkessel und Barrenrahmen, |
| 1150 Loks | mit Brotan-Kessel und Blechrahmen, |
| 650 Loks | mit Brotan-Kessel und 5achsigem Henschel-Kondenstender. |

Henschel hatte den Auftrag erhalten, 2 Probelokomotiven mit Brotan-Kessel zu bauen, wobei die Fahrwerke von Henschel, die Kessel von der WLF zu liefern waren. Die 42 0001 wurde Ende Juli 1943 als 28000. Henschel-Lok abgeliefert (Kessel-Nr. WLF 10881/I), wenig später folgte die 42 0002 (Fabrik-Nr. Henschel 28001, WLF 10881/II). Die 42 0001 wurde am 5. 8. 1943, die 42 0002 am 10. 11. 1943 abgenommen; beide Maschinen erhielt das Bw Bamberg. Diese beiden 42er blieben die einzigen Brotan-Lokomotiven dieser Baureihe und auch die einzigen 42er, die von Henschel gebaut wurden. Die Serienproduktion war für Januar 1944 vorgesehen und sollte bei Borsig, Esslingen, Krauss-Maffei, Schwartzkopff, Schichau und der WLF anstelle der 52er anlaufen. Borsig und Krauss-Maffei lieferten jedoch keine Maschinen der Baureihe 42.

Die Betriebsnummern bis 42 0500 waren für Brotan-Loks vorgesehen, die jedoch nicht gebaut wurden. Im Januar 1944 lieferte Schwartzkopff die erste Lok mit Stehbolzenkessel als 42 501 (Fabrik-Nr. 12818), mit gewölbter Feuerbüchsdecke und langen, radialen Eckstehbolzen. Auf der 25./26. Sitzung des Hauptausschusses Konstruktion am 18./19. 1. 1944 in Wildau wurde der alleinige Weiterbau der BR 42 mit Stehbolzenkessel beschlossen.

In den Jahren 1944/1945 lieferten die Fabriken 844 Lokomotiven der BR 42 mit Stehbolzenkessel an die DRG. 1945 bis 1947 wurden von westdeutschen Firmen noch 14 Maschinen für die DB und 1 für die Saarbahn gebaut; das Raw Stendal stellte aus vorhandenen Teilen 1948/1949 noch 3 Lokomotiven zusammen, die als 42 001–42 003 (Zweitbesetzung) zur DR kamen. Die DB hatte 1948 die 42 0001 und 42 0002 in 42 001 und 42 002 umgezeichnet und die 1947 von Esslingen gefertigte und als 42 1607 vorgesehene Lok mit 42 003 eingeordnet.

Somit sind für die DRG und beide deutsche Bahnverwaltungen 865 Loks der BR 42 gebaut worden: Schwartzkopff 307, WLF 266, Schichau 200, Esslingen 87, Raw Stendal 3, Henschel 2. Floridsdorf (Wien) baute von 1945 bis 1949 weitere 72 Maschinen dieses Typs, die polnische Lokomotivfabrik Chrzanow 126 Stück als Reihe Ty 43 für die PKP. Somit sind 1063 Lokomotiven der DRG-Reihe 42 gebaut worden. Die DB zählte nach dem Kriege 701, die DR 49 Lokomotiven BR 42 zu ihrem Bestand.

Das Leistungsprogramm der BR 42 sah für beide Kesselvarianten die Beförderung von 1600 t in der Ebene mit 60 km je h, von 1195 t auf Steigungen von 5‰ mit 40 km/h und von 1200 t auf Steigungen von 10‰ mit 60 km/h vor. Die Versuchsfahrten ergaben eine etwas stärkere Leistung (1650 t in der Ebene mit 60 km/h), als errechnet worden war.

Trotzdem blieb die BR 42 unter ihren Möglichkeiten. Die zugestandene Achsfahrmasse von 18 t wurde nur bei

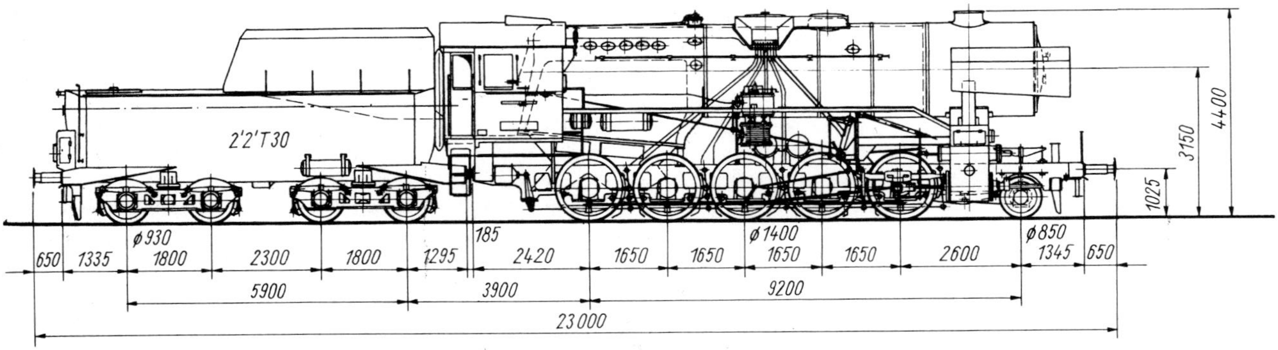


der Brotan-Lokomotive einigermaßen ausgenutzt. Die Lok mit Stehbolzenkessel erreichte die höchste Achsfahrmasse auf der Treibachse mit 17,6 t. Vom Hauptausschuß Konstruktion wurden als Maßnahmen zur Leistungssteigerung der Einbau von Ballastgewichten oder der Einbau von Mischvorwärmern oder die Ausrüstung mit einem größeren Kessel erwogen.
Im Sommer 1944 erhielt die Schwartzkopff-Lok 42 591 einen Knorr-Mischvorwärmer und die WLF-Lok 42 2637 einen Heinl-Mischvorwärmer. Mit dem Knorr-Mischvorwärmer wurden versuchsweise auch einige andere Maschinen der BR 50 und der BR $57^{10-40}$ ausgerüstet. Mit Mischvorwärmer er-

BR 42 mit Barrenrahmen und Stehbolzenkessel

zielte die BR 42 eine Kohleersparnis von etwa 10 %. Wegen dieser guten Ergebnisse unterblieb die Bestellung neuer Kessel, und ab Mitte 1945 sollte der serienmäßige Einbau von Mischvorwärmern erfolgen.

42 1417 (Schichau 4438/1944) mit Barrenrahmen und Stehbolzenkessel

42 0001 (Henschel 28 000/1943; Kessel: Floridsdorf 43/10 881/I) mit Brotankessel

Für die bei der DB verbliebenen 42er gab es durch eine Verfügung des RZA Göttingen noch 25 Bauartänderungen, so den Einbau von Gelenkstehbolzen und Querankern bei einem Teil der Loks, um dem ständigen Brechen der festen Stehbolzen zu begegnen. Zwei Maschinen (42 1034 und 42 1079) erhielten versuchsweise Henschel-Mischvorwärmer. Die Maschinen der BR 42 waren bei der DB vorwiegend in den Bw Minden, Hameln, Braunschweig, Hildesheim und Kirchweyhe beheimatet. Nahezu der gesamte Bestand der DB wurde am 28. 10. 1954 ausgemustert.
Die DR rüstete die 42 816 versuchsweise mit einem Oberflächenvorwärmer Bauart Knorr aus. Der DR-Bestand war bei den Bahnbetriebswerken Stralsund, Berlin-Schöneweide und Dresden-Friedrichstadt beheimatet und wurde schließlich bei den Bw Pasewalk und Angermünde der Rbd Greifswald stationiert. Alle Maschinen wurden in den Jahren 1968/1969 ausgemustert, die 42 807 bereits am 28. 5. 1954. Noch im Jahre 1975 stand eine ausgemusterte Maschine (42 001 ?) im Bw Stralsund.
Zwei Exemplare dieser 2. Kriegslok werden der Nachwelt erhalten bleiben: die 42 2708 (ÖBB 42 2708) in Österreich und die von der WLF mit der Fabrik-Nr. 17 601 im Dezember 1948 gelieferte Maschine (keine DRG-Betriebsnummer), die als Denkmal von der CFL in Bettembourg (Luxemburg) aufgestellt wurde.

## Konstruktive Merkmale

Kessel: Stehbolzenkessel. Langkessel aus 2 Schüssen mit 4800 mm Abstand zwischen den Rohrwänden. Dampfdom mit Naßdampf-Ventilregler Bauart Schmidt & Wagner auf dem vorderen Kesselschuß. Großer geschweißter Sandkasten in Langkesselmitte.

Masseverhältnisse lassen Einbau von Speisedom, Schlammabscheider und Vorwärmer zu. Große Feuerbüchse aus I Z II-Stahl mit gewölbter Feuerbüchsdecke. Große Rostfläche (4,71 $m^2$), Aschkasten mit reichlich dimensionierten Luftklappen; geeignet für Verfeuerung minderwertiger Kohle. Verdampfungswilliger Kessel mit Grenzbelastung $b_H = 65\ kg/m^2h$. 2 Sicherheitsventile Bauart Ackermann. Speiseeinrichtungen: 2 Dampfstrahlpumpen Bauart Friedmann (180 l/min) an der Stehkesselrückwand.

Brotan-Wasserrohrkessel. Feuerbüchse durch Wasserrohre begrenzt. Vierkantrohre anstelle des Bodenringes; Wasserrohre münden in eine hinter dem Langkessel liegende Vorkammer. Feuerbüchse zum Schutz gegen Abzehrung ausgemauert. Langkessel gegenüber Stehbolzenkessel vergrößert (Durchmesser 2000 mm, Rohrlänge 4900 mm). Grenzbelastung $b_H = 65\ kg/m^2h$. Sonstige Ausführung wie Stehbolzenkessel.

Rahmen: Einfacher Barrenrahmen mit autogen ausgebrannten Ausschnitten. Langkessel und Stehkessel durch Pendelbleche mit dem Rahmen verbunden.

Laufwerk: Entsprechend BR 52. Vordere Laufachse und 1. Kuppelachse bilden Krauss-Helmholtz-Lenkgestell. Laufachse mit ± 125 mm, 1. Kuppelachse mit ± 25 mm Seitenverschiebbarkeit. 2.–4. Kuppelachse fest im Rahmen gelagert, 5. Kuppelachse mit ± 25 mm Seitenverschiebbarkeit. Treibachse mit 15 mm Spurkranzschwächung.

Triebwerk: Zweizylinder-Heißdampftriebwerk mit einstufiger Dehnung. Zylinder mit besonderer Isolierung und angegossenen Ausströmkästen. Antrieb der 3. Kuppelachse. Winterthur-Druckausgleicher. Bruchscheiben anstelle von Sicherheitsventilen. Naßdampfanwärmung der Zylinder. Treib- und Kuppelstangen wie bei BR 52 aus I-Walzprofil mit stumpf angeschweißten, im Gesenk geschmiedeten Stangenköpfen. Treibachslager Bauart Mangold. Achslagerstellkeile; Gleitplatten ursprünglich Kunststoff, Austausch gegen gußeiserne. 42 0002 mit voll abgedichteten Stangenlagern System Neumann und voll abgedichteten Achslagern Bauart Krupp.

Steuerung: Vereinfachte, außenliegende Heusinger-Steuerung. Voreilhebel an einem Pendel aufgehängt, kein Schieberstangenkreuzkopf. Kolbenschieber wie bei BR 52.

Bremse: Einkammerdruckluftbremse Bauart Knorr mit Zusatzbremse bremst die Kuppelradsätze einseitig von vorn. Laufachse ungebremst. Doppelverbundluftpumpe Bauart Nielebock-Knorr. 2 Hauptluftbehälter (je 400 l) quer zur Fahrtrichtung auf dem Rahmen.

Sondereinrichtungen: Druckluftsandstreuer sandet die Räder der 2.–5. Kuppelachse bei Vorwärtsfahrt und die Räder der 1.–4. Kuppelachse bei Rückwärtsfahrt. Einfacher Frostschutz. Norweger-Führerhaus wie BR 52. Witte-Windleitbleche.

Tender: Wannentender 2'2' T 30 mit 10 t Kohle.

# $42^{90}$ Umbaulok DB (Franco-Crosti)

Die Verknappung und Verteuerung der Kohle Anfang der 50er Jahre zwang viele Bahngesellschaften, nach Wegen zu suchen, diese Kosten für Kohle, die zwischen 20 % und 40 % der Lokomotivbetriebskosten betragen, zu vermindern.

Die Deutsche Bundesbahn ließ 1951 zwei Lokomotiven der Baureihe 52 bei Henschel (52 893 und 52 894) mit Abgasvorwärmern der Bauart Franco-Crosti ausrüsten. Es bot sich bei diesen Maschinen auch ein direkter Vergleich mit den nach dem zweiten Weltkrieg gebauten Lokomotiven der BR 52 an, die bereits mit Vorwärmern ausgerüstet waren.

Der Franco-Crosti-Kessel nutzt die Rauchgase des Langkessels normaler Bauart in einem nachgeschalteten Röhrenkessel zur Vorwärmung des Speisewassers. Langkessel und Vorwärmerkessel bilden eine Einheit. Durch Verringerung der Anzahl der Rohre im Langkessel wird das Temperaturgefälle in Richtung Vorwärmer verschoben. Die Verdampfungsheizfläche des Langkessels wurde von 177,6 $m^2$ auf 121,2 $m^2$ reduziert; die nachgeschaltete Vorwärmerheizfläche betrug 132 $m^2$, so daß eine Gesamtheizfläche von 253,2 $m^2$ erzielt wurde.

Mit einer Vergrößerung der Berührungsheizfläche und damit einer weit-

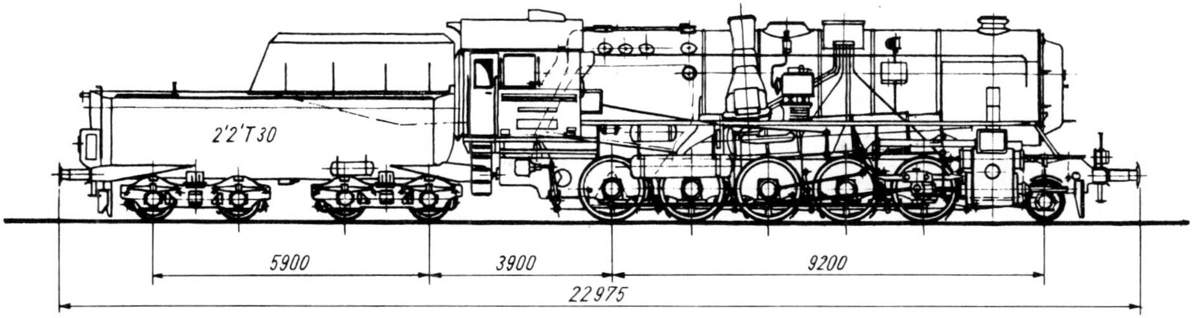


BR $42^{90}$ (Umbaulok DB) mit Abgasvorwärmung Bauart Franco-Crosti

gehenden Ausnutzung der Abgaswärme erwartete man beim Franco-Crosti-Kessel eine Brennstoffersparnis bis zu 18 %.

Die Konstrukteure der Neubau-Lokomotiven beider deutscher Bahnverwaltungen beschritten den umgekehrten Weg. Sie vergrößerten die hochwertige Strahlungsheizfläche durch den Einbau einer Verbrennungskammer mit dem Ziel einer besseren Brennstoffausnutzung und damit -einsparung. Bei diesem Verfahren wurden Gesamtheizfläche und Konstruktionsmasse gespart.

Henschel hob bei den beiden Versuchsmaschinen die Kesselmitte auf 3300 mm ü. SO, damit die Vorwärmertrommeln rechts und links unter dem Langkessel Platz fanden. Die Rauchgase aus dem Langkessel wurden in einem Kanal in der Rauchkammertür umgelenkt und gelangten in die beiden Vorwärmertrommeln. Trotz symmetrischer Bauweise wurde keine thermische Symmetrie in den Vorwärmern erzielt. Die Vorwärmertrommeln endeten in Rauchkammern mit einem jeweils dreidüsigen Blasrohr. Abdampf und Rauchgase wurden durch einen elliptischen Schornstein, der aus Gründen guter Streckensicht an den Kessel angelehnt war, ins Freie geführt.

Der starke Saugzug wirkte fördernd auf die Dampferzeugung. Durch die großen Strömungswiderstände wurden die

42 9000 (Henschel 28 313/1951); umgebaut aus 52 893 und mit Franco-Crosti-Abgasvorwärmer ausgerüstet

Auspuffstöße gemildert und die Verbrennungsluft gleichmäßig durch den Rost gesaugt. Der Verlust durch Unverbranntes in der Asche war um 2 % geringer und der Luftüberschuß bei großen Anstrengungen um 10 % größer als bei der BR 52. Der Wirkungsgrad der Gesamtkesselanlage (Langkessel und Vorwärmer) betrug 92 %.

Die Untersuchungen vor dem Meßwagen ergaben eine maximale Brennstoffersparnis von 14 % bis 15 %. Im hauptsächlichen Arbeitsbereich einer Güterzuglok, also bei Geschwindigkeiten zwischen 30 km/h und 60 km/h Zugkräften von 22 kN bis 65 kN, lag der Minderverbrauch an Brennstoff bei 10 % bis 12 %.

Diese Ersparnisse wurden aber mit einem erheblichen Aufwand an Konstruktionsmasse erkauft. Die auf 18 t gestiegene Achsfahrmasse zwang zur Einordnung in die BR 42, so daß die beiden Maschinen die Betriebsnummern 42 9000 und 42 9001 erhielten.

Man sah davon ab, weitere Maschinen der BR 52 mit Franco-Crosti-Kesseln auszurüsten, weil die höheren Fertigungs- und Unterhaltungskosten erst eine Amortisation in frühestens vier Jahren erwarten ließen. Die 42 9000 wurde bereits am 20. 7. 1959, die 42 9001 am 30. 9. 1960 ausgemustert. Erst 1962 wandte sich die DB nochmals dem Franco-Crosti-Rauchgasvorwärmer zu und rüstete, allerdings mit anderem konstruktivem Aufbau, 31 Maschinen der BR 50 damit aus.

## Konstruktive Merkmale

Kessel: Langkessel normaler Bauart aus 2 Schüssen (wie BR 52) mit 5200 mm Abstand zwischen den Rohrwänden. Geringere Zahl von Heiz- und Rauchrohren als bei der Regelausführung der BR 52. Kesselmitte auf 3300 mm ü. SO angehoben. Dampfdom mit Ventilregler Bauart Schmidt & Wagner in Langkesselmitte. Sandkasten vor dem Dom. Von der Regelausführung abweichende Form der Rauchkammertür mit Umlenkkanälen für die Rauchgase. 2 zylindrische Vorwärmertrommeln rechts und links unterhalb des Langkessels zur Vorwärmung des Speisewassers durch Rauchgase und Zylinderabdampf. Vorwärmertrommeln mit je einer Rauchkammer, je einem dreidüsigen Blasrohr und je einem an den Langkessel angelehnten Schornstein mit elliptischem Querschnitt. 2 Sicherheitsventile Bauart Ackermann. Speiseeinrichtungen: Kolbenspeisepumpe, die nur über den Rauchgasvorwärmer speisen kann; Dampfstrahlpumpe, die im Normalfall über den Rauchgasvorwärmer speist, durch Umschalthahn auch direkt in den Langkessel speisen kann.

Rahmen: wie BR 52 (Einheitslok)

Laufwerk: wie BR 52 (Einheitslok)

Triebwerk: wie BR 52 (Einheitslok)

Steuerung: wie BR 52 (Einheitslok)

Sondereinrichtungen: wie BR 52 (Einheitslok)

Bremse: wie BR 52 (Einheitslok)

Tender: 2′2′ T 30 (Wannentender) mit 10 t Kohle.

# 43

**Einheitslok**

Die Baureihe 43 gehörte, wie die BR 44, zu den Lokomotiven, die schon im 1. Typisierungsplan des Vereinheitlichungsbüros der DRG enthalten waren. Von der schweren 1′E-Güterzuglok mit 20 t Achsfahrmasse wurden 10 Stück als Zwillingsmaschine (h2) und 10 Stück als Drillingsmaschine (h3) beschafft. Der Parallelbau zweier bis auf Triebwerk und Zylinder gleicher Lokomotiven ist mit der Tatsache zu erklären, daß noch keine endgültige Klarheit darüber bestand, ob mit der Zweizylinder- oder der Dreizylinderlok ein wirtschaftlicherer Betrieb möglich sei.

Das LVA Grunewald hatte sich bereits mit diesem Problem befaßt und die Maschinen der Gattung pr. G $8^2$ ($56^{20-30}$) und pr. G $8^3$ ($56^1$) untersucht. Beide Maschinen waren bis auf Triebwerk und Zylinder baugleich. Die Zwillingslok G $8^2$ schnitt mit einem um 4 % niedrigerem Dampfverbrauch günstiger ab. Doch war damit noch nicht erwiesen, ob diese Überlegenheit auch bei den wesentlich höheren Leistungen und Geschwindigkeiten, wie sie den neuen Einheitslokomotiven abverlangt wurden, bestehen blieb. Aus diesem Grunde wurde entschieden, je 10 Lokomotiven der Baureihen 43 (1′E h2) und 44 (1′E h3) zu bauen und für den Serienbau der wirtschaftlich überlegeneren Baureihe den Vorzug zu geben.

Henschel und Schwartzkopff lieferten 1927 die 43 001–43 005 bzw. 43 006 bis 43 010, die den Bw Rothenkirchen (43 001–43 003) und Erfurt G zugeteilt wurden. Die 43 007 kam zusammen mit der 44 004 zum LVA Grunewald, und beide Maschinen wurden umfangreichen Meßfahrten unterzogen.
Wie bei der Erstausführung der Baureihe 44 lag auch bei der 43 die Kesselmitte 3150 mm über SO, und die Lok war für die Umgrenzung II zugelassen. Dadurch konnten auch die Kesselaufbauten freizügig durchgebildet werden, wodurch die Baureihe 43 ihr unverwechselbares Profil bekam. In Ausrüstung und Aufbau entsprach die BR 43 der Erstausführung der BR 44, nur die Sandkästen wurden in geänderter Form ausgeführt.
Mit 720 mm Durchmesser hatte die BR 43 außergewöhnlich große Zylinder erhalten. Die daraus resultierenden großen Kolbenkräfte führten zur Überbeanspruchung der Zylinder, Kreuzköpfe und Treibzapfen, so daß Schäden an diesen Bauteilen nicht ausblieben. Auf derartige überdimensionierte Zylinder hat man künftig verzichtet.
Das Leistungsprogramm der Baureihe 43 sah die Beförderung eines Güterzuges von 1340 t in der Ebene mit 65 km/h, von 1390 t auf 5‰ Steigung mit 40 km/h und von 1350 t auf 10‰ Steigung mit 20 km/h vor. Auf Steilrampen von 25‰ wurden noch 510 t mit 20 km/h bewältigt. Dieses Leistungsprogramm konnte mühelos erfüllt werden. Versuchsweise wurde die 43 013 mit einer Wagenzugmasse von 5000 t belastet, die sie auch bewältigte.
Die Grunewalder Versuche ergaben eine prinzipielle Übereinstimmung mit den bei der G $8^2$/G $8^3$ gewonnenen Erkenntnissen. Bei Leistungen um 810 kW (1100 PSi) erreichte die BR 43 mit 10 % den besten Gesamtwirkungsgrad aller Einheitslokomotiven des 1. Typisierungsplanes. Die BR 44 kam bei 957 kW (1300 PSi) mit 9,5 % auf ihren besten Gesamtwirkungsgrad. Erst ab 1104 kW (1500 PSi) war die BR 44 der BR 43 überlegen.
Bis 1928 wurden noch weitere 25 Maschinen der Baureihe 43 von Schwartzkopff und Henschel geliefert, bei denen die Steuerungsträger wie bei der BR 01

43 012 (Schwartzkopff 9166/1927); in dieser Ausführung wurden die Betriebsnummern 43 011 bis 43 035 geliefert

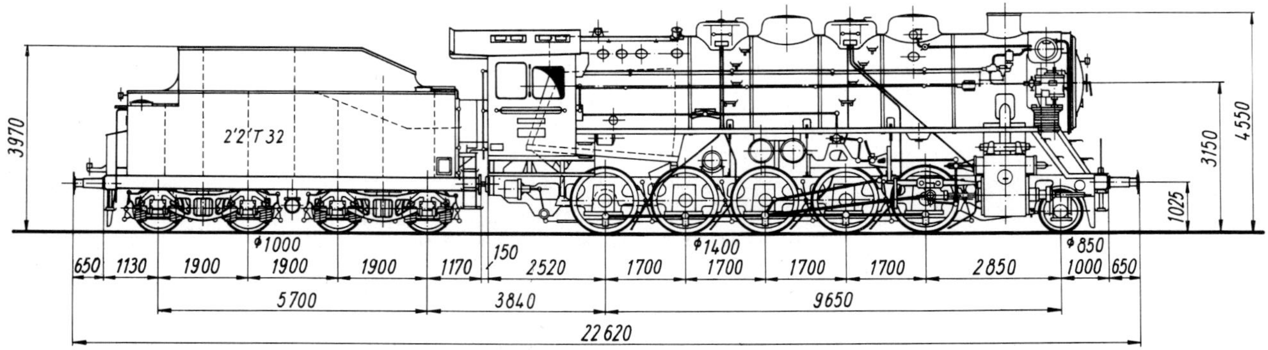


BR 43; Baumusterlokomotiven 43 001 bis 43 010

gestaltet wurden. Die 43 020 war die 21 000. Henschel-Lokomotive. Diese 25 Maschinen wurden den Bw Dresden, Erfurt und Mannheim Rbf zugeteilt.
Die ersten 10 Lokomotiven waren wie die BR 44 ohne Windleitbleche geliefert worden. Später erhielten einige Maschinen große 01-Windleitbleche, andere nur kleine Bleche neben dem Schornstein oder später (etwa 1962) Witte-Windleitbleche.
Nach dem Kriege verblieben alle 35 Lokomotiven bei der DR. Bis auf die 43 023, die bereits am 30. 9. 1950 ausgemustert wurde, und die 43 030 bis 43 032, die 1965 und 1966 ausschieden, waren die Maschinen bis zum Ende der 60er Jahre im Dienst und wurden erst 1967/1968 ausgemustert. Die 43 001 ist noch erhalten und für das Verkehrsmuseum in Dresden aufgearbeitet worden.

## Konstruktive Merkmale

Kessel: Genieteter Kessel von 1900 mm Durchmesser. Langkessel aus 2 Schüssen mit 5800 mm Abstand zwischen den Rohrwänden. Speisedom mit Winkelrost-Schlammabscheider und erstem Sandkasten auf dem vorderen Kesselschuß; Dampfdom mit Naßdampf-Ventilregler Bauart Schmidt & Wagner und zweitem Sandkasten auf dem hinteren Kesselschuß. Feuerbüchse und Stehbolzen aus Kupfer. Deckenstehbolzen aus Stahl. Große Rostfläche (4,7 m$^2$), geräumiger Aschkasten, der die 5. Kuppelachse durch ein Sattelstück überbrückt. Rauchrohrüberhitzer Bauart Schmidt. 2 Sicherheitsventile Bauart Ackermann. Speiseeinrichtungen: Kolbenspeisepumpe Bauart Nielebock-Knorr (350 l/min) mit Oberflächenvorwärmer Bauart Knorr (quer vor dem Schornstein in der Rauchkammer); saugende Dampfstrahlpumpe (300 l/min). Kolbenspeisepumpe linksseitig in einer Rauchkammernische.
Rahmen: 100 mm dicker, allseitig bearbeiteter Barrenrahmen. 1 100 mm

BR 43 Ausführung ab 43 011 bis 43 035

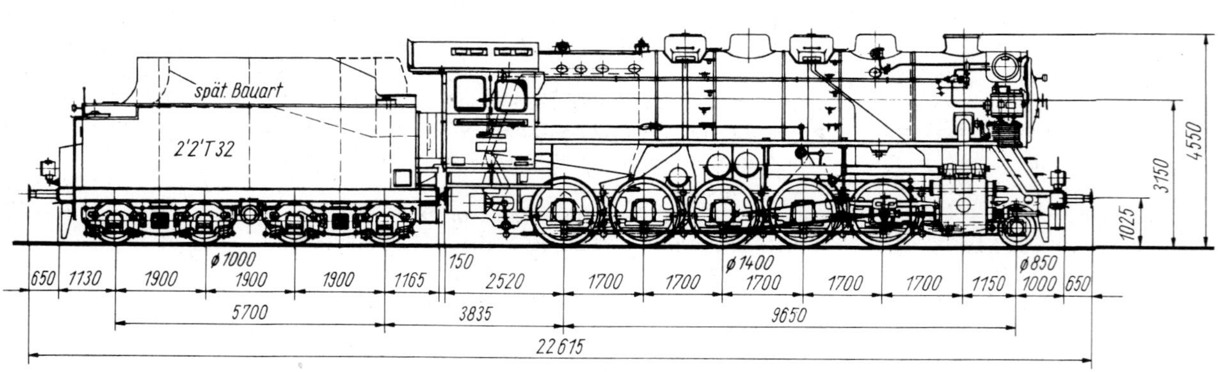

43 015 (Henschel 20 995/1928) Ausführung bei DR mit Witte-Blechen

Mittenabstand der Wangen. Außenseiten der Rahmenwangen sind neben dem Laufradsatz auf 35 mm abgefräst, um Seitenverschiebbarkeit der Laufachse zu gewährleisten. 3 Pendelbleche als Verbindung zwischen Kessel und Rahmen.
Laufwerk: Vierpunktabstützung. Die Laufachse und die ersten 3 Kuppelachsen sowie die beiden letzten Kuppelachsen bilden je ein Stützsystem. Treibachslager Bauart Obergethmann. Laufachse und 1. Kuppelachse bilden ein Krauss-Helmholtz-Drehgestell. Laufachse mit ± 125 mm, 1. Kuppelachse mit ± 30 mm Seitenverschiebbarkeit. 2., 3. und 4. Kuppelachse fest im Rahmen gelagert, 3. Kuppelachse (Treibachse) mit 10 mm Spurkranzschwächung. 5. Kuppelachse mit ± 30 mm Seitenverschiebbarkeit. Preußische Weiche 1 : 7 mit anschließendem Bogen von 140 m Halbmesser kann von der Lok ohne Zwängen durchfahren werden.
Triebwerk: Zweizylinder-Heißdampftriebwerk mit einfacher Dehnung. Außenliegende, waagerechte Zylinder mit angeschraubten Ausströmkästen. Antrieb der 3. Kuppelachse. Eckventil-Druckausgleicher auf jedem Zylinder.
Steuerung: Außenliegende Heusinger-Steuerung. Zylinder arbeiten mit innerer Einströmung. Kolbenschieber der Regelbauart.
Bremse: Selbsttätig wirkende Einkammer-Druckluftbremse Bauart Knorr mit Zusatzbremse. Doppelverbund-Luftpumpe Bauart Nielebock-Knorr rechts in einer Rauchkammernische. 2 Hauptluftbehälter (je 400 l) quer zur Fahrtrichtung zwischen Kessel und Rahmen.
Sondereinrichtungen: Druckluftsandstreuer Bauart Borsig-Reichsbahn sandet die Räder aller Kuppelachsen von vorn. Zentralschmierung aller unter Dampf gehenden Teile Bauart Bosch-Reichsbahn. Geschwindigkeitsmesser Bauart Deuta. Gasbeleuchtung Bauart Pintsch. Dampfheizungseinrichtung.
Tender: 2'2' T 32 der Einheitsbauart (1926, ältere Ausführung) mit 10 t Kohle.

# 44

**Einheitslok**

Die schwere, fünffach gekuppelte Güterzuglok mit 20 t Achsfahrmasse war bereits im 1. Typisierungsplan der DRG enthalten. Unentschieden war jedoch noch die Frage, ob sie als Zwillings- oder als Drillingsmaschine ausgeführt werden sollte. So wurden von jeder Version 10 Maschinen beschafft; die Drillingsvariante erhielt die Baureihenbezeichnung 44. 1926 lieferten Henschel die 44 001–44 003, Schwartzkopff die 44 004–44 009 und Esslingen die 44 010. Einsatzprogramm war die Beförderung von 1 200 t über die Mittelgebirgsstrecken und von 600 t über die Steilrampen.
Die wichtigsten Baumerkmale dieser Erstausführung waren der ungeteilte Schornstein, 14 bar (14 kp/cm$^2$) Kesseldruck, 600 mm Zylinderdurchmesser und kupferne Feuerbüchse. Windleitbleche waren nicht vorgesehen. Die Maschinen hatten ebenso wie die ersten 10 Loks der BR 43 Riggenbach-Gegendruckbremse. Weil die Kesselmitte 50 mm höher als bei der BR 01 lag, entsprachen die Maschinen der Umgrenzung II.
Die Versuche des LVA Grunewald (s. auch BR 43) mit den Maschinen der BR 43 und der 44 ergaben einen um 4 % niedrigeren Dampfverbrauch für die Zwillingslok, so daß dieser der Vorzug bei der Beschaffung gegeben wurde. Die BR 44 wurde zunächst nicht weitergebaut. Die zehn Maschinen der Erstausführung kamen zu den Bw Rothenkirchen, Weißenfels und Saalfeld (Saale).
Als auch von den Güterzügen höhere Fahrgeschwindigkeiten gefordert wurden, erschien die BR 44 wieder im Beschaffungsprogramm. Die Drillingsmaschine war den gestiegenen Anforderungen – höhere Zugmassen mit größeren Geschwindigkeiten zu befördern – besser gewachsen als die Zwillingsmaschine. So wurde im Jahr 1937 von den Firmen Krupp (23), Henschel (22) und Schwartzkopff (8) eine als Zwischenausführung bezeichnete 44er gebaut und mit den Betriebsnummern 44 013–44 065 eingeordnet. Diese Maschinen unterschieden sich von der Erstausführung durch folgende konstruktive Änderungen: Die Kesselmitte wurde um 50 mm auf 3 100 mm abgesenkt. Somit blieben sie, den Schornsteinaufsatz ausgenommen, innerhalb der Umgrenzung I. Der Kesseldruck wurde auf 16 bar (16 kp/cm$^2$) erhöht, die Zylinderdurchmesser von 600 auf 550 mm verkleinert. Die kupferne wich einer stählernen Feuerbüchse mit stählernen Stehbolzen. Die Riggenbach-Gegendruckbremse entfiel; große Windleitbleche analog der BR 01, jedoch mit größerer Ausrundung, gehörten jetzt zur Standardausrüstung. Neu war die Speisewasserreinigungsanlage Bauart Dejektor auf der linken Lokseite für die 44 013–44 039. 44 040–44 065 erhielten den Speisewasserreiniger Neckar. Das Speisewasser wurde in dauerndem Durchlauf durch den Reiniger geleitet und dort mit Soda versetzt. Der im Kessel anfallende Schlamm lagerte sich im „Dejektor“ bzw. „Neckar“ ab, so daß der Kessel frei von Kesselstein und Schlamm blieb.
Die Maschinen der „Zwischenausführung“ wurden vorwiegend süddeutschen Bahnbetriebswerken, wie Würzburg, Kaiserslautern, Offenburg und Bebra, zugewiesen.
Ab 44 066 (Fabrik-Nr. Henschel 24 096) wurde 1937 die sogenannte Standardausführung geliefert, die sich durch Stehkessel mit verbreitertem Bodenring von der vorhergehenden Lieferung unterschied. Eine bemerkenswerte Änderung erfolgte für den Antrieb der Steuerung des inneren Zylinders. Den Antrieb übernahm eine Kröpfung der Achswelle des 3. Kuppelradsatzes und ersetzte damit die zum Heißlaufen neigende Hubscheibe der Baumuster- und Zwischenausführung. Kesseldruck, Zylinderdurchmesser und Kesselmitte über SO entsprachen der Zwischenausführung.
Die Zahl der beschafften Maschinen der BR 44 stieg, mit Schwankungen, von Jahr zu Jahr an:

| | | | |
|---|---|---|---|
| 1937 | 91 | 1938 | 53 |
| 1939 | 109 | 1940 | 58 |
| 1941 | 407 | 1942 | 455 |
| 1943 | 476 | 1944 | 92. |

Insgesamt wurden für die DRG im Zeitraum von 1926 bis 1944 1 753 Loks der BR 44 gebaut.
Ab 1942 wurden auch Firmen in den von Hitlerdeutschland okkupierten Ländern für den Bau der BR 44 herangezogen, weil in Deutschland die Produktion der Kriegslokomotiven BR 52 und 42 begann. Neben der Wiener Lokomotivfabrik Floridsdorf waren es vor allem französische Firmen, wie Batignolles, Cail, Creuzot und Fives-Lille. Am 21. März 1942 legte der Hauptausschuß Schienenfahrzeuge eine Liste mit „Vereinfachungen für die im Bau befindlichen Lok und Tender“ vor, der bis zum 31. Juli 1942 sieben weitere folgten. Die Lokomotiven der Baureihen 44, 50, 52 und 86 wurden schrittweise vereinfacht und mit Ausnahme der bereits vereinfachten BR 52 als „Übergangs-Kriegslokomotiven (ÜK)“ geliefert. 226 bei diesen Firmen in Auftrag gegebene Maschinen gelangten nicht mehr in den

Besitz der DRG, weil Frankreich inzwischen von den faschistischen Truppen geräumt wurde. Diese 4 französischen Firmen lieferten 1944 10 Loks, 1945 151 und 1946 65 Loks der BR 44 direkt an die SNCF als 150 X mit deutscher Ordnungsnummer. Später wurden diese Maschinen in 150 X 1-226 umgezeichnet. Von diesen Maschinen verkaufte die SNCF 1955 48 Stück an die TCCD, wo sie als Reihe 56 eingeordnet wurden.

10 Maschinen waren bei Frichs in Aarhus (Dänemark) bestellt. Die bereits gefertigten Kessel wurden zu Borsig gebracht. Der VEB LEW „Hans Beimler“ Hennigsdorf stellte aus vorhandenen Teilen die Lokomotiven fertig und lieferte sie 1949 mit den Betriebsnummern 44 1231–44 1240 an die DR. Somit beträgt die Gesamtzahl der gebauten Lokomotiven der Reihe 44 (1753 + 226 + 10) 1989 Stück, und sie ist mit einem Beschaffungszeitraum von 1926 bis 1949 die am längsten gebaute Einheitslokomotive.

Nach dem Kriege waren 44er bei verschiedenen europäischen Bahnverwaltungen zu finden:

| | |
|---|---|
| DB | 1242 |
| DR | 335 |
| PKP | 67 |
| ČSD | 3 |
| ÖBB | 11 |
| ÖBB (T) | 5 |
| SNCF | 14 oder 15 |
| SNCB | 1 |
| unbekannter Verbleib | 74 |

Die Lok 44 1084 wurde bereits 1944 ausgemustert.

Die ÖBB gab der DB 1952 neun Maschinen der bei ihr verbliebenen elf zurück. Die beiden restlichen (44 1094 und 44 1098) wurden 1948 bzw. 1953 ausgemustert. Frankreich hingegen forderte alle in französischen Fabriken gebauten 44er zurück und erhielt von der DB bis 1952 291 (nachgewiesene) Maschinen. Diese Reparationslokomotiven wurden nicht mehr eingesetzt, sondern an Schrottfirmen verkauft.

Die Baureihe 44 war bis 1975 bei der

44 006 (Schwartzkopff 8531/1926), eine der 10 Baumusterlokomotiven. Der Steuerungs- und Schwingenträger ist ab 44 013 der üblichen Einheitsausführung angeglichen worden.

DB und noch 1981 bei der DR im Einsatz, bei beiden Eisenbahnverwaltungen jedoch ausschließlich mit Ölhauptfeuerung ausgerüstet.

## Konstruktive Merkmale

Kessel: Genieteter Kessel. Langkessel aus 2 Schüssen mit 5800 mm Abstand zwischen den Rohrwänden. Speisedom mit Winkelrostschlammabscheider auf dem vorderen Kesselschuß; Dampfdom mit Naßdampf-Ventilregler Bauart Schmidt & Wagner auf dem 2. Kesselschuß. Feuerbüchse und Stehbolzen aus Kupfer, Deckenstehbolzen aus Stahl. Große Rostfläche (4,7 $m^2$), geräumiger Aschkasten, der die 5. Kuppelachse durch ein Sattelstück überbrückt. Rauchrohrüberhitzer Bauart Schmidt. 2 Sicherheitsventile Bauart Ackermann. Speiseeinrichtungen: Kolbenspeisepumpe Bauart Nielebock-Knorr (350 l/min) mit Oberflächenvorwärmer Bauart Knorr (quer vor dem Schornstein in der Rauchkammer); saugende Dampfstrahlpumpe (300 l/min). Kolbenspeisepumpe linksseitig in einer Rauchkammernische.

Rahmen: 100 mm dicker, allseitig bearbeiteter Barrenrahmen. 1100 mm Mittenabstand der Wangen. Außenseiten der Rahmenwangen sind neben dem Laufradsatz auf 35 mm abgefräst, um Seitenverschiebbarkeit der Laufachse zu gewährleisten. 3 Pendelbleche als Verbindung zwischen Kessel und Rahmen.

Laufwerk: Vierpunktabstützung. Die Laufachse und die ersten 3 Kuppelachsen sowie die beiden letzten Kuppelachsen bilden je ein Stützsystem. Treibachslager Bauart Obergethmann. 1. und 5. Kuppelradsatz tauschbar. Laufachse und 1. Kuppelachse bilden Krauss-Helmholtz-Lenkgestell. Laufachse mit ± 125 mm, 1. Kuppelachse mit ± 30 mm Seitenverschiebbarkeit. 2., 3. und 4. Kuppelachse fest im Rahmen gelagert, 3. Kuppelachse mit

44 099 (Henschel 24 268/1938) Vorkriegsserienausführung ab 44 066

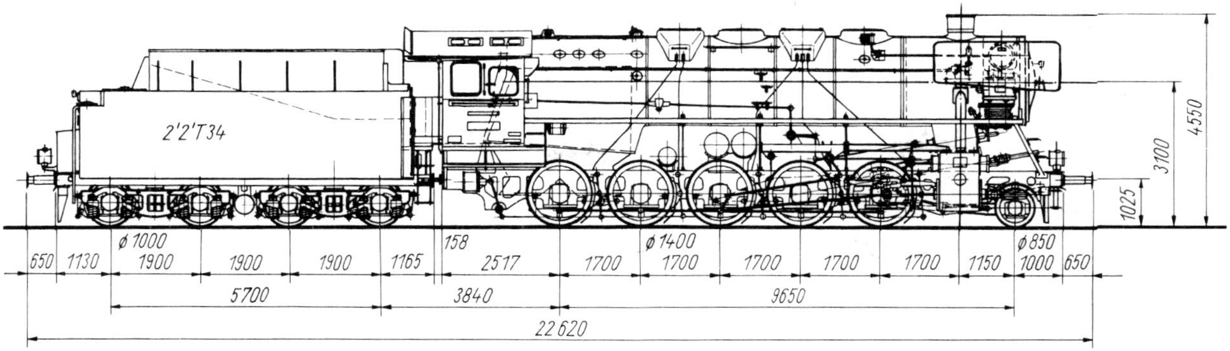


BR 44 Ausführung ab 44 866, jedoch mit Witte-Blechen (Bauzustand DR)

44 1263 ÜK (Borsig 15 249/1942), Übergangs-Kriegslokomotive mit Versuchswannentender 2'2' T 34

15 mm Spurkranzschwächung. 5. Kuppelachse mit ± 30 mm Seitenverschiebbarkeit. Preußische Weiche 1:7 mit anschließendem Bogen von 140 m Halbmesser kann ohne Zwängen durchfahren werden.
Triebwerk: Dreizylinder-Heißdampftriebwerk mit einfacher Dehnung. Innenzylinder treibt die 2. Kuppelachse, Außenzylinder treiben die 3. Kuppelachse. Innenzylinder geneigt, bildet mit Schieberkasten ein Gußstück. Außenzylinder mit angeschraubten Ausströmkästen. Eckventil-Druckausgleicher für alle 3 Zylinder.
Steuerung: Unabhängige Heusinger-Steuerung für Innen- und Außentriebwerk. Alle 3 Zylinder arbeiten mit innerer Einströmung. Innere Schwinge wird durch Hubscheibe auf der 3. Kuppelachse angetrieben (Betriebsnummern 44 001–010, 44 013–065). Ab 44 066 Antrieb durch Kröpfung der 3. Kuppelachse. Füllungen bis 80 % für Vor- und Rückwärtsfahrt. Kolbenschieber der Regelbauart.
Bremse: Selbsttätig wirkende Einkammer-Druckluftbremse Bauart Knorr; Gegendruckbremse Bauart Riggenbach (Schalldämpfer im teilweise doppelwandigen Schornstein). Knorrbremse bremst alle gekuppelten Radsätze einseitig von vorn. Doppelverbund-Luftpumpe Bauart Nielebock-Knorr rechts in einer Rauchkammernische. 2 Hauptluftbehälter (je 400 l) quer zur Fahrtrichtung zwischen Rahmen und Kessel.
Sondereinrichtungen: Druckluftsandstreuer Bauart Borsig-Reichsbahn sandet die Räder aller Kuppelachsen von vorn. 2 Sandkästen. Zentralschmierung aller unter Dampf gehenden Teile Bauart Bosch-Reichsbahn. Geschwindigkeitsmesser Bauart Deuta. Gasbeleuchtung Bauart Pintsch. Dampfheizungseinrichtung.
Tender: 2′2′ T 32 der Einheitsbauart mit 10 t Kohle.

# 44 Einheitslok (Mitteldruck)

„Um die Verwendungsmöglichkeiten und gegebenenfalls Vorteile einer Dampfspannung von 25 kp/cm$^2$ unter Beibehaltung des Stephensonschen Röhrenkessels zu erproben, sind bisher seit 1932 8 Lokomotiven mit diesem Kesseldruck gebaut und erprobt worden." So begann R. P. Wagner die Beratung des Lokausschusses zum Thema „Mitteldrucklokomotiven" (25. Beratung vom 14.–16. 11. 1934 in Cochem).
Von diesen 8 Mitteldrucklokomotiven gehörten 2 zur Baureihe 04, 2 zur Baureihe 24, 2 waren umgebaute S 10$^2$ und 2 zur Baureihe 44. Diese beiden Lokomotiven mit den Betriebsnummern 44 011 und 44 012 entsprachen bis auf Kessel, Zylinder und Triebwerk den Einheits-Drillingslokomotiven der BR 44.
Beide Kessel waren aus St-52-Stahl der Dortmunder Union hergestellt; bei den Feuerbüchsen probierte man verschiedene Baustoffe aus: 3 %igen Nikkelstahl bei der 44 011 und St 44 von Thyssen bei der 44 012. Nach amerikanischem Muster waren die Feuerbüchsen mit großen Radien und Radialstehbolzen (St 10.61) ausgeführt. Im Gegensatz zur BR 04 besaßen die beiden 44er 2 Wasserkammern (Bauart Nicholson) in der Feuerbüchse. Sie bewährten sich hier ebensowenig wie dort, wurden von Henschel schon während der Versuche in Grunewald wieder ausgebaut und die Öffnungen mit Flicken zugeschweißt.
Beide Lokomotiven waren 1933 von Henschel an die DRG abgeliefert worden, die 44 011 mit der Fabriknummer 22.000, die 44 012 als 22.100, und kamen zum LVA Grunewald. Die Versuchsfahrten konnten nicht in geplantem Umfang durchgeführt werden, weil Schäden an den Feuerbüchsen und Wasserkammern eine Unterbrechung der Fahrten erzwangen. Bei den Beharrungsmeßfahrten mit 60 km/h und 80 km/h zeigten sich bei der 44 011 nach 7000 km, bei der 44 012 nach 9000 km Ausbeulungen an den Wasserkammern und Undichtheiten an den Stehbolzen.
Die Überhitzerbauart wich von der Regelausführung ab, weil die Rohrschleifen nicht parallel, sondern hintereinander geschaltet waren. Die dadurch erzielte hohe Überhitzung von 380 bis 450 °C brachte Schwierigkeiten bei den Hochdruckkolbenringen, aber einen sehr niedrigen Dampf- und Kohleverbrauch. Die günstigsten Verbrauchsziffern bei einer Geschwindigkeit von

44 012 (Henschel 22 100/1933) mit Indiziereinrichtung für Versuchsbetrieb ausgerüstet

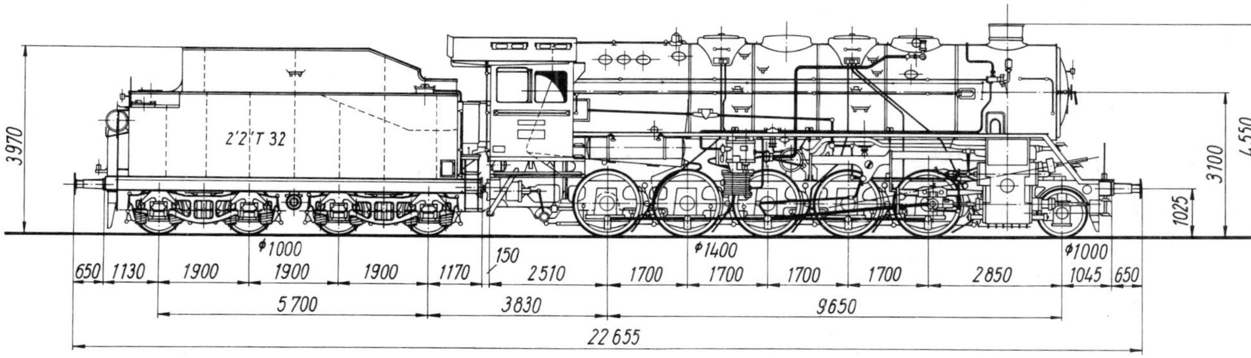


60 km/h lagen bei Dampf um 6,8 kg je kWh (5,0 kg/PSih), bei Kohle um 0,95 kg je kWh (0,70 kg/PSih). Derart niedrige Verbrauchswerte waren bisher von keiner Maschine der DRG erreicht worden. Mit dem Ausbau der Feuerbüchs-Wasserkammern mußten auch die Überhitzerrohre an der Feuerbüchsseite gekürzt werden, was um etwa 30 °C niedrigere Heißdampftemperaturen zur Folge hatte.
Je ein HD- und ein ND-Zylinder bildeten ein Gußstück und waren in der Lok miteinander verschraubt. Das hatte zwar den Vorteil geringerer Abkühlverluste und kurzer Dampfwege, wäre aber im Falle der Beschädigung eines Außenzylinders zu einer sehr kostspieligen Angelegenheit geworden, weil ein komplettes Gußteil mit HD- und ND-Zylinder zu ersetzen gewesen wäre.
Das sogenannte Mitteldruck-Versuchsprogramm der DRG brachte die Erkenntnis, daß mit 20 bar (20 kp/cm$^2$) die Belastbarkeit des Stephensonschen Kessels erreicht sei und eine höhere Dampfspannung mit betriebsgefährdenden Defekten und einem unverhältnismäßig hohen Unterhaltungsaufwand erkauft werden müßte. Der Kesseldruck beider 44er wurde deshalb auf den Normalwert von 16 bar (16 kp/cm$^2$) reduziert, was natürlich mit einer Leistungseinbuße verbunden war.
Nach dem zweiten Weltkrieg verblieb die 44 011 bei der DB und wurde am 13. 12. 1960 ausgemustert. Die 44 012 kam zur VES-M in Halle und stand dort im Dienst als Bremslok bis zu ihrer Ausmusterung am 14. 3. 1962.
Mit diesen beiden Versuchsmaschinen war das Bauprogramm der DRG bei

44 011/44 012; Mitteldruck-Versuchslokomotiven

der Reihe 44 zunächst beendet und wurde erst 1937 mit dem Weiterbau der Drillingsmaschine wieder aufgenommen.

## Konstruktive Merkmale

Kessel: Langkessel aus 2 Schüssen. Vorderer Schuß mit Speisedom und Speisewasserreiniger; hinterer Schuß mit Dampfdom und Naßdampf-Ventilregler Bauart Schmidt & Wagner. Kesselbaustoff St 52 (Dortmunder Union). Feuerbüchse aus 3%igem Nickelstahl (44 011) bzw. St 44 (Thyssen) (44 012). Stehbolzen und Bügelanker aus Stahl. Abstand zwischen den Rohrwänden 5800 mm. Rauchkammertür gegen Kesselachse um 15 mm nach unten versetzt, um seitlich liegende Heizrohre ausbauen zu können. 2 Sicherheitsventile Bauart Ackermann. Speiseeinrichtungen: Kolben-Speisepumpe Bauart Nielebock-Knorr (250 l/min) mit Oberflächenvorwärmer Bauart Knorr (über der 3. Kuppelachse quer unter dem Kessel); Dampfstrahlpumpe (250 l/min). Druckminderungsventil in der Dampfleitung zur Speisepumpe (reduziert von 25 bar [25 kp/cm$^2$] auf 16 bar [16 kp/cm$^2$]).
Rahmen: Allseitig bearbeiteter Barrenrahmen mit 100 mm Plattendicke. 55 mm Ausfräsungen an den Außenwangen zur Seitenverschiebbarkeit der Laufachse. 3 Pendelbleche.
Laufwerk: Vordere Laufachse und 1. Kuppelachse bilden Krauss-Helmholtz-Lenkgestell. Laufachse mit ± 80 mm, 1. Kuppelachse mit ± 15 mm Seitenverschiebbarkeit. 2. Kuppelachse als Kropfachse ausgebildet. 5. Kuppelachse mit ± 15 mm Seitenverschiebbarkeit, Spurkranz der 3. Kuppelachse um 10 mm geschwächt. Achslager Bauart Obergethmann.
Triebwerk: Vierzylinder-Heißdampf-Verbundtriebwerk. 2 innenliegende HD-, zwei außenliegende ND-Zylinder. HD-Zylinder treiben die 2., ND-Zylinder die 3. Kuppelachse. Kuppelstangen mit Buchsenlagern. Treibstangenlager geteilt und nachstellbar. Stangenlager mit Nadelschmierung.
Steuerung: Außenliegende Heusinger-Steuerung für ND-Zylinder. Bewegung der inneren Schieber wird über Pendelwelle von den ND-Schiebern abgeleitet. Angriffspunkt 100 mm hinter Schieberkreuzkopf am Voreilhebel. Kolbenschieber der Regelbauart. Verbinder mit Sicherheitsventil (bläst bei 11 bar [11 kp/cm$^2$] ab). Druckausgleicher dienen auch als Anfahrvorrichtung. Füllungen bis 85% für Vor- und Rückwärtsfahrt.
Bremse: Selbsttätig wirkende Einkammer-Druckluftbremse Bauart Knorr mit Zusatzbremse und Gegendruckbremse Bauart Riggenbach. Einseitige Abbremsung der Kuppelräder von vorn durch Knorr-Bremse. Doppelverbundluftpumpe Bauart Nielebock-Knorr in Fahrzeugmitte an besonderem Pumpenträger (links Speisepumpe, rechts Luftpumpe).
Sondereinrichtungen: Druckluftsandstreuer Bauart Borsig-Reichsbahn sandet die Räder aller Kuppelradsätze von vorn. Schmierung aller unter Dampf gehenden Teile durch Hochdruckschmierpumpe Bauart Bosch-Reichsbahn (20 Ölanschlüsse). Elektrische Beleuchtung durch Dampfturbogenerator. Dampfheizungseinrichtung.
Tender: 2'2' T 32 der Einheitsbauart mit 10 t Kohle.

# 44 Umbaulok DR (Ölhauptfeuerung/ Kohlenstaubfeuerung)

Mit 335 Stück waren nur etwa 20% des einstigen Bestandes an Lokomotiven der BR 44 nach dem Kriege zur DR gekommen. Zusammen mit den 35 Maschinen der BR 43 bildeten sie das Rückgrat des schweren Güterzugdienstes. Es war abzusehen, daß zumindest die BR 44 auf lange Sicht nicht zu entbehren war.
Als 1964 die von der UdSSR bis Schwedt (Oder) verlaufende Erdölleitung der Freundschaft und das Erdölverarbeitungswerk Schwedt in Betrieb genommen wurden, bot sich die Möglichkeit, mit dem als Nebenprodukt der Erdölaufbereitung anfallenden schweren Heizöl (Bunkeröl C) Lokomotiven zu feuern.
Bereits 1959 war bei der DR die Entscheidung zugunsten der Ölhauptfeuerung gefallen, nachdem von einer Studiengruppe die Verhältnisse bei der CFR eingehend untersucht und ausgewertet worden waren. Bis Ende 1964 wurden neben 31 Lokomotiven der Baureihe 44 auch 15 der BR 01$^5$ und 1 der BR 95$^0$ auf Ölhauptfeuerung umgebaut.
Für den Umbau hoch beanspruchter Lokomotiven auf Ölhauptfeuerung sprechen eine Reihe ökonomischer Vorteile, so die Senkung der Brennstoffkosten, der Lokbehandlungskosten (kürzere Zeiten für Vorbereitung und

Abrüsten) und der Personalkosten, die Senkung der Zuglaufstörungen (kein Dampfmangel) und der größere Aktionsradius. Hinzu kommen die Entlastung des Heizers von physisch schwerer Arbeit, die ihn für die Beobachtung der Strecke frei werden läßt, die umweltfreundlichere Art der Verbrennung und eine Reihe betriebstechnischer Vorzüge.

Die DR ließ im Raw Meiningen 95 Maschinen der BR 44 auf Ölhauptfeuerung umbauen. Mit 28000,– M je Lokomotive lagen die Umbaukosten recht günstig, so daß sich bereits nach 16 Monaten die Investition einschließlich der für die notwendigen Anlagen (Tankanlagen usw.) amortisiert hatte.

Ölgefeuerte Maschinen des Bw Halle G fuhren mit 3000-t-Kesselwagenzügen die Strecke Halle (Saale)—Schwedt (Oder)—Halle (Saale) (430 km) in einem Umlauf und mit einer Tankfüllung. Maschinen des Bw Erfurt fuhren auch im Winter störungsfrei den Umlauf Erfurt—Saalfeld (Saale)—Probstzella —Erfurt. Diese Leistungen wären mit rostgefeuerten Maschinen undenkbar gewesen und bedeuteten eine wesentliche Verbesserung der Lokumläufe und eine spürbare Entlastung der Bahnhöfe, weil vielerorts die Umspannzeiten wegfielen. Die rostgefeuerten Maschinen der BR 44 waren bis 1972 ausgemustert, weil ihre Leistungen von den aus der UdSSR gelieferten dieselelektrischen Maschinen der BR 120 und 130 bis 132 übernommen wurden.

Es erwies sich als notwendig, einen Teil der ölgefeuerten Maschinen neu zu bekesseln. Diese Lokomotiven erhielten Nachbaukessel in Schweißausführung. Sie sind am fehlenden Speisedom erkennbar und besitzen mit Dampfdom und den 2 Sandkästen nur noch insgesamt 3 Kesselaufbauten. Alle Maschinen der DR wurden mit Witte-Windleitblechen ausgerüstet. Im Gegensatz zu den DB-Maschinen verblieben die Pumpen vorn in den Rauchkammernischen.

Die BR 44 mit Ölhauptfeuerung war im Süden und im Norden der DDR statio-

44 0105-5 (44 105) (Krupp 1879/1938) Umbaulok DR mit Ölhauptfeuerung

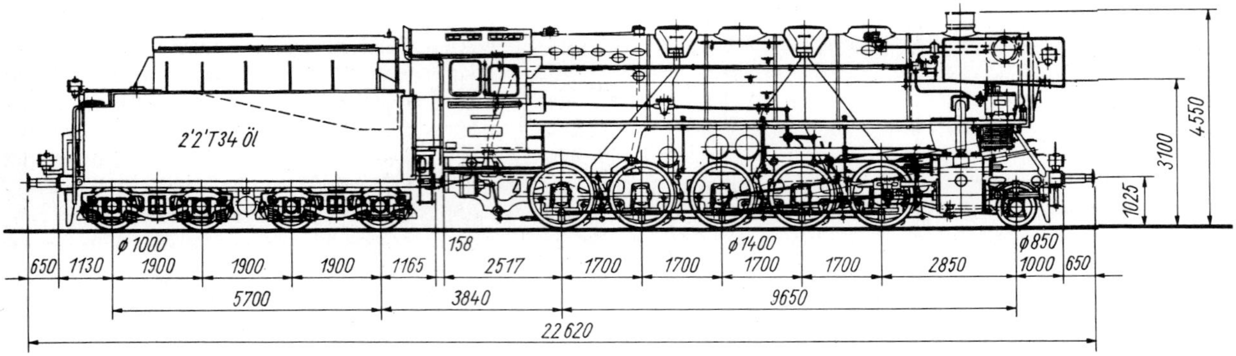


BR 44 Umbaulok DR mit Ölhauptfeuerung in der Ursprungsausführung mit kurzem Ölbehälter

niert. Im Süden war das Bw Saalfeld (Saale) für die Bespannung schwerer Güterzüge im Thüringer Hügelland zuständig. Ölgefeuerte 44er waren im Norden u. a. in den Bw Wittenberge, Rostock, Güstrow und Eberswalde beheimatet. Mit Wittenberger Maschinen wurden z. B. 4000-t-Getreidezüge im grenzüberschreitenden Verkehr bespannt.

Die ölgefeuerten Maschinen der BR 44 waren 1979 im Plandienst neben den BR $03^{10}$ und $58^{30}$ die einzigen Dreizylinder-Lokomotiven, die noch erhalten wurden. Erhaltungs-Raw war Meiningen.

22 Lokomotiven der BR 44 erhielten Kohlenstaubfeuerung der Bauart Wendler. Die Maschinen waren im Bw Halle (Saale) G und im Bw Arnstadt beheimatet und wurden z. B. im Geiseltal und auf den Steigungsstrecken Erfurt—Suhl—Meinigen und Erfurt—Saalfeld (Saale) eingesetzt. Bei den ölgefeuerten und bei den Kohlenstaub-Lokomotiven erwies es sich als vorteilhaft, daß die Brennstoffzufuhr bei der Fahrt durch den Oberhofer Tunnel abgestellt werden konnte und das Personal von Rauchbelästigung verschont blieb. 13 der 22 Kohlenstaub-44er erhielten noch die EDV-Betriebsnummer und waren an der Ziffer 9 (Kohlenstaubfeuerung) in der Tausenderstelle der Ordnungsnummer von den an dieser Stelle eine 0 tragenden Ölloks unterschieden.

Der Umbau von Güterzuglokomotiven der Baureihen 44, 52 und $58^{10-21}$ durch die DR auf Braunkohlenstaubfeuerung erklärt sich aus der damaligen Zwangssituation bei der Bereitstellung von Lokomotivkohle. An Steinkohle war überhaupt nicht zu denken, und der geringe Brikettanteil war ausschließlich dem Reisezugdienst vorbehalten. Die Güterzuglokomotiven mußten ausschließlich mit Rohbraunkohle und Braunkohlenbriketts beschickt werden. Der stündliche Kohledurchsatz durch die Rostfläche war derartig groß, daß nicht mehr die spezifische Belastbarkeit der Kesselheizfläche leistungsbestimmend war, sondern die physische Kraft des Heizers. Die DR sah in der Kohlenstaubfeuerung System Wendler eine dauerhafte Lösung des Problems und scheute auch nicht die hohen Investitionskosten bahneigener Mahlanlagen. Die im Neubauprogramm enthaltenen schweren Lokomotiven, z. B. die 2′C1′ h3-Schnellzuglok der BR $01^{20}$ und die 1′E1′ h3-Güterzuglok BR $45^{10}$, sollten Kohlenstaubfeuerung System Wendler erhalten.

Der ganz große Erfolg des Wendlerschen Systems scheiterte an den zu kurzen Verbrennungswegen in den Lokomotivkesseln. Wegen des hohen Ascheauswurfs wurden kohlenstaubgefeuerte Lokomotiven im allgemeinen nicht für den Reisezugdienst vorgesehen; die kohlenstaubgefeuerten S $10^1$-Lokomotiven boten mit ihren langen schmalen Feuerbüchsen noch günstigere Verhältnisse für diese Feuerungsart als die Einheitslokkessel. Ein weiterer Nachteil des Wendlerschen Systems war die zu geringe Dampfentwicklung bei kleiner Leistung, wie sie im Reisezugdienst nicht selten vorkam.

Deshalb konnten sich auch die ständig ausgelasteten Maschinen der Baureihen 44 und 52 sehr lange halten. Die letzte 44er mit Kohlenstaubfeuerung wurde 1975 nach einer Abschiedsfahrt für Eisenbahnfreunde ausgemustert. Unter den letzten Arnstädter Kohlenstaublokomotiven befand sich noch eine Maschine (44 9506-5) mit Kohlenstaub-Wannentender (2′2′ T 24), während alle anderen Maschinen den aus dem Einheitstender 2′2′ T 34 umgebauten Kohlenstaubtender 2′2′ T 34 führten. Die letzte Kohlenstaublok mit Wannentender war auch die erste Versuchslok für Kohlenstaubfeuerung des Bw Halle (Saale) G gewesen.

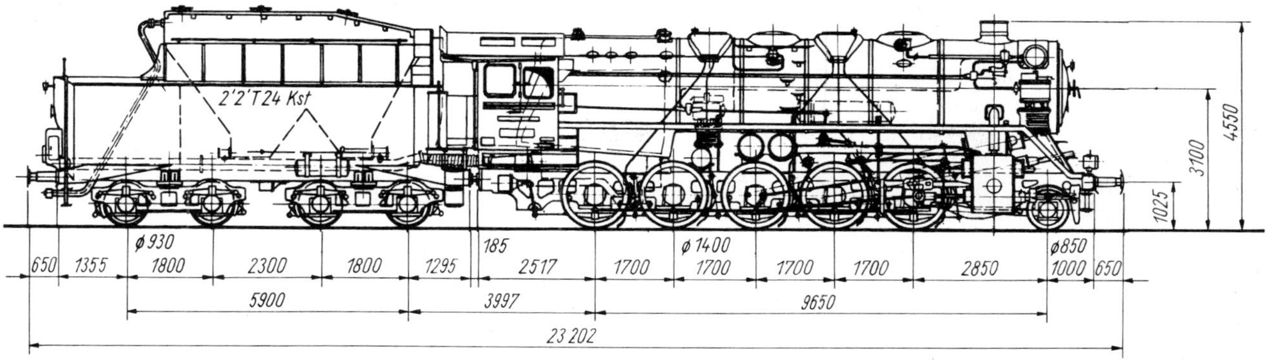


BR 44 Umbaulok DR mit Kohlenstaubfeuerung und Kohlenstaub-Wannentender 2'2' T 24 Kst

## Konstruktive Merkmale

### BR 44 (Umbau DR) mit Ölhauptfeuerung

Kessel: wie Baureihe 44 (Einheitslok), teilweise mit neuem Hinterkessel. Bei 30 Lokomotiven Neubauersatzkessel alter Konstruktion in Schweißausführung. Kein Speisedom, sondern 2 hochliegende Speiseventile an der linken Kesselseite. Witte-Bleche um 50 cm über Kesselachse nach oben, Luft- und Speisepumpe 35 cm tiefer gesetzt.

Funktions- und Konstruktionsprinzip der Ölhauptfeuerung wie bei $01^5$ (Reko DR) und $03^{10}$ (Reko DR): ausgemauerter Brennraum, zwei dampfbeaufschlagte Flachschlitzbrenner, in Richtung Langkessel blasend.

Rahmen: wie Baureihe 44 (Einheitslok)

Laufwerk: wie Baureihe 44 (Einheitslok)

Triebwerk: wie Baureihe 44 (Einheitslok), jedoch Graugußzylinder mit angegossenen Ausströmkästen. Druckausgleichkolbenschieber Bauart Karl Schulz beibehalten.

Steuerung: wie Baureihe 44 (Einheitslok)

Bremse: wie Baureihe 44 (Einheitslok)

Sondereinrichtungen: wie Baureihe 44 (Einheitslok), z. T. mit Spur-

44 9598-2 (44 598) (Krupp 2246/1941), Umbaulok DR mit Kohlenstaubfeuerung und Tender 2'2' T 28 Kst

kranzschmierung Bauart Heyder. Weitere Änderungen gegenüber BR 44 (Einheitslok): Führerhäuser nach dem Vorbild der Rekolok eingerichtet (gepolsterte Führerhaussitze mit Rückenlehne, gepolsterte Armleisten, Aufstiege und Tritte aus Streckmetall, z. T. druckluftbetätigte Zylinderentwässerungsventile.
Tender: 2′2′ T 34 Öltender mit Dosiervorrichtung und Wasserkastenöffnungsmechanismus von ebener Erde aus.

### BR 44 mit Kohlenstaubfeuerung

Kessel: wie Baureihe 44 (Einheitslok), jedoch Brennraum mit Spezial-Schamottesteinen ausgemauert. Langer Feuerschirm. Kohlenstaub-Sammel- und -förderrohre mit Regulier- und Absperrschieber. Großer Hilfsbläserring über dem Blasrohr zur Erzielung des Saugzuges bei nicht arbeitender Auspuffanlage (= geschlossenem Regler).
Rahmen: wie Baureihe 44 (Einheitslok)
Laufwerk: wie Baureihe 44 (Einheitslok)
Triebwerk: wie Baureihe 44 (Einheitslok)
Steuerung: wie Baureihe 44 (Einheitslok)
Bremse: wie Baureihe 44 (Einheitslok)
Sondereinrichtungen: wie Baureihe 44 (Einheitslok). Zweite Doppelverbund-Luftpumpe linksseitig in Fahrzeugmitte zur Erzeugung der Schiebeluft im Staubbehälter des Tenders. Dritter Hauptluftbehälter linksseitig auf dem Umlaufblech.
Tender: Kohlenstaub-Wannentender 2′2′ T 24 mit 22 m$^3$ Kohlenstaub oder 2′2′ T 28 mit 23 m$^3$ Kohlenstaub (entstanden durch Umbau des Einheitstenders 2′2′ T 34).

# 44 Umbaulok DB

Nach dem Kriege umfaßte der Lokbestand der DB 149 verschiedene Typen. Neben der Aufstellung des Neubauprogrammes nach den von Friedrich Witte formulierten neuen Baugrundsätzen war über die Ausmusterung überalterter Baureihen und der als „Splittergattung“ (weniger als 20 Maschinen je Baureihe) vorhandenen Baureihen entschieden worden. Im Erhaltungsbestand verblieben die Maschinen, die im Betrieb und in der Unterhaltung am kostengünstigsten erschienen. Bei mehreren der verbliebenen Baureihen waren jedoch in absehbarer Zeit beträchtliche Reparaturen zu erwarten, so z. B. bei Lokomotiven mit Kesseln aus dem nicht alterungsbeständigen und schweißbrüchigen Stahl St 47 K.
Um die verbliebenen Baureihen zu modernisieren und wärmewirtschaftlich günstiger zu gestalten, wurden Versuche unternommen, deren Ergebnisse dann sowohl beim Neubauprogramm wie auch bei der Neubekesselung ganzer Baureihen ($01^{10}$, $03^{10}$, 41 u. a.) berücksichtigt wurden. So erhielten eine Reihe von Loks der BR 52 versuchsweise Mischvorwärmeranlagen und neuentwickelte Speisepumpen, und an zwei Loks dieser Baureihe erprobte man Rauchgasvorwärmer Bauart Franco-Crosti (siehe BR $42^{90}$).
Auch 10 Lokomotiven der Baureihe 44 fanden Aufnahme in das Umbau-Versuchsprogramm. Eine Neubekesselung der BR 44 war noch nicht erforderlich.
Bei den 10 hier zu besprechenden Maschinen der BR 44 handelt es sich also nicht um einen serienmäßigen Umbau, sondern um einen Großversuch.
Die 44 239, 44 241, 44 242, 44 244 und 44 246 aus der Schwartzkopff-Lieferung von 1939 erhielten 1950 bei Henschel neue geschweißte Stehkessel mit einer 585 mm langen Verbrennungskammer. Der Naßdampfregler Bauart Schmidt & Wagner wurde versuchsweise durch den neuentwickelten Heißdampf-Mehrfachventilregler ersetzt. Diese 5 Maschinen wurden zugleich mit einer mechanischen Rostbeschickung, dem Standard-Stoker, und Hutson-Schüttelrosten ausgerüstet. Mit dem zur Entlastung des Heizers eingebauten Stoker sollte auch untersucht werden, ob mit dieser Einrichtung auch billigere Kohlensorten (z. B. Nußkohle II) verfeuert werden konnten. Diese 5 Loks der BR 44 waren die ersten deutschen Lokomotiven mit Stoker-Feuerung.
Mit dem Stoker wird über eine Förderschnecke aus dem Tender die Kohle zum Feuerloch gefördert und von einer Verteilerplatte mit Führungsrippen durch Dampfstrahlen gleichmäßig auf den Rost geblasen. Die Förderschnecke wird von einer kleinen Dampfmaschine auf dem Tender angetrieben. Der Druck der Dampfstrahlen und die Drehzahl der Schnecke sind leistungsabhängig regulierbar.
Der Hutson-Schüttelrost besteht aus drehbaren Roststäben, die in 4 Felder zusammengefaßt sind. Jedes Feld kann durch einen Handhebel, der vom Führerstand aus zu bedienen ist, im Winkel von 45° nach beiden Seiten gekippt werden.
Die Stoker-Feuerung wurde nur noch bei Maschinen der Baureihe 45 verwendet. Wegen ihres höheren Brennstoff-

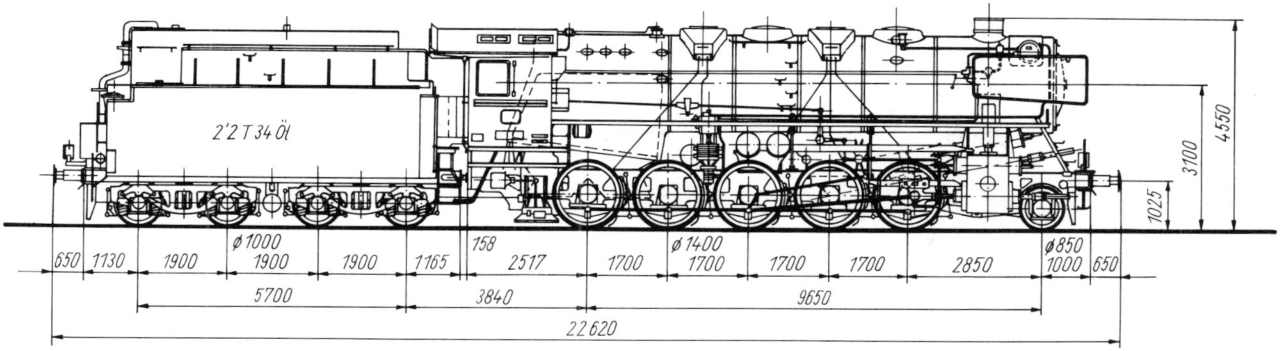


BR 44 Ausführung DB mit Ölhauptfeuerung

verbrauches (höherer Anteil an Unverbranntem) fand sie keine weitere Verbreitung.
Weitere 5 Lokomotiven der Baureihe 44 erhielten ebenfalls 1950 von Henschel neue geschweißte Stehkessel mit 585 mm langer Verbrennungskammer und Heißdampfregler. Zusätzlich wurden sie mit Henschel-Mischvorwärmeranlagen MVR und Turbo-Speisepumpen Typ VTP-B 250 versehen. Es waren das die 44 433 und 44 475 (Henschel 1941), die 44 629 (Schichau 1941), die 44 1174 und 44 1210 (Krupp 1942). Zugleich mit diesen 44ern erhielten 5 Lokomotiven der Baureihe 01 (01 042, 01 046, 01 112, 01 154 und 01 192) Henschel-Mischvorwärmer MVR und Turbo-Speisepumpen. Bei der Turbo-Speisepumpe saßen die Pumpenräder

044 260-8 (44 1261, Borsig 15 247/1943) mit Altbauzylindern und Rostfeuerung

043 469-6/44 469 (Henschel 26 078/1941) mit Altbauzylindern und Ölhauptfeuerung

für Heiß- und Kaltwasser und das Turbinenrad auf einer Welle.

Die auf Stoker-Feuerung umgebauten 44er wurden in den Jahren zwischen 1964 und 1966 ausgemustert. Von den Maschinen mit Henschel-Mischvorwärmeranlagen wurden die 44 433 und 44 629 im Jahre 1966 ausgemustert.

Die 44 475 erhielt im Jahre 1955 als erste Lokomotive der DB im AW Göttingen versuchsweise eine Ölzusatzfeuerung, die später in eine Ölhauptfeuerung umgebaut worden ist. Die Lokomotiven 44 1174 und 44 1210 behielten ihre Rostfeuerung bis zur Ausmusterung im Jahre 1973.

Die hohen Umbaukosten und die Wartungsintensität der empfindlichen Turbospeisepumpen veranlaßten die DB, vom serienmäßigen Einbau der Mischvorwärmeranlage Bauart Henschel MVR abzusehen.

## Konstruktive Merkmale

Kessel: Normaler Einheitslokkessel alter Konstruktion mit neuem, angeschweißtem Verbrennungskammer-Hinterkessel. Rohrteilung geändert und Rohrlänge gekürzt. 2 Sicherheitsventile Bauart Ackermann nach vorn über die Verbrennungskammer-Rohrwand verlegt. Lok 44 239, 44 241, 44 242, 44 244, 44 246: Hutson-Schüttelrost und mechanische Rostbeschickung durch Standard-Stoker. Speiseeinrichtungen: Oberflächenvorwärmer Bauart Knorr und Kolbenspeisepumpe blieben erhalten. Speise- und Luftpumpe von den Rauchkammernischen in Fahrzeugmitte an besonderen Pumpenträger verlegt. Saugende Dampfstrahlpumpe.

Lok 44 433, 44 475, 44 629, 44 1174, 44 1210: Speiseeinrichtungen: Mischvorwärmeranlage Bauart Henschel MVR mit nichtsaugender Turbospeisepumpe VTP-B 250, tiefhängend links zwischen 3. und 4. Kuppelachse; saugende Dampfstrahlpumpe. Luftpumpe ebenfalls nach der Fahrzeugmitte verlegt. Tiefton-Dampfpfeife und Generator wegen Einbaus des Mischkastens weiter nach hinten verlegt.

Rahmen: wie Baureihe 44 (Einheitslok)

Laufwerk: wie Baureihe 44 (Einheitslok)

Triebwerk: wie Baureihe 44 (Einheitslok)

Steuerung: wie Baureihe 44 (Einheitslok)

Bremse: wie Baureihe 44 (Einheitslok)
Sondereinrichtungen: wie Baureihe 44 (Einheitslok), sofern nicht unter Kessel bereits erwähnt. Alle 10 Maschinen mit Windleitblechen Bauart Witte.
Tender: bei Maschinen mit Mischvorwärmer Einheitstender 2'2' T 34. Bei Stoker-Maschinen: Umbau des Einheitstenders 2'2' T 34 zu 2'2' T 30. Kohlevorrat bei beiden Tendern 10 t.

Bauartänderungen an Serienlokomotiven

Im Rahmen fälliger Fristuntersuchungen oder bei größeren Bedarfsausbesserungen sind bei den DB-Maschinen der Baureihe 44 Bauartänderungen vorgenommen worden, die die im Betrieb aufgetretenen Mängel beheben sollten und der modernen Fertigungs- und Instandhaltungstechnologie entsprachen. Die wichtigsten Umbauten sollen hier stichwortartig aufgeführt werden:
Kessel: Einbau einteiliger Dampfsammelkästen wie bei den Baureihen 50 ÜK und 52. Zurückverlegung von Luft- und Speisepumpe in Fahrzeugmitte an einen besonderen Pumpenträger. Ausrüstung mit Witte-Windleitblechen.
Rahmen: Ersatz des hinteren Stehkesselträgers durch eine weitere Pendelblechverbindung. Einbau eines besonderen Rauchkammerträgers.
Triebwerk: Bei notwendigem Zylinderersatz wurden neue Graugußzylinder mit angegossenen Ausströmkästen angebaut. Ersatz der Karl-Schulz-Schieber durch Kolbenschieber Bauart Müller; damit verbunden Anbau von Zylindersicherheitsventilen. Ersatz-Kropfachsen für die 1. Treibachse wurden nach dem SKF-Aufschrumpf- und Abpreßverfahren hergestellt.
Außer der 44 475 erhielten weitere 31 Lokomotiven Ölhauptfeuerung.

# 45 Einheitslok

Zur weiteren Verminderung der Fahrzeiten auch bei Güterzügen wurde eine schwere 1'E1'-Maschine benötigt, die die G 12 ersetzen und die BR 44 ergänzen sollte. Die von der Lokindustrie (Henschel, Krupp, Schwartzkopff) eingereichten Entwürfe behandelten 1'E1' h3-Maschinen mit 20 bar (20 kp je cm$^2$) Kesseldruck und dem Tender 2'2' T 32. Zusätzlich boten Henschel und Krupp u. a. eine h4v-Variante mit 25 bar (25 kp/cm$^2$) und Schwartzkopff eine 1'E1' h3-Kohlenstaublok an.
In der Lokausschußdebatte von 1934 plädierten Wagner und Nordmann für den Drilling mit einstufiger Dehnung und lehnten die Kohlenstaubfeuerung ab, weil eine solche Maschine nicht freizügig in ganz Deutschland eingesetzt werden konnte. Als Leistungsprogramm wurden, wie von der RBD Karlsruhe empfohlen, 1200 t in der Ebene mit 80 km/h und 1000 t mit 60 km je h auf 5‰ Steigung vorgesehen. Für die geplante Höchstgeschwindigkeit von 90 km/h waren 1600-mm-Kuppelräder erforderlich. Die Maschine sollte 140-m-Radien und die Weiche 1:7 zwanglos durchfahren können. Wegen des vorderen Krauss-Helmholtz-Lenkgestelles war der feste Achsstand kleiner als bei der BR 06, so daß die BR 45 besser durch Weichen und Gleisbögen lief als die parallel zu ihr entwickelte Schnellzuglok. Der Kesseldruck wurde auf 20 bar (20 kp/cm$^2$) festgesetzt und die Lok mit dem Tender 2'3 T 38 gekuppelt. Baugleich mit der 06 waren der Kessel und der Aufbau der Dampfmaschine; die Außenzylinder der 45, 06 und 41 waren nach einem Modell gegossen.
Die beiden ersten Maschinen wurden als Vorausloks von Henschel im November 1936 und Juni 1937 mit den Fabriknummern 22 805 und 22 806 geliefert. Geplant waren weitere 130 Maschinen, doch wurden nur noch 26 geliefert. Die Serienauslieferung erfolgte erst Ende 1940 (45 003–45 005) und im Verlauf des Jahres 1941.
Lok 45 001 kam zum LVA Grunewald, und die Maschinen der Baureihe 45 waren die letzten der dort untersuchten Maschinen der 20-bar (20 kp/cm$^2$)-Reihe. Die Versuchsreihe mit 25-bar (25 kp/cm$^2$)-Kesseln war am Fehlen geeigneter Kesselbaustähle gescheitert. Für die 20-bar (20 kp/cm$^2$)-Kessel glaubte man, mit dem St 47 K ein geeignetes Material gefunden zu haben, das sich später jedoch als nicht alterungsbeständig erweisen sollte. Die 20 bar (20 kp/cm$^2$) konnte man noch in einstufiger Dehnung entspannen und rechnete mit günstigeren Dampfverbrauchswerten je kWh (PSih) als bei 16 bar (16 kp/cm$^2$) Kesseldruck. Die vom LVA Grunewald erhofften Werte um 7,6 kg/kWh (65,6 kg/PSih) Dampfverbrauch wurden von keiner der 20-bar (20 kp/cm$^2$)-Maschinen auch nur annähernd erreicht. Die meisten der untersuchten Lokomotiven (BR 05, 61, 71, 84, 41, 45) erreichten kaum 8,2 kg/kWh (6,0 kg/PSih), also einen Wert, dem gute Maschinen der 16-bar (16 kp/cm$^2$)-Reihe schon sehr nahe kamen.
Die 45 001 wurde in Grunewald bei 40 km/h, 60 km/h, 80 km/h und 100 km je h in der Beharrung untersucht und erreichte den niedrigsten Dampfverbrauch mit 8,0 kg/kWh (5,9 kg/PSih) bei

etwa 60 km/h. Die maximale Zughakenleistung überstieg die der BR 44 um 427 kW (580 PSe) (≙ 25,3 %). Damit ist die BR 45 nicht nur die größte, sondern auch die schnellste und leistungsstärkste in Deutschland gebaute Güterzuglokomotive. Außer der 45 001 forderte Grunewald auch die 45 002, 45 003, 45 005 und 45 024 (1943) zu Versuchsfahrten an.

Die beiden Vorausloks kamen 1937 zum Bw Mannheim, die Serienloks 45 003–45 028 zum Bw Würzburg, wohin auch die 45 001 und 45 002 umgesetzt wurden. Dort liefen sie im schweren Güterzugdienst und im Eilgüterzugdienst, waren jedoch wegen ihrer Laufruhe und ihrer 90 km/h Höchstgeschwindigkeit durchaus in der Lage, die BR 01 im Schnellzugdienst auf Hügelstrecken zu vertreten. Wie auch bei der BR 06 gab es bei der BR 45 wegen des überdimensionierten Kessels mit 7500 mm Rohrlänge eine Vielzahl von Reparaturen. Schließlich mußte der Kesseldruck (1942) auf 16 bar (16 kp je $cm^2$) reduziert werden. Weil der ursprünglich vom Lokausschuß empfohlene Einbau des Stokers nicht erfolgt war, wurden die Maschinen, die mit 5,04 $m^2$ die größte Rostfläche aller deutschen Loks besaßen, planmäßig mit 2 Heizern besetzt. Die 45 026 und 45 027 waren 1941 zu Versuchsfahrten an die CFR verliehen worden. Im Mai 1945 waren nur noch drei Lokomotiven betriebsfähig. Alle anderen standen mit erheblichen Kesselschäden, durch Kriegseinwirkung beschädigt oder wartend auf Raw-Aufnahme zur fälligen Fristuntersuchung abgestellt.

Bis auf die 45 024, die bei der DR verblieb, kamen alle Loks nach dem zweiten Weltkrieg zur DB. Zunächst hatte auch die DB weder Mittel noch Möglichkeiten, die Riesenmaschinen zu reparieren und einzusetzen. Als das damalige LVA Göttingen Bedarf an Bremslokomotiven anmeldete, weil die zur Verfügung stehende 50 975 meist zu schwach war, wurde die im Bf Ochsenfurt (Raum Würzburg) abgestellte 45 011 im AW München-Frei-

45 002 (Henschel 22 805/1936) Baumusterlok mit Kuhnscher Schleife

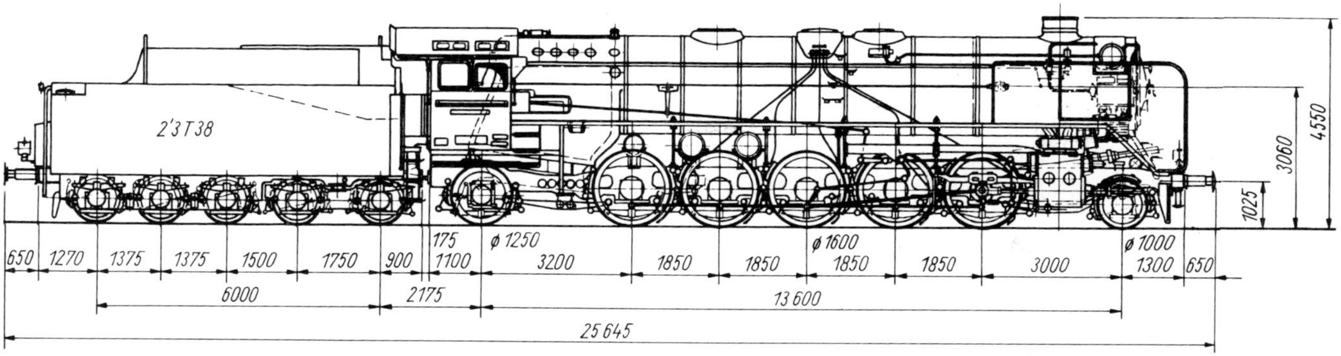


BR 45 Einheitslok-Serienausführung

mann einer Hauptuntersuchung unterzogen. Später folgten ihr die 45 004 und 45 003. Als bei der 45 011 ein Zylinderriß auftrat, wurde sie gegen die 45 020 ausgetauscht, die den Kessel der 45 015 erhalten hatte. Nach Entwürfen des BZA Minden wurden bei Krupp im Auftrag der HVB Ersatzkessel für die BR 45 nach den neuen Baugrundsätzen der DB gebaut (vollständig geschweißt, mit Verbrennungskammer und verkleinerter Rostfläche usw.). Die DB behielt vier Lokomotiven im Originalzustand, die 45 003, 45 004, 45 011 und 45 020. Abgestellt blieben die 45 001, 45 005, 45 006, 45 007, 45 013, 45 015, 45 017, 45 018, 45 025, 45 026, 45 027 und 45 028. Sie sind durch Verfügung der HVB vom 7. September 1953 ausgemustert worden.

## Konstruktive Merkmale

Kessel: Genieteter Kessel der Einheitsbauart mit 7 500 mm Abstand zwischen den Rohrwänden. Bis auf Rauchkammer identisch mit Kessel der BR 06. Kesselbaustoff St 47 K. Geschweißte Stahlfeuerbüchse aus I Z II-Stahl, Aufdornstehbolzen aus St C 10.61. Erstmals Stehkesselrückwand mit Stehkesselmantel verschweißt. Speisedom mit Winkelrostschlammabscheider auf dem 1. Kesselschuß. Dampfdom mit Naßdampfventilregler Bauart Schmidt & Wagner auf dem 2. Kesselschuß.

45 002 (Baumusterlok)

2 Sandkästen zwischen Speisedom und Reglerdom. Serienausführung 45 003 bis 45 028 gegenüber Vorausloks 45 001–45 002 mit geänderter Rohrteilung und mit 310 $m^2$ um 21 $m^2$ größerer Verdampfungsheizfläche. Verhältnis Strahlungsheizfläche : Rohrheizfläche mit 1 : 15,6 noch ungünstiger als bei Vorausloks (1 : 14,35). Rostfläche mit 5,04 $m^2$ größte aller Einheitslokomotiven. 2 Sicherheitsventile Bauart Ackermann. Speiseeinrichtungen: Kolbenspeisepumpe Bauart Knorr-Tolkien (250 l/min) und Oberflächenvorwärmer Bauart Knorr quer vor dem Schornstein in der Rauchkammer; saugende Dampfstrahlpumpe der Einheitsbauart (250 l/min).

Rahmen: Allseitig bearbeiteter 100 mm dicker Barrenrahmen als Hauptrahmen. Vorn und hinten angeschuhter Blechrahmen für Laufachsen. Pendelbleche vor der 2., 4. und 5. Kuppelachse.

Laufwerk: Vierpunktabstützung. Vordere Laufachse und die ersten beiden Kuppelachsen sowie die letzten drei Kuppelachsen und die Schleppachse bilden je ein Lastausgleichsystem. Achsfahrmasse durch Umstecken der Gelenkbolzen am großen Ausgleichhebel wahlweise auf 18 t oder 20 t einstellbar.

Vordere Laufachse und 1. Kuppelachse bilden Krauss-Helmholtz-Lenkgestell. Vordere Laufachse mit ± 145 mm, 1. Kuppelachse mit ± 20 mm Seitenverschiebbarkeit. 2.–5. Kuppelachse fest im Rahmen gelagert, 3. und 4. Kuppelachse mit 15 mm Spurkranz- und 6 mm Rückenschwächung. Schleppachse als Bisselachse mit ± 105 mm Seitenverschiebbarkeit. Fester Radstand geringer als bei BR 06.

Triebwerk: Dreizylinder-Heißdampftriebwerk mit einfacher Dampfdehnung. 2 waagerechte Außenzylinder (modellgleich und tauschbar mit BR 06 und 41) treiben die 3. Kuppelachse, um 1 : 6,2 geneigter Innenzylinder treibt die als Kropfachse ausgebildete 2. Kuppelachse an. Gußstück des Mittelzylinders dient zugleich als Kesselauflage.

Steuerung: Unabhängige Heusinger-Steuerung für alle 3 Zylinder. 45 001 und 45 002 mit Kuhnscher Schleife, Serienausführung mit Hängeeisen. Steuerung für Außenzylinder außenliegend. Schwinge für den Innenzylinder wird durch Halbkröpfung der 3. Kuppelachse angetrieben. Füllungen bis 81,5 % bei Vorwärtsfahrt. Regelkolbenschieber und druckluftgesteuerte Eckventil-Druckausgleicher für den Leerlauf.

Bremse: Selbsttätige Einkammer-Druckluftbremse Bauart Knorr mit Zusatzbremse und G-P-Wechsel. Gegendruckbremse Bauart Riggenbach. Mit Ausnahme der 1. Kuppelachse werden alle Achsen beidseitig gebremst. Scherenklotzbremse für die Kuppelachsen. 1. Kuppelachse wird wegen Seitenverschiebbarkeit nur einseitig von vorn gebremst. Doppelverbund-Luftpumpe Bauart Nielebock-Knorr an besonderem Pumpenträger in Fahrzeugmitte. 2 Hauptluftbehälter (je 400 l) vor und hinter der 4. Kuppelachse quer auf dem Rahmen.

Sondereinrichtungen: Druckluftsandstreuer Bauart Borsig-Reichsbahn sandet die Räder aller Kuppelachsen von vorn. Hochdruckschmierung Bauart Bosch-Reichsbahn für alle unter Dampf gehenden Teile. Elektrische Beleuchtung durch Dampf-Turbogenerator. Dampfheizungseinrichtung. Geschwindigkeitsmesser Bauart Deuta.

Tender: 2'3 T 38 mit 10 t Kohle (Einheitsbauart),
2'3 T 29 mit 12 t Kohle bei DB-Umbaumaschinen, die Standard-Stoker erhalten hatten.

# 45 Umbaulok DB

Nach Entwürfen des BZA Minden wurden bei der Firma Krupp im Auftrage der HVB Ersatzkessel für die Baureihe 45 nach den bei der DB geltenden neuen Baugrundsätzen gefertigt. Die Lokomotiven 45 010, 45 016, 45 019, 45 021 und 45 023 erhielten neue Hochleistungskessel mit Verbrennungskammer in Schweißkonstruktion und verkleinerter Rostfläche (4,47 $m^2$). Lediglich neue Stehkessel mit Verbrennungskammer erhielten die Lokomotiven 45 008, 45 009, 45 012, 45 014 und 45 022. Alle Lokomotiven erhielten jedoch mechanische Rostbeschickungsanlagen Bauart Standard-Stoker und Hutson-Schüttelroste. Die 45 012 stand auf der Verkehrsausstellung in München im September 1952.

Bei Versuchsfahrten des BZA Minden mit der 45 019 entwickelte die Maschine 2208 kW (3000 PSi), das sind etwa 390 kW (530 PSi) mehr als in der Ursprungsausführung. Die Lokomotive ist auch vor schweren Durchgangsgüterzügen auf den Strecken Würzburg—Bebra und Würzburg—Treuchtlingen erprobt worden. Erprobt wurden weiterhin die 45 016 zur Ermittlung der am besten geeigneten Stoker-Kohle und die 45 010 zur Prüfung des Anfahr- und Beschleunigungsvermögens.

Die Maschinen standen beim Bw Würzburg im Einsatz und liefen zusammen

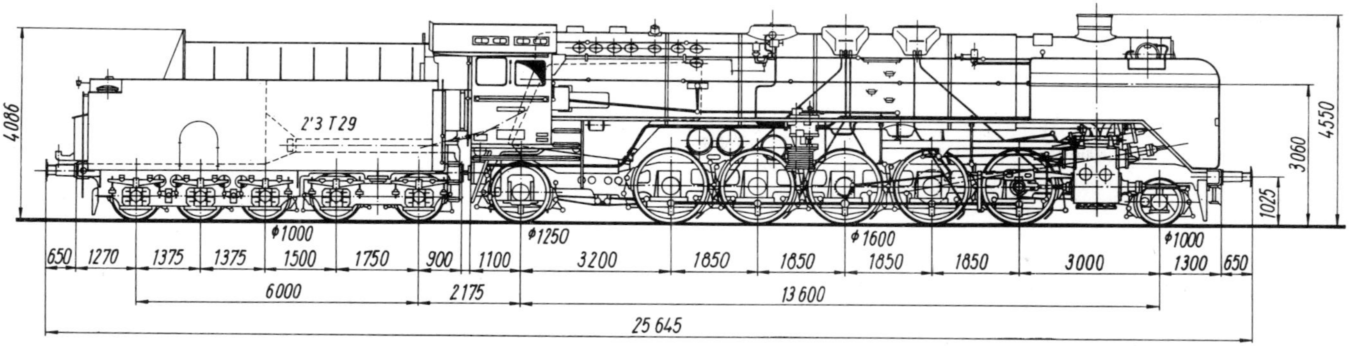


BR 45 Umbaulok DB mit Neubau-Ersatzkessel (Verbrennungskammer), Standard-Stoker und Hutson-Schüttelrost

45 012 (Umbaulok DB/Henschel 24 805/1941), neuer, geschweißter Stehkessel mit Verbrennungskammer und mechanischer Rostbeschikkung durch Standard-Stoker

mit den fünf Lokomotiven der Baureihe 44, die ebenfalls Stoker-Feuerung erhalten hatten, in einem Dienstplan.
War es früher der Kessel, der zu Beanstandungen Anlaß gab, so traten nun in verstärktem Maße Risse am Mittelzylinder auf. Am 31. Januar 1955 schieden als erste die 45 004 und 45 011 aus. Den Tender der 45 004 erhielt die 18 505. Als erste neubekesselte Lokomotive war im August 1954 bereits die 45 021 wegen Zylinderschäden abgestellt worden. Von der Ausmusterungsverfügung im November 1957 waren die Lokomotiven 45 003, 45 008, 45 009, 45 014, 45 021 und 45 022 betroffen. Die letzte Lokomotive mit Altbaukessel, die 45 020, mußte im November 1958 abgestellt werden.
Dem BZA Minden sind nach und nach als Bremslokomotiven die 45 010, 45 012, 45 016, 45 019, 45 020 und 45 023 überstellt worden. 1958 baute man aus den vier noch verbliebenen Maschinen die Standard-Stoker und die Hutson-Schüttelroste aus. 1962 hatte die 45 016 Zylinderschaden und mußte abgestellt werden. Sie diente dem AW Braunschweig als Ersatzteilspender. Die 45 023 kam 1965 zum Bw München Hbf, 1967 zum Bw Mühldorf und diente dem BZA München für Versuchsfahrten.
EDV-Betriebsnummern erhielten noch die restlichen drei Lokomotiven als 045 010-6, 045 019-7 (BZA Minden) und 045 023-9 (Bw Mühldorf). Die 45 010 kam noch 1968 nach Mühldorf, ist aber kurz darauf abgestellt worden. Dieses Schicksal hatten die 45 019 und 45 023 kurz vorher im gleichen Jahr erlitten.
Die Deutsche Gesellschaft für Eisenbahngeschichte erhält die 45 010 als letzte Vertreterin der schnellsten und stärksten deutschen Güterzuglokomotive.

# H 45 024 Umbaulok DR (La Mont-Kessel)

In der langen Entwicklungsgeschichte der Dampflokomotive hat es nicht an Bemühungen gefehlt, die Vorteile hoher Dampfdrücke und -temperaturen zur Verbesserung der Wirtschaftlichkeit des Dampflokomotivbetriebes zu nutzen.
Mit dem Einbau eines La-Mont-Kessels auf dem Fahrgestell einer Lokomotive der BR 45 griff man Ende der vierziger Jahre das alte Problem erneut auf und versuchte, die Vorteile der Kohlenstaubfeuerung durch wirtschaftliche Brennstoffausnutzung mit den thermischen Vorteilen hoher Dampfdrücke und -temperaturen zu vereinen.
Letzte bemerkenswerte Vorhaben dieser Art lagen über 20 Jahre zurück. Mit gleichem Ziel wie bei der La-Mont-Lokomotive war 1926 der DRG ein Bauvorschlag der Fa. Schwartzkopff, Berlin-Wildau, vorgelegt worden, der die Hochdruckdampferzeugung nach dem Patent von Prof. Löffler vorsah. Zu Vergleichszwecken mit den neuen 2'C1'-Einheitsschnellzuglokomotiven übernahm man deren Rahmen und Laufwerk, führte allerdings das Triebwerk in der h3v-Anordnung aus, bei der der innere ND-Zylinder auf die erste Achse und die beiden äußeren HD-Zylinder auf die zweite Achse arbeiteten. Der Betriebsdruck des Hochdruckkessels lag bei 120 bar (120 kp/cm$^2$).
Die Entwurfsarbeiten waren 1927/1928 beendet, so daß 1929 die ersten Standversuche erfolgen konnten.
Große Störanfälligkeit und der hohe Aufwand für die Instandhaltung waren jedoch Ursache dafür, daß die H 02 1001 – trotz der bereits am Führerhaus angebrachten Beschilderung – von der DRG nicht übernommen wurde.
Zwar hat der „klassische" Lokomotivkessel Stephensonscher Bauart den Vorteil eines größeren Wasserinhaltes und damit größerer Leistungsreserven, dennoch überwiegen die Vorteile des Zwangsumlaufkessels. Nachteilig für den normalen Kessel der Regelbauart sind besonders die hohe Eigenmasse, die schwierige und teure Herstellung sowie der hohe Aufwand in der Instandhaltung. Eine ausreichende Leistung zwingt zu großen Kesselblechstärken, damit zu großen Massen; für den Stehkessel sind Stehbolzen, Blechanker u. a. erforderlich, die, ebenso wie die komplizierten Kümpelteile, einen hohen Aufwand in Fertigung und Montage darstellen und zudem noch einem raschen Verschleiß unterliegen, was die teure Unter- und Erhaltung der Kessel verständlich macht. Demgegenüber stehen Vorteile des Zwangsumlaufkessels, der wesentlich leichter ist und durch höhere Druckanwendung eine beachtliche Leistungssteigerung gestattet, er benötigt nicht die komplizierten Bauteile des Regelkessels, sondern nur einfache Rohre von etwa 30 mm Durchmesser und einer Wanddicke von 3 mm und kann ohne teure Schmiedearbeiten oder Preßgesenke gefertigt werden. Als weiteren Vorteil – vor allem bei der Anwendung auf Dampflokomotiven – sind die leichte Anpassung an den vorhandenen Bauraum und die günstige Anwendung der Kohlenstaubfeuerung zu nennen.
Auf der Grundlage dieser Erkenntnisse und der zu erwartenden Vorteile stellte

H 45 024 – Umbaulok DR (LKM 13 657/1951) mit La Mont-Kessel, Kohlenstaubfeuerung und Kondenstender

das LOWA-Konstruktionsbüro einen Antrag zur Entwicklung einer Lokomotive mit Zwangsumlaufkessel, der dann 1950 vergeben wurde. In enger Zusammenarbeit zwischen dem Versuchskonstruktionsbüro der LOWA (dem späteren IfS), dem EKM Dampfkesselbau Meerane und dem VEB Lokomotivbau „Karl Marx" Babelsberg entstand dann in kurzer Zeit die Versuchslokomotive H 45 024, die bereits 1951 auf der Leipziger Messe ausgestellt war und beträchtliches Aufsehen erregte.

Als Zwangsumlaufkessel hatte man die Bauart La Mont vorgesehen. Die gesamte Kesselanlage wurde auf Rahmen und Laufwerk einer Lokomotive der BR 45 aufgebaut, während die Kondensations- und die Kohlenstaubanlage ihren Platz auf einem vierachsigen Tender erhielten. Hauptmerkmale des La-Mont-Kessels sind der zwangsläufige Wasserumlauf mit Hilfe einer Umwälzpumpe und enge Wasserrohre mit erzwungener gleichmäßiger Wasserverteilung auf parallelgeschaltete Rohrstränge.

Der Kessel der Versuchslokomotive war als U-förmige Wanne ausgebildet und bestand aus folgenden Hauptbauteilen: statt der Feuerbüchse aus dem Brennraum mit den Rohrbündeln des Verdampfers, statt des Langkessels aus den Rohrbündeln des Überhitzers und denen des Speisewasservorwärmers sowie einer Rauchkammer, in der die Saugzuganlage mit Gebläse und Antriebsturbine sowie der Schornstein und der Ausdampfbehälter untergebracht waren.

In dieser Reihenfolge wurden die genannten Bauteile auch von den Rauchgasen durchströmt, wobei eine entsprechende Abstimmung der Heizflächen für eine dem jeweiligen Temperaturgefälle angepaßte Wärmeübertragung sorgen sollte.

Das im Kondensationsbehälter angefallene Wasser gelangte über eine Zubringer- und eine Speisepumpe in den Vorwärmer und von da in den Ausdampfbehälter. Eine weitere Umwälzpumpe förderte das im Ausdampfbehälter ausgeschiedene Wasser zu den Rohrbündeln des Verdampfers und von da wieder zum Ausdampfbehälter.

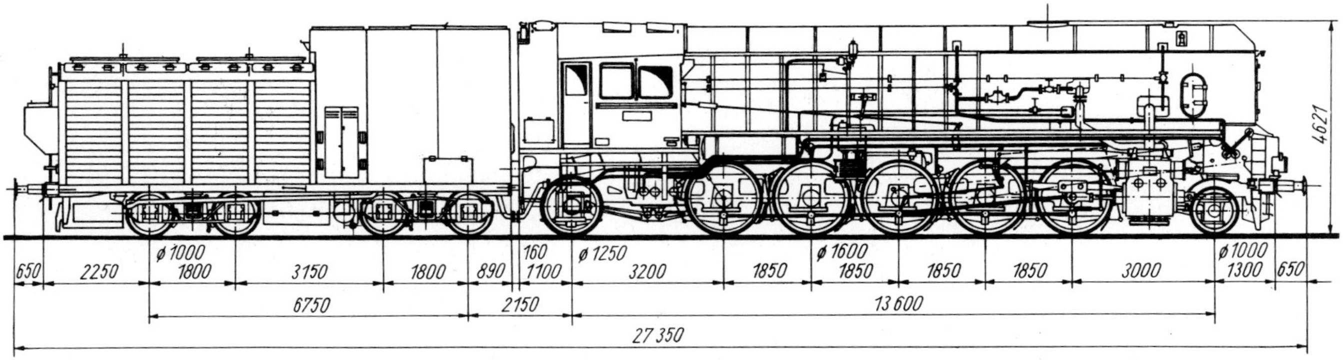


Hier schied sich das im Verdampfer erzeugte Dampf-Wasser-Gemisch, denn im Verdampfer wird nur etwa $^1/_8$ bis $^1/_6$ der umgewälzten Wassermenge verdampft. Während das Wasser erneut den Kreislauf begann, strömte der Dampf zum Überhitzer und von hier über den Ventilregler zur HD-Maschine. Eine weitere Leitung brachte überhitzten Dampf zur Pumpenturbine, die die Speise- und Umwälzpumpe antrieb.

Der Abdampf der ND-Maschinen gelangte nach Durchströmen eines Entölers zur Saugzugturbine in der Rauchkammer und von da über eine auf der linken Lokomotivseite befindliche Abdampfleitung zur Lüfterturbine auf dem Tender, die über Kegelräder zwei Lüfterräder antrieb. Nach der Arbeitsleistung in der Lüfterturbine strömte der Abdampf gemeinsam mit dem Abdampf von Generator und Luftpumpen zu den Kühlelementen der Kondensationsanlage, wo er niedergeschlagen wurde und sich im Kondensatbehälter sammelte.

Zur Feuerung diente Braunkohlenstaub. Zur Bevorratung dienten zwei große Behälter auf dem Tender, von denen der Kohlenstaub mittels Druckluft zu einem Zuteilungsbehälter hinter der Führerhausrückwand gelangte. Eine zusätzliche Luftpumpe und ein besonderer Luftbehälter sorgten für die erforderliche Druckluft. Unmittelbar an den Zuteilungsbehälter schloß sich die Mischdüse für das Kohlenstaub-Luft-Gemisch an, welches dann über drei Wirbelbrenner infolge des Unterdrukkes in den Verbrennungsraum gesaugt wurde.

Rahmen und Laufwerk der 1′E1′-Lokomotive 45 024 behielt man bei, ersetzte jedoch das bisherige h3-Triebwerk durch die h3v-Bauart. Dabei blieb der ursprüngliche Zweiachsantrieb erhalten. Die innere HD-Maschine mit 400 mm Kolbendurchmesser arbeitete auf die zweite Kuppelachse, die beiden äußeren ND-Maschinen mit 520 mm Kolbendurchmesser auf die mittlere Kuppelachse; für beide Triebwerke betrug der Kolbenhub 720 mm.

Die thermischen Vorausbetrachtungen ließen beachtliche Vorteile erwarten. Als Höchstleistung sollten 2134 kW (2900 PSi) bei einer Geschwindigkeit von 74 km/h erreicht werden, wobei die Kesselleistung 13500 kg/h Dampf betragen hätte, was einem spezifischen Verbrauch von 6,32 kg/kWh (4,65 kg je PSih) bzw. unter Abzug des Dampfbedarfs für die Hilfsbetriebe von 5,64 kg je kWh (4,14 kg/PSih) entspricht. Im Vergleich mit den bei Kesseln der Regelbauart üblichen Werten wären Dampfeinsparungen von 21 % bzw. 30 % möglich gewesen. Auf Grund des wesentlich höher und flacher verlaufenden Kesselwirkungsgrades waren außerdem bis zu 24 % Brennstoffeinsparung zu erwarten. Diese Werte bezogen sich auf die volle Lokomotivleistung, aber selbst bei den im Betriebseinsatz unumgänglichen Teillast- und Leerlaufanteilen erschienen 15 bis 20 %ige Einsparungen noch realisierbar. Zweifellos wäre der Instandhaltungsaufwand für die neuen Hilfsanlagen merklich gestiegen, dafür hätten jedoch die sonst umfangreichen Arbeiten an Kessel und Feuerbüchse stark reduziert werden können, so daß insgesamt die Vorteile überwogen. Dabei ist zu beachten, daß die Vorteile des Zwangsumlaufkessels durch den Umbau einer Lokomotive der Regelbauart nicht voll wirksam werden konnten. Bei einer völligen Neukonstruktion wären weitere Masseeinsparungen bzw. entsprechende Leistungssteigerungen möglich gewesen, die sich beim Umbau einer vorhandenen Lokomotive nicht anwenden ließen. Ähnliche Verhältnisse sind auch bei den Hilfsmaschinen in Betracht zu ziehen, bei denen man auf serienmäßige, im Eisenbahnbetrieb völlig unerprobte Bauteile zurückgreifen mußte.

Leider verliefen die ersten Fahrversuche wenig ermutigend. Nach der Fertigstellung unterzog man die Lokomo-

H 45 024 Umbaulok DR

tive vorerst umfangreichen Standversuchen, vor allem erfolgte die eingehende Erprobung der Kohlenstaubfeuerung und der Hilfsmaschinen. 1953 sollte dann die erste Probefahrt von Seddin nach Drewitz stattfinden, die jedoch bereits nach 4 km Fahrt abgebrochen werden mußte, weil der Kondensatvorrat verbraucht war. Nach Beseitigung der entstandenen Undichtigkeiten und der Errichtung einer provisorischen Anlage zur Kondensatgewinnung erfolgte eine zweite Probefahrt, die von Seddin nach Babelsberg führen sollte. Aber bereits nach wenigen Fahrtkilometern stellten sich Dampftemperaturen von fast 600 °C ein; kurz vor dem Ziel mußte dann der Versuch abgebrochen werden, weil die Überhitzerrohre rotglühend und z. T. bereits deformiert waren. Neben dem Hauptmangel der fehlerhaften Abstimmung der Heizflächenanteile sind die ungenügende Leistung der Kondensationsanlage und die Störungen an den Pumpen als Ursachen für das Scheitern dieses hoffnungsvollen Versuches anzusehen. Vom IfS ergingen zwar noch Vorschläge zum Umbau und zur Verbesserung der Funktionstüchtigkeit, die jedoch wegen der hohen Kosten und des geplanten Überganges auf elektrische und Dieselzugförderung nicht mehr ausgeführt wurden. Die Maschine stand dann noch jahrelang im Raw Meiningen, bis sie schließlich ausgemustert wurde. Beide Außenzylinder und das gesamte Rahmenhinterende mit der Schleppachsgruppe wurden beim Aufbau der Schnellfahrlokomotive 18 201 verwendet. Die H 45 024 war kaffeebraun gestrichen und besaß gelbe Zierstreifen.

## Konstruktive Merkmale

Kessel: Zwangsumlaufkessel der Bauart La Mont, als U-förmige Wanne ausgebildet, aus den Hauptteilen Verdampfer, Überhitzer, Speisewasservorwärmer und Rauchkammer mit Saugzuganlage und Ausdampfbehälter bestehend; Braunkohlenstaubfeuerung.
Rahmen: wie Baureihe 45 (Einheitslok)
Laufwerk: wie Baureihe 45 (Einheitslok)
Triebwerk: Dreizylinder-Verbundtriebwerk; Zweiachsantrieb; innerer HD-Zylinder auf zweite, äußere ND-Zylinder auf mittlere Kuppelachse arbeitend.
Steuerung: Heusinger-Steuerung. Handbetätigtes Anfahrventil zur Erhöhung des Verbinderdruckes beim Anfahren.
Bremse: wie Baureihe 45 (Einheitslok)
Sondereinrichtungen: Braunkohlenstaubfeuerung,
Saugzugturbine in der Rauchkammer, Zubringer – Pumpen – Turbine – Aggregat; Umwälzspeisepumpen – Turbinen-Aggregat; zwei Luftpumpen; zwei Abdampfentöler; Kondensationseinrichtung mit Kühlelementen und Lüfterturbine auf dem Tender.
Tender: Kohlenstaub-Kondenstender.

# 50

**Einheitslok**
**Umbaulok DB**
**(Kabinentender)**

Am 5. 4. 1937 beauftragte das RVM das RZA mit der Durchbildung einer leistungsfähigen Güterzuglokomotive für Nebenbahnen. „Die neue Lokomotive", so hieß es in dem Schreiben, „soll die in absehbarer Zeit wegen Überalterung ausscheidende E (h2)-Güterzuglokomotive der Baureihe $57^{10-40}$ (pr. G 10) ersetzen. Sie soll in der Ebene einen mittelschweren Güterzug befördern können und eine höchste Geschwindigkeit von 80 km/h erhalten." Weitere Forderungen waren die Beförderung dieses mittelschweren Güterzuges auf 1:80 mit 25 km/h, das Befahren von Bögen mit 140 m Halbmesser, 16 t Achsfahrmasse einfache und pflegearme Bauweise, hohe Rückwärtsgeschwindigkeit und die Möglichkeit, auf Braunkohlenbrikettfeuerung umstellbar zu sein.
Das RZA plante eine 1'D-Lokomotive (Baureihe 46), weil man einer 1'E nicht die geforderte hohe Rückwärtsgeschwindigkeit und, wegen des höheren Eigenwiderstandes, nicht die erforderliche Zughakenleistung zutraute. Das RVM zweifelte an, daß die 1'D die erforderliche Reibungsmasse erhalten könnte und empfahl zu prüfen, ob nicht eine 1'E zweckmäßiger sei.
Die Lokomotivfabriken reichten Entwürfe ein: Henschel zwei 1'D-Lokomotiven, Borsig und das VB je eine

1'D-Lok, Krupp und Schwartzkopff boten außer einer 1'D-Lok noch eine 1'E-Lokomotive an. Der Lokausschuß beschäftigte sich in seiner 29. Beratung am 16./17. 12. 1937 in Ulm mit großer Ausführlichkeit damit, ob eine 1'D oder eine 1'E den gestellten Anforderungen besser gerecht werde. Berichterstatter zu diesem Punkt waren RR Witte und RR Ziem.

Mit einer vierfach gekuppelten Maschine, so führte Witte aus, könne das geforderte Leistungsprogramm nicht erfüllt werden, weil dazu etwa 80 t Reibungsmasse erforderlich seien. Diese 80 t würden zwar von der 1'D1'-Lok der Baureihe 41 aufgebracht, jedoch bei 20 t zulässiger Achsfahrmasse. Der Forderung nach „größter Betriebsbrauchbarkeit, geringem Aufwand in der Unterhaltung und Einfachheit" stünde eine 1'E-Achsanordnung nicht im Wege.

Das Problem bestand darin, das fünffach gekuppelte Triebwerk für die teilweise schlecht verlegten Nebenbahngleise tauglich zu machen, die nie so gut liegen, wie Dir. b. d. R. Ruthemeyer einwarf, „daß alle Achsen stets mit dem vollen Reibungsgewicht eingesetzt werden können." Außerdem mußte die hohe Rückwärtsgeschwindigkeit garantiert sein. Die Meinungen, ob die bei Rückwärtsfahrt voranlaufende 5. Kuppelachse seitenverschiebbar sein und mit Rückstellvorrichtung versehen werden sollte oder fest im Rahmen zu lagern sei, gingen noch auseinander. Einigkeit bestand jedoch darin, einen Tender mit 2 Drehgestellen zu verwenden. Bei der pr. G 10 war der Kessel mit dem der pr. P 8 tauschbar. Es wurde erörtert, ob auch bei der Ersatz-G 10 ein mit der Ersatz-P 8 tauschbarer Kessel zu entwickeln sei. Angesichts der hohen Stückzahlen, in denen die 1'E zu bauen war, hielt man den Kesseltausch nicht für zweckmäßig und wirtschaftlich. Witte versuchte, einen Verbrennungskammerkessel durchzubringen, um ein günstigeres Heizflächenverhältnis (etwa 1 : 6) zu erzielen, damit die gleiche Dampfleistung bei geringerer Gesamtkesselanstrengung erzielt werden konnte.

Der Verbrennungskammerkessel wurde für die 1'E wegen fehlender Werkstätten- und Betriebserfahrung abgelehnt, aber als Versuchskessel für die Ersatz-P 8 gebilligt.

Die Baureihe 50 wurde mit Stahlfeuer-

50 131 (Borsig 14 862/1939) Einheitslok in der Ursprungsausführung

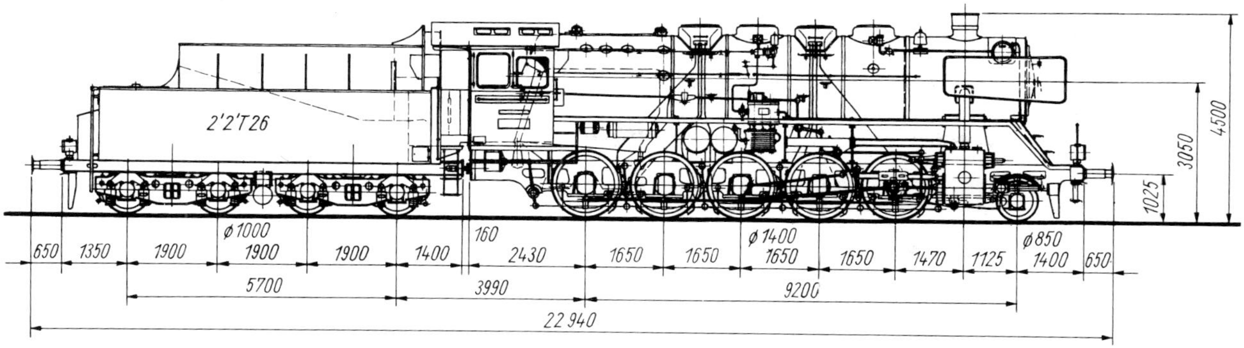


BR 50 (Einheitslok), jedoch mit Witte-Windleitblechen

büchse, legiertem Stahl als Kesselbaustoff, Wagner-Überhitzer und 16 bar (16 kp/cm$^2$) Kesseldruck gebaut. Die Regelausführung besaß große Windleitbleche. Henschel lieferte von April bis Juli 1939 die ersten 12 Lokomotiven, von denen 2 zum Bw Leipzig-Wahren (50 001 u. 50 002), 3 zum Bw Elsterwerda (50 003–50 005) und 7 zum Bw Engelsdorf (b. Leipzig) kamen. Nach dem Kriegsausbruch am 1. 9. 1939 stieg der Bedarf an Güterzuglokomotiven sprunghaft an, so daß die BR 50 die nicht geplante Stückzahl von 3 164 Einheiten erreichte. Waren 1939 nur 4 Firmen (Henschel, Krupp, Krauss-Maffei und Floridsdorf) mit dem Bau beschäftigt (insgesamt 218 Loks), so kamen 1940 Schwartzkopff, Borsig, O & K und Schichau hinzu, die 641 Maschinen lieferten. 1941 wurden 851, 1942 bereits 1 058 Maschinen der BR 50 an die DRG abgeliefert.

Das 1941 vorliegende Projekt zur 1. Kriegslokomotive hatte auch eine vereinfachte Fertigung der BR 50 zur Folge. 1942 erschienen bereits die ersten 50 ÜK (Übergangs-Kriegslokomotiven) von Škoda in Pilsen (50 1167 bis 50 1194) und Krauss-Maffei (50 1640–50 1688) und Borsig. Die 50 ÜK hatte nur jeweils ein Seitenfenster und einen großen Teil der Vereinfachungen, wie sie später für die BR 52 charakteristisch waren. Aus diesem Grunde wurden auch 323 als BR 50 geplante Maschinen (50 3045–50 3167, 50 3188–50 3387) als 52 007–52 123 und 52 144–52 349 abgeliefert.

Nach dem Anlaufen der Kriegslokproduktion in Deutschland wurden vornehmlich Lokfabriken in den von Hitlerdeutschland besetzten Ländern (ČSR, Belgien) für den Bau der Reihe 50 herangezogen. Die 3 164 Maschinen, die bis 1948 gebaut wurden, stammen von 21 verschiedenen Firmen. Die CFR ließ 1947–1959 noch 282 Loks nach Zeichnungen der BR 50 bauen, so daß die Gesamtzahl der gefertigten 50er auch mit 3 446 angegeben werden kann.

Von den 3 164 im Auftrag der DRG gebauten Maschinen wurden die 50 2773 bis 50 2777, die mit gewölbter Stehkesseldecke geliefert worden waren, bald in 52 002–52 006 umgenummert, so daß 3 159 Maschinen verblieben.

Nach Kriegsende betrug der Bestand bei den einzelnen Bahnverwaltungen: DB 2 563, DR 350, PKP 14 (bekannt), SNCF 36, BDŽ 28, ČSD 31, ÖBB 13, ÖBB T 4, SNCB 10, MÁV 4, NS 6, JDŽ 2. Von 69 Maschinen ist der Verbleib unbekannt, 11 wurden vor 1945 ausgemustert.

Es würde hier zu weit führen, die vielen Bestandsänderungen der BR 50 bei den europäischen Bahnverwaltungen nach 1945 zu berücksichtigen; wir verweisen auf die entsprechende Fachliteratur.

Die DR rüstete einen Teil ihrer Maschinen mit Giesl-Flachejektoren aus und mußte alle Maschinen neu bekesseln, weil der Kesselbaustoff St 47 K schweißbrüchig und nicht alterungsbeständig war. Als die Giesl-Ejektoren verschlissen waren (Ende der 70er Jahre), sind sie bei fälligen Schadgruppen gegen normale Blasrohranlagen und Schornsteine der Regelausführung getauscht worden.

Bei der DB zählte, wie bei der DR, die Baureihe 50 auch 1976 noch zum Unterhaltungsbestand und war auf die Bw Duisburg-Wedau, Oberhausen-Osterfeld Süd, Betzdorf, Lehrte, Stolberg (Rhld.), Gremberg, Schweinfurth, Bayreuth, Weiden, Saarbrücken, Kaiserslautern, Crailsheim und Ulm verteilt. Ein Teil der Maschinen erhielt sog. Kabinentender, wie sie bei den ÖBB auch aus den Wannentendern der BR 52 entwickelt worden waren. Hinter dem Kohlekasten wurden Zugführerkabinen eingebaut, wodurch sich die Vorräte auf 6,6 t Kohle verringerten. Im EDV-Nummernplan der DB von 1968 rückte die erste Stelle der Ordnungsnummer bei

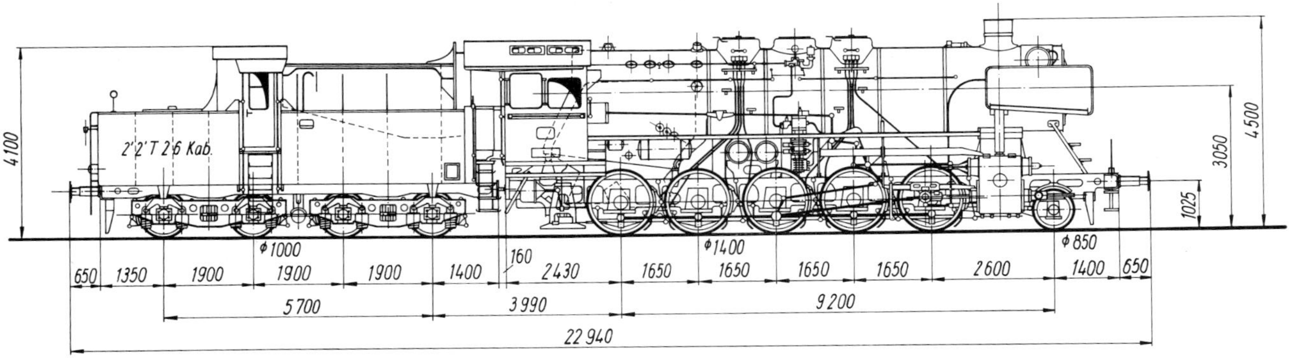


BR 50 (Umbau DB) mit Kabinentender und Witte-Windleitblechen

vierstelligen Ordnungsnummern in die Baureihennummer. So entstand aus Lokomotiven mit eintausender Betriebsnummer die BR 051, aus Lokomotiven mit zweitausender Betriebsnummer die BR 052 und analog die BR 053.

## Konstruktive Merkmale

Kessel: Genieteter Langkessel der Einheitsbauart aus 2 Schüssen mit 5200 mm Abstand zwischen den Rohr-

051 420-8 (50 1420) der DB mit Kabinentender (Henschel 26 230/1941); diese Maschine war während des Krieges leihweise an die CFR abgegeben worden.

052 274-8/50 2274 (Henschel 26 605/1942) der DB mit Kabinentender

wänden. Speisedom mit Winkelrost-Schlammabscheider auf dem 1. Kesselschuß, Dampfdom mit Naßdampf-Ventilregler Bauart Schmidt & Wagner auf dem 2. Kesselschuß. Je ein Sandkasten vor und hinter dem Reglerdom. Geschweißte Stahlfeuerbüche mit eingenietetem Bodenring. Stählerne Stehbolzen und Anker. Geräumiger Aschkasten über dem 5. Kuppelradsatz, der durch Sattelstück überbrückt wird. 4 vom Führerstand aus bedienbare Bodenluftklappen. Rauchrohrüberhitzer Bauart Wagner. 2 Sicherheitsventile Bauart Ackermann. Speiseeinrichtungen: Kolbenspeisepumpe Bauart Knorr-Tolkien (250 l/min) mit Oberflächenvorwärmer Bauart Knorr quer vor dem Schornstein in der Rauchkammer; saugende Dampfstrahlpumpe der Einheitsbauart (250 l/min). Luft- und Speisepumpe an besonderem Pumpenträger in Fahrzeugmitte.

Rahmen: 80 mm dicker Barrenrahmen. Lichte Weite 930 mm. Pendelbleche vor der 2. und 3. Kuppelachse. Pufferträger aus Preßblech, Zugkasten aus Stahlguß.

Laufwerk: Vierpunktabstützung. Laufachse und die ersten 3 Kuppelachsen sowie die beiden letzten Kuppelachsen bilden je ein Stützsystem (Masseausgleich). Laufachse und 1. Kuppelachse sind zu Krauss-Helmholtz-Lenkgestell zusammengefaßt. Laufachse mit ± 125 mm, 1. Kuppelachse mit ± 25 mm Seitenverschiebbarkeit. 2., 3. und 4. Kuppelachse fest im Rahmen gelagert, 5. Kuppelachse mit ± 25 mm Seitenverschiebbarkeit. Spurkranz der Treibachse (3. Kuppelachse) um 15 mm geschwächt. Kup-

pelachsfedern unterhalb, Laufachsfedern oberhalb der Achslager. Treibachslager Bauart Mangold.
Triebwerk: Zweizylinder-Heißdampftriebwerk mit außenliegenden, waagerechten Zylindern. Zylinder sind von einem Modell gegossen und mit Paßschrauben am Rahmen verschraubt. Angeschraubte Ausströmkästen. Kuppelstangen mit einteiligen, nicht nachstellbaren Buchsenlagern, Treibstangenlager geteilt und nachstellbar. Antrieb der 3. Kuppelachse.
Steuerung: Außenliegende Heusinger-Steuerung für Inneneinströmung. Füllungen von 80,5 % für Vorwärts- und 82 % für Rückwärtsfahrt. Steuerbock am Stehkessel befestigt. Druckausgleichkolbenschieber Bauart Nicolai.
Bremse: Selbsttätig wirkende Einkammer-Druckluftbremse Bauart Knorr mit Zusatzbremse. Alle Kuppelräder werden einseitig von vorn gebremst. Geteilte Bremsklötze mit unterteilten Sohlen. Laufachse ungebremst. Doppelverbund-Luftpumpe Bauart Nielebock-Knorr. 2 Hauptluftbehälter (je 400 l) quer auf dem Rahmen hinter dem Steuerungsträger. Hilfsluftbehälter unter dem rechten Umlauf zwischen 4. und 5. Kuppelachse.
Sondereinrichtungen: Druckluftsandstreuer Bauart Borsig-Reichsbahn sandet bei Vorwärtsfahrt die Räder aller Kuppelachsen von vorn, bei Rückwärtsfahrt die 2., 3. und 4. Kuppelachse. Hochdruckpumpe Bauart Bosch-Reichsbahn zur Schmierung aller unter Dampf gehenden Teile. Luft- und Speisepumpe werden durch selbsttätige Hochdruckpumpe Bauart de Limon, Fluhme & Co. (Typ DK) geschmiert. Geschwindigkeitsmesser Bauart Deuta. Elektrische Beleuchtung durch Einheits-Turbogenerator Bauart AEG. Dampfheizungseinrichtung.
Tender: 2′2′ T 26 der Einheitsbauart mit 8 t Kohle.

# $50^{35-37}$ Rekolok DR

# $50^{50}$ Rekolok DR (Ölhauptfeuerung)

Mit 350 Lokomotiven war der DR nach dem Kriege nur ein kleiner Teil des einstigen Gesamtbestandes von 3 141 Maschinen der Baureihe 50 verblieben. Neben der BR 52, die in wesentlich größeren Stückzahlen vorhanden war, und der BR 50 besaß auch die DR keine Güterzuglokomotive jüngeren Baujahres mit nur 15 t Achsfahrmasse. Als in der zweiten Hälfte der 50er Jahre wegen der Alterungserscheinungen an den Kesseln aus St 47 K eine Neubekesselung oder Ausmusterung zu entscheiden war, wählte die DR trotz der damit verbundenen erheblichen Investitionen die Neubekesselung. 1957 wurde ein Ersatzkessel entworfen, der den Neubaukessel für die BR $23^{10}$ zum Vorbild hatte. Stehkessel und Feuerbüchse mit Verbrennungskammer wurden unverändert von der BR $23^{10}$ übernommen. Langkessel und Rauchkammer mußten wegen der anderen Fahrwerksabmessungen bei der BR 50 neu konzipiert werden. Anstatt 4 200 mm bei der BR $23^{10}$ betrug beim 50er Ersatzkessel der Abstand zwischen den Rohrwänden 4 700 mm. Dadurch vergrößerte sich auch die Gesamtheizfläche gegenüber der BR $23^{10}$ von 159,6 $m^2$ auf 172,3 $m^2$.
Der Kessel war in allen Teilen geschweißt. Im Bereich der Verbrennungskammer war der Langkessel konisch erweitert. Die ersten Ausführungen hatten anstelle des Speisedoms einen Krümmer auf dem Langkesselscheitel, der die beiden Kesselspeiseventile trug.
Ab dem Jahre 1960 wurden die Kessel mit getrennten Eingängen der Speiseventile ausgerüstet. Hersteller der Ersatzkessel waren das Raw Halberstadt und der VEB Schwermaschinenbau „Karl Liebknecht" Magdeburg.
Der übrige Umbau der Lokomotiven wurde nach den bei der DR üblichen Rekonstruktionsprinzipien vorgenommen. Die Maschinen erhielten neue Aschkästen (Bauart Stühren) mit seitlichen, unmittelbar unter dem Bodenring liegenden Luftklappen, damit auch bei gefülltem Aschkasten ausreichende Luftzufuhr gesichert war. Der Aschkasten war am Rahmen befestigt. Weiterhin wurden die Lokomotiven mit Mischvorwärmeranlagen ausgerüstet, erhielten einen neuen Pumpenträger und die Mischvorwärmerpumpe. Der Steuerbock war nicht mehr am Stehkessel, sondern am Rahmen angebracht. Wegen des größeren Hinterkessel-Durchmessers war auch der Einbau einer neuen Führerhausvorderwand notwendig geworden. Die Ventilzüge zum Dampfentnahmestutzen mußten wegen der konischen Erweiterung des Hinterkessels gelenkartig Kardanverbindungen erhalten, um parallel zum Langkessel geführt werden zu können. Der Naßdampfregler Bauart Schmidt & Wagner wurde beibehalten, jedoch auf Seitenzugbetätigung umgestellt. Die großen Windleitbleche schließlich mußten, sofern sie noch vorhanden waren, den materialsparenden Witteblechen weichen.
Die Maschinen der BR 50 mit Kesseln aus St 47 K wurden von 1958–1963 im Raw Stendal, das auch Erhaltungs-Raw für die Baureihen 50 und 52 war, rekonstruiert. Insgesamt wurden 208 Maschinen mit Neubau-Ersatzkesseln

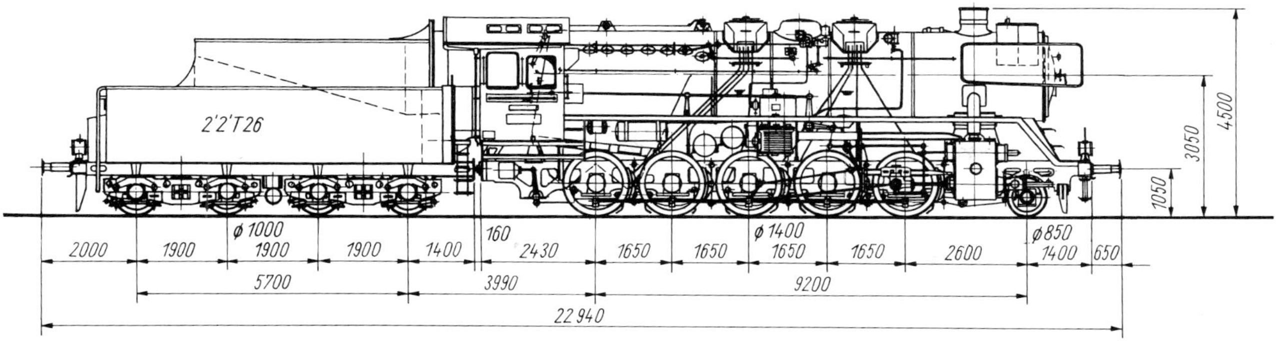


BR 50 (Rekolok DR) mit Rostfeuerung

ausgerüstet, mehr als 60 erhielten Giesl-Flachejektoren.
Die jetzt als Baureihe $50^{35-37}$ (50 3501 bis 50 3708) bezeichneten Maschinen wurden im Raum Magdeburg eingesetzt, also vorwiegend auf den Flachlandstrecken der Magdeburger Börde und der Altmark. Das Leistungsprogramm dieser Güterzuglokomotive sah die Beförderung von 1370 t in der Ebene mit 60 km/h, von 990 t auf 3‰ Steigung mit 50 km/h und von 480 t auf 10‰ Steigung mit 45 km/h vor. Nicht selten war die $50^{35-37}$ auch im Perso-

50 3616 (Rekolok DR) Umbaulok aus 50 453 (Raw Stendal 3. 8. 1960)

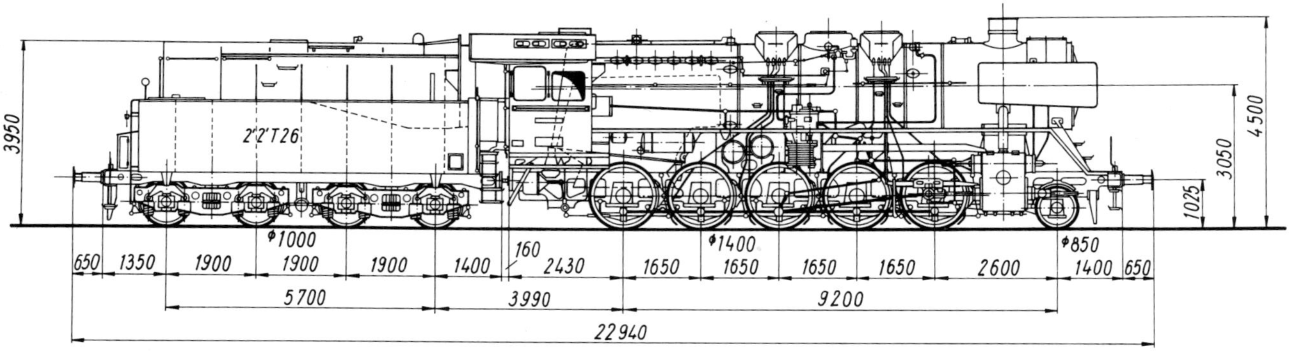


BR 50; Rekolok DR mit Ölhauptfeuerung

50 0037-7 (Rekolok DR mit Ölhauptfeuerung) Umbau aus 50 2901 (Raw Stendal 22. 8. 1960) zu 50 3619 bzw. aus 50 3619 (Raw Stendal 20. 12. 1966) zu 50 5037

nenzugdienst anzutreffen und dampfte mit 2 oder 3 Personenwagen ,,belastet" auf den Nebenbahnstrecken der Rbd Magdeburg. Im Personenzugdienst schleppte sie in der Ebene 800 t mit 80 km/h und auf Steigungen von 3‰ mit 80 km/h noch 440 t.
Von diesen Rekoloks der Baureihe $50^{35-37}$ wurden ab 1966 mehr als 70 auf Ölhauptfeuerung umgebaut, darunter

auch einige Maschinen mit Giesl-Flachejektor. Diese ölgefeuerten Lokomotiven bekamen die Baureihenbezeichnung $50^{50}$; ab der 43. Maschine wurde gleich beim Umbau die EDV-Betriebsnummer (also 50 0043-5) angebracht, weil die letzten Maschinen erst umgebaut wurden, als die DR ihren Fahrzeugpark auf EDV-Betriebsnummern umstellte.
Der Umbau auf Ölhauptfeuerung brachte Probleme mit den Karl-Schulz-Schiebern, weil diese Schieberbauart für die höheren Heißdampftemperaturen, die die Ölfeuerung lieferte, anfällig war. Die HvM entschied deshalb, von ausgemusterten Lokomotiven der Baureihe 52 die Regelkolbenschieber und die Winterthur-Druckausgleicher auszubauen und bei der Baureihe $50^{50}$ zu verwenden. Das Raw Stendal rüstete ab 1972 einige Lokomotiven der Baureihe 50, die Ölhauptfeuerung besaßen, mit Regelkolbenschiebern und Winterthur-Druckausgleicher aus. Allerdings ist der Winterthur-Apparat nicht, wie bei der Baureihe 52, verkleidet worden. Den wesentlich schlechteren Leerlauf mit Regelkolbenschiebern nahm man zugunsten einer größeren Störfreiheit in Kauf.
Einsatzgebiet der ölgefeuerten Lokomotiven der Baureihe 50 war das Flachland im Norden der DDR. Einsatz-Bw waren u. a. Wismar, Wittenberge, Güstrow, Pasewalk und Angermünde. 1981 waren noch einige Maschinen im Einsatz.

## Konstruktive Merkmale

Kessel: Neubau-Ersatzkessel. Vollständig geschweißt, mit zylindrischem Langkessel und konischem Übergangsschuß zum Hinterkessel. Feuerbüchse mit Verbrennungskammer. Sämtliche Stehbolzen und Verankerungen gewindelos mit Spiel eingeschweißt. Aschkasten Bauart Stühren am Rahmen befestigt. Pendelblechhalter am Langkessel angenietet. 2 Sicherheitsventile Bauart Ackermann (60 mm l. W.). Naßdampfventilregler Bauart Schmidt & Wagner mit Seitenzug. Dampfdom in Langkesselmitte, davor und dahinter je ein Sandkasten in geschweißter Ausführung. Speiseeinrichtungen: Mischvorwärmeranlage Bauart IfS/DR mit Kolbenverbundmischpumpe Bauart BBW; 1 Dampfstrahlpumpe. Speise- und Luftpumpe an besonderem Pumpenträger in Fahrzeugmitte.
Rahmen: wie Baureihe 50 (Einheitslok)
Laufwerk: wie Baureihe 50 (Einheitslok), jedoch meist Laufradsatz mit Scheibenrädern.
Triebwerk: wie Baureihe 50 (Einheitslok)
Steuerung: wie Baureihe 50 (Einheitslok), jedoch Steuerbock am Rahmen befestigt. Druckausgleichkolbenschieber Bauart Karl Schulz. BR $50^{50}$ ab dem Jahre 1972 teilweise mit Regelkolbenschiebern und Winterthur-Druckausgleichern.
Bremse: wie Baureihe 50 (Einheitslok)
Sondereinrichtungen: wie Baureihe 50 (Einheitslok). Druckluftsandstreuer sandet die ersten vier Kuppelräder beidseitig. Druckluftläutewerk Bauart Knorr (bei Baureihe $50^{50}$ z. T. entfernt). Einige Maschinen, auch der BR $50^{50}$, mit Giesl-Flachejektor.
Tender: 2'2' T 26 der Einheitsbauart mit 10 t Kohle bzw. 11,2 $m^3$ Öl (bei BR $50^{50}$).

# $50^{40}$ Neubaulok DR

Bei der Projektierung einer neuen Güterzug-Schlepptenderlokomotive im Rahmen des vorläufigen Loktypenprogrammes ging die DR sehr sorgsam zu Werke. Nach den Beratungen des vorläufigen Lokausschusses vom Oktober 1952 sollte die Maschine als 1'E h2 mit 18 t Achsfahrmasse die Baureihen 52, 55, 56, 57 und 58 ersetzen. Die BR 42 war bei der DR leider nur in wenigen Exemplaren vorhanden. Um Erfahrungen für die Neubaulok zu sammeln, erhielt die Fahrzeugversuchsanstalt Halle den Auftrag, die Leistung der BR 42 mit nachträglich eingebautem Knorr-Oberflächenvorwärmer zu ermitteln.
Im Januar 1954 wurden alle Reichsbahndirektionen befragt, welche Maschine ihrer Meinung nach als Ersatz für die o. g. Baureihen in Erwägung zu ziehen sei. Außer Erfurt und Halle forderten alle Rbd eine Maschine analog den BR 50/52. Lediglich die Direktionen Halle und Erfurt wünschten als Ersatz für die BR 58 eine leistungsstärkere Maschine für den Dienst im Mittelgebirge. Deshalb blieb die Ersatz-42 noch im Plan, wurde jedoch später mit dem Projekt einer Ersatz-45 verbunden. Diese Maschine (1'E1' h3) sollte mit Kohlenstaub gefeuert werden und 20 t Achsfahrmasse haben. Das Ministerium empfahl schließlich den Bau einer Lok analog den BR 50/52, wobei

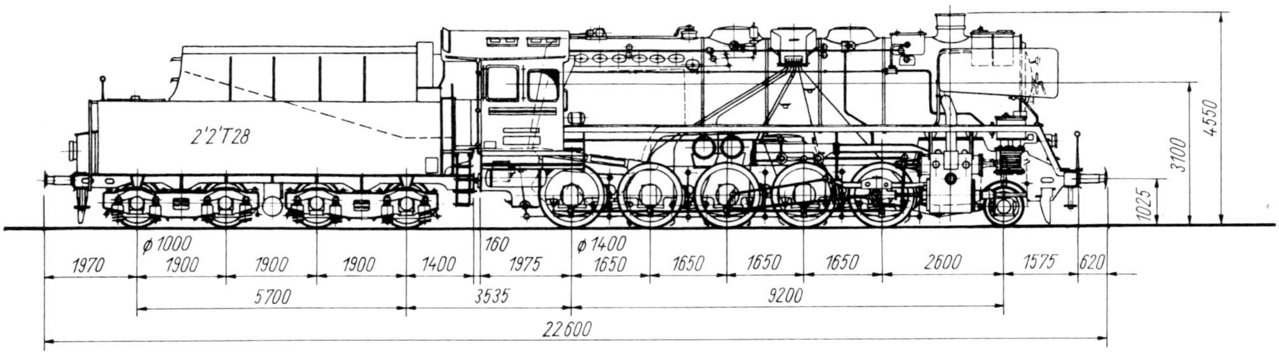


BR $50^{40}$ (Neubaulok DR) Baumuster 50 4001 u. 50 4002

weitgehende Gleichheit mit der BR $23^{10}$ anzustreben war.

Wie die $23^{10}$ wurde die neue Maschine im Institut für Schienenfahrzeuge Berlin-Adlershof unter Johannes Töpelmann projektiert und vom VEB Lokomotivbau „Karl Marx" Babelsberg gebaut. Verglichen mit der Friedensausführung der Einheitsloks der BR 50 besitzt die als Reihe $50^{40}$ eingeordnete Lok das gleiche Triebwerk, ist jedoch mit 22600 mm LüP kürzer als die BR 50 (22940 mm LüP). Der Gesamtachsstand von 18440 mm gestattet das Wenden auf 20-m-Scheiben.

Die BR $50^{40}$ ist als Weiterentwicklung der BR 50 zu betrachten, wobei einerseits in vielen Teilen (vgl. Beschreibung BR $23^{10}$) aus Gründen wirtschaftlicher Konstruktionen, Fertigung und Instandhaltung Gleichheit mit der BR $23^{10}$ erreicht wurde. Andererseits wurden die Erkenntnisse und Erfahrungen des modernen Lokomotivbaus genutzt.

Mit 17,9 $m^2$ hat der Verbrennungskammerkessel der $50^{40}$ eine um 2 $m^2$ größere Strahlungsheizfläche als der der BR 50. Bei 16 bar (16 $kp/cm^2$) Dampfdruck wurde die Heizflächenbelastung mit 70 $kg/m^2h$ festgesetzt. In der Leistung sind die BR 50 und $50^{40}$ gleichwertig (1295 kW ≙ 1760 PSi und 163 kN Zugkraft), im Kohleverbrauch allerdings ist oberhalb 368 kW (500 PSi) die $50^{40}$ wesentlich sparsamer. Bei kleineren Leistungen liegt ihr Kohleverbrauch geringfügig über dem der BR 50.

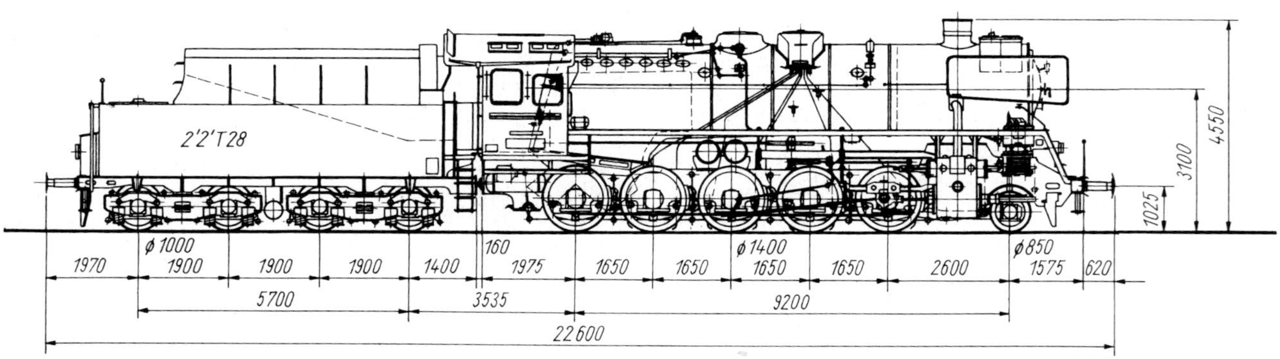


BR $50^{40}$ (Neubaulok DR) Serienausführung 50 4003–50 4088

Die Maschine zieht in der Ebene 1 000 t mit 70 km/h und 1 200 t mit 65 km/h. Auf Steigungen von 5‰ werden 1 000 t mit 40 km/h und 1 200 t mit 35 km/h bewältigt. Wie die $23^{10}$ ist auch die BR $50^{40}$ mit dem geschweißten Neubautender 2′2′ T 28 gekuppelt, der gegenüber dem 50er Tender ein größeres Fassungsvermögen für Wasser hat.
Zum Einsatz kamen die Maschinen ausschließlich auf den Flachlandstrekken in den nördlichen Bezirken der DDR. Ihre in beiden Richtungen mit 80 km/h festgesetzte Höchstgeschwindigkeit gestattete auch den Einsatz in Personenzugplänen. Die Maschinen waren vor allem in den Bahnbetriebswerk Wittenberge, Wismar, Güstrow, Hagenow Land und Neuruppin beheimatet. Insgesamt wurden 88 Maschinen der BR $50^{40}$ gebaut, und die Lok 50 4088 ist zugleich die letzte Neubau-Dampflok der Deutschen Reichsbahn gewesen.
Wenn die Baureihe $50^{40}$ eher aus dem Betriebsdienst ausschied als manche Einheitslokomotiven der Baureihe 50, lag das an ihrem zu labilen Blechrahmen, der recht hohe Unterhaltungskosten verursachte. Im Jahre 1980 ist nur noch von den Bw Parchim und Wittstock (Dosse) planmäßig eine Maschine eingesetzt worden. Eine Anzahl von Maschinen verkaufte die DR als Heizlokomotiven an verschiedene Betriebe. So besaß beispielsweise der VEB Landmaschinenbau Güstrow vier Maschinen der Baureihe $50^{40}$ als Heiz-

50 4014-2 (Neubaulok DR) (LKM 124 014/1959)

kraftwerk für sein neues Betriebsgelände im Süden der Stadt.

## Konstruktive Merkmale

Kessel: Vollständig geschweißter Kessel. Langkessel aus 3 Schüssen mit 4200 mm Abstand zwischen den Rohrwänden. 2 zylindrische und ein 3. konischer Schuß. Bei Baumuster 50 4001 und 50 4002 Speisedom auf dem 1. Kesselschuß. 50 4003–50 4088 ohne Speisedom. Dampfdom mit Ventilregler Bauart Wagner 200 auf dem konischen Kesselschuß. Feuerbüchse aus Stahl C 18 mit Verbrennungskammer. Gewindelos mit Spiel eingeschweißte Stehbolzen; in den Hauptbewegungszonen Kreuzgelenkstehbolzen. Kessel für Verfeuerung von Braunkohlenbriketts ausgelegt und mit BR $23^{10}$ austauschbar. Aschkasten am Rahmen befestigt. 2 Sicherheitsventile Bauart Ackermann 60 mm l. W. Speiseeinrichtungen: Verbundmischpumpe VMP 15-20 Bauart Berliner Bremsenwerk (250 l/min) mit Mischvorwärmeranlage vor dem Schornstein in der Rauchkammer; saugende Dampfstrahlpumpe (250 l/min).
Rahmen: Blechrahmen mit Ober- und Untergurt in Schweißkonstruktion. Blechdicke 25 mm, Wangenabstand 1055 mm. Mehrfache Versteifungen in Längs- und Querrichtung.
Laufwerk: Vierpunktabstützung. Tragfedern der Laufachse und der 1. und 2. Kuppelachse sowie der 3.–5. Kuppelachse sind durch Ausgleichhebel verbunden. Vordere Laufachse und 1. Kuppelachse bilden Krauss-Helmholtz-Lenkgestell. Laufachse mit ± 125 mm, 1. Kuppelachse mit ± 25 mm Seitenverschiebbarkeit. 2., 3. und 4. Kuppelachse fest im Rahmen gelagert, 5. Kuppelachse mit ± 25 mm Seitenverschiebbarkeit. 15 mm Spurkranzschwächung bei der Treibachse. Radreifen mit Heumann-Lotter-Profil.
Triebwerk: Zweizylinder-Heißdampftriebwerk mit einstufiger Dehnung. 2 außenliegende, waagerechte Zylinder arbeiten auf die 3. Kuppelachse. Ausströmkästen mit Umführungskanälen an die Zylinder angegossen. Zylinderdeckel haben Bruchscheiben anstelle der Sicherheitventile. Vorderes Treibstangenlager als Buchsenlager, hinteres Treibstangenlager geteilt und nachstellbar. Kuppelstangen mit Buchsenlagern.
Steuerung: Außenliegende Heusinger-Steuerung mit Kuhnscher Schleife. Füllungen von 80 % bei Vor- und Rückwärtsfahrt. Druckausgleichkolbenschieber Bauart Trofimoff. Durch Steuerpult mit Meßinstrumenten und Füllungsskala Wegfall des Steuerbokkes.
Bremse: Selbsttätig wirkende Einkammer-Druckluftbremse Bauart Knorr bremst alle Kuppelradsätze einseitig von vorn. Laufachse umgebremst. 2 Hauptluftbehälter (je 400 l) quer zum Rahmen über der 3. Kuppelachse unterhalb des Kessels. Doppelverbundluftpumpe Bauart Berliner Bremsenwerk.
Sondereinrichtungen: Druckluftsandstreuer sandet die Räder der 1.–4. Kuppelachse bei Vorwärtsfahrt und die Räder der 2.–4. Kuppelachse bei Rückwärtsfahrt. Zentralschmierung aller unter Dampf gehenden Teile durch Ölschmierpumpe Bauart Grützner (Typ EK VI). Laufwerk-Schmierung durch Ölschmierpumpe Bauart Grützner (Typ EK IV). Elektrische Beleuchtung durch Einheits-Turbogenerator. Dampfheizungseinrichtung. Geschwindigkeitsmesser Bauart VEB Meßgerätewerk Quedlinburg.
Tender: Neubautender 2'2' T 28 mit 10 t Kohle.

# $50^{40}$ Umbaulok DB (Franco-Crosti)

Anfang der fünfziger Jahre bemühte sich die DB um Möglichkeiten, ihren Lokpark zu modernisieren. Neben der Entwicklung von Hochleistungskesseln mit Verbrennungskammern und Einbau von Mischvorwärmer-Anlagen wurden auch Rauchgasvorwärmer der Bauart Franco-Crosti erprobt. 1951 rüstete Henschel die 52 893 und 52 894 mit Franco-Crosti-Kesseln aus, die dann die Betriebsnummern 42 9000 und 42 9001 erhielten. 1956 wurde die 50 1412 mit Rauchgasvorwärmer ausgerüstet und erhielt 1958 die Betriebsnummer 50 4001. Nach eingehendem Probebetrieb wurden 1958–1959 weitere 30 Maschinen der Baureihe 50 umgebaut.
Die bei den Maschinen $42^{90}$ und 50 4001 erzielten Kohleersparnisse betrugen bis zu 20 % und waren damit so groß, daß auch im Rahmen des Strukturwandels der Umbau weiterer Maschinen lohnend erschien. Ausgewählt wurde die BR 50, weil sie die am vielseitigsten eingesetzte Baureihe der DB war.
Bei Rauchgasvorwärmern der Bauart Franco-Crosti liegen zwei Kessel übereinander. Unter dem normalen Verdampferkessel ist ein zweiter angeordnet, der Vorwärmerteil. Die Rauchgase aus dem Langkessel werden in der Rauchkammer 1 in eine im Rauchkam-

merträger liegende Rauchkammer 2 geleitet, dort wiederum um 90° umgelenkt und strömen durch den Rauchgasvorwärmer zur Rauchkammer 3. Von dort gelangen sie durch den für die Franco-Crosti-Maschinen typischen Seitenschornstein ins Freie.

Der Verbrennungskammerkessel der Baureihe $50^{40}$ besaß gegenüber dem Kessel der Baureihe 50 (Einheitslok) und dem der Baureihe $42^{90}$ eine um 0,85 $m^2$ kleinere Rostfläche und war für eine stündliche Dampfmenge von 10 t berechnet. Die Grenzleistung des Kessels lag bei 12 t Dampf/h.

Auf den Schornstein der Rauchkammer des Langkessels wurde nicht verzichtet, weil beim Schuppenaufenthalt der Lokomotiven die Rauchgase hierdurch in die vorhandenen Abzugshauben geführt werden konnten.

Mit der Erhaltung der Baureihe $50^{40}$ war das AW Schwerte beauftragt.

Die Wärmebilanz der Franco-Crosti-Maschinen sah sehr günstig aus. Die Speisewassertemperatur erreichte 150 bis 180 °C, die Rauchgastemperatur in der Rauchkammer 3 betrug zwischen 140 °C und 260 °C. Beim Betrieb mit Mischvorwärmer verlief die Wirkungsgradkurve des Kessels zwischen 91 % und 89 %. Der günstigste Gesamtwirkungsgrad wurde mit 9,75 % bei 35 bis

50 4018 (Umbaulok DB mit Franco-Crosti-Rauchgasvorwärmer); Umbau aus 50 216 (Henschel 29 809/1958)

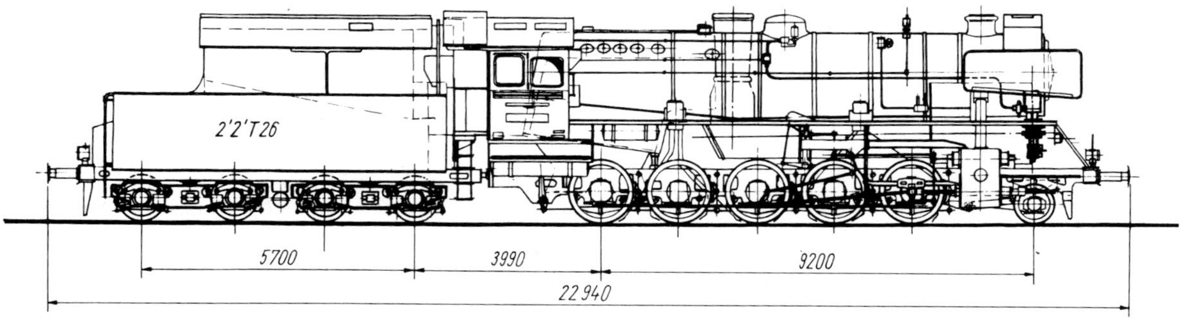


BR $50^{40}$ (Umbaulok DB mit Franco-Crosti-Rauchgasvorwärmer) 50 4002–50 4031

50 km/h und 626···736 kW (850 bis 1000 PS) Zughakenleistung erreicht. Der spezifische Dampfverbrauch lag mit 8,15 kg/kWh (6 kg/PSh) sehr günstig, und die Brennstoffersparnis betrug 15 bis 17 %. Eine Maschine dieser Baureihe, die Lok 50 4011, wurde mit Ölhauptfeuerung ausgerüstet. Sie erreichte deshalb zwar keinen besseren Gesamtwirkungsgrad, war aber im Betrieb sparsamer, weil die Ölfeuerung abschaltbar war.
Wenn auch der Kessel der BR $50^{40}$ sehr verdampfungsfreudig war, so hatte doch das Personal einige Mühe mit den Maschinen. Bei ungünstigem Wind drangen Abdampf und Rauchgas in das Führerhaus. Die druckluftbetätigten Abdeckklappen des Tenders konnten ebensowenig Abhilfe schaffen wie das Rauchleitblech auf dem Dach des Führerhauses.
Nach dem Einbau der Rauchgasvorwärmer kamen die Franco-Crosti-Maschinen zu den Bw Oberlahnstein, Osnabrück Rbf und Kirchweyhe. Die Oberlahnsteiner Maschinen (50 4001, 50 4016–50 4020, 50 4022–50 4023, 50 4030–50 4031) fuhren auf der Rheinstrecke, bis sie durch deren Elektrifizierung 1961 überflüssig wurden. Sie kamen dann zum Bw Bingerbrück und von dort Mitte 1964 zum Bw Hamm G. Die Loks des Bw Kirchweyhe fuhren auf der Strecke Hamburg—Bremen—Kirchweyhe—Osnabrück. Die Osnabrücker $50^{40}$ schließlich bedienten die Strecke Rheine—Bentheim—Ruhrgebiet.
Im Jahre 1963 mußte die Baureihe außer Dienst gestellt werden, weil die Rohre des Rauchgasvorwärmers von schwefliger Säure zerfressen waren. Das Einziehen verchromter Rohre verhinderte eine neuerliche Korrosion. Im gleichen Jahre erhielten auch 30 Maschinen (ausgenommen 50 4001) Mischvorwärmer-Anlagen.
Bis zum Anfang des Jahres 1967 wurden die Loks des Bw Hamm außer Dienst gestellt. Einige standen längere Zeit im Bw Soest (z). Die Osnabrücker Maschinen (50 4003–50 4008, 50 4013) gingen schon im Mai 1965 an das Bw Kirchweyhe und standen dort im Dienst bis zum Sommer 1967. Die letzten Maschinen der BR $50^{40}$ wurden beim Bw Rahden außer Dienst gestellt. Die erste Maschine dieser Baureihe, die Lok 50 4027 des Bw Kirchweyhe, mußte schon am 24. 10. 1964 nach einem Unfall (Zusammenstoß mit dem E 526 bei Bremen) ausgemustert werden.
Die einzige Maschine dieser Baureihe mit Ölhauptfeuerung (50 4011) kam nach ihrer Ablieferung zum Bw Osnabrück Hbf, von dort nach Kirchweyhe. Im Dienst stand sie bis 4. 8. 1966, am 24. 2. 1967 wurde sie ausgemustert. Ihren Kessel erhielt das Kraftwerk Penzberg (Oberbayern) als Heizkessel.

## Konstruktive Merkmale

(gültig für 50 1412, später 50 4001)

Kessel: Vollständig geschweißter Neubaukessel mit Verbrennungskammer entsprechend den neuen Baugrundsätzen der DB. Abstand zwischen den Rohrwänden 4400 mm. Langkessel aus 2 Schüssen. Konischer Langkesselschuß im Übergang zum Hinterkessel. Gewindelos mit Spiel eingeschweißte Decken- und Seitenstehbolzen. Wegfall der Bügelanker. Domhals, Rauchkammerrohrwand, Feuerloch und Bodenring eingeschweißt. Dampfdom mit Ventilregler in der Mitte des Langkessels. Rauchrohrüberhitzer Bauart Schmidt. 2 Sicherheitsventile Bauart Ackermann auf dem Langkesselscheitel in Höhe der hinteren Rohrwand. Speiseeinrichtungen: Kolbenspeisepumpe KT 1 (250 l/min) speist in den Rauchgasvorwärmer Bauart Franco-Crosti unter dem Langkessel. Vor den Rauchgasvorwärmer ist noch ein Oberflächenvorwärmer Bauart Knorr geschaltet. Rauchgasvorwärmer wie Langkessel mit 2 Kesselspeiseventilen bestückt. Ab 50 4002 statt Oberflächenvorwärmer Mischvorwärmeranlage. Dampfstrahlpumpe (250 l/min) als zweite Speiseeinrichtung kann in den Rauchgasvorwärmer oder direkt in den Langkessel speisen. 2 Sicherheitsventile in der Verbindungsleitung zwischen Rauchgasvorwärmer und Langkessel. Rauchgasvorwärmer vorn mit der Rauchkammer des Langkessels verschraubt, hinten an einem Pendelblech am Langkessel aufgehängt. Rauchkammer des Rauchgasvorwärmers mit nach oben öffnender Rauchkammertür. In der Rauchkammer des Rauchgasvorwärmers Umlenkung der Rauchgase zur Blasdüsenkammer (4 Düsen) und Ableitung in den linksseitig am Langkessel angelehnten flachen Schornstein.

Rahmen: wie Baureihe 50 (Einheitslok)

Laufwerk: wie Baureihe 50 (Einheitslok)

Triebwerk: wie Baureihe 50 (Einheitslok)

Steuerung: wie Baureihe 50 (Einheitslok), jedoch Änderung an der Steuerwelle. Steuerwelle wird durch kurze Zwischenwellen und Umführungsgestänge unter dem Rauchgasvorwärmer durchgeführt.

Bremse: wie Baureihe 50 (Einheitslok)

Sondereinrichtungen: Druckluftbetätigter Sandstreuer mit Sandkästen am Umlaufblech. Rußbläser Bauart Gärtner, kombiniert mit Gestra-Schnellschlußventil. Spurkranzschmierung Bauart Woerner (Stuttgart). Führerhausdach mit Führungsblech zur Ableitung der Rauchgase.

Tender: 2'2' T 26 der Einheitsbauart mit 10 t Kohle. Druckluftbetätigte Tenderabdeckklappen (als Halbschalen ausgebildet).

# 52 Kriegslok und Generalreparaturlok DR

Die Lokomotiven der BR 52 nehmen im Beschaffungsprogramm der DRG eine Sonderstellung ein. Diese Baureihe war weder im ersten Beschaffungsprogramm von 1924 noch im zweiten von 1934 und auch nicht im dritten von 1939 vorgesehen, doch schon am 12. 9. 1942 verließ die 52 001 die Werkhallen der Borsig-Lokomotivwerke in Berlin. Von der BR 52 wurden in den knapp 4 Jahren vom Erscheinen der Vorauslok bis Kriegsende mehr Einheiten beschafft als von allen anderen Einheitslokomotiven der DRG zusammen. Obwohl die Einheitslok bei der Entwicklung der BR 52 Pate stand, zeigen die Kriegslokomotiven der Reihe 52 (und auch die der BR 42) unverkennbar eigene und von denen der Einheitslok sehr verschiedene konstruktive Merkmale.

Die DRG hatte in den Jahren zwischen 1933 und 1938 jährlich nur zwischen 120 und 170 Einheitslokomotiven beschaffen können. Bei dieser Zuwachsrate wären die ersten Einheitslokomotiven längst selbst veraltet und ausmusterungsreif gewesen, ehe der Bestand an Länderbahnlokomotiven durch Neubauten ersetzt war. Der Plan des RZA vom Jahre 1939, innerhalb von zwei Jahrzehnten die Altbaulokomotiven der Länderbahnen durch Einheitsloks zu ersetzen, mußte, kaum erschienen, zurückgezogen werden; die Mehrzahl bereits vergebener Aufträge wurde storniert.

Vom Beschaffungsplan des Jahres 1939 blieben 3 Baureihen übrig: 44, 50 und 86, weil diese Baureihen für die Kriegsführung Bedeutung besaßen. Die eroberten Gebiete schufen der Eisenbahn Transportaufgaben, denen sie nicht gewachsen war. Die nicht geplante Bekanntschaft mit dem „russischen Winter" 1941/1942 zeigte die Unbrauchbarkeit der eingesetzten Lokomotiven unter diesen extremen klimatischen Bedingungen (Frostschäden). Die 1941 von der Hitler-Wehrmacht gestellte Forderung nach sprunghafter Steigerung der Lokomotivproduktion konnte von der Industrie ohne einschneidende Veränderungen in Konstruktion und Fertigung nicht erfüllt werden, denn es fehlte an Material und Arbeitskräften.

Man begann zunächst, die in der Fertigung verbliebenen Baureihen zu vereinfachen und verzichtete u. a. auf Vorwärmer, Speisedom und Windleitbleche. Diese Vereinfachungen an den jetzt mit ÜK (Übergangs-Kriegslok) bezeichneten Maschinen brachten jedoch nur etwa 10 % Einsparung an Arbeitsstunden und hatten nicht den geforderten hohen Ausstoß an Lokomotiven zur Folge.

So erging im Dezember 1941 die Aufforderung an die Hersteller, eine sogenannte Kriegslok zu entwickeln, die bei gleicher Achsfahrmasse wie die BR 50 (15 t) 1 200 t in der Ebene mit 65 km/h ziehen konnte und bedeutende Einsparungen an Zeit und Material gegenüber der BR 50 aufzuweisen hatte. Bis auf die WLF, die einen E-Kuppler mit Beugniot-Hebeln und Steifrahmentender anbot, erbrachten die anderen Firmen Vorschläge für eine 1'E h2-Lokomotive.

Am 7. 3. 1942 wurde der Lokomotiv- und Waggonbau ins Rüstungsprogramm einbezogen und dem Ministe-

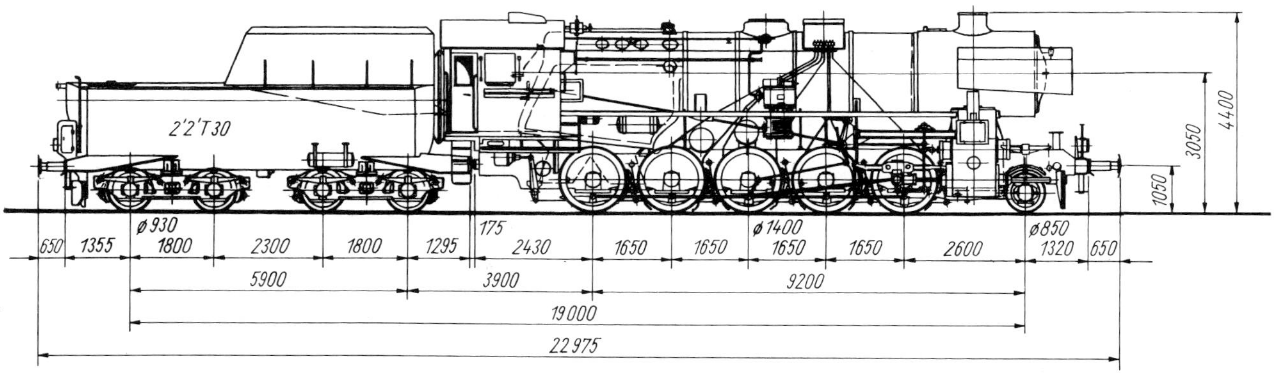


BR 52 mit Blechrahmen und Wannentender 2'2' T 30

rium für Bewaffnung und Munition unterstellt. Die Wehrmacht forderte für die Jahre 1943 und 1944 jeweils 7500 Lokomotiven. Die Beschaffung der BR 86 lief Anfang 1943 aus, die Produktion der BR 44 mußten französische Firmen übernehmen. Die deutschen Firmen produzierten ausschließlich die BR 50 ÜK und stellten stufenweise die Produktion auf die Kriegslok BR 52 um.

Den Prototyp der BR 52 hatte Borsig

52 001 (Borsig 15 446/1942), Baumusterlokomotive

im September 1942 fertiggestellt; anschließend ging die Lok zusammen mit der 50 377 auf „Propagandafahrt" durch Deutschland, um den Lokomotivfabriken und der Öffentlichkeit zu zeigen, mit wieviel weniger Aufwand und Material man eine funktionsfähige Lokomotive bauen kann.

Der Hauptausschuß Schienenfahrzeuge, der vom Ministerium für Bewaffnung und Munition ins Leben gerufen worden war, hatte bei der BR 52 tatsächlich beachtliche Einsparungen an Material und Arbeitszeit durchsetzen können: Die BR 50 bestand aus 6000 Einzelteilen. Bei der BR 52 gab es nur noch 5000, wovon 3000 gegenüber der BR 50 vereinfacht waren. Die Materialeinsatzmenge sank von 165 t bei der BR 50 auf 139 t (1943: 130 t), an Arbeitszeit wurden je Maschine 6000 Stunden gespart. Die Einsparungen an Buntmetallen (Cu, Sn) waren beachtlich, denn die Einsatzmasse sank von 2838 kg (BR 50) auf 150,3 kg, ohne die Leistung der Lokomotive wesentlich zu beeinträchtigen.

Die Vereinfachungen gegenüber der BR 50 waren so umfangreich, daß hier nur die wichtigsten genannt werden können. Der Knorr-Oberflächenvorwärmer entfiel, und die Speisepumpe wurde durch eine zweite Strahlpumpe ersetzt. Die großen Windleitbleche verschwanden und wurden, nachdem man feststellte, daß auf Windleitbleche nicht verzichtet werden kann, durch die materialsparende Bauart Witte ersetzt. Die Witte-Bleche wurden 1943 an der 52 2328 im Windkanal der TH Hannover und in der Praxis an der 52 180 erprobt. Bei der Steuerung entfiel der Schieberkreuzkopf, der Voreilhebel wurde an einem Pendel aufgehängt. Treib- und Kuppelstangen stellte man auf Massenproduktion um. An im Gesenk geschmiedete Stangenköpfe wurde unbearbeitetes I-Walzprofil angeschweißt. Der Verzicht auf Achslager-Stellkeile erwies sich als Fehler, weil die Achslager-Gleitplatten und die Achslager einem zu hohen Verschleiß unterlagen. Fortan baute man der 52er wieder Achslager-Stellkeile ein. Der Barrenrahmen wurde durch den einfacher zu bearbeitenden Blechrahmen ersetzt; lediglich etwa 300 Maschinen erhielten noch Barrenrahmen aus vorhandenen Beständen. Die Radreifen wurden bereits im Neuzustand 10 mm schwächer ausgeführt.

Das Führerhaus war doppelwandig, vollständig geschlossen und mit dem Tender durch einen Faltenbalg verbunden. Es hatte jeweils nur noch ein Seitenfenster. Der Rauchkammer-Zentralverschluß fiel ebenso wie die Rauchkammerstreben und das Läutewerk unter die eingesparten Bauteile. Statt der teueren großen Reichsbahnpfeife verwendete man wieder die kleinere preußische Normalausführung.

1108 Maschinen erhielten einen erweiterten Frostschutz und waren äußerlich an der Schornsteinklappe zu erkennen, die vom Führerhaus aus mit Seilzug betätigt wurde. Zum erweiterten Frostschutz gehörten die Isolierung von Kessel und Tenderwasserkasten mit Glaswolle, die Möglichkeit der Tenderwasseranwärmung durch Frischdampf, die Isolierung der Luftpumpe und freiliegender Leitungen und unter die Kesselverkleidung verlegte Schmierleitungen.

Im Bestreben, die Lokomotive weiter zu vereinfachen und ihre Verfügbarkeit unter den Bedingungen des Krieges zu erhöhen, entstanden einige Sonderbauarten. Bei Krauss-Maffei bestellte der HA Schienenfahrzeuge 5 Probelokomotiven mit Krauss-Wellrohrkessel, die als 52 3620–52 3624 unter den Fabriknummern 16 671–16 675 vorgesehen waren. Dieser Kessel besaß keine Stehbolzen, der Feuerraum war als Wellrohr ausgebildet, und den Dampfdom ersetzte ein Dampfsammelrohr. Die im Oktober 1943 fertiggestellte 52 3620 wurde vom LVA Grunewald in der Nähe von München bis März 1944 erprobt; die für notwendig befundenen Änderungen konnten bei den noch im Bau befindlichen Lokomotiven 52 3621 bis 52 3624 berücksichtigt werden. Bis Kriegsende wurden nur noch 3 Loks dieser Sonderbauart fertiggestellt (52 3621–52 3623), mußten jedoch bald wegen Kriegsschäden dem Lieferwerk wieder zugeführt werden und wurden 1946/1947 repariert. Bis März 1946 waren sie bis auf die 52 3623, die nicht abgenommen und von Krauss-Maffei 1947 zerlegt wurde, wieder im Betrieb, mußten aber 1948 wegen Abplattungserscheinungen am Wellrohrkessel und dadurch bedingter Explosionsgefahr außer Dienst gestellt werden. Am 20. 11. 1952 wurden sie ausgemustert.

Obwohl die DRG mit der Lentz-Ventilsteuerung bei den Lokomotiven 03 175, 03 207 und 64 293 keine guten Erfahrungen gesammelt hatte, ließ der HA Schienenfahrzeuge 10 Lokomotiven der BR 52 mit dieser Steuerung ausrüsten. Die 52 4915 wurde am 6. 1. 1944 noch von der MBA Karlsruhe geliefert, die restlichen 9 kamen bis Kriegsende nicht mehr zur Auslieferung. Nach 1948 war die 52 4915 wieder im Zugdienst, aber wegen der langen, durch Defekte an der Steuerung bedingten Ausfallzeiten nicht rentabel. Nachdem die Lentz-Ventilsteuerung 1953/1954 aufgearbeitet worden war, untersuchte das BZA Minden die Lok vor dem Meßwagen und stellte die bekannten Grundmängel der Lentz-Ventilsteuerung fest: Frühzeitige Abnutzungserscheinungen führen zu Abweichungen von der eingestellten Füllung und zu überhöhtem Dampfverbrauch. Am 18. 10. 1954 wurde die Lok ausgemustert und am 9. 2. 1956 als Schrott verkauft.

Zusammengefaßt die Bauartabweichungen der BR 52 von der Regelaus-

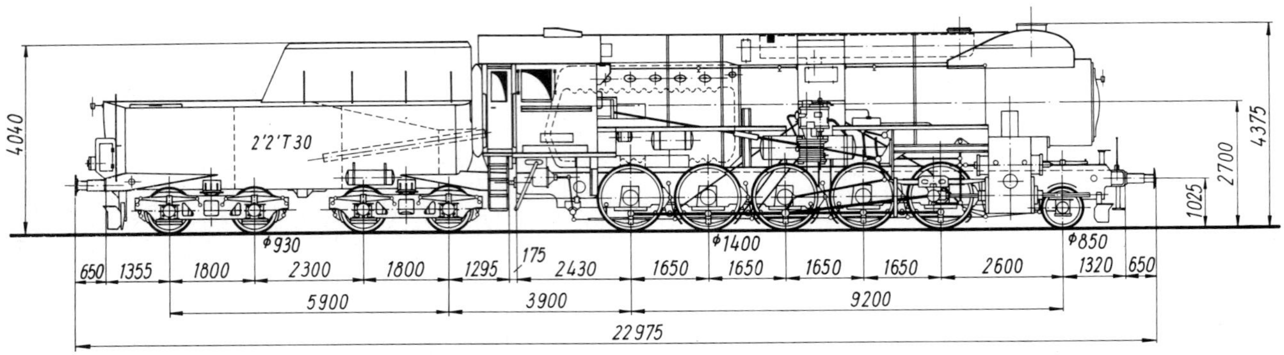


BR 52; Ausführung mit Krauss-Wellrohrkessel

führung:

52 002–52 006
 gewölbte Feuerbüchsdecke
 (Henschel)
52 524 und 52 525
 geschweißter Blechrahmen
 (AEG)
52 3620–52 3623
 Krauss-Wellrohrkessel
 (Krauss-Maffei)
52 4915
 Lentz-Ventilsteuerung
 (MBA Karlsruhe)
52 5058–52 5074
 geschweißter Langkessel
 (MBA Karlsruhe)
52 7463–52 7493
 gewindelos geschweißte
 Stehbolzen Bauart Škoda
 (Škoda).

Nach Angaben von Alfred B. Gottwaldt wurden für die DRG 6151 Lokomotiven der BR 52 gebaut. 93 Loks gingen als „Wirtschaftshilfe" an die BDŽ, CFR, HDŽ und TCCD. Bei Kriegsende befanden sich bei den Firmen Henschel und Jung noch zahlreiche Maschinen im Bau, die auf Anordnung amerikanischer Behörden fertigzustellen waren. Diese 52er (26 von Henschel und 20 von Jung) entsprachen der Kriegsausführung und wurden bis November 1946 als sogenannte Nachkriegsausführung in Dienst gestellt.

In den Jahren 1948–1951 wurden im Auftrag des EZA Göttingen von Henschel aus fertig lagernden oder halb-

52 3620 (Krauss-Maffei 16 671/1943) mit Krauss-Wellrohrkessel; die Maschine kam noch zur DB und ist am 14. 11. 1952 ausgemustert worden.

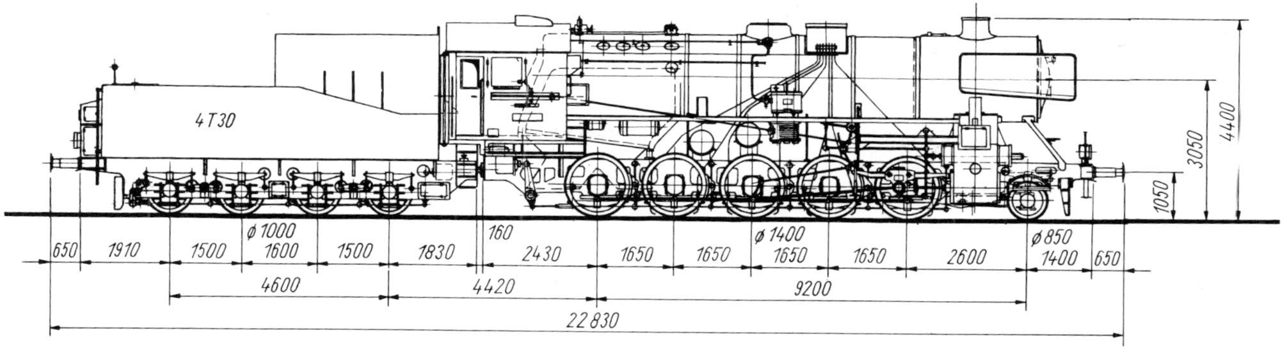


BR 52 mit Barrenrahmen und Steifrahmentender 4 T 30

fertigen Teilen noch 40 Maschinen der BR 52 gebaut und als sogenannte Nachkriegslieferung im Bereich der BD Hannover in Dienst gestellt.

Diese Nachkriegsbauten wurden dazu benutzt, neue fertigungstechnische Erkenntnisse zu erproben, um die dabei gesammelten Erfahrungen für das DB-Neubauprogramm nutzen zu können. So wurde beispielsweise an der Lok 52 878 der Heißdampf-Mehrfachventilregler erprobt. Vor allem aber untersuchte man verschiedene Vorwärmeranlagen und Speisepumpen auf ihre Betriebstauglichkeit. Eingebaut wurden Knorr-Oberflächenvorwärmer, Henschel-Mischvorwärmer MVR mit Turbo-Pumpe TPB 18 000 und Heber, mit Kolbenpumpe KT 1 und Heber, mit Turbo-Pumpe VTP-B 18 000, Henschel-Dreitrommel MVR mit Turbo-Pumpe VTP-B 18 000 und Heinl-Mischvorwärmer mit Heinl-Kolbenpumpe V 10. Die Nachkriegslieferungen Henschels erhielten die Betriebsnummern 52 124–52 143 und 52 875–52 894. Die beiden letzten Maschinen 52 893 und 52 894 wurden mit Rauchgasvorwärmern Bauart Franco-Crosti ausgerüstet und in 42 9000 und 42 9001 umgenummert.

Über die Nachkriegsbestände beider deutscher Bahnverwaltungen liegen nur stark voneinander abweichende Zahlenangaben vor. Der Bestand der DR wurde auf etwa 1 500 Maschinen geschätzt und dürfte damit etwa doppelt so hoch wie der DB-Bestand gewesen sein.

Die DB musterte ihre Maschinen zuerst aus. Bis 1953 waren noch über 700 Einheiten im Bestand, 1954 nur noch knapp mehr als 100. Ab 1959 wurden nur noch die Nachkriegslieferungen unterhalten; zuständiges Ausbesserungswerk war Bremen. Gegen Jahresmitte 1963 waren fast alle 52er von den Strecken der DB verschwunden. Der Prototyp, die 52 001 von Borsig, wurde schon am 18. 10. 1954 ausgemustert. Ihr Kessel gelangte auf die 50 1696, von dort auf die 50 833. Brauchbare Kessel ausgemusterter 52er, sofern sie aus St 34 bestanden, verwendete man bei der BR 50 und tauschte sie gegen Kessel aus St 47 K.

Die DR hatte Mitte der siebziger Jahre noch eine größere Anzahl von Lokomotiven der BR 52 im Betrieb und in der Erhaltung. Zuständiges Raw war Stendal. An eine frühzeitige Ausmusterung wie die DB konnte die DR nicht denken, weil der Bestand an Lokomotiven der Baureihen 44 und 50 zu gering war. Vielmehr mußten Maßnahmen entwickelt werden, die für die BR 52 noch einen Einsatz über mehrere Erhaltungsabschnitte ermöglichten. Ab 1958 wurde die BR 52 einer Generalreparatur unterzogen, die das Ziel hatte, kriegsbedingte Vereinfachungen und Mängel zu beseitigen. Die wichtigste Maßnahme dazu war der Einbau von Vorwärmern und Achslagerstellkeilen. Zur Aufnahme der Stellkeile mußten die Achslagerführungen vergrößert werden, was vor allem bei Maschinen mit Blechrahmen recht aufwendig war.

Die Mischvorwärmeranlage Bauart IfS/DR lag, wie bei DR-Maschinen üblich, vor dem Schornstein in der Rauchkammer. Um den Mischkasten aufnehmen zu können, mußte die Rauchkammer um 200 mm verlängert werden. Die Mischpumpe saß in Fahrzeugmitte an einem besonderen Pumpenträger, und der Hauptluftbehälter fand auf dem rechten Umlaufblech einen neuen Platz.

Alle generalreparierten Maschinen erhielten neue Stehkessel nach den Originalzeichnungen, jedoch in geschweißter Ausführung. Mit dem Langkessel wurden sie durch eine genietete Rundnaht verbunden. Der neue Stehkessel besaß, wie es bei Maschinen der Friedensausführung üblich war, wieder 2 Wasserstände.

Unter den Maschinen, die eine Generalreparatur erhalten hatten, befanden sich auch 30 Loks, die ursprünglich als BR 50 ÜK geliefert werden sollten, dann aber als 52er eingeordnet wurden. Diese Maschinen erhielten keine neuen Stehkessel, sonst aber alle Verbesserungen im Rahmen der Generalreparatur. Ab 1968 wurden einige der Maschinen mit Giesl-Flachejektoren ausgerüstet, die ursprünglich nur für die Baureihen $50^{35}$ und $52^{80}$ vorgesehen waren.

Die generalüberholten Maschinen wurden inoffiziell als 52 GR (= Generalreparatur) bezeichnet und behielten, im Gegensatz zu den rekonstruierten Maschinen, ihre alte Betriebsnummer.

Die BR 52 war bis zur Mitte der siebziger Jahre vor allem die Güterzuglok des Raumes Berlin und in den verschiedenen Berliner Bw sehr zahlreich stationiert. Weiterhin konnten Engelsdorf (b. Leipzig), Dresden und der ostsächsische Raum (Zittau, Cottbus, Görlitz, Kamenz) größere Stückzahlen vorweisen. Auch Altenburg und Zeitz, etwa die südliche Grenze des Einsatzgebietes, beheimateten Loks der BR 52.

Somit standen die nur für eine kurze Einsatzzeit konzipierten und auch nur mit dem unbedingt Notwendigen ausgerüsteten Lokomotiven reichlich 30 Jahre im Einsatz. Die Majorität ihrer Dienstjahre hat die 52 nicht als Kriegslok, sondern als Friedenslok verbracht, denn ein Eisenbahnverkehr ohne 52er wäre nach dem Kriege nur schwer vorstellbar gewesen.

1979 ging die Erhaltung der BR 52 (wie auch die der BR 50) vom Raw Stendal an das Raw Meiningen über. Die Dampfzylinder ausgemusterter Lokomotiven der BR 52 wurden, sofern sie noch in einwandfreiem Zustand waren, bei der BR 50 weiterverwendet.

In den Jahren 1979 bis 1981 wurden auf Anordnung der Hv M der DR auch einige bereits abgestellte Lokomotiven der BR 52 zum Teil mit Hauptuntersuchungen wieder aufgearbeitet.

Im Mai 1981 verließ die 52 6666 als betriebsfähige Traditionslokomotive der DR das Raw in Meiningen.

## Konstruktive Merkmale

Kessel: Genieteter Kessel der Einheitsbauart analog der BR 50. Kesselbaustoff St 34. Feuerbüchse aus IZ II-Stahl. Wegfall des Speisedomes und des zweiten Sandkastens. 2 Sicherheitsventile Bauart Ackermann. Einteiliger Überhitzer-Sammelkasten. Speiseeinrichtungen: 2 Dampfstrahlpumpen. Aus der Druckleitung der einen Pumpe kann in die Saugleitung der nicht arbeitenden zurückgespeist werden. Dadurch Vorwärmen von Speiseleitung und Tenderwasser möglich. Beide Strahlpumpen auf der linken Kesselseite.

Rahmen: Etwa 300 Lokomotiven mit Barrenrahmen (Restbestände), dann Einsatz von Blechrahmen. Bahnräumerträger mit kleinen Schneeschaufeln. Anbau eines höhenverstellbaren Schneepfluges möglich.

Laufwerk: Laufachse und 1. Kuppelachse zu Krauss-Helmholtz-Lenkgestell zusammengefaßt. Laufachse mit ± 125 mm Seitenverschiebbarkeit, 1. Kuppelachse mit ± 25 mm Seitenverschiebbarkeit. 2.–4. Kuppelachse fest im Rahmen gelagert. 5. Kuppelachse mit ± 25 mm Seitenverschiebbarkeit. Spurkranz der Treibachse um 15 mm geschwächt.

Triebwerk: 2 Außenzylinder mit isolierten Einströmrohren. Ausströmkästen am Zylinder angegossen. Statt Zylinder-Sicherheitsventilen Bruchplatten aus Grauguß. Selbsttätiger Winterthur-Druckausgleicher über dem Schieberkasten. 3. Kuppelachse als Treibachse. Treibachslager Bauart Mangold mit Messingstreifen für den Notlauf. Anfänglich Verzicht auf Achslager-Stellkeile. Kuppelstangen mit geschlossenen Buchsenlagern.

Steuerung: Außenliegende Heusinger-Steuerung. Voreilhebel an einem Pendel aufgehängt, Schieberstangenkreuzkopf entfallen. Einfache Kolbenschieber. Antrieb der Steuerung von der Treibachse.

Bremse: Einkammer-Druckluftbremse Bauart Knorr

Sondereinrichtungen: Preßluftsandstreuer Bauart Knorr sandet die Räder der 2., 3. und 4. Kuppelachse beidseitig und die Räder der 1. Kuppelachse von vorn. Elektrische Beleuchtung durch Dampfturbogenerator. Schmierung aller unter Dampf gehenden Teile durch Schmierpumpe Bauart Bosch LHB. Schmierleitungen unter der Kesselverkleidung verlegt. Dampfheizungseinrichtung.

Frostschutzeinrichtungen: Geschlossenes Führerhaus, Dampf- und Wasserleitungen mit Gefälle verlegt und isoliert, Leitungen für Rauchkammerspritze und Bläser liegen unter der Kesselverkleidung, alle Dampfentnahmestellen und freiliegenden Flanschverbindungen mit Schutzkästen versehen. Beheizter Führerhausboden. Heizleitung (parallel zu den Schmierleitungen) führt zu Druckausgleichern und ermöglicht Vorwärmen der Zylinder im Stand, ohne den Regler zu öffnen.

Erweiterte Frostschutzeinrichtungen (für 1 108 Maschinen): Kessel und Tenderseitenwände mit Wärmeschutzmatten isoliert. Schornstein mit drehbarer Abdeckklappe versehen. Heizvorrichtung für Tenderwasser. Anstrich von Lok und Tender (auch des Laufwerkes) bis Ende der 40er Jahre einheitlich feldgrau.

Tender: Wannentender 2′2′ T 30 mit 10 t Kohle; Steifrahmentender (Bauart Floridsdorf) 4 T 30 mit 10 t Kohle.

# $52^{18-19}$ Kriegslok (Kondenslok)

# $52^{19-20}$ Kriegslok (Kondenslok)

Anfang des Jahres 1943 wurde eine Sonderbauart der Reihe 52 fertiggestellt, die speziell für das Durchfahren langer Strecken mit schlechter oder fehlender Speisewasserversorgung vorgesehen war. Diese Maschinen hatten Kondensationstender, in denen der Maschinenabdampf niedergeschlagen wurde und erneut zur Kesselspeisung diente.

Die Kondenslok BR 52 wurde von Henschel entwickelt. Diese Firma hatte bereits Anfang der 30er Jahre Kondenslokomotiven an Argentinien, an die UdSSR und an den Irak geliefert, die sich in ihren Einsatzländern bewährten. Nach ursprünglichen Plänen waren 240 Loks der BR 52 mit Kondenstender zu bauen (52 1850–52 2089). Insgesamt wurden jedoch, die 9 Loks der Nachkriegsauslieferung einbezogen, nur 178 Maschinen (52 1850–52 2027) fertiggestellt.

Gegenüber der Normalausführung weist die Kondenslok folgende Veränderungen auf: Der Zylinderabdampf entweicht nicht ins Freie, sondern treibt zunächst die links neben dem Schornstein liegende Turbine des Saugzuggebläses, weil die Kondenslok kein Blasrohr zur Erzielung des für die Feueranfachung erforderlichen Unterdruckes besitzt. Durch einen Ölabscheider strömt der Dampf in den Kondenstender, wo er eine weitere Turbine antreibt, die die 3 Axiallüfter im Tenderdach in Bewegung setzt. Die Kühlung erfolgt nach dem Prinzip eines Automobilkühlers. Der zu Wasser von 90 °C kondensierte Dampf steht als hochwertiges (weil enthärtet und vorgewärmt) Speisewasser zur Verfügung. Der Abdampf der Kolbenspeisepumpe, des Generators und eines der beiden Sicherheitsventile wird ebenfalls im Tender kondensiert. Abdampfverluste durch Heizung, Undichtigkeiten usw. werden aus dem Rohwasserbehälter des Tenders ergänzt. Mit 1000 bis 1200 km ohne Wasserfassen ist der Aktionsradius der Kondenslok etwa siebenmal größer als der einer normalen 52 er.

Einsatzgebiete der Maschinen mit Kondenstender waren die Steppengebiete im Süden der UdSSR, jedoch auch Königsberg (jetzt Kaliningrad) und Brüssel.

52 1853 (Henschel 27 181/1943) mit Kondenstender 3′2′ T 16 Kon

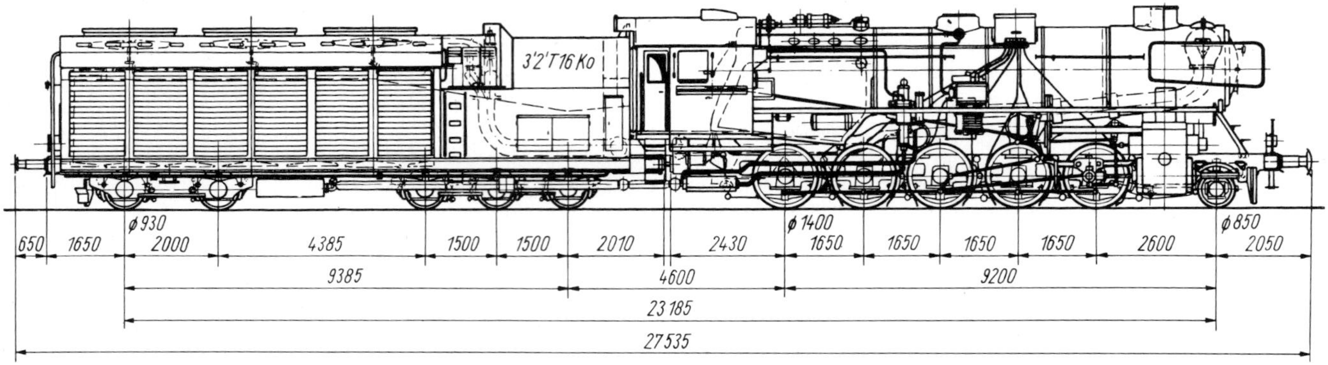


BR $52^{18-19}$ (Kondenslokomotive) mit Kondenstender 3′2′ T 16 Ko

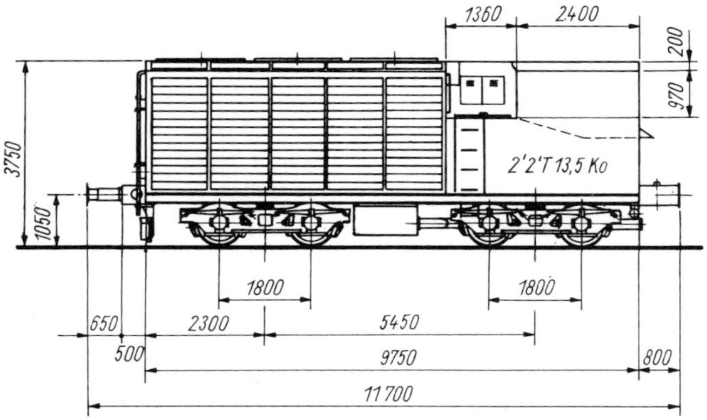


Kondenstender 2′2′ T 13,5 Ko für BR $52^{19-20}$

Im Februar 1943 wurde von Henschel die erste Kondenslok mit der Betriebsnummer 52 1850 an das LVA Grunewald der DRG übergeben. Die bei den Meßfahrten ermittelten Werte wurden mit denen der bereits vorher in Grunewald untersuchten 50 001 und 52 180 verglichen. Der Dampfverbrauch der Kondenslok 52 1850 lag zwangsläufig über dem der 52 180, weil bei der Normalausführung keine Speisepumpe und keine Hilfsmaschinen zu betreiben waren. Im Kohleverbrauch lag die Kondenslok knapp unter dem der 50 001 und wesentlich besser als die 52 180. In dem am 15. Juli 1943 vorgelegten Zwischenbericht über den Stand der Untersuchungen an der Kondenslokomotive wurden auch einige Änderungen aufgeführt, die sich während der Meßfahrten als notwendig erwiesen. Der starken Rauchbelästigung auf dem Führerstand konnte erst durch das Anbringen von Witte-Windleitblechen begegnet werden. Versuche, die Rauchbelästigung durch Abdecken des Kohlekastens zu beseitigen, hatten keinen Erfolg. Der Funkenfänger aus gelochtem Blech setzte sich nach kurzer Betriebsdauer zu und mußte gegen einen aus normalem Funkenfängerdraht ersetzt werden. Weiterhin wurden noch etwa 10 Änderungsvorschläge unterbreitet, die der einwandfreien Funktion aller Aggregate und ihrer Kontrolle durch das Personal dienten.
Die Lokomotiven wurden zunächst mit dem fünfachsigen Kondenstender 3′2′ T 16 Kon (9 t Kohle) geliefert. Damit erreichten Lok und Tender einen Achsstand von 23 185 mm und eine LüP von 27 535 mm. Ab Lok 52 1987 kam auch ein vierachsiger Tender 2′2′ T 13,5 Kon (9 t Kohle) zum Einsatz. Der Gesamtachsstand betrug mit vierachsigem Tender 21 755 mm, die LüP 26 205 mm. Die Kondenslokomotiven bewährten sich im Betrieb, obwohl um

einiges komplizierter als die Normalausführung, sehr gut, stellten jedoch an die Qualifikation der Personale einige Ansprüche.
Von den 178 gebauten Kondenslokomotiven kamen nach dem Kriege 116 zur DB und 25 zur DR, 8 verblieben bei der PKP, 3 bei der SNCB (1950 an DB übergeben, im Bestand von 116 enthalten), eine blieb bei der SNCF und eine transportierte die amerikanische Armee nach den USA. Der Verbleib von 24 Maschinen ist unbekannt.
Die DR-Loks wurden im Raum Cottbus stationiert und im Zuge der Typenbereinigung in die Normalausführung umgebaut. Sie behielten die Betriebsnummern, die sie als Kondenslok getragen hatten.
Die DB-Maschinen unterstanden der ED Münster (Westfalen). Mit der Ausmusterung aller Kriegslokomotiven durch die DB verschwanden auch die Kondenslokomotiven, weil unter den Betriebsbedingungen der DB (wie auch bei der DR) keine Notwendigkeit für den Einsatz von Dampflokomotiven mit Kondensationstendern bestand.
Die Kondenstender baute ab 1950 die Firma Orenstein & Koppel unter Verwendung des Fahrgestells in Schüttgut-Großraumgüterwagen der Gattungen KKt 44, KKt 46 und OOt 53 um. Zwei der vierachsigen Kondenstender ließ die Abteilung für Wärmetechnik bei der VA Minden 1959 bzw. 1961 im AW Bremen mit Kupplung und Puffern an der Vorderseite ausrüsten und verwendete sie bei Abnahmeuntersuchungen ortsfester Dampferzeuger.

## Konstruktive Merkmale

(Es werden nur Einrichtungen behandelt, die von denen der Auspuffmaschinen abweichen)

Kessel: Feueranfachung durch in der Rauchkammer untergebrachtes Saugzuggebläse. Antrieb durch eine vom Zylinderabdampf gespeiste Turbine. Feueranfachung regelt sich entsprechend der von den Zylindern anfallenden Dampfmenge. Regulierung der Abdampfmenge für die Turbine vom Führerstand aus möglich. Saugzugturbine kann vom Führerstand aus mit Frischdampf versorgt werden (Hilfsbläserfunktion).
Zylinderabdampf strömt durch zwei sich unterhalb der Rauchkammer vereinigende Rohre in die Saugzugturbine. Isolierte Abdampfleitung an der linken Lokseite unterhalb des Umlaufbleches zum Tender. Abdampfentölung durch Prallflächenentöler in Lokomotivlängsmitte in die Abdampfleitung eingeschaltet.
Speiseeinrichtungen: 2 Doppelverbundpumpen mit P-Steuerung Bauart Knorr (350 l/min) rechts und links im Umlaufblech. Jeder Speisepumpe ist eine Wasserstrahlpumpe vorgeschaltet. Strahlapparate erhalten Druckwasser von der dazugehörenden Speisepumpe durch besondere Leitung von der Druckseite der Pumpe. Bei langsam arbeitender Pumpe wird Speisewasser nicht in den Kessel, sondern in die Strahlpumpe gespeist (zum Verhindern des Einfrierens von Pumpe und Speiseleitung). Kesselspeisung auch mit Tenderrohwasser möglich.
Tender: $52^{18-19}$ mit 3′2′ T 16 Kon (9 t Kohle)
$52^{19-20}$ mit 2′2′ T 13,5 Kon (9 t Kohle)
Lüfterturbine: Zwischen Kohlekasten und Kondensatorteil aufgestellt. Von der Saugzugturbine kommender Dampf gelangt in die Lüfterturbine und von dort in den Kondensator. 2 federbelastete Umleitventile leiten bei niedriger Außentemperatur einen Teil des Dampfes direkt in den Kondensator. Umleitventile wirken zugleich als Sicherheitsventile, um Turbine vor Überdrehzahl (Schleudern der Lok) zu schützen. Öffnen dann direkt in den Kondensator. Dampfnebenleitung unter Umgehung der Sicherheitsventile für Winterbetrieb. Frischdampfdüse zur Leistungssteigerung der Lüfterturbine bei hohen Außentemperaturen.
Lüfterräder und Lüftergetriebe: Drei Lüfterräder (2200 mm Durchmesser) in der Tenderdecke saugen Luft durch die Kondensatorelemente. Antrieb der Lüfterräder über Kegelgetriebe von der Lüfterturbine.
Kondensator: Besteht aus verzinkten elliptischen Stahlrohren mit Kühlrippen (Gea-Rohre). Kühlfläche etwa 230 $m^2$. Dampf wird in den Kühlelementen durch vorbeiströmende Kühlluft kondensiert. Kondensat wird unten in Wasserkammern gesammelt und dem Kondensatsammelkasten (etwa 1,8 $m^3$ Volumen) zugeleitet. Luftmenge des Kondensators durch Lüfterjalousien in den Tenderseitenwänden regulierbar. Kondensatsammelkasten in Tendermitte unter dem Rahmen.
Rohwasserbehälter: Ausgleich der Wasserverluste durch Rohwasser (etwa 16 $m^3$ beim fünfachsigen, etwa 13,5 $m^3$ beim vierachsigen Tender). Rohwasser über Heizdampfleitung vorwärmbar.

# $52^{70}$ sä. III b

Unter der Betriebsnummer 52 7001 findet sich im endgültigen Umzeichnungsplan der DRG von 1925 eine 1'B n2-Lokomotive der ehemaligen Sächsischen Staatsbahn, die ursprünglich nicht als Güterzuglokomotive vorgesehen war. Bereits im Band 1 des „Dampflok-Archiv" war bei der Baureihe $34^{77-78}$ (sä. III b) darauf hingewiesen worden, daß hier mehr als 20 z. T. recht voneinander abweichende Lieferungen verschiedener Lokomotivfabriken zusammengefaßt wurden.

Die Lokomotiven der Gattungen III und III b (beides sind 1 B-Lokomotiven, die III b jedoch mit beweglicher Laufachse) waren Personenzuglokomotiven. Ihr Kuppelraddurchmesser von 1 560 mm weist sie auch als solche aus.

Die Sächsische Staatsbahn beschaffte ab 1871 diese 1 B-Lokomotiven, zunächst noch mit starrer Laufachse. Von 1871 bis 1874 lieferten Hartmann 66 Maschinen und Keßler in Esslingen 21 Maschinen. Die Esslinger Lokomotiven unterschieden sich von der Hartmannschen Lieferung durch einen Umlauf (Hartmann hatte nur Radbögen über den Treibrädern angeordnet) und durch einen flach gewölbten Domabschluß (die Hartmannschen Maschinen hatten halbkugeligen Domabschluß). Bei im wesentlichen gleichen Hauptabmessungen beider Lieferungen hatten die Esslinger Lokomotiven nur 8,5 bar (8,5 kp/cm$^2$) Kesseldruck gegenüber 10 bar (10 kp/cm$^2$) der Hartmannschen. Die Zugkraft der Esslinger Lokomotiven war mit 30,1 kN auch um 5,3 kN geringer. Beide Lieferungen erhielten nachträglich das Nowotny-Drehgestell. Bei diesem einachsigen Drehgestell wurde die Rückstellung durch Keilflächen besorgt. Es bewährte sich in der Praxis und hatte den Vorteil, die Baulänge der Lokomotiven nicht zu vergrößern, so daß die vorhandenen Drehscheiben benutzt werden konnten.

Von der Esslinger Lieferung kam nur eine Maschine noch zur DRG, und diese wurde aus heute nicht mehr erklärbaren Gründen als Güterzuglokomotive eingeordnet. Es ist die Lok mit der Esslinger Fabriknummer 1 329 (Baujahr 1874), die bei der Sächsischen Staatsbahn die Bahnnummer 293, bei der DRG die Betriebsnummer 52 7001 trug. Obwohl sich einige III b-Lokomotiven (Personenzuglokomotiven) noch bis 1929/1930 im DRG-Bestand befanden, berücksichtigte sie das Merkbuch (Ausgabe 1924) nicht mehr, so daß Angaben über das Leistungsprogramm fehlen.

Die Esslinger Maschinen hatten eine zulässige Geschwindigkeit von 55 km je h. Die 52 7001 soll noch eine Reichsbahnnummer getragen haben; trotzdem ist ihre Ausmusterung bereits mit ziemlicher Sicherheit kurz nach der Umzeichnung erfolgt. Im vorläufigen Umzeichnungsplan waren noch die Bahnnummern 286, 287, 288, 289, 292 und 293 als 52 7001–52 7006 vorgesehen.

## Konstruktive Merkmale

Kessel: Genieteter Kessel. Langkessel aus 3 Schüssen mit 3 150 mm Abstand zwischen den Rohrwänden. Stark überhöhter Stehkessel mit kupferner, zwischen den Rahmenblechen eingezogener Feuerbüchse. Großer Dampfdom mit flach gewölbter Decke auf dem 2. Kesselschuß. Großer Sandkasten zwischen Dampfdom und Hinterkessel. Ramsbottom-Sicherheitsventil auf dem Stehkesselscheitel. Speiseeinrichtungen: 2 nichtsaugende Dampfstrahlpumpen Bauart Schau (40 und 75 l je min).

Rahmen: 30 mm dicker Blechrahmen.

Laufwerk: Vierpunktabstützung. Vordere Laufachse als einachsiges Drehgestell Bauart Nowotny. Beide Kuppelachsen fest im Rahmen gelagert. Federn der Kuppelachsen unterhalb der Achslager und durch Ausgleichhebel verbunden.

Triebwerk: Zweizylinder-Naßdampftriebwerk mit einstufiger Dampfdehnung. Außenliegende, waagerecht angeordnete Zylinder treiben die 1. Kuppelachse. Zylinder liegen vor der Laufachse.

Steuerung: Innenliegende Allan-Steuerung.

Bremse: Später erfolgte Ausrüstung mit Druckluftbremse Bauart Westinghouse. Beidseitige Abbremsung der Kuppelräder.

Sondereinrichtungen: Handbetätigter Sandstreuer sandet die Räder der Treibachse von vorn. Dampfpfeife auf dem Führerhausdach. Kurzes Führerhaus mit je einem Seitenfenster und Radkästen für die 2. Kuppelachse.

Tender: sä. 3 T 5,65 mit 4 t Kohle.

sä. III b, Bahnnummer 280 DOHNA (Esslingen 1322/1874); diese Lokomotive kam nicht mehr zur DRG, entstammt aber der gleichen Esslinger Lieferung wie die Bahnnummer 287/ab 1917: 293/ DRG 52 7001).

sä. III b (BR $52^{70}$)

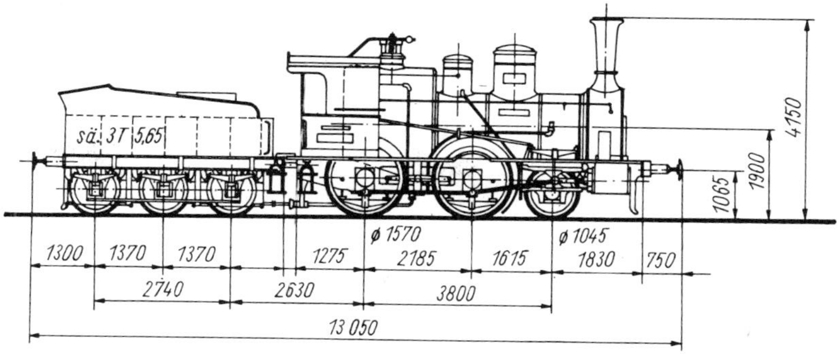

# $52^{80}$ Rekolok DR

Die DR hatte sich entschlossen, einen Teil der Maschinen der BR 52 einer Generalreparatur zu unterziehen und sie dabei mit Achslagerstellkeilen und Mischvorwärmeranlagen auszurüsten. In dieser Generalreparatur war auch der Ersatz des Hinterkessels enthalten.

52 8040-9, rekonstruiert aus 52 1152 (DWM 566/1943)

Bei einigen zur Generalreparatur vorgesehenen Maschinen stellte man außer den bekannten Stehkesselschäden auch Schäden am Langkessel fest. Weil die Reparaturkosten denen einer Neubekesselung gleichgekommen wären, prüfte man die Verwendbarkeit des Neubau-Ersatzkessels der Baureihe $50^{35}$. Dieser Reko-Kessel, der gegenüber dem normalen 50er Kessel eine kleinere Rostfläche und durch die Verbrennungskammer eine größere Strahlungsheizfläche aufwies, war für die BR 52 im Prinzip geeignet. Alle erforderlichen Anpaßarbeiten erfolgten ausschließlich am Rahmen der 52er, um die freizügige Tauschbarkeit der Kessel zu erhalten.

Es wurden nur Maschinen mit Blechrahmen rekonstruiert. Außer dem Einbau eines neuen Stehkesselträgers mußte auch wegen des breiteren Hinterkessels die Führerhausvorderwand erneuert werden. Die Langkessel-Pendelblechhalter wurden versetzt, und der neue Aschkasten erforderte das Versetzen einer Rahmenquerverbindung nach vorn. Wie bei der BR $52^{35}$ war der Steuerbock nicht mehr am Stehkessel, sondern am Rahmen befestigt. Der breitere Hinterkessel zwang zur Teilung der Steuerstange, der seitliche Versatz wurde durch ein Pendel überbrückt. Der Naßdampfregler Bauart Schmidt & Wagner blieb erhalten, erhielt jedoch Seitenzugbetätigung. Wegen des Platzbedarfs der Mischvorwärmeranlage mußte einer der beiden Hauptluftbehälter auf dem rechten Umlaufblech untergebracht werden. Selbstverständlich erhielten auch die Reko-Lokomotiven Achslagerstellkeile.

Die Rekonstruktion erfolgte im Raw Stendal. Als erste Maschine wurde die 52 671 umgebaut und verließ im Sommer 1960 das Werk. Im Gegensatz zu den generalreparierten Lokomotiven der BR 52 bekamen die Rekoloks mit $52^{80}$ eine neue Baureihenbezeichnung. Insgesamt sind 200 Lokomotiven der BR 52 rekonstruiert und als 52 8001 bis 52 8200 eingeordnet worden. Die letz-

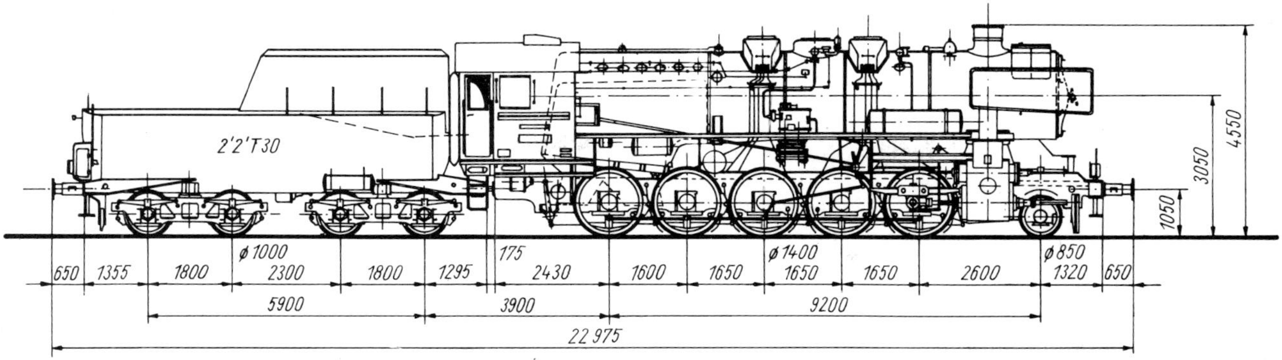


BR $52^{80}$ (Rekolok DR)

ten 15 Maschinen erhielten gleich bei der Rekonstruktion einen Giesl-Flachejektor, bei einigen anderen wurde er nachträglich eingebaut. Die Umrüstung auf Giesl-Flachejektoren unterblieb ab 1968, weil die Hv M der DR anordnete, nur noch Maschinen der Baureihen 50 und 52 mit Altbaukessel damit auszustatten.
Die Maschinen der Baureihe $52^{80}$ waren in vielen Bahnbetriebswerken der DDR stationiert. Sie sind im ostsächsischen Raum (Hoyerswerda, Cottbus, Zittau, Bautzen) und in der Altmark (Salzwedel, Stendal), in Brandenburg, Frankfurt (Oder), Eberswalde, Altenburg und Röblingen beheimatet gewesen oder waren in relativ großer Anzahl 1981 noch dort im Dienst.

## Konstruktive Merkmale

Kessel: Kompletter Neubau-Ersatzkessel der Rekolokomotive BR $50^{35}$. Kessel in allen Teilen geschweißt mit konischem Übergangsschuß zum Hinterkessel. Seitenwände des Hinterkessels senkrecht. Feuerbüchse mit Verbrennungskammer ohne Feuerloch- und Bodenring. Gegenüber Baureihe 50 (Einheitslok) kleinere, fast quadratische Rostfläche mit Kipprost. Kessel ohne Speisedom. Dampfdom mit Naßdampfregler Bauart Wagner mit Seitenzugbetätigung. 2 Sandkästen in unterschiedlicher Ausführung: Ovale Gußkästen der BR 50 (Einheitslok), geschweißte Standardsandkästen der DR-Neubaulok $23^{10}$, Großraumsandkästen der BR 52 (Kriegslok). Kesselmitte auf 3100 mm ü. SO erhöht. Aschkasten mit seitlichen Luftzuführungsklappen auf dem Rahmen lagernd. 2 Sicherheitsventile Bauart Ackermann. 2 Gestra-Schnellschluß-Abschlammventile. Speiseeinrichtungen: Mischvorwärmeranlage Bauart IfS/DR mit Kolben-Verbundmischpumpe Bauart BBW, Typ VMP 15–20; Dampfstrahlpumpe (250 l/min); Kolbenpumpe links in Fahrzeugmitte.
Rahmen: Paßschrauben-Achslagerführungen durch eingeschweißte neue Achslagerführungen mit Stellkeilen ersetzt. Stehkesselauflager entsprechend dem neuen Kessel geändert. Pendelblechhalter versetzt. Dochtölgefäße für Achslagerführungen und Ausgleichhebel.
Laufwerk: Bei 50% der Maschinen Einbau neuer, verstärkter Krauss-Helmholtz-Lenkgestelle. Alle Lokomotiven mit neuen Radreifen versehen.
Triebwerk: wie Baureihe 52 (Kriegslok). Wenn erforderlich, Kreuzköpfe, Treib- und Kuppelstangen erneuert.
Steuerung: Neue, am Rahmen befestigte Steuerbockkonstruktion. Steuerstange wegen breiteren Hinterkessels in der Mitte geteilt und über Pendelaufhängung seitlich gegeneinander versetzt. Regelkolbenschieber mit Druckausgleichern Bauart Winterthur blieben erhalten.
Bremse: wie Baureihe 52 (Kriegslok). Zweiter Hauptluftbehälter mußte infolge des Einbaus des Überlaufbehälters der Mischvorwärmeranlage vom Rahmen auf den rechten Umlauf verlegt werden. Doppelverbundluftpumpe an neuem Pumpenträger in Fahrzeugmitte.
Sondereinrichtungen: Neue Führerhaus-Stirnwände mit neuen Sonnenblenden (nicht mehr viereckig) und teilweise mit Klarsicht-Apparaten ausgerüstet. Schiebbares, verglastes Dachfenster. Teilweise Ausrüstung mit druckluftbetätigten Zylinderentwässerungsventilen. Zentralschmierung Bauart Michalk. Triebwerksleuchten, Dekken-, Steuerbock-, Buchfahrplan- und Aufstiegstreppenleuchten. Sämtliche Lokomotiven mit Druckluftläutewerk rechts auf der Rauchkammer.
Tender: 2'2' T 30 Wannentender (nur Ausführung mit Rollenlagern). Handstangen zum Öffnen der Wasserkastendeckel von ebener Erde aus. Kohlenäßeinrichtung.

# $52^{90}$ Umbaulok DR (Kohlenstaubfeuerung)

Wenn Anfang der 50er Jahre der Umbau von Lokomotiven verschiedener Baureihen (07, 08, 17, 44, 52, 58) auf Braunkohlenstaubfeuerung als zeitbedingt und zeitweilig angesehen wurde, weil die DR nicht in erforderlichem Maße Steinkohle zur Lokomotivfeuerung zur Verfügung hatte, so mag die zeitliche Bedingtheit zutreffen. Von einer Zeitweiligkeit konnte keine Rede sein. Die Kohlenstaublokomotiven der Baureihen 44 (bis 1975) und 52 (noch 1976) bewiesen das. Lokomotivkohle (Steinkohle) stand seit langem wieder ausreichend zur Verfügung, aber keine der bisher ausgemusterten Baureihen quittierte den Dienst, weil etwa die Staubfeuerung unrentabel oder nicht betriebstauglich war. Man reduzierte lediglich die Standorte der Mahl- und Beschickungsanlagen und beließ schließlich nur das Bw Senftenberg, zentral im Braunkohlenrevier gelegen, um Staubtransporte über größere Entfernungen zu vermeiden.

Ab 1951 wurden im Raw Stendal 29 Maschinen der BR 52 auf Braunkohlenstaubfeuerung System Wendler umgebaut. Liefen anfangs noch einige Maschinen mit dem Kohlenstaubtender 2′2′ T 31,5, wie ihn die kohlenstaubgefeuerten $17^{10-12}$ hatten, so wurden später alle Maschinen mit dem Wannentender 2′2′ T 24 ausgestattet. Die Tender wurden von den Raw Brandenburg West, Meiningen, Stendal und Zwickau und vom VEB LEW „Hans Beimler" Hennigsdorf umgerüstet. Heimat-Bw für alle Kohlenstaub-52er wurde Senftenberg und ist es geblieben.

Die auf Kohlenstaubfeuerung umgebauten Maschinen behielten ihre alte Betriebsnummer.

Erst mit der Umstellung auf EDV-Betriebsnummern erhielten sie die Baureihenbezeichnung $52^{90}$, die hier zur besseren Differenzierung verwendet wurde. Bei der ursprünglichen Ordnungsnummer, sofern sie vierstellig war, trat anstelle der 1. Ziffer eine 9, bei dreistelligen Ordnungsnummern wurde sie als 1. Ziffer hinzugefügt. Bis 1972 waren lediglich die 52 2199, 52 2467 und 52 6357 ausgemustert worden. Ein Rückbau auf Rostfeuerung ist nicht erfolgt.

## Konstruktive Merkmale

Kessel: wie Baureihe 52 (Kriegslok), jedoch mit großem Hilfsbläserring über dem Blasrohr in der Rauchkammer zur Erzeugung des Unterdruckes bei nicht arbeitender Auspuffanlage (geschlossener Regler). Mit Spezialschamottesteinen ausgemauerter Brennraum mit langem Feuerschirm.

Rahmen: wie Baureihe 52 (Kriegslok)

Laufwerk: wie Baureihe 52 (Kriegslok)

Triebwerk: wie Baureihe 52 (Kriegslok)

Steuerung: wie Baureihe 52 (Kriegslok)

Bremse: wie Baureihe 52 (Kriegslok)

Sondereinrichtungen: wie Baureihe 52 (Kriegslok), jedoch 2. Doppelverbundluftpumpe linksseitig in Fahrzeugmitte. 3. Hauptluftbehälter für die Druckluft zur Staubaustragung auf dem rechten Umlaufblech.

Tender: Wannentender 2′2′ T 24 mit 22 m³ Kohlenstaub. 3 Kohlenstaub-Bunkerkammern mit pneumatischer Staubaustragung. Kohlenstaub-Sammel- und -Förderrohre mit anschließenden Regulier- und Absperrschiebern.

BR $52^{90}$ (Neubaulok DR, Kohlenstaubfeuerung)

52 9762-7 mit Kohlenstaubfeuerung, umgebaut aus 52 5762 (Schichau 4053/1943)

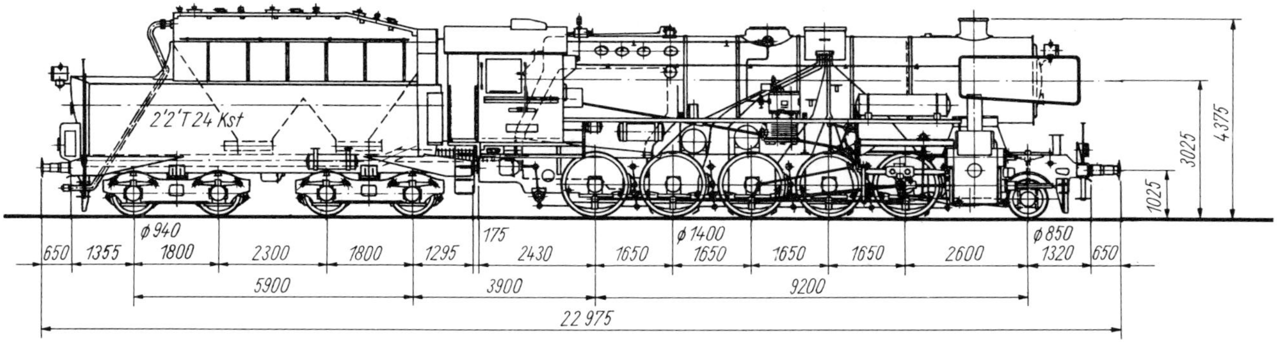
2'2'T 24 Kst
ϕ 940
ϕ 1400
ϕ 850
650 1355 1800 2300 1800 1295 175 2430 1650 1650 1650 1650 2600 1320 650
5900 3900 9200
22 975
1025 3025 4375

52 9762-7

# $53^0$ pr. G $4^2$

# $53^{10}$ old. G $4^2$

Die erste Verbundlokomotive für die Preußische Staatsbahn hatte 1880 Schichau geliefert. Es war eine 1 A-Tenderlokomotive mit angebautem Gepäckraum, die im Bereich der KED Hannover eingesetzt wurde. Auch bei Henschel bestellte die KED Hannover 1882 2 Verbund-Tenderlokomotiven der Achsfolge 1 A. Diese Verbundlokomotiven liefen zufriedenstellend, so daß man daran ging, auch Normallokomotiven mit Verbundwirkung zu bauen. Die Experimente mit Verbundmaschinen fielen nicht zufällig in den Bereich der KED Hannover, sondern sind dem Wirken v. Borries' zuzuschreiben.

Bis 1899 waren schon über 700 C-Verbund-Güterzuglokomotiven der Gattung G $4^2$ gebaut worden, die im wesentlichen der Zwillingsmaschine G 3/G $4^1$ glichen, jedoch von vornherein für 12 bar (12 kp/cm$^2$) Kesseldruck ausgelegt waren. Auch bei anderen deutschen Bahnverwaltungen fand diese Verbundlok Verbreitung. Die Bahnverwaltungen von Elsaß-Lothringen, Oldenburg, Mecklenburg und die Ostpreußische Südbahn, die noch bis 1903 in Privatbesitz war, bestellten diese Lokomotiven.

Bei der Preußischen Staatsbahn trugen die G $4^2$ die Bahnnummern von 3 801 bis 4000. Das verbindliche Musterblatt war III 3 a. Nach dem Leistungsprogramm zog die Maschine mit ihrer Höchstgeschwindigkeit von 55 km/h in der Ebene 670 t. Auf Steigungen von 3‰ konnten mit 30 km/h 800 t und auf Steigungen von 6‰ mit 25 km/h 580 t bewältigt werden. Die Durchschnittsgeschwindigkeit der Güterzüge betrug in den 80er Jahren etwa 30 ··· 35 km/h. Nicht selten mußten Rangierarbeiten auf Unterwegsbahnhöfen von der Zuglokomotive mit erledigt werden.

Konstruktiv war an den G $4^2$ gegenüber den Maschinen mit einfacher Dampfdehnung wenig geändert worden. Neu waren die Versuche mit beweglichen Deckenankern, deren Länge durch Spannmuttern verändert werden konnte. Man wollte damit den bei betriebswarmen Maschinen auftretenden Abstandsänderungen zwischen Feuerbüchse und Stehkesseldecke Rechnung tragen. Diese Deckenanker hatten jedoch zwei entscheidende Mängel: Sie trugen nur in kaltem Zustand und waren durch den sich ansetzenden Kesselstein bald nicht mehr nachstellbar. Auch bei der G $4^2$ hat es Maschinen gegeben, die das Tenderspeisewasser durch den Zylinderabdampf vorwärmen konnten. In der ursprünglichen Ausführung saß, wie bei der G 3, der Dom hinter dem Schornstein. Spätere Ausführungen hatten den Dom in Langkesselmitte oder auf dem letzten Kesselschuß.

pr. G $4^2$ (BR $53^0$)

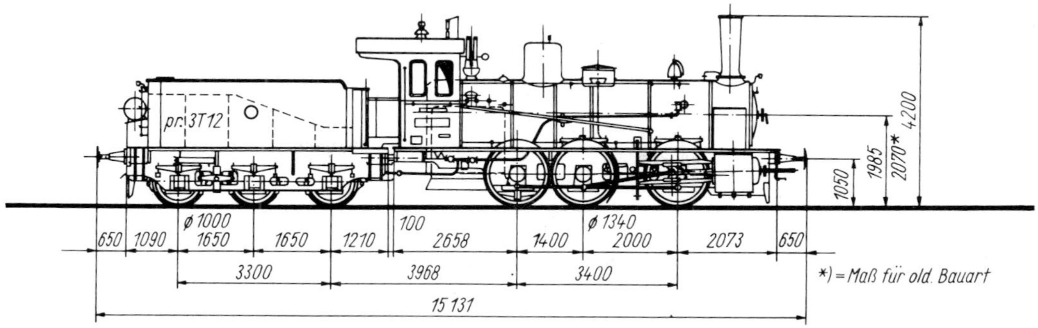


pr., old. G $4^2$ (BR $53^0$ $53^{10}$)

Von den 768 für die Preußische Staatsbahn gebauten Maschinen übernahm die DRG noch 25 Stück unter den Betriebsnummern 53 001–53 025. Die älteste der übernommenen Maschinen war die 53 001, 1891 von Schwartzkopff unter der Fabriknummer 1 910 geliefert. Lieferfirmen der von der DRG übernommenen Maschinen waren Henschel (10), Schwartzkopff (5), Schichau (4), Vulcan (3), Union, Borsig und Grafenstaden (je 1).

Die Oldenburgischen Staatsbahnen ließen in den Jahren 1895–1905 18 Lokomotiven von der Hanomag nach dem Vorbild der G $4^2$ bauen. Es waren die ersten Lokomotiven für Oldenburg, die ausschließlich im Güterzugdienst verwendet wurden. Von den preußischen Maschinen unterschieden sich die old. G $4^2$ durch das Fehlen des Domes (53 1001–53 1003), der erst bei späteren Lieferungen wieder auftauchte. Die Lokomotiven hatten Läutewerk und die Ramsbottom-Sicherheitsventile nicht, wie die pr. G $4^2$, unmittelbar vor der Führerhausvorderwand, sondern auf dem 3. Langkesselschuß etwa in Höhe der 3. Kuppelachse. Sie waren mit dem Tender old. 3 T 12 gekuppelt und für 45 km/h Höchstgeschwindigkeit zugelassen. Spätere Lieferungen (ab 1907) waren mit einem Verbinder-Dampftrockner Bauart Ranafier ausgerüstet. Die 18 Maschinen der ersten Lieferung trugen Namen französischer Städte und die Bahnnummern 102–106, 117 bis 122, 153–159 und 165–166. Bis zum Jahre 1932 waren alle preußischen und oldenburgischen G $4^2$-Maschinen ausgemustert.

Aus den Beständen der Oldenburgischen Staatsbahn hatte die DRG 3 Maschinen (53 1001–53 1003) aus den Lieferjahren 1895–1905 und 8 Maschinen (53 1051–53 1058) aus den Lieferjahren 1907–1909 übernommen.

## Konstruktive Merkmale

$53^0$ (pr. G $4^2$)

Kessel: Langkessel aus 3 Schüssen; 1 400 mm größte l. W. Kupferne Feuerbüchse. Vorderste Reihe (6 Stück) der Deckenanker mit Spannmuttern zum Einstellen der Länge. 2 seitliche (rechts und links) am 2. Kesselschuß befindliche Rückschlagspeiseventile mit Mündung in den Dampfraum. Prallblech im Kessel zur Verteilung des Speisewassers. Ramsbottom-Sicherheitsventil vor der Führerhausvorderwand. Speiseeinrichtungen: 2 nichtsaugende Dampfstrahlpumpen Bauart Dülken rechts und links unter dem Führerhaus.

Rahmen: 25 mm dicker Blechrahmen mit zahlreichen Quer- und Längsversteifungen. Geschmiedete Achslagerausführungen.

Laufwerk: Unsymmetrischer Achsstand der Kuppelachsen (2 000 mm zwischen 1. und 2., 1 400 mm zwischen 2. und 3. Kuppelachse). Tragfedern der ersten beiden Achsen oberhalb, die der 3. Kuppelachse unterhalb der Achslager und jeweils durch Ausgleichhebel verbunden.

Triebwerk: Zweizylinder-Naßdampf-Verbundtriebwerk mit außenliegenden, waagerecht angeordneten Zylindern. Rechts HD-, links ND-Zylinder. Antrieb der 2. Kuppelachse. Zweischienig geführter Kreuzkopf. Anfahrvorrichtung Bauart v. Borries (daneben noch andere Ausführungen) in Form eines Druckverminderungsventiles.

Steuerung: Innenliegende Allan-Steuerung mit Flachschiebern. Rotguß-Muschelschieber für HD-Zylinder, Rotguß-Trickschieber für ND-Zylinder. Weißmetall-Längsstege zur Verminderung der Reibung zwischen Schieber und Schieberspiegel.

Bremse: Handbremse

Sondereinrichtungen: Handbetätigter Sandstreuer sandet die Räder der Treibachse einseitig von vorn.

Tender: pr. 3 T 12 mit 4 t Kohle.

# $53^3$

**pr. G $4^3$**

Obwohl die Preußische Staatsbahn bereits über vierfach gekuppelte Güterzuglokomotiven verfügte – die Gattungen G $7^1$ und G $7^2$ waren 1893 bzw. 1895 erschienen –, kehrte man 1903 nochmals zur dreifach gekuppelten Maschine zurück. Zwar gab es dreifach gekuppelte Güterzuglokomotiven der Gattungen G 3, G $4^1$ und G $4^2$ in reichlichem Maße, doch waren deren geringe Zugkraft und zulässige Höchstgeschwindigkeit nicht mehr ausreichend.

Die neue Maschine mußte wesentlich bessere Laufeigenschaften aufweisen, um neben dem Eilgüterzugdienst auch im Personenzugdienst eingesetzt werden zu können. Beim Vergleich mit den ersten Normalgüterzuglokomotiven werden an dieser neuen Maschine, die das Gattungszeichen G $4^3$ erhielt, die konstruktiven Fortschritte des Lokomotivbaus deutlich sichtbar. Die G $4^3$ war um 275 mm kürzer als die G $4^1$, hatte aber einen um 300 mm größeren Achsstand. Den Achsstand von 2000 mm zwischen 1. und 2. Kuppelachse hatte man, um eine ausreichend lange Treibstange verwenden zu können, belassen, die 3. Kuppelachse aber um 30 mm nach hinten gerückt. Die Kesselmitte über SO war um 415 mm auf 2400 mm angehoben worden, die Angst vor hohen Schwerpunktlagen also überwunden. Zwar zog man noch die Feuerbüchse zwischen die Rahmenplatten ein, obwohl die hohe Kessellage es erlaubt hätte, den Stehkessel auf den Rahmen zu stellen. Die 3. Kuppelachse befand sich nicht mehr, wie bei der G $4^1$/G $4^2$, vor der Feuerbüchse, sondern darunter. Um den Aschkasten unterbringen zu können, mußte das Masseausgleichsystem geändert werden. Der Querausgleichhebel, bisher über der 3. Kuppelachse, lag jetzt über der ersten, die Längsausgleichhebel befanden sich folglich zwischen 1. und 2. und 2. und 3. Kuppelachse. Somit hatte auch die G $4^3$ noch Dreipunktabstützung.

Wie die G $4^2$ war auch die G $4^3$ eine Zweizylinder-Verbundmaschine, jedoch mit auf 460/680 mm Durchmesser vergrößerten Zylindern (G $4^2$: 450/650 mm Durchmesser). Sie war mit einer Heusinger-Steuerung ausgerü-

pr. G $4^3$,
Bahnnummer 3895 Hannover
(Union 1428/1906)

pr. G $4^3$ (BR $53^3$)

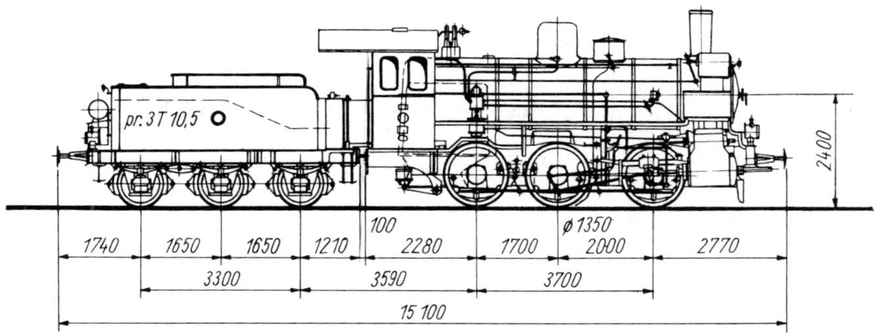


stet, der Kreuzkopf wurde, wie ab 1900 üblich, nur noch einschienig geführt.
Zur Ausnutzung der zulässigen Achsfahrmasse von 15 t erhielt die Maschine einen Kuppelkasten aus Stahlguß, um die letzte Achse voll zu belasten. Die im Personenzugdienst eingesetzten Loks bekamen Luftpumpen, obwohl die Maschine selbst anfänglich noch keine Bremse hatte. Erst später wurden die beiden letzten Achsen einseitig abgebremst. Die zulässige Höchstgeschwindigkeit, zunächst auf 50 km/h festgesetzt, erhöhte man bald auf 60 km/h. Nach dem Merkbuch, Ausgabe 1924, konnte die G $4^3$ in der Ebene mit 45 km/h 1 030 t und mit 55 km/h noch 650 t ziehen. Auf Steigungen von 5‰ zog sie 515 t mit 35 km/h und auf Steigungen von 10‰ noch 395 t mit 25 km/h.
Die G $4^3$ befriedigte in ihrem Laufverhalten und übertraf das der älteren C-Normallokomotiven mit überhängender Feuerbüchse bei weitem. Die ersten Lokomotiven wurden 1903 von der Union Gießerei Königsberg geliefert. Bis zum Jahre 1907 wurden nur 58 Stück gebaut. Obwohl die G $4^3$ eine moderne Lokomotive war, kam sie als dreifach gekuppelte Güterzuglok mit nur 45 t Reibungsmasse (die Angaben schwanken zwischen 40,67 t und 46,7 t) zu spät. Der Bau der ersten Lokomotiven war schon für das Jahr 1901 geplant (auf Betreiben Garbes war er verschoben worden), doch auch zu diesem Zeitpunkt wäre die Maschine den Anforderungen in bezug auf Leistung und Geschwindigkeit nicht mehr gewachsen gewesen. Die 1902 gebaute G 8 als Vierkuppler hatte bereits eine zulässige Höchstgeschwindigkeit von 55 km/h und eine Reibungsmasse von 58,5 t.
Die G $4^3$ war hauptsächlich in den pommerschen und ostpreußischen Gebieten, also im Flachland, im Einsatz und den Direktionen Stettin und Königsberg zugeteilt worden. Die DRG übernahm noch 27 Maschinen unter den Betriebsnummern 53 301–53 327. Alle Lokomotiven waren von der Union in Königsberg gebaut worden. Die älteste von der DRG übernommene Maschine stammte aus dem Jahre 1903 (Fabriknummer Union 12 93), die beiden jüngsten sind Baujahr 1907. Bis zum Ende der zwanziger Jahre, also nach noch nicht 30 Dienstjahren, waren alle 27 Lokomotiven der Gattung G $4^3$ ausgemustert.

## Konstruktive Merkmale

Kessel: Genieteter Kessel. Langkessel aus 2 Schüssen mit 3 900 mm Abstand zwischen den Rohrwänden. Kesselmitte 2 400 mm über SO. Dampfdom mit Flachschieberregler auf dem hinteren Kesselschuß, Sandkasten auf dem vorderen Kesselschuß. Feuerbüchse zwischen Rahmenbleche eingezogen. Feuerbüchse und Stehbolzen aus Kupfer. Ramsbottom-Sicherheitsventil auf dem Stehkesselscheitel vor der Führerhaus-Vorderwand. Speiseeinrichtungen: 2 Dampfstrahlpumpen Bauart Strube.
Rahmen: 25 mm dicker Blechrahmen.
Laufwerk: Dreipunktabstützung. Tragfedern aller Achsen unterhalb der Achslager. Federn der 2. und 3. Kuppelachse durch Längsausgleichhebel verbunden. Querausgleichhebel hinter der 1. Kuppelachse mit 2. Kuppelachse durch Längsausgleichhebel verbunden. 10 mm Spurkranzschwächung bei der Treibachse.
Triebwerk: Zweizylinder-Naßdampf-Verbundtriebwerk. Außenliegende, leicht geneigt angeordnete Zylinder. Rechts HD-, links ND-Zylinder. Antrieb der 2. Kuppelachse. Einschienige Kreuzkopfführung.
Steuerung: Außenliegende Heusinger-Steuerung. Waagerecht liegende Flachschieber.
Bremse: Ursprungsausführung ohne Bremse (nur Handbremse). Später Ausrüstung mit Druckluftbremse; einseitige Abbremsung der beiden letzten Kuppelradsätze.
Sondereinrichtungen: Handbetätigter Sandstreuer sandet die Räder der Treibachse von vorn. Dampfheizungseinrichtung.
Tender: pr. 3 T 10,5 mit 5 t Kohle oder pr. 3 T 12 mit 7 t Kohle.

# $53^{6-7}$ sä. V V

Ab 1884 unternahm die Sächsische Staatsbahn Versuche mit dreifach gekuppelten Verbund-Güterzuglokomotiven. Man nutzte die Erfahrungen, die die Preußische Staatsbahn mit der G $4^2$ (C n2v) gesammelt hatte und übernahm deren Zylinderabmessungen (460/650 mm) und das v. Borriessche Anfahrventil.

Im übrigen basierte die Verbundmaschine, die das Gattungszeichen V V erhielt, auf den letzten Ausführungen der Zwillingsmaschine der Gattung V. Der Achsstand betrug 3400 mm, wobei der Abstand zwischen 1. und 2. Kuppelachse 1900 mm und der zwischen 2. und 3. Kuppelachse 1500 mm maß. Auch die niedrige Kessellage mit 1925 mm der Kesselmitte über SO blieb erhalten. Die Rostfläche hatte man jedoch von 1,50 $m^2$ (Gattung V) auf 1,41 $m^2$ geringfügig verkleinert. Die gute Dampfleistung des Kessels ermöglichte eine Vergrößerung der Zylinderdurchmesser von zunächst 480/700 mm auf 500/700 mm. Änderungen am Kessel dienten der Verkleinerung der Heizfläche. Die Rohrlänge blieb gleich, die Anzahl der Heizrohre wurde um 6 Stück verringert, so daß sich mit 111,37 $m^2$ eine um etwa 4 $m^2$ kleinere Heizfläche ergab. Ab 1887 ersetzte man das v. Borriessche Anfahrventil durch die Lindnersche Anfahrvorrichtung.

Die Zwillingslokomotiven der Gattung V wurden noch mit 8,5 bar (8,5 kp/$cm^2$) Kesseldruck betrieben (die Esslinger Lieferung sogar mit 7,5 bar [7,5 kp je $cm^2$]). Bei der Gattung V V erhöhte man den Kesseldruck auf 12 bar (12 kp/$cm^2$). Mit einer Reibungsmasse von 42,0 t bzw. 43,7 t bei späteren Lieferungen war die V V eine der schwersten deutschen dreifach gekuppelten Güterzuglokomotiven ihrer Zeit. Bei 45 km/h zog

53 718 (sä. V V, Bahnnummer 1150) (Hartmann 2596/1901)

sä. V V (BR $53^{6-7}$), Bahnnummern 1013–1029

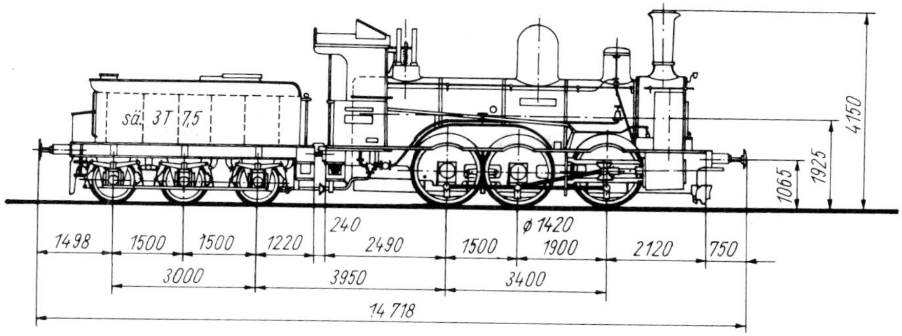


sie in der Ebene 1080 t. Auf 3‰ Steigung wurden 760 t mit 35 km/h, auf 5‰ Steigung 780 t mit 25 km/h gezogen. Mit der Geschwindigkeit von 25 km/h zog die Maschine auf 10‰ Steigung 430 t und auf 25‰ Steigung noch 155 t. Gegenüber der Zwillingsausführung verbrauchte die Verbundmaschine 10 bis 15 % Kohle weniger und bewährte sich dank ihrer robusten, anspruchslosen Bauweise im Betrieb ausgezeichnet.

Die Sächsische Staatsbahn beschaffte von 1885 bis 1901 164 Lokomotiven der Gattung V V. Urheberfirma war Hartmann in Chemnitz, der 153 Ma-

53 751 (sä. V V, Bahnnummer 1000) (Hartmann 4415/1920)

schinen lieferte. 11 Stück wurden im Jahre 1890 von Sigl in Wiener Neustadt geliefert. Die V V trug die Bahnnummern 1 001–1 164, die österreichische Lieferung hatte die Bahnnummern 1 101–1 111 (Fabriknummern 3 443–3 453).
Die DRG übernahm noch 129 Maschinen der Gattung V V und gab ihnen die Betriebsnummern 53 601–53 729. Aus der Lieferung von Sigl waren noch 8 Lokomotiven (53 616–53 623) dabei.
Im Nummernplan der DRG findet sich mit der Betriebsnummer 53 751 noch eine ehemalige sä. V V. Diese Lokomotive entstand bei Hartmann erst im Jahre 1920 (Fabriknummer 4 415). Aus einer Kriegslieferung an die Türkische Staatsbahn war noch ein Kessel übrig geblieben, der zum Bau einer weiteren Lokomotive der Gattung V V verwendet wurde. Die Maschine erhielt die sächsische Bahnnummer 1 000, das Gattungszeichen (DRG) G 33.15 und wich in ihren Abmessungen etwas von der Serienlieferung ab. Sie hatte mit 1,75 $m^2$ eine größere Rostfläche und bei 369 mm kürzeren Rohren durch 204 Heizrohre eine Gesamtheizfläche von 123 $m^2$. Ihre Reibungsmasse betrug 46,2 t. Die Kesselmitte lag 2300 mm über SO.

## Konstruktive Merkmale

Kessel: Genieteter Kessel. Langkessel aus 3 Schüssen mit 4369 mm Abstand zwischen den Rohrwänden. Großer Dampfdom auf dem mittleren Kesselschuß. Kupferne Feuerbüchse zwischen den Rahmenblechen eingezogen. Ramsbottom-Sicherheitsventil auf dem Stehkesselscheitel vor der Führerhausvorderwand. Speiseeinrichtungen: 2 nichtsaugende Dampfstrahlpumpen Bauart Schau (120 l/min). Auch Ausführungen mit Bauart Körting und Friedmann. Bahnnummer 1 000: 2 Friedmann-Dampfstrahlpumpen ASZ Nr. 9 (180 l/min).
Rahmen: 30 mm dicker Blechrahmen mit 1 250 mm Mittenabstand.
Laufwerk: Vierpunktabstützung. Tragfedern unterhalb der Achslager angeordnet. Tragfedern der 2. und 3. Kuppelachse durch Ausgleichhebel verbunden.
Triebwerk: Zweizylinder-Naßdampf-Verbundtriebwerk mit außenliegenden, waagerecht angeordneten Zylindern. Rechts HD-, links ND-Zylinder. Antrieb der 2. Kuppelachse.
Steuerung: Innenliegende Allan-Steuerung. Anfahrvorrichtung Bauart v. Borries bei den ersten Maschinen, später einheitlich Anfahrvorrichtung Bauart Lindner.
Bremse: Dampfklotzbremse, von oben auf die 2. und 3. Kuppelachse wirkend. Bahnnummer 1 000 nachträglich mit Druckluftbremse Bauart Westinghouse ausgerüstet; einklötziges Abbremsen aller Räder von vorn.
Sondereinrichtungen: Handbetätigter Sandstreuer sandet die Räder der 1. Kuppelachse von vorn. Bei Bahnnummer 1 000 wird Treibachse einseitig von vorn gesandet. Kolbenfunkenfänger Bauart Ressig bei einigen Maschinen. Dampfläutewerk Bauart Latowski bei den meisten Maschinen.
Tender: sä. 3 T 7,5 mit 4 t Kohle und sä. 3 T 9 mit 4 t Kohle.

# $53^8$ wü. Fc

# $53^{83}$ wü. F 2

Für die starken Steigungen zwischen Geislingen und Ulm waren schon in der Frühzeit des Eisenbahnverkehrs große Zugkräfte erforderlich. Bereits 1849 bis 1851 entstanden hierfür die ersten 5 Cn2-Lokomotiven der sogenannten „Albklasse". Die von Keßler gebauten und für damalige Verhältnisse relativ schwer ausgefallenen Lokomotiven beanspruchten den Oberbau jedoch so stark, daß man die einzigen frühen Dreikuppler einem für die Württembergische Staatsbahn untypischen Umbau in 2'B-Maschinen unterzog. Ein Teil dieser Umbauten wurde später ein zweites Mal in 1 B-Tenderlokomotiven modifiziert. Die im Güterzugdienst eingesetzten 2'B-Lokomotiven waren mit ihrer geringen Reibungsmasse von etwa 20 t auf die Dauer jedoch den ständig steigenden Anforderungen des Zugdienstes nicht gewachsen. So war man – nach dem willkürlich abgebrochenen, erfolgversprechenden Beginn – nun doch wieder zur dreifachen Kupplung gezwungen.
Die ersten Maschinen der neuen Bauart – in Württemberg als Klasse F bezeichnet – lieferte Esslingen 1864. Bis 1880 wurden ohne wesentliche Änderungen 98 Lokomotiven in Betrieb genommen; diese Stückzahl enthält auch 10 Ersatzlokomotiven für die früheren Bahnnummern 8, 18, 30, 50, 67, 79, 84,

86, 124 und 127, die 1872 und 1880 ebenfalls Esslingen baute. Sie wiesen als Zwillingslokomotiven mit einem Zylinderdurchmesser von 480 mm, 612 mm Hub, einem Raddurchmesser von 1 230 mm bei einem Achsstand von 3 000 mm, einer Gesamtheizfläche von etwa 134 m$^2$ bei 1,4 m$^2$ Rostfläche und 9 bar (9 kp/cm$^2$) (letzte Lieferungen 10 bar [10 kp/cm$^2$]) Kesseldruck keine besonders markanten Abmessungen auf und zeigten in der Ausführung eine Anlehnung an den norddeutschen Baustil.

Aus der nun einsetzenden fast 10jährigen Pause in der Lokomotivbeschaffung kann gefolgert werden, daß das zur Verfügung stehende Leistungsangebot vorerst den Anforderungen des Betriebsdienstes entsprach. Erst 1889 folgte eine weitere Lieferung von 6 Cn2-Lokomotiven, Bahnnummern 601 bis 606, die Esslingen lieferte und die bei der Württembergischen Staatsbahn die Klassenbezeichnung F 2 erhielten. Sie glichen im wesentlichen der Klasse F, Raddurchmesser und Achsstand blieben erhalten, jedoch erhöhte man den Kesseldruck von 10 bar (10 kp/cm$^2$) auf 12 bar (12 kp/cm$^2$), wobei der Zylinderdurchmesser von 480 mm auf 450 mm verringert wurde.

Von 1890–1892 wurden von den 98

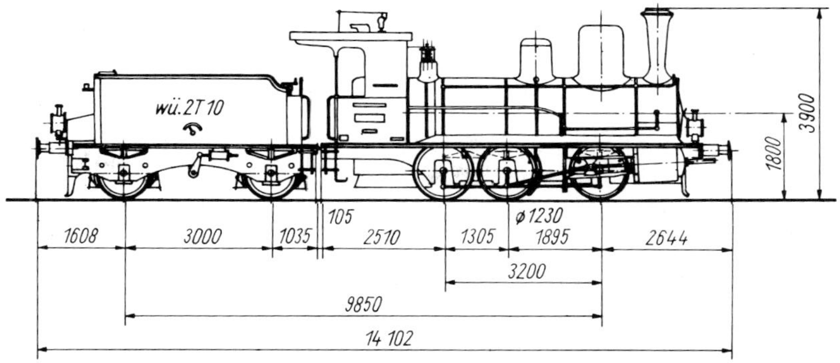


wü. Fc (BR $53^8$)

53 850 (wü. Fc, Bahnnummer 712) (Maschinenfabrik Esslingen 3302/1904)

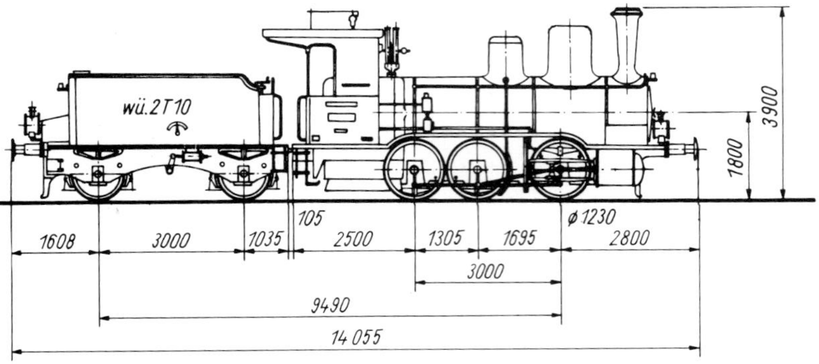


wü. F 2 (BR $53^{83}$)

wü. F 2, Bahnnummer 166 SCHUSSENRIED (Maschinenfabrik Esslingen 826/1867) nach 1891 erfolgten Umbau zur Klasse F 2 in Werkstatt Esslingen, spätere 53 8301

vorhandenen Lokomotiven der Klasse F 8 Stück mit dem für die F 2 konzipierten Kesseln ausgerüstet. Sie wurden zunächst als Klasse Fa, ab 1906 als Klasse F 2 bezeichnet. Die restlichen 90 Maschinen der Klasse F begann man ab 1891 mit den Kesseln und auch den Zylindern der Klasse F 2 auszurüsten und baute bis 1910 88 Stück um. Sie erhielten sofort die Bezeichnung F 2, so daß insgesamt 102 Lokomotiven der Klasse F 2 in Betrieb gingen.

Eine dieser aus dem Umbau einer alten Klasse F hervorgegangenen F 2 kam noch zur DRG, wo sie die Baureihenbezeichnung $58^{83}$ und die endgültige Betriebsnummer 53 8301 erhielt. Es handelte sich dabei um die 1867 von Esslingen als Fabriknummer 826 gebaute Lokomotive „SCHUSSENRIED", die als Bahnnummer 166 der Württembergischen Staatsbahn 1891 in der Bahnwerkstätte Esslingen zur Klasse F 2 umgebaut worden war. Der Entwicklung bei anderen Bahnverwaltungen folgend, führte man bei einer weiteren Lieferung von Dreikupplern

in den Jahren von 1890–1892 auch das Verbundsystem ein. Nach der Grundkonzeption der alten Klasse F entstanden vorerst 30 Lokomotiven der Klasse Fc mit Verbundtriebwerk von 480/685 mm Zylinderdurchmesser bei 612 mm Hub. Unter Beibehalten des alten Raddurchmessers von 1230 mm erreichte der Achsstand bei der Klasse Fc jetzt 3200 mm.
Zum Ausgleich der gegenüber der Zwillingsausführung erhöhten Zylindermasse setzte man den Kessel der Klasse Fc etwas zurück. Auf Grund der nun – besonders durch den Stehkessel – erschwerten Unterbringung der Tragfedern ergab sich die aus der Skizze erkennbare Abstützung, bei der sich das Federende der letzten Tragfeder auf dem Achslager der dritten Achse abstützte. Den Kesseldruck von 12 bar (12 kp/cm$^2$) behielt man bei diesen Lieferungen noch bei, das Verbundtriebwerk führte zu einer Erhöhung der Lokdienstmasse auf 39,7 t.
Auch diese Lokomotiven, Bahnnummern 611–640, die nach damaliger Gepflogenheit noch Namen trugen, baute die Maschinenfabrik Esslingen.
Bau und Weiterentwicklung dieser Maschine mit konventionellem Stangentriebwerk wurden jedoch vorerst durch die dreifach gekuppelten Lokomotiven mit Klose-Triebwerk unterbrochen.
Es bestand eine allgemeine Abneigung gegen zu große feste Achsstände aus dem Blickwinkel des Bogenlaufes und des Verschleißes, andererseits ließ ein kurzer Achsstand keine wesentliche Geschwindigkeitserhöhung zu. Mit dem Klose-Triebwerk glaubte man, eine Lösung für die Probleme gefunden zu haben, zumal die fünffach gekuppelte E n3v-Lokomotive mit Klose-Triebwerk der Klasse G von 1892 bereits erfolgreich im Einsatz war.
Es lag somit nahe, dieses Prinzip auch auf C-gekuppelte Maschinen zu übertragen.
Es entstanden:

1893 6 Stück Klasse F 1c, Bauart Cn2v mit Klose-Triebwerk in Verbundwirkung, Außenzylindern wie Klasse Fc, Raddurchmesser 1380 mm und 5000 mm Achsstand, Kesseldruck von 14 bar (14 kp/cm$^2$) und einer Höchstgeschwindigkeit von 60 km/h;

1894–1896 28 Stück Klasse F 1, Bauart Cn2 mit Klose-Triebwerk in Zwillingswirkung, Innenzylinder mit 450 mm Durchmesser bei 612 mm Hub, alle übrigen Fahrzeugabmessungen und der Kesseldruck entsprachen den Verbundlokomotiven der Klasse F 1c.

Trotz guter Laufeigenschaften erfolgte auf Grund der hohen Unterhaltungskosten keine Weiterbeschaffung der Klose-Bauarten.
1895–1899 kam es nochmals zu einem Lokomotiv-Umbau in der bahneigenen Werkstatt Rottweil. Hier entstanden unter Verwendung von Rahmen und Triebwerken älterer 1 B-Maschinen, Kesseln von den Klassen F 1 und Anschuhen eines hinteren Rahmenteils zur Aufnahme einer weiteren Kuppelachse 12 Stück 1Cn2-Lokomotiven der Klasse Fb. Gegenüber der geringen Reibungsmasse von 21 t der 1 B-Ausführung stieg diese nun auf 29 t.
Sämtliche Lokomotiven dieser drei Sonderbauarten gehörten noch 1920 zum Bestand der Württembergischen Staatsbahn.
Ab 1896 setzte dann wieder der unveränderte Weiterbau der Klasse Fc ein, allerdings erhöhte man ab dieser Lieferung den Kesseldruck auf 14 bar (14 kp je cm$^2$). Unter den Bahnnummern 641 bis 731, jetzt jedoch ohne Namen, lieferte Esslingen von 1896–1908 87 Lokomotiven. Zusätzlich entstanden als letzte Eigenbauten 8 Maschinen in der Bahnwerkstatt Esslingen, so daß insgesamt 125 zum Bestand gehörten. Davon wurden 65 Stück von der DRG übernommen, wo sie zur Baureihe $53^8$ (53 801–53 865) wurden.
Mit Lokomotiven der BR $53^8$ konnten in der Ebene 1000 t mit 45 km/h und auf 10‰ Steigung noch 370 t mit 25 km/h befördert werden.

## Konstruktive Merkmale

Kessel: Crampton-Kessel, letzte Lieferungen mit 14 bar (14 kp/cm$^2$) Kesseldruck.
Rahmen: Blechinnenrahmen.
Laufwerk: Ursprünglich Aufhängung in 6 einzelnen Tragfedern, wobei die der 2. und 3. Achse unterhalb der Achslager lagen; ab Klasse Fc (DR BR $53^8$) alle Federn oberhalb der Achslager, dabei hintere Tragfeder aus Platzgründen so angeordnet, daß sich Federende auf Achslager der 3. Achse abstützt.
Achsstandvergrößerung von 3000 mm auf 3200 mm bei Klasse Fc.
Triebwerk: Außenliegendes Zwillingstriebwerk bei Klasse F 2 (53 8301). Außenliegendes Verbundtriebwerk bei Klasse Fc (53 801–53 865), leicht geneigte Zylinderanordnung, doppelte Kreuzkopfführung.
Steuerung: Allan-Steuerung, innenliegend.
Bremse: Handbremse, später Westinghouse-Bremse
Sondereinrichtungen: Dampfheizleitung, Läutewerk.
Tender: wü. 2 T 10 mit 10 m$^3$ Wasser und 6 t Kohle.

# $53^{70-71}$ pr. G 3

In den Jahren 1877–1883 wurden in Preußen die großen Privatbahnen verstaatlicht. Damit trat für die Verwaltung der Staatsbahn ein ähnliches Problem wie 1920 für die DRG auf: für ein einheitlich zu bewirtschaftendes Streckennetz einen einheitlichen Lokomotivpark zu schaffen. Ein Ministerialerlaß vom 15. 3. 1875 ordnete den Bau von Lokomotiven nach einheitlichen Zeichnungen, den sogenannten Normalien, an, die nach einer Beratung der Direktion der Niederschlesisch-Märkischen Eisenbahn 1878 wirksam wurden.

Schon um 1876 gab es erste Entwürfe für die Normalloks, für eine 1 B-Personenzuglokomotive und für eine C-Güterzuglokomotive. Die G-Lok wurde nach den Normalienblättern 15 und 16, der dreiachsige Tender, auch für die P-Lok verwendet, nach Blatt 17 gebaut.

Das äußere Erscheinungsbild zeigte die für die damalige Zeit typische Bauform: tiefliegender Kessel, kurzer Radstand, vorn und hinten überhängende Massen. Die mit 45 km/h angegebene Höchstgeschwindigkeit wird die Maschine nur bei sehr unruhigem Lauf erreicht haben. Das Leistungsprogramm war auch nur bis 40 km/h aufgestellt. Bei 40 km/h wurden auf 2‰ Steigung 460 t gezogen. Auf 10‰ Steigung waren es bei 20 km/h noch 310 t, auf 25‰ noch 105 t. Bei einer Rostfläche von nur 1,5 $m^2$ und reichlich 39 t Reibungsmasse sind das respektable Leistungen.

Bei einer Revision der Normalienblätter in den Jahren 1883/1884 wurde auch an den Maschinen nichts Wesentliches verändert. Der Dampfdruck blieb bei 10 bar (10 $kp/cm^2$), die durchgehenden Kolbenstangen entfielen, die Blechschornsteine mußten gußeisernen weichen. Das Normalienblatt trug jetzt die Bezeichnung Musterblatt III-3.

Die C-Güterzuglok gab es mit innenliegender und mit außenliegender Allan-Steuerung; die bevorzugte Ausführung war die Innensteuerung. Nach einer weiteren Überarbeitung des Musterblattes III-3 rückte der Dom vom ersten auf den dritten Kesselschuß, der Sand-

pr. G 3 (BR $53^{70-71}$)

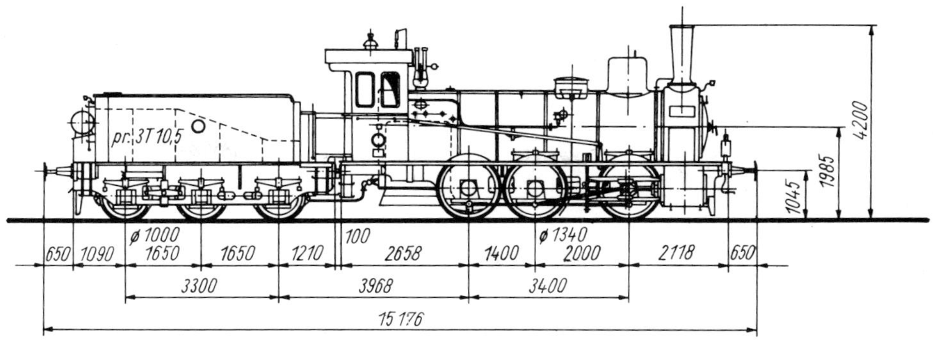


kasten wurde nach vorn versetzt, die Rauchkammer von 750 mm auf 1 100 mm verlängert.

Als nach dem Schema der KED Elberfeld nach der Jahrhundertwende die Gruppenzeichen (S, P, G, T) eingeführt wurden, kamen die C-Kuppler mit 10 bar (10 kp/cm$^2$) Kesseldruck in die Gruppe G 3. Die ab 1890 gebaute C-Lok mit 12 bar (12 kp/cm$^2$) Kesseldruck wurde von einigen Direktionen in die G 3-, von anderen in die G 4-Gruppe eingeordnet. Die Gruppenzeichen waren zu dieser Zeit noch keine Gattungszeichen, denn in einer Gruppe wurden alle Lokomotiven gleicher Leistung, nicht nur gleicher Bauart, zusammengefaßt. In der G 3-Gruppe waren also auch früher gebaute und von Privatbahnen stammende Lokomotiven zu finden. Erst als die älteren Lokomotivtypen ausgemustert waren, als es nur noch Normallokomotiven gab, entwickelte sich das Gruppenzeichen zum Gattungszeichen. Die verschiedenen Bauarten wurden dann durch Indizes unterschieden (G $4^1$, G $4^2$ usw.). Erst 1911 wurde das Gattungszeichen in dieser Form an den Maschinen angebracht.

Einige G 3-Maschinen wiesen eine Besonderheit auf: Sie besaßen einen Speisewasservorwärmer Bauart Kirchweger. Das Tenderwasser des 3 T 10,5 konnte durch Zylinderabdampf vorgewärmt werden. Im Tenderwasserbehälter waren 10 Siederohre von 4450 mm Länge angeordnet, die mittels einer Umsteuervorrichtung Dampf erhielten. Diese Ausführung blieb aber Versuch.

Die DRG übernahm immerhin noch 157 Maschinen der Gattung G 3 als Baureihe $53^{70-71}$ und gab ihnen die Betriebsnummern 53 7001–53 7157. Die älteste, die 53 7001, stammte aus dem Jahre 1881 und war von Henschel mit der Fabriknummer 1 199 geliefert worden. Die beiden jüngsten Loks waren die 53 7156 und 53 7157 aus dem Jahre 1897, wiederum Henschel-Maschinen, mit den Fabriknummern 4 536 bzw. 4 539. An der Lieferung der G 3, zumindest bei den von der DRG übernommenen Lokomotiven, waren neben Henschel die Firmen Hanomag, Schwartzkopff, Union, Grafenstaden, Borsig, Hohenzollern, Vulcan und Schichau beteiligt.

pr. G 3, Bahnnummer 3201 Cassel (Henschel 1199/1881), diese Maschine kam als 53 7001 zur DRG.

## Konstruktive Merkmale

Kessel: Langkessel aus 3 überlappt genieteten Schüssen. 1 400 mm größte l. W. Kupferne Feuerbüchse. Feuerbüchs-Deckenanker sind im Inneren der Feuerbüchse und außen mit dem Feuerbüchsmantel vernietet. Feuerbüchswände vorn und hinten senkrecht; Seitenwände entsprechend Kesseldurchmesser etwas geneigt. Speiseventile an der Feuerbüchsrückwand; Speisewasser wird durch ein Rohr zum vorderen Teil des Langkessels geführt. Dampfdom auf dem 1. Kesselschuß, bei späteren Ausführungen auf dem 3.

Ramsbottom-Sicherheitsventile vor der Führerhausvorderwand. Speiseeinrichtungen: 2 saugende Dampfstrahlpumpen Bauart Dülken.
Rahmen: 25 mm dicker Blechrahmen mit 1 240 mm Wangenabstand.
Laufwerk: Unsymmetrischer Achsstand der Kuppelachsen (2 000 mm zwischen 1. und 2., 1 400 mm zwischen 2. und 3.). Radsterne anfangs Schmiedeeisen mit gußeisernen Gegengewichten zwischen vernieteten Blechschildern. Ab etwa 1895 Radsterne aus Stahlguß. Tragfedern der beiden ersten Achsen oberhalb, der dritten Achse unterhalb der Achslager und durch Ausgleichhebel verbunden. Dreipunktabstützung. Querausgleichhebel hinter der 2. Achse.
Triebwerk: Zweizylinder-Naßdampftriebwerk mit außenliegenden, waagerecht angeordneten Zylindern. Antrieb der 2. Kuppelachse. Zweischienig geführter Kreuzkopf.
Steuerung: Innenliegende Allan-Steuerung. Gußeiserne Flachschieber mit Trick-Kanal. Auch Ausführungen mit außenliegender Allan-Steuerung, die sich wegen größerer Schieberabnutzung und Brüchen an Exzentern und Gegenkurbeln nicht allgemein durchsetzen konnte.
Bremse: Handbremse
Sondereinrichtungen: Handbetätigter Sandstreuer sandet die Räder der Treibachse einseitig von vorn.
Tender: pr. 3 T 10,5 mit 4 t Kohle.

# $53^{76}$ pr. G $4^1$

Die preußische Güterzuglokomotive G $4^1$ stimmte in allen Abmessungen mit der zuvor beschriebenen pr. G 3 über-

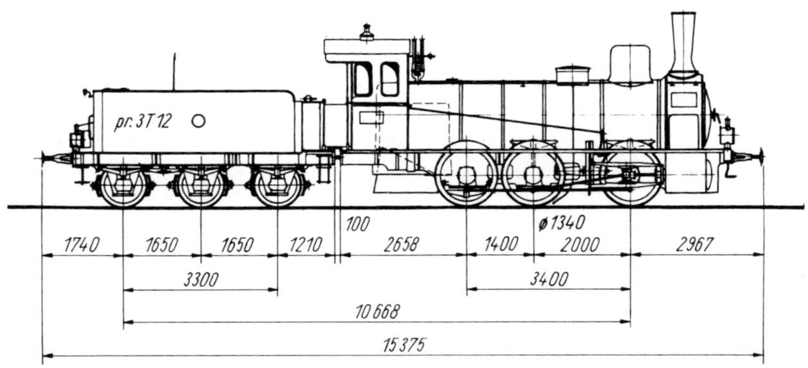


pr. G $4^1$ (BR $53^{76}$)

ein. Lediglich der Kesseldruck wurde von 10 bar (10 kp/$cm^2$) auf 12 bar (12 kp/$cm^2$) erhöht. Wie sich die Erhöhung auf die Steigerung der Zugkraft auswirkte, ist heute schwer festzustellen, weil Leistungstafeln nur für die G 3 aufgestellt wurden und das Merkbuch (Ausgabe 1924) für beide Maschinen sogar auf Leistungstafeln verzichtet hat. Die der G 3 und der G $4^1$ zugeteilten Betriebsnummern wiesen ja bereits darauf hin, daß die Maschinen zur Ausmusterung anstanden.
Es hat bei der G $4^1$, wie auch bei der G 3, im Laufe der Betriebsgeschichte eine Reihe baulicher Veränderungen gegeben. So liefen neben Maschinen mit langem Schornstein solche mit Kobel-Funkenfänger-Schornstein. Alle Maschinen wurden nachträglich mit Dampfläutewerken ausgerüstet, einige Maschinen erhielten ein zweites Sandfallrohr, um entweder die Treibräder auch bei Rückwärtsfahrt oder die Räder der 3. Kuppelachse bei Vorwärtsfahrt sanden zu können.
Trugen bei der Preußischen Staatsbahn die G 3 die Bahnnummern 3101 bis 3600, so waren der G $4^1$ die Bahnnummern 3601–3800 vorbehalten. Von den G 3-/G $4^1$-Maschinen sind weit über 2 000 Stück gebaut worden.

Die bereits bei der Beschreibung der G 3 erwähnte unterschiedliche Einordnung der Maschinen mit 12 bar (12 kp je $cm^2$) Kesseldruck läßt die Grenzen zwischen beiden Gattungen nicht exakt bestimmen. Die DRG übernahm als G $4^1$ 17 Lokomotiven, von denen die älteste aus dem Jahre 1882 stammt und von Hohenzollern unter der Fabriknummer 204 geliefert wurde (53 7601). Die 53 7602 stammt aus dem Jahre

1884 (Union, Fabriknummer 284). Mit ziemlicher Sicherheit sind die als 53 7601–53 7606 genummerten Maschinen ehemalige G 3, bei denen erst später der Kesseldruck erhöht wurde. Erst in den 90er Jahren lieferten die Werke Lokomotiven mit 12 bar (12 kp je $cm^2$) Kesseldruck. Das hierfür verbindliche Musterblatt trug die Bezeichnung III-3. Nach nochmaliger Änderung erhielt das Musterblatt die Bezeichnung $III\text{-}3^{II}$, und diese Bezeichnung ist auch im Merkbuch (Ausgabe 1924) als Grundlage für die $G\,4^1$ aufgeführt. Alles, was über die pr. G 3 gesagt wurde, ist auch für die pr. $G\,4^1$ zutreffend, einschließlich der konstruktiven Merkmale.

pr. $G\,4^1$, Bahnnummer 3619 Elberfeld (Hohenzollern) (1089/1899); Lok kam nicht mehr zur DRG.

# $53^{80}$ bay. C IV Zw.

# $53^{80-81}$ bay. C IV Verb.

Auch in Bayern genügten bis in die 80er Jahre des vergangenen Jahrhunderts die einfachen, dreifach gekuppelten Güterzuglokomotiven der Klassen C I, C II und C III den Anforderungen des Betriebes. So war die von 1868–1879 beschaffte Klasse C III mit 305 Lokomotiven die zahlenmäßig stärkste Lokomotivgattung. Sie gilt als ein Beweis dafür, wie gut sich diese Bauart bewährte. Charakteristisch für die alten Dreikuppler der Klassen C I bis C III waren der Außenrahmen, die von außen aufgesteckten Hallschen Kurbeln und die innenliegende Steuerung. Ab Klasse C III kam die Allan-Steuerung zur Anwendung, und die Treibstange arbeitete nicht mehr, wie bei C II, auf die dritte, sondern auf die mittlere Kuppelachse.

In diesem Zeitraum erreichte auch die wirtschaftliche Stagnation jener Jahre ihren Höhepunkt. Außerdem war durch die Eröffnung der Alpenstrecken ein Teil des Verkehrs vom bayerischen Netz abgewandert. Erst zu Beginn der 80er Jahre setzte wieder ein lebhafter wirtschaftlicher Aufschwung ein, in dessen Folge Frachten und Zugzahlen zunahmen und, nicht zuletzt durch die Einführung der Druckluftbremse, die zulässige Höchstgeschwindigkeit auf 90 km/h heraufgesetzt werden konnte.

Auf Grund dieser Entwicklung und wegen des hohen Alters der vorhandenen Dreikuppler, das bei der Klasse C I bereits 30 Jahre und bei der Klasse C II auch schon über 20 Jahre betrug, machten sich Neubeschaffungen unumgänglich.

1884 entstand mit der Klasse bay. C IV eine weitere Cn2-Bauart, jedoch in verstärkter Ausführung und unter Abkehr von der bisherigen Konzeption der Klassen C I bis C III. Kessel-, Lauf- und Triebwerksabmessungen übernahm man im wesentlichen von der C III, erhöhte jedoch den Kesseldruck auf 11 bar (11 kp/cm$^2$), der dann ab Bahnnummer 1 417 von 1892 auf 12 bar (12 kp/cm$^2$) heraufgesetzt wurde. Zylinderdurchmesser und Hub verringerten sich von 508 mm bzw. 660 mm bei der C III auf 486 mm bzw. 630 mm bei der C IV. Auf Grund der von 1 272 mm

bay. C IV Zwilling, Bahnnummer 1456 (Maffei 1667/1892), spätere 53 8061

auf 1340 mm Durchmesser vergrößerten Treib- und Kuppelräder konnte jetzt eine Höchstgeschwindigkeit von 50 km je h gegenüber 45 km/h bei der C III zugelassen werden. Mit 3200 mm blieb der Achsstand recht gering und übertraf den der C III-Lokomotiven nur um 25 mm. Als entscheidendste Änderung war jedoch der Entfall der von außen aufgesteckten Hallschen Kurbeln anzusehen, die gelegentlich durch Brüche Anlaß zu Störungen gaben.

Mit der Einführung des einfachen Innenrahmens aus 25 ··· 30 mm dicken Blechplatten bot sich zudem der Vorteil, ausreichende Rahmenversteifungen zur Übertragung größerer Kräfte vorzusehen.

Während die ersten Lokomotiven Maffei lieferte, beteiligte sich ab 1889 auch Krauss am Bau der C IV-Lokomotiven, von denen in der Zwillingsausführung bis 1893 insgesamt 87 Stück in Betrieb genommen wurden.

1889 beschloß die Bayerische Staatsbahn eine zusätzliche Erhöhung der Anzahl ihrer Güterzuglokomotiven. Man beschloß die Beibehaltung der dreifachen Kupplung, führte jedoch erstmalig an einer Lokomotive der Bayerischen Staatsbahn die Verbundwirkung ein und wählte die n2v-Ausführung bei 486/705 mm Zylinderdurchmesser und 630 mm Hub. Der Kesseldruck betrug wie bei den letzten Zwillingsmaschinen der C IV 12 bar (12 kp/cm$^2$).

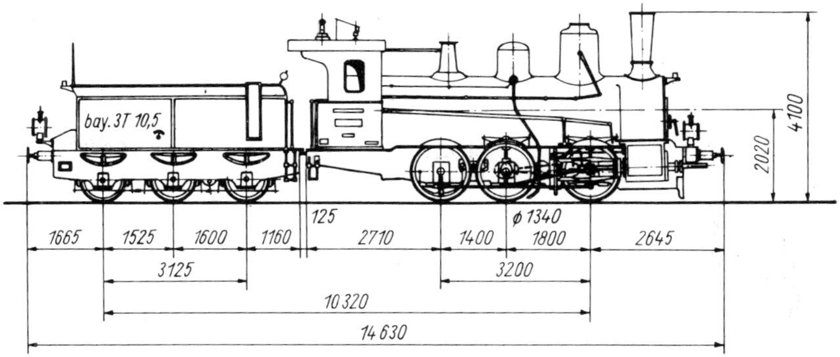


bay. C IV (Zwilling) (BR $53^{80}$)

bay. C IV Verbund, Bahnnummer 1515 (Krauss 3447/1896), spätere 53 8136, Führerhausabschluß

Die beiden nach dieser Konzeption 1889 von Krauss gelieferten Probelokomotiven, die die Bahnnummern 911 und 912 erhalten hatten, bewährten sich so gut, daß ab 1892 nur noch die n2v-Bauart beschafft wurde. Auch an diesen Lieferungen waren Krauss und Maffei beteiligt, die bis 1897 insgesamt 100 Lokomotiven der Verbundausführung fertigten.
Allerdings wies die ab 1892 einsetzende Serienlieferung einige Veränderungen gegenüber den Probelokomotiven von 1889 auf. Unter Berücksichtigung der Verbundwirkung wurde der Kesseldruck auf 13 bar (13 kp/cm$^2$) heraufgesetzt, der Durchmesser des HD-Zylinders vergrößerte sich von 486 mm auf 500 mm, und aus Gründen besserer Masseverteilung verschob man den Kessel um 200 mm nach hinten, was eine Änderung der Überhänge und der LüP von 14630 mm auf 15040 mm zur Folge hatte. Bei beiden Bauarten kam eine innenliegende Allan-Steuerung zur Anwendung. Zum Verbessern des Anfahrverhaltens erhielten die Verbundlokomotiven einen mit der Steuerung verbundenen Lindnerschen Anfahrhahn und einen vom HD-Kreuzkopf bewegten Unterbrecherschieber nach Helmholtz, der den Zutritt von Frischdampf zum Verbinder sperrte, um das Entstehen von Gegendruck bei Mitarbeit des ND-Zylinders zu vermeiden.
Die Zwillingslokomotiven und die ersten beiden Probelokomotiven der Verbundbauart erhielten Außenregler und massebelastete Sicherheitsventile der Bauart Kirchweger, die Verbundlokomotiven Innenregler und Sicherheitsventile der Bauart Meggenhofen.
Nach dem ersten Weltkrieg waren noch alle 187 n2- und n2v-Lokomotiven im Bestand der Bayerischen Staatsbahn. Von der DRG wurden sie als BR $53^{80}$ und $53^{80-81}$ entsprechend ihrer Bauart übernommen. Sie waren in der Lage, in der Ebene 750 t mit 50 km/h und in der Steigung von 20‰ 220 t mit 20 km/h zu befördern. Um die Jahrhundertwende erwiesen sie sich jedoch schon als nicht mehr ausreichend und wurden durch die 1'C-Bauart und die vierfach gekuppelten Lokomotiven verdrängt. Die DRG hatte immerhin noch bis 1926 die letzten Zwillings- und bis 1931 die letzten Verbundmaschinen in Betrieb.

## Konstruktive Merkmale

Rahmen: Blechinnenrahmen aus Platten von 25 mm–30 mm.
Laufwerk: 1. und 2. gekuppelte Achse durch obenliegende, 3. Achse durch unterhalb des Achslagers liegende Blattfedern abgefedert; Federn der 2. und 3. Achse durch Ausgleichhebel verbunden.
Triebwerk: Naßdampf-Zwillingstriebwerk mit 486 mm Zylinderdurchmesser und 630 mm Hub; Naßdampf-Verbundtriebwerk mit 486/705 mm bei Probelokomotiven und 500/705 mm Zylinderdurchmesser bei Serienausführung; Zylinder leicht geneigt, mittlere Achse als Treibachse ausgebildet; Kreuzkopfführung durch zwei Gleitbahnen.
Steuerung: Innenliegende Allan-Steuerung; Verbundlokomotiven mit Lindnerschem Anfahrhahn und Helmholtzschem Unterbrecherschieber ausgerüstet.
Bremse: Handbremse und Westinghouse-Schnellbremse. Alle Tenderachsen beidseitig gebremst.
Sondereinrichtungen: Sandkasten auf Langkessel, nur Räder der Treibachse einseitig gesandet; Dampfheizleitung.
Tender: bay. 3 T 10/10,5 mit 4,1/5 t Kohle.

# $53^{82}$ sä. V

Die ersten dreifach gekuppelten Lokomotiven Sachsens beschaffte im Jahre 1855 die Albert-Bahn. Diese damals noch private Bahn von Dresden nach Tharandt erhielt von Hartmann zunächst 3 Cn2-Lokomotiven, anfangs noch ohne Führerhaus, die als Gattung V a mit den Bahnnummern 231–234 von der Königlich Sächsischen Staats-Eisenbahn übernommen wurden. 1892 (als Gattung V a) bekamen die Maschinen die Bahnnummern 797–800. Eine vierte Lokomotive war von der Albert-Bahn 1863 nachbestellt worden.
Mit der Erweiterung des Streckennetzes im sächsisch-bayerischem Raum und im Erzgebirge und mit der Weiterführung der Albert-Bahn nach Freiberg (mittlere Steigung 1:47) trat ein verstärkter Bedarf an dreifach gekuppelten Lokomotiven vor allem für den Güterzugdienst auf.
Von 1859–1887 beschafften die Leipzig-Dresdener, die Berlin-Dresdener Eisenbahn und die Sächsische Staatsbahn etwa 200 dreifach gekuppelte Naßdampf-Zwillingslokomotiven, die das Gattungszeichen V und 1892 die Bahnnummern 801–991 erhielten.
An der Lieferung der Maschinen waren neben Hartmann auch Henschel, Schwartzkopff, Esslingen, Sigl und Union beteiligt. Wenn auch die Typenvielfalt nicht so zahlreich wie bei der

Gattung III b war, wiesen die einzelnen Lieferungen doch eine Reihe markanter Unterschiede auf.
Die ältesten Maschinen der Gattung V aus den Hartmann-Lieferungen ab 1859 haben eine glatt durchlaufende Rauchkammer und keinen überhöhten Hinterkessel. Der mächtige Dampfdom auf dem 1. Kesselschuß erreicht die Höhe des Schornsteines, der bei vielen Maschinen der Gattung V den Kobelfunkenfänger Bauart Ressig trug. Dieser Funkenfänger war erforderlich, weil die Maschinen mit böhmischer Braunkohle gefeuert wurden.
Alle weiteren Lieferungen haben als charakteristisches Merkmal eine gegenüber dem Langkessel im Durchmesser vergrößerte Rauchkammer. Die von Henschel 1876 an die Staatsbahn und die von Esslingen 1868 an die Leipzig-Dresdener Eisenbahn gelieferten Maschinen weisen noch den glatt durchgehenden Hinterkessel auf. Kennzeichen der Staatsbahnlokomotive sind die überhöhte Feuerbüchse und der große Dampfdom auf dem mittleren Kesselschuß. Maschinen dieser Ausführung stammen von Hartmann und Schwartzkopff. Die Hartmannschen Lieferungen hatten einen halbkugeligen, die Schwartzkopffschen einen flach gewölbten Domabschluß.
Die bis 1871/1872 gebauten Lokomotiven der Gattung V wiesen einen Achsstand von 3150 mm bei symmetrischer Achsanordnung auf. Ab 1874, beginnend mit den Lieferungen von Schwartzkopff (Bahnnummern 962 bis 971) und Hartmann (Bahnnummern 861–865), wurde der Achsstand auf 3350 mm vergrößert, indem der Achsstand zwischen 1. und 2. Kuppelachse größer wurde. Ab 1875 hatte die Gattung V dann 3400 mm Achsstand.
Sehr unterschiedlich war auch die Anordnung der Tragfedern. Die Esslinger Maschinen für die Leipzig-Dresdener Eisenbahn und die von Hartmann gebauten Lokomotiven hatten alle 3 Tragfedern unterhalb der Achslager. Schwartzkopff lieferte die Maschinen mit Tragfedern oberhalb der Achslager, und Henschel schließlich ordnete die Tragfedern der 1. Kuppelachse oberhalb, die der beiden letzten Kuppel-

sä. V, Bahnnummer 854 SIMPLON (Hartmann 436/1870); diese Lok kam nicht mehr zur DRG.

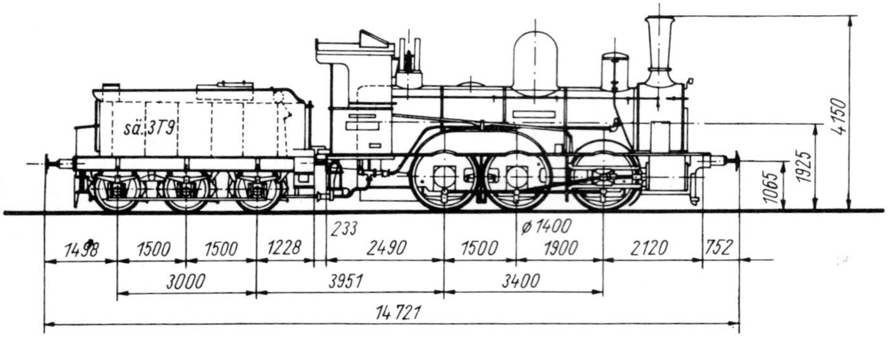


sä. V (BR $53^{82}$), Bahnnummern 914 und 917–920

achsen unterhalb der Achslager an. An Bremsbauarten waren die Schlitten-(Schienen-)Bremse, die Dampfklotz- und die Heberlein-Bremse anzutreffen. Die Esslinger Maschinen aus dem Jahre 1868 und die Lieferung von Sigl (Wiener Neustadt) waren noch 1912 im Einsatz.

Die DRG übernahm nur noch 11 Lokomotiven der Gattung V und gab ihnen die Betriebsnummern 53 8201 bis 53 8211. Bis auf eine Henschel-Lokomotive (53 8209) der Lieferung von 1876 (Fabriknummer 856, Bahnnummer 2 980 – neu) handelte es sich um Staatsbahn-Maschinen von Schwartzkopff (5 Stück) und Hartmann. Die älteste übernommene V trug die Schwartzkopff-Fabriknummer 367 aus dem Jahre 1871.

sä. V, Bahnnummer 986 GALMIHORN (Henschel 872/1876), diese Lok der ehemaligen Leipzig-Dresdner Eisenbahn kam nicht mehr zur DRG.

## Konstruktive Merkmale

Kessel: Genieteter Kessel. Langkessel aus 3 Schüssen mit vorwiegend 4359 mm Abstand zwischen den Rohrwänden. Großer Dampfdom, vorwiegend auf dem mittleren Kesselschuß, bei einzelnen Lieferungen (Esslingen, Sigl) auch auf dem 1. Kesselschuß. Kupferne Feuerbüchse zwischen den Rahmenblechen eingezogen. Kupferne Stehbolzen. Ramsbottom-Sicherheitsventil vor der Führerhausvorderwand. Bei einzelnen Lieferungen 3. Sicherheitsventil auf dem Dampfdom. Speiseeinrichtungen: 2 nichtsaugende Dampfstrahlpumpen Bauart Schau (auch Bauarten Körting und Friedmann) mit je 80 l/min.
Rahmen: 30 mm dicker Blechrahmen (Esslingen 33 mm, Schwartzkopff 1872 bis 1874 28 mm) mit 1250 mm Mittenabstand (Abweichungen bei Lieferungen von Esslingen und Schwartzkopff).
Laufwerk: Vierpunktabstützung. Tragfedern der 2. und 3. Kuppelachse durch Ausgleichhebel verbunden.
Triebwerk: Zweizylinder-Naßdampftriebwerk mit außenliegenden, waagerecht angeordneten Zylindern. Antrieb der 2. Kuppelachse.
Steuerung: Innenliegende Allan-Steuerung. Lieferung von Hartmann 1870/1871 mit Gooch-Steuerung.
Bremse: Dampfklotzbremse, von oben auf die 2. und 3. Kuppelachse wirkend. Auch Ausführung mit Heberlein-Bremse (Bahnnummern 909–916) und Gegendampfbremse (Henschel 1876, Bahnnummern 980–984).
Sondereinrichtungen: Handbetätigter Sandstreuer sandet die Räder der 1. Kuppelachse von vorn. Kobelfunkenfänger Bauart Ressig bei einigen Lieferungen.
Tender: sä. 3 T 7,5 mit 4 t Kohle.

# $53^{85}$ bad. VII a/bad. VII c

Bei der Badischen Staatsbahn kam bereits zeitig die C-gekuppelte Lokomotive zum Einsatz. Die erste in einer deutschen Fabrik gefertigte Lokomotive dieser Bauart war die „FORTUNA", die 1845 noch für die 1600-mm-Spur geliefert und 1854 in eine 1 B-Regelspurmaschine umgebaut wurde. Ab 1855 beschaffte man normalspurige C-Lokomotiven, denen man in Baden über lange Zeit im Personen- und Güterverkehr die Treue hielt. Dabei blieben empfindliche Rückschläge besonders bei den großrädrigen, schnellfahrenden Gattungen nicht aus. Traurige Berühmtheit erwarb die Lokomotive „KNIEBIS" beim folgenschweren Unfall von Hugstetten am 3. 9. 1882, bei dem eine Entgleisung bei überhöhter Geschwindigkeit 63 Tote und 72 Schwerverletzte forderte.
Besonders für den Güterverkehr beschaffte Baden ab 1856 die kleinrädrigen Maschinen der alten Gattung $10^{a;\ b;\ d}$, später bad. VII a; VII b; VII c und VII d, bei denen sich allein die Gattung VII a durch 17 Unterbaureihen auszeichnet.
Im März 1855 ermittelte man aus der zu erwartenden Achsen- bzw. Güterwagenzunahme die zu planenden neuen Lokomotivstückzahlen und bestellte nach einem Vertrag vom 23. 4. 1855 „... sechs Gütermaschinen mit sechs gekuppelten Rädern, außenliegenden Zylindern, Exzenter zum direkten Schieberantrieb, zwei Dampfdomen, 3achsigem Tender ..." Die Maschinenbaugesellschaft Karlsruhe (MBG) lieferte die ersten dieser Lokomotiven mit den Fabriknummern 19–24 von Dezember 1855 bis April 1856 an die Badische Staatsbahn, wo sie als Gattung $10^a$, später VII b, Bahnnummern 77–82 eingereiht wurden. Nach späteren Umbauten standen diese Maschinen noch bis zum Jahr 1890 im Dienst.
1863 erschien die Gattung $10^b$, später VII $b^2$, Bahnnummern 133–140, ebenfalls von der MBG mit den Fabriknummern 171–178 geliefert. Wie die Bauart 1855/1856 war sie mit äußerer Steuerung ausgeführt, unterschied sich aber durch einen wesentlich höher liegenden Kessel, der von 1530 mm auf 1720 mm ü. SO rückte. Entscheidend war auch die Steigerung des Kesseldruckes von 7 bar (7 $kp/cm^2$) auf 8 bar (8 $kp/cm^2$).
Ab 1866 kam dann die neue Gattung $10^a$, später VII a, zur Auslieferung, von der bis 1891 17 Unterbaureihen vorhanden waren.
1891 wurden dann die 4 Lokomotiven der Gattung VII c geliefert, die sich von denen der Gattung VII a nur durch den auf 500 mm vergrößerten Zylinderdurchmesser unterschieden.
Auffallendste Neuerung stellte der Übergang zur Innensteuerung dar. Die Kesselmitte rückte um weitere 30 mm nach oben, die Lokomotiven erhielten den Tender $T_2^u$ mit Waggonrahmen, der Kesseldruck betrug ab jetzt 9 bar (9 $kp/cm^2$). Entscheidend für die Leistungssteigerung war auch die Vergrößerung der Rostfläche von 1,0 $m^2$ der Gattung VII b auf 1,32 $m^2$ bzw. 1,47 $m^2$ bei den Gattungen VII a und VII c sowie die Vergrößerung des Zylinderdurchmessers von 432 mm bei 610 mm Hub auf 457 mm bei der Gattung VII a und

auf 500 mm bei der Gattung VII c bei 635 mm Hub.
Die Lokomotiven der Gattung VII a lehnten sich weniger an die der Gattung VII b an, sondern waren von der alten großrädrigen Gattung $10^c$ (VI alt) abgeleitet, von der sie sich durch den kleineren Raddurchmesser und die Federung unterschieden.
Bis zur VII $a^{1-3}$ erhielten sie Crampton-Kessel, bei denen sich über der Feuerbüchse ein hoher Dom und vorn, hinter dem Schornstein, ein Blechaufsatz mit gewichtsbelastetem Ventil befand. Die Einströmrohre lagen innen. Ab Gattung VII $a^{4-7}$ und VII c kam ein Belpaire-Kessel zum Einsatz, für den es 6 Varianten bei zahlreichen Kombinationen gab.

| Variante | Aufbau über | | Einströmrohre | Ausströmrohre und Blasrohr | Rost |
|---|---|---|---|---|---|
| | hinteren Kesselschuß | vorderen Kesselschuß | | | |
| 1 | Dom mit Federwaage | Blechaufsatz mit gew. bel. Ventil | innen | zentrales Standrohr mit Hosenstück (für 1–3) | waagerecht |
| 2 | Mannloch mit Säulenventil | Dom | innen | | waagerecht |
| 3 | Topf mit Wöhler | Dom | innen | | waagerecht |
| 4 | Dom mit Federwaage | Blechaufsatz mit gew. bel. Ventil | innen | Dreieck | waagerecht |
| 5 | Dom mit Federwaage | Blechaufsatz mit gew. bel. Ventil | innen | Heugabel | waagerecht |
| 6 | Dom mit Federwaage | Gußaufsatz mit Wöhler | außen | Heugabel | schräg |

Bei den Gattungen VII $a^{16-17}$ und VII c erhöhte man den Kesseldruck auf 10 bar (10 kp/$cm^2$), die Kesselmitte kam auf 1 891 mm ü. SO zu liegen. Später gebaute Ersatzkessel in der Ausführung als Belpaire-Kessel wurden mit 12 bar (12 kp/$cm^2$) betrieben. Für alle Kesselbauarten erhielt der Sandkasten seinen Platz auf dem Langkessel vor der mittleren Kuppelachse.
Auch die Gattung VII a wurde mit dem ab 1866 bei allen Güterzugmaschinen eingeführten Vollblechrahmen aus durchlaufenden Blechplatten und eisernen Pufferträgern ausgerüstet. Bis zur Reihe 9 sind die Lokomotiven in 6 Punkten abgestützt, die Achsen 1 und 2 über obenliegende Blattfedern, die 3. Achse über je zwei obenliegende, elliptisch angeordnete Blattfedern. Erst ab Reihe 10 verbanden Ausgleichhebel die 1. und 2. Achse.
Ab Gattung VII $a^{17}$ und bei der VII c vergrößerte man auch den Raddurchmesser auf 1 262 mm.
Die Lokomotiven hatten Stephenson-Steuerung. Für alle als Güterzuglokomotiven geplanten Lokomotiven sah man in Baden die Umsteuerung mittels Hebels vor, was bei häufigem Rangierdienst zweifellos von Vorteil war.
Erste bescheidene Anfänge der Führerhausgestaltung sind bei den Lokomotiven der Gattung VII b zu verzeichnen, aber auch die ersten Reihen der VII a zeigen noch recht dürftige Ausführungen.
Nachdem die VII a aus dem Strecken- in den Rangierdienst abgewandert war, erhielten einige Lokomotiven einen zusätzlichen Führerhausaufbau auf dem Tendervorderteil, der von alten, ausgemusterten Lokomotiven stammte.
Auffallend waren auch die geringen Stangenquerschnitte, die dem gesamten Triebwerk ein zierliches Aussehen verliehen. Im Verlaufe der langen Beschaffungszeit prägten verschiedene Bauformen bzw. Baustile ihr äußeres Bild. Beginnend mit Messingverzierungen, Verkleidungen, verschiedenen Schornsteinformen usw. wird in den nachfolgenden Baujahren eine schmucklosere Vereinfachung betont.
Daß man bei der Badischen Staatsbahn

mit den C-gekuppelten Güterzuglokomotiven lange Zeit einen wirtschaftlichen Betrieb gewährleisten konnte, zeigte die große Stückzahl von 171 Lokomotiven der Gattung VII $a^{1-17}$ und 4 der Gattung VII c. Als Weiterentwicklung erschien ab 1893 dann noch die Gattung VII d in der n2v-Ausführung, die bis 1902 in 109 Exemplaren beschafft wurde.

Nach 1914 waren noch alle VII c; VII d und 141 VII a vorhanden. Davon sollten 1919 fünf Lokomotiven der Gattung VII a, eine Lok der Gattung VII c und vier Loks der Gattung VII d an das Staatenbündnis ENTENTE abgegeben werden.

Zur DRG gelangten 47 Lokomotiven der Gattung VII a und drei der Gattung VII c.

Die VII d-Maschinen, für die die Betriebsnummern 53 8601–53 8700 und ab 53 901 vorgesehen waren und unter denen sich auch die von der ENTENTE zurückgegebene frühere Bahnnummer 243 – vorgesehen als 53 8628 – befand, sind im endgültigen Umzeichnungsplan nicht mehr enthalten.

Im Gegensatz dazu war den über 30 Jahre älteren Maschinen der Reihe VII a ein längeres Leben beschieden. Unter den übernommenen Lokomotiven befanden sich sogar drei der Reihe 1 von 1866, die damit die ältesten von der DRG betriebenen Lokomotiven darstellten.

Grund für diese Bevorzugung der älteren Gattung stellte zweifellos die bessere Eignung der Zwillingsmaschine für den überwiegend vorgesehenen Rangier- und Nahgüterdienst gegenüber der Verbundausführung dar.

Bei der DRG wurden sie unter den Betriebsnummern 53 8501–53 8586 eingereiht, während die ehemaligen VII c, Bahnnummern 513 und 514 die neuen Betriebsnummern 53 8597 und 53 8598

bad. VII $a^{17}$, Bahnnummer 509 (Maschinenbaugesellschaft Karlsruhe 1303/1891) nach Ausrüstung mit Ersatzkessel; diese Lokomotive kam nicht mehr zur DRG.

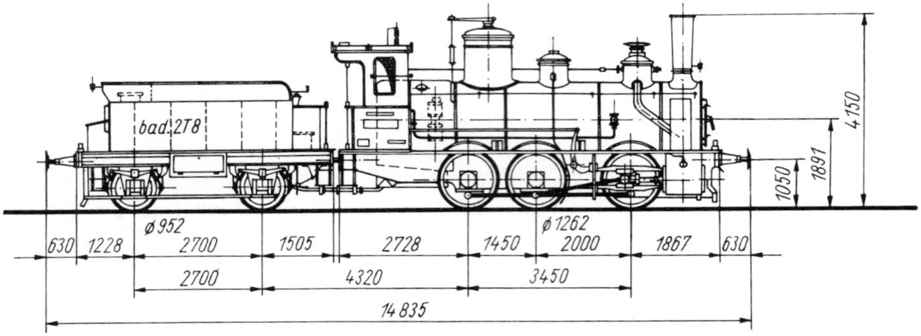


bad. VII c (BR $53^{85}$), Ursprungsausführung

erhielten. Die 1920 von der ENTENTE zurückgegebene ehemalige Bahnnummer 512 wurde als 53 8587 übernommen, obwohl sie zur Gattung VII c gehörte und damit eigentlich unter deren Ordnungsnummer erscheinen müßte.

Noch nach 1930 waren einige dieser Lokomotiven im Mannheimer Rangierbahnhof und in der Hafenbahn eingesetzt.
Mit den Lokomotiven der Baureihe $53^{85}$, die mit Ersatzkesseln für 12 bar (12 kp

bad. VII $a^1$, Bahnnummern 162–173 (Maschinenbaugesellschaft Karlsruhe 269–280/1866), Ursprungsausführung. Die Bahnnummern 168, 169 und 171 dieser Reihe kamen noch als 53 8501 bis 53 8503 zur DRG.

je cm²) ausgerüstet waren, konnten Güterzüge von 875 t in der Ebene mit 45 km/h und von 230 t in der Steigung von 20‰ mit 20 km/h befördert werden.

## Konstruktive Merkmale

Kessel: Crampton-Kessel für bad. VII $a^{1-3}$; ab bad. VII $a^4$ Belpaire-Kessel mit 6 Grundvarianten der Aufbauten (entsprechend Tabelle). Anfänglich 9 bar (9 kp/cm²), später 10 bar (10 kp je cm²), Ersatzkessel der Bauart Belpaire mit 12 bar (12 kp/cm²), von Steuerung angetriebene Fahrpumpe nur bei VII b, sonst Injektoren. Meist 3 Sicherheitsventile; doppelflügelige Rauchkammertür.
Rahmen: Blechrahmen aus durchlaufenden Blechen von 24 mm–36 mm Dicke.
Laufwerk: Bis VII $a^9$ in 6 Punkten abgestützt, obenliegende Blatt-Tragfedern, hintere Achse durch elliptisch angeordnetes Blattfederpaar abgestützt, ab VII $a^{10}$ Vierpunktabstützung durch Verbindung der 1. und 2. Achse mittels Ausgleichhebel.
Triebwerk: Zweizylinder-Naßdampftriebwerk, Kreuzkopfführung durch zwei Gleitbahnen.
Steuerung: Stephenson-Steuerung. Bad. VII b noch mit Außensteuerung und Exzenter auf der Gegenkurbel, bad. VII a und VII c mit Innensteuerung, bis Reihe 15 einfache Muschelschieber, ab Reihe 16 mit Trick-Kanälen. Umsteuerung mittels Hebel.
Bremse: Handbremse
Sondereinrichtungen: Sandstreueinrichtung, zum Teil zweites Führerhaus über Tenderbühne.
Tender: ursprünglich bad. Tender $T_2^u$ mit Waggonrahmen, später bad. 2 T 8; bad. 2 T 12 und zum Teil bad. 3 T 31,5.

# $54^0$

**pr. G $5^1$**

Eine Höchstgeschwindigkeit von 70 bis 75 km/h für Personenzüge war in den 80er und 90er Jahren auf den preußischen Hauptbahnstrecken durchaus normal. Die Höchstgeschwindigkeit der Güterzüge war auf 45 km/h begrenzt, lag normalerweise kaum über 30 km/h; mehr war von den G 3- und G 4-Maschinen auch nicht zu verlangen. Die langsamen Güterzüge begrenzten die Durchlaßfähigkeit der Strecken bzw. mußten erhebliche Wartezeiten in Kauf nehmen, um sich auf Unterwegsbahnhöfen von den schnelleren Reisezügen überholen zu lassen. Als am Beginn der 90er Jahre Güterwagen mit 15 t Lademasse eingestellt wurden, war ein dringendes Bedürfnis nach einer leistungsfähigeren und vor allem schnelleren Güterzuglokomotive entstanden.
Die Stettiner Vulcan-Werke erhielten 1892 den Auftrag, eine Lokomotive zu entwickeln, die die G $4^1$ in der Leistungsfähigkeit des Kessels und des Fahrwerkes übertraf.
Die Maschine, als G $5^1$ bezeichnet, war wiederum ein Dreikuppler, jedoch mit vorauslaufender Adamsachse. Die Kesselmitte war auf 2 170 mm über SO angehoben worden (G 3/G $4^1$: 1 980 mm), so daß die Radkästen im Umlaufblech entfallen konnten. Die Rostfläche war gegenüber den C-Kupplern um reichlich 50 % auf 2,3 m² vergrößert worden. Die G $5^1$ waren die ersten 1'C-Lokomotiven (Mogultypen) im Bereich des VDEV.
Ihr Leistungsprogramm, nach Versuchsfahrten aufgestellt, überstieg das der G $4^1$ nicht so sehr, wie man nach der Vergrößerung von Kessel und Rostfläche erwarten dürfte. Die G $5^1$ beförderte auf Steigungen von 2‰ mit 30 km je h 1 000 t. Auf 5‰ Steigung wurden mit 30 km/h 570 t, mit 20 km/h 815 t gezogen. Ihre Zugkraft wird mit 96,4 kN angegeben, wogegen nur 60 kN für die Verbundlok G $4^2$ stehen.
Einige konstruktive Neuerungen sind an der G $5^1$ zu registrieren. Die Kesselschüsse waren erstmals mit waagerechter Laschennietung verbunden. Die Deckenanker waren, abweichend von der bisherigen Praxis, im Inneren der Feuerbüchse nicht mehr vernietet, sondern verschraubt. Die Feuertür wurde nicht mehr als Schiebe-, sondern als Drehtür Bauart Webb ausgebildet. Bemerkenswert ist die Ausführung der Gegenmassestücke in den Kuppelrädern. Wurden früher Gußeisenstücke zwischen die Speichen geschraubt, so waren bei den letzten G $5^1$ die Gegenmassestücke in die schmiedeeisernen Radsterne eingeschweißt. Nahezu unverändert blieb die Steuerung, eine innenliegende Bauart Allan.
Die ersten G $5^1$ hatten keine Bremse oder nur eine einklötzig von hinten auf die Kuppelachse wirkende Dampfbremse. Mit dieser Bremsausrüstung waren sie für die Beförderung von Personenzügen nicht zugelassen. Für die ausnahmsweise Beförderung von Personenzügen mit 65 km/h Höchstgeschwindigkeit und für die Regelbeförderung von Eilgüterzügen mußten die G $5^1$ Druckluftbremsen erhalten.
Die DRG übernahm mit den Betriebsnummern 54 001–54 071 noch 71 Maschinen der Gattung G $5^1$ in ihren Bestand. Die ältesten Maschinen waren die 54 001–54 006, im Jahre 1893 von

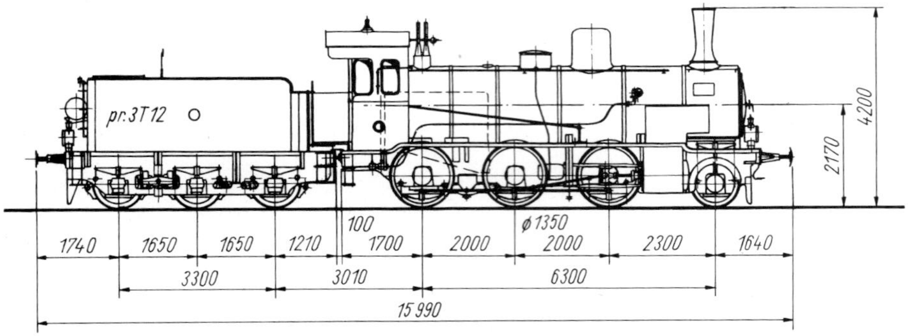


pr. G $5^1$ (BR $54^0$)

Schwartzkopff und Vulcan gebaut. Die jüngsten, ab 54 056, stammten aus dem Jahre 1901 und waren Lieferungen von Humboldt, Jung und Schichau. Außer den genannten Firmen waren am Bau der G $5^1$, die zur DRG kamen, Henschel und Hanomag beteiligt.

Bei der DRG war den G $5^1$ keine lange Betriebszeit mehr vergönnt. Schon zur Länderbahnzeit hatte man die Maschinen in untergeordnete Dienste auf Nebenbahnstrecken abgeschoben.

pr. G $5^1$, 4010 Elberfeld (Humboldt 62/1900), spätere 54 039

## Konstruktive Merkmale

Kessel: Genieteter Langkessel aus 3 Schüssen. Kupferne Feuerbüchse mit Feuertür Bauart Webb als Drehtür. Dampfdom zunächst auf dem 1. Kesselschuß, bei späteren Ausführungen auf dem 2. bzw. 3. Kesselschuß. Sandkasten in Langkesselmitte. Ramsbottom-Sicherheitsventile unmittelbar vor der Führerhausvorderwand. Speiseeinrichtungen: 2 saugende Dampfstrahlpumpen Bauart Schäffer & Budenberg rechts und links oberhalb der Feuerbüchse.
Rahmen: 25 mm dicker Blechrahmen, im Bereich der vorderen Laufachse eingezogen. Achslagerführungen aus Stahlformguß.
Laufwerk: Vierpunktabstützung. Federn der 1. Kuppelachse und der vorderen Laufachse sowie der 2. und 3. Kuppelachse jeweils durch Ausgleichhebel verbunden. Vordere Laufachse als Adamsachse mit anfangs ± 56 mm, später ± 40 mm Seitenverschiebbarkeit.
Triebwerk: Zweizylinder-Naßdampftriebwerk mit außenliegenden, waagerecht angeordneten Zylindern. Antrieb der 2. Kuppelachse.
Steuerung: Innenliegende Allan-Steuerung. Rotguß-Flachschieber mit Trick-Kanal. Schieberschubstange als Doppelbügel ausgebildet, umfaßt die 1. Kuppelachse.
Bremse: Handbremse. Auch Dampfbremse oder Druckluftbremse.
Sondereinrichtungen: Handbetätigter Sandstreuer sandet die Räder der Treibachse von vorn. Funkenfänger Bauart de Limon in der Rauchkammer.
Tender: pr. 3 T 12 mit 5 t Kohle.

# $54^{2-3}$

**pr. G $5^2$**

Die Bewährung des Verbundprinzipes bei Güterzuglokomotiven (G $4^2$) war der Preußischen Staatsbahn Anlaß, auch der neuen 1'Cn2-Maschine G $5^1$ eine Verbundvariante zur Seite zu stellen. Preußen setzte Verbundlokomotiven vor allem in Gebieten ein, die weitab von den Kohlebasen lagen. Die Verbundmaschinen waren sparsamer im Kohleverbrauch, und auf diese Weise konnten die Kosten sowohl beim Brennstoffverbrauch wie auch beim Brennstofftransport geringer gehalten werden.
1894 erging an die Hanomag der Auftrag, die Verbundausführung zur G $5^1$ zu bauen, die dann als G $5^2$ bezeichnet wurde. 1895 wurden bereits die ersten Maschinen an die Preußische Staatsbahn abgeliefert. Die Abmessungen des Kessels und des Laufwerkes waren mit denen der Zwillingsmaschine identisch. Der Kesseldruck betrug von Anfang an 12 bar (12 kp/cm$^2$), der Dom saß auf dem 2. Kesselschuß, der Sandkasten unmittelbar dahinter. Die ersten Lokomotiven hatten noch das kleine Führerhaus. Erst 1897 erhielten sie das neue, größere, das 1896 entwickelt worden war. Das Musterblatt, nach dem die G $5^2$ gebaut wurde, trug die Bezeichnung III-3 h. Von der Verbundmaschine G $5^2$ wurden 1895–1901 499 Stück beschafft, die, wie die G $5^1$, Bahnnummern zwischen 4 001 und 4 500 erhielten. 1897, etwa zeitgleich mit der Einführung neuer Führerhäuser, erhielten die 1'C-Verbundmaschinen als Anfahrvorrichtung das Wechselventil Bauart Dultz. Die ersten Maschinen waren noch mit der verbesserten Anfahrvorrichtung Bauart Schichau ausgerüstet worden. Das Dultzsche Wechselventil saß rechts unterhalb des Schornsteins an der Rauchkammer. Mit diesem Wechselventil war es möglich, die Verbundlok auch dauernd im Zwillingsbetrieb arbeiten zu lassen.
Die G $5^2$ war eine der ersten Güterzuglokomotiven, bei der die Hand- oder Dampfbremse durch eine Druckluftbremse Bauart Westinghouse ersetzt worden ist. Sie war deshalb auch ohne Einschränkungen mit dieser Bremsausrüstung für den Personenzugdienst zugelassen.
Außer der Preußischen Staatsbahn haben auch die Reichseisenbahnen in Elsaß-Lothringen und die Mecklenburgische Friedrich-Franz-Bahn Maschinen nach dem Vorbild der G $5^2$ beschafft.
Die DRG übernahm noch 167 Lokomotiven der Gattung G $5^2$ und gab ihnen die Betriebsnummern 54 201–54 367. Die ältesten Maschinen, die 54 201 bis 54 206, stammten noch aus dem Jahre 1896 und waren von der Hanomag (54 201) und Schwartzkopff gebaut worden. Als 54 368–54 386 hatte die DRG ehemalige elsässische G 5 eingereiht, deren jüngste im Bestand der DRG, die 54 386, stammt von 1908 und trug die Henschel-Fabriknummer 8 433.
Außer Hanomag, Schwartzkopff und Henschel wurden die G $5^2$ noch von Borsig, Schichau und Grafenstaden gebaut. Die Lokomotiven gehörten nicht lange zum Triebfahrzeugpark der Deutschen Reichsbahn-Gesellschaft und waren mit Beginn der 30er Jahre fast alle ausgemustert.

pr. G $5^2$ (BR $54^{2-3}$)

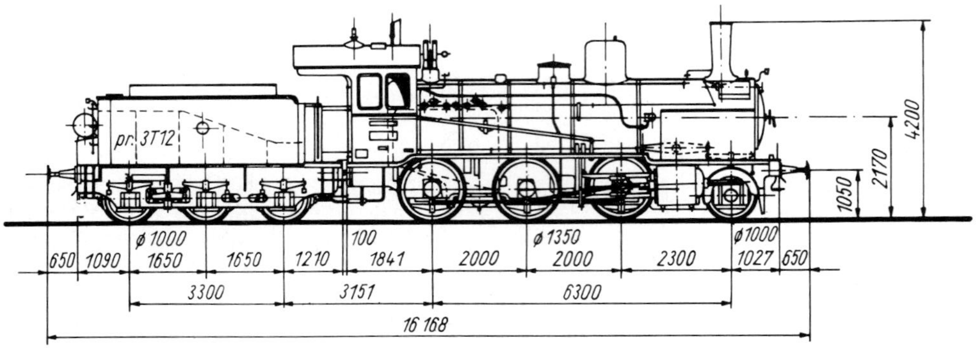


54 702 (pr. G $5^2$) (Schichau 1042/1899). Die Maschine ging als 4158 Danzig im Jahre 1920 als Reparationsleistung an die PKP (dort Ti 2-21) und wurde 1940 von der DRG wieder vereinnahmt und (mit 22 anderen G $5^2$) als 54 702 eingenummert. Neben dem Schornstein ist noch das Dultzsche Wechselventil zu sehen.

54 217 (pr. G $5^2$) (Schwartzkopff 2438/1897). Bei der Preußischen Staatsbahn trug die Lokomotive die Bahnnummern 1001 Altona; ab 1906 4152 Altona.

## Konstruktive Merkmale

Kessel: Langkessel aus 3 überlascht genieteten Schüssen mit 1500 mm größerer l. W. Kesselmitte 2170 mm über SO. Stehkesselrückwand nach vorn geneigt. Rauchkammerlänge 1267 mm. Dampfdom mit Regler auf dem 2. Kesselschuß. Kupferne Feuerbüchse mit Feuerschirm aus Schamottesteinen. Ramsbottom-Sicherheitsventile unmittelbar vor der Führerhausvorderwand. Speiseeinrichtungen: 2 saugende Dampfstrahlpumpen Bauart Strube rechts und links oberhalb der Stehkesselmitte.

Rahmen: 25 mm dicker Blechrahmen.

Laufwerk: Vierpunktabstützung. Tragfedern der vorderen Lauf- und der 1. Kuppelachse sowie der 2. und 3. Kuppelachse jeweils durch Ausgleichhebel verbunden. Unsymmetrischer Achsstand der Kuppelachsen: 1400 mm zwischen 1. und 2., 2000 mm zwischen 2. und 3. Kuppelachse. Vordere Laufachse als Adamsachse ausgebildet.

Triebwerk: Zweizylinder-Naßdampf-Verbundtriebwerk mit außenliegenden, unter 1:40 geneigten Zylindern. Rechts HD-, links ND-Zylinder. Antrieb der 2. Kuppelachse.

Steuerung: Innenliegende Allan-Steuerung mit gekreuzten Stangen, Taschenkulisse, zweiteiliger Schieberschubstange (Bügel umfaßt die 1. Kuppelachse). Für HD- und ND-Zylinder Rotgußflachschieber mit Trick-Kanal und Weißmetallausguß. Anfahrvorrichtung Bauart Schichau (verbesserte Ausführung), ab 1897 Dultzsches Wechselventil.

Bremse: Anfangs Hand- oder Dampfbremse, dann Druckluftbremse Bauart Westinghouse mit einklötziger Abbremsung der Kuppelradsätze von hinten.

Sondereinrichtungen: Handbetätigter Sandstreuer sandet die Treibräder von vorn. Auch Ausrüstung mit Sandstreuern Bauarten Brüggemann und Lentz.

Tender: pr. 3 T 12 mit 5 oder 7 t Kohle.

# $54^6$ pr. G $5^3$

# $54^{8-10}$ pr. G $5^4$

# $54^{10}$ pr. G $5^5$

# $54^{12}$ meck. G $5^5$

Die 1892 gebauten G $5^1$ und die 1895 entstandene G $5^2$, die Zwillings- und die Verbundausführung der 1′C-Güterzuglokomotive, waren mit Adamsachse ausgerüstet. Das Laufverhalten dieser Maschinen, vor allem die Bogenläufigkeit, war unbefriedigend, weil die drei Kuppelachsen fest im Rahmen gelagert waren. Bereits 1898 waren neue Entwürfe für eine Maschine mit Krauss-Helmholtz-Drehgestell ausgearbeitet worden, die jedoch erst 1901 gebaut wurde.

Der preußische Lokausschuß hatte auf der 57. Sitzung im Jahre 1910 beschlossen, bei den Direktionen nachzufragen, ob eine Spurkranzschwächung der Treibachse zur Verbesserung der Bogenläufigkeit bei den G $5^1$- und G $5^2$-Lokomotiven für erforderlich gehalten werde. Bei der Auswertung der Befragung auf der 64. Sitzung des Lokausschusses im Februar 1912 in Breslau waren 5 Direktionen für eine Spurkranzschwächung, 14 hielten sie nicht für erforderlich. Die 5 Direktionen, die eine Spurkranzschwächung befürworteten, setzten die Maschinen vor allem auf krümmungsreichen Strecken und im Rangierdienst (Weichen 1 : 7 ≙ 140 m Halbmesser) ein. Gegen die Stimme des Zentralamtes, das für 15 mm Spurkranzschwächung plädierte, entschied der Ausschuß auf 13 mm Spurkranzschwächung der Treibachse und für ± 5 mm Seitenverschiebbarkeit der mittleren Achse des Tenders pr. 3 T 12.

Die Entwürfe einer neuen Maschine mit führendem Krauss-Helmholtz-Drehgestell bewiesen, daß man recht bald die Mängel der Adamsachse für die Führung der Lokomotive erkannt hatte.

Die ab 1901 gelieferten Maschinen nach dem Musterblatt III 3 k hatten Krauss-Helmholtz-Drehgestelle, waren 1′Cn2v-Maschinen und trugen die Gattungsbezeichnung G $5^4$. Bis 1910 wurden 748 Lokomotiven dieser Gattung beschafft. Als Zwillingsausführung erschien die Lok dann 1903. Bis 1905 wurden nach dem Musterblatt III 3 l 206 Maschinen 1′Cn2 mit Zwillingstriebwerk gebaut und als Gattung G $5^3$ eingeordnet.

Die Veränderungen gegenüber den G $5^1$- und G $5^2$-Lokomotiven waren nicht sehr umfangreich. Der Kessel lag mit 2300 mm über SO wiederum etwas höher und wurde gegenüber dem G $5^1$-/G $5^2$-Kessel lediglich durch eine Marcotty-Rauchverbrennung ergänzt. Schon wesentlicher war die Verringerung des Achsstandes der Lok von 6300 mm auf 6000 mm. Der Abstand der Kuppelachsen war mit 1650 mm um 350 mm geringer als bei den G $5^1$-/G $5^2$-Loks, der Achsstand zwischen Laufachse und 1. Kuppelachse dagegen mit 2700 mm um 400 mm größer.

Die äußere Steuerung war nach der Bauart Heusinger ausgeführt und bewegte die Flachschieber mit Trick-Kanal. Die HD-Schieber der G $5^3$ und G $5^4$ hatten keinen Weißmetallausguß mehr, um die Reibung zwischen Schieber und Schieberspiegel zu vermindern, sondern eine federentlastete gußeiserne Gleitplatte. Diese Bauart entlasteter Flachschieber wurde aber nur bis zum Jahre 1905 beibehalten, weil die Abdichtung zwischen Schieber und Entlastungsplatte mit viel Aufmerksamkeit gewartet werden mußte. Die G $5^4$ erhielten als Anfahrvorrichtung das Dultzsche Wechselventil, einzelne Maschinen auch die Anfahrvorrichtung Bauart v. Borries. Zur besseren Zugkraftausnutzung wurde die Steuerung so ausgebildet, daß der ND-Schieber bei Vorwärtsfahrt einen größeren Schieberweg zurücklegte als der HD-Schieber. Deshalb lag bei Mittelstellung der Steuerung für die HD-Seite der Schwingenstein auf der ND-Seite schon deutlich sichtbar *unter* dem Schwingendrehpunkt.

Die Lieferung der letzten 20 Verbundmaschinen aus dem Jahre 1910 erhielt aus heute unverständlichen Gründen wieder eine Adamsachse als vordere Laufachse. Dieser offensichtliche Rückschritt ist um so unerklärlicher, weil etwa zur gleichen Zeit die Umfrage des Lokausschusses zur Verbesserung der Bogenläufigkeit der G $5^1$ und G $5^2$ (mit Adamsachse) lief. Zur Unterscheidung von den Verbundmaschinen mit Heusinger-Steuerung und Kraus-Helmholtz-Drehgestell wurden diese 20 Lokomotiven als G $5^5$ bezeichnet.

Die G 5-Lokomotiven bewährten sich recht gut und wurden bei fast allen Direktionen eingesetzt. Das Leistungsprogramm sah die Beförderung von 790 t in der Ebene mit 50 km/h, von 470 t auf 5‰ Steigung mit 35 km/h und von 375 t auf 10‰ Steigung mit 25 km/h vor (Güterzugdienst).

Die DRG übernahm 71 Lokomotiven der Gattung G $5^4$ als 54 601–54 671, 274 Lokomotiven der Gattung G $5^4$ und 17 Lokomotiven der Gattung G $5^5$ als 54 801–54 1092. Die G $5^5$ wurde im Nummernplan nicht gesondert ausgewiesen, sondern als 54 1076–54 1092 am Schluß der G $5^4$ eingeordnet. Drei Lokomotiven der Mecklenburgischen Friedrich-Franz-Eisenbahn, die nach dem Vorbild der pr. G $5^4$ von Linke-Hofmann gebaut worden waren, kamen als

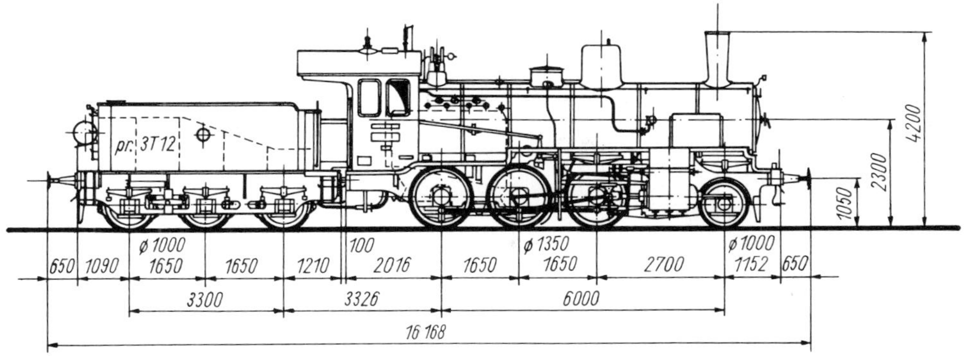


pr. G $5^{3}$ (BR $54^{6}$)

54 1201–54 1203 zur DRG. Diese drei Lokomotiven waren in den Jahren 1907, 1908 und 1912 mit den Fabriknummern 502, 588 und 927 gebaut worden.

An der Lieferung der G $5^{3}$ und G $5^{4}$ waren fast alle deutschen Lokomotivfabriken beteiligt, und zwar: Hanomag, Henschel, Schwartzkopff, Humboldt, Borsig, Hohenzollern und Grafenstaden.

Die DRG baute einige Maschinen der Gattungen G $5^{4}$ und G $5^{5}$ in Heißdampflokomotiven mit Verbundwirkung durch Ausrüsten mit einem rechten HD-Zylinder (1'C h2v) um. Bekannt sind die Betriebsnummern 54 813, 54 825, 54 846, 54 859, 54 878, 54 884, 54 894, 54 895, 54 898, 54 906–54 908, 54 941, 54 954, 54 990, 54 1013, 54 1015, 54 1018, 54 1061, 54 1082.

54 638 (pr. G $5^{3}$) (Borsig 5412/1904), vormals 4035 Stettin.

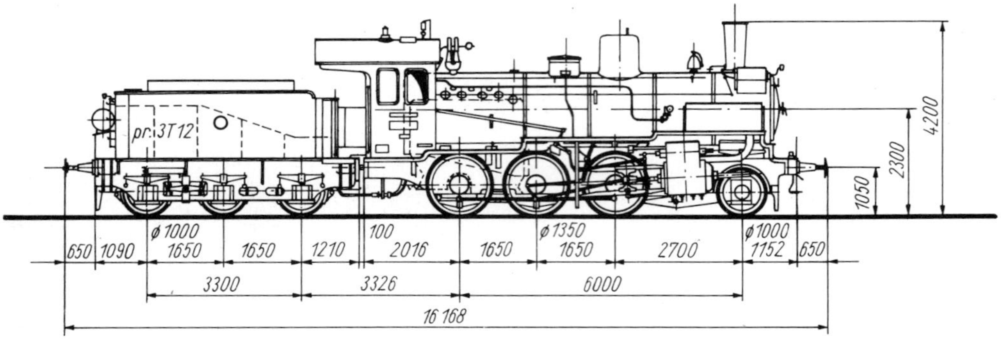


pr. G $5^4$/G $5^5$, meckl. G $5^4$ (BR $54^{8-10}$, $54^{10}$, $54^{12}$)

## Konstruktive Merkmale

$54^6$

Kessel: Langkessel aus drei überlascht genieteten Schüssen mit 1600 mm größter l. W. Kesselmitte 2300 mm über SO. Dampfdom mit Flachschieberregler auf dem mittleren Kesselschuß, Sandkasten auf dem hinteren Schuß. Kupferne Feuerbüchse mit Feuerschirm aus Schamottesteinen. Ramsbottom-Sicherheitsventil vor der Führerhausvorderwand. Speiseeinrichtungen: 2 Dampfstrahlpumpen Bauart Strube.

Rahmen: 25 mm dicker Blechrahmen. Hauptrahmenplatten kurz vor der Treibachse beidseits um 25 mm eingezogen, um das Rahmenvorderteil wegen der Ausschläge des Krauss-Helmholtz-Lenkgestelles etwas schmaler zu halten.

Laufwerk: Vierpunktabstützung. Tragfedern der Laufachse und der 1. Kuppelachse sowie der 2. und 3. Kuppelachse durch Ausgleichhebel verbunden. Laufachse und 1. Kuppelachse in einem Krauss-Helmholtz-Gestell vereinigt. Laufachse mit ± 24 mm, 1. Kuppelachse mit ± 27 mm Seitenverschiebbarkeit.

Triebwerk: Zweizylinder-Naßdampftriebwerk mit außenliegenden, unter 1:20 geneigten Zylindern. Antrieb der 2. Kuppelachse.

54 1079 (pr. G $5^5$) (Humboldt 653/1910), vormals 4225 Frankfurt, mit Adamsachse

Steuerung: Außenliegende Heusinger-Steuerung. Rotguß-Flachschieber mit Trick-Kanal.
Bremse: Handbremse. Später Druckluftbremse Bauart Knorr oder Bauart Westinghouse. Auch Ausrüstung mit Schleifer-Bremse.
Sondereinrichtungen: Preßluftsandstreuer Bauart Brüggemann sandet die Räder der Treibachse von vorn. Dampfläutewerk hinter dem Sandkasten auf dem Langkesselscheitel. Rauchverbrennung Bauart Marcotty. Gasbeleuchtung.
Tender: pr. 3 T 12 mit 5 oder 7 t Kohle.

$54^{8-10,12}$

Kessel: wie Baureihe $54^6$ (pr. G $5^3$) mit geringfügigen Abweichungen in der Verankerung.
Rahmen: wie Baureihe $54^6$ (pr. G $5^3$). Bei G $5^5$ (Adamsachse) ohne Einzug im Vorderteil des Rahmens.
Laufwerk: wie Baureihe $54^6$ (pr. G $5^3$). G $5^5$ jedoch mit Adamsachse.
Triebwerk: Zweizylinder-Naßdampf-Verbundtriebwerk mit außenliegenden, unter 1:20 geneigten Zylindern. Rechts HD-, links ND-Zylinder. Antrieb der 2. Kuppelachse.
Steuerung: Außenliegende Heusinger-Steuerung. Flachschieber mit Trick-Kanal. Rotguß-HD-Schieber ohne Weißmetallausguß, sondern mit federentlasteter Gleitplatte (Bauart bis 1905 beibehalten). Dultzsches Wechselventil, auch Anfahrvorrichtung Bauart v. Borries.
Bremse: wie Baureihe $54^6$ (pr. G $5^3$).
Sondereinrichtungen: Zentralschmierung Bauart de Limon. Handbetätigter Sandstreuer sandet die Räder der Treibachse von vorn. Gasbeleuchtung. Dampfheizungseinrichtung.
Tender: pr. 3 T 12 mit 5 oder 7 t Kohle.

# $54^{13}$ — bay. C VI

# $54^{14}$ — bay. G $^3/_4$ N

Obwohl bei der Bayerischen Staatsbahn seit 1895 die vierfach gekuppelte Güterzuglokomotive der Klassen E I in n2- und n4v-Ausführung der Bauart Sondermann in Betrieb standen und 1896 eine Mallet-Maschine in der Bauart B'B n4v (bay. BB I) hinzukam, machte sich kurz vor der Jahrhundertwende nochmals die Beschaffung einer dreifach gekuppelten Güterzuglokomotive erforderlich. Besonders für den Einsatz auf den Flachlandstrecken erschien eine Maschine mit geringerer Zugkraft, aber etwas höherer Geschwindigkeit und einem leistungsfähigen Kessel als vorteilhaft.
Aber auch als Aushilfe bei der Bewältigung von Spitzenleistungen im Personenzugdienst an Sonn- und Feiertagen sowie im Ausflugsverkehr war eine solche Lokomotive gut verwendbar. Zweifellos trug zu dieser Entwicklung der seit 1892 planmäßige Einsatz beschleunigter Güterzüge bei.
Den Auftrag zum Bau der neuen Lokomotive erhielt die Fa. Krauss, die 1899 die erste Maschine in der Bauart 1'C n2v lieferte, die als C VI eingereiht wurde. Die Lokomotiven, die der Gattung G $5^4$ der KPEV sehr ähnlich waren, erhielten für den geplanten Verwendungszweck ein voranlaufendes Krauss-Helmholtz-Gestell. Allerdings betrug der Kesseldruck, dem Verbundverfahren Rechnung tragend, 13 bar (13 kp/cm$^2$). Als Steuerung kam die Bauart Heusinger, jedoch mit gerader Schwinge, zur Anwendung. Bei der Festlegung der Achsstände war man darauf bedacht, eine möglichst gleichmäßige Verteilung der Masse auf alle gekuppelten Achsen zu erzielen.
Daraus ergaben sich ungewöhnliche Laufwerksabmessungen. So betrug der Achsstand des Kraus-Helmholtz-Gestells immerhin 3500 mm und der Gesamtachsstand 6500 mm, während der feste Achsstand lediglich 1580 mm erreichte.
Auf Grund dieser Laufwerksgestaltung wiesen die Lokomotiven der Klasse C VI einen verschleißarmen Lauf in engen Gleisbögen auf und konnten somit auch auf den krümmungsreichen Nebenstrecken eingesetzt werden.
Bis 1905 beschaffte die Bayerische Staatsbahn 83 Lokomotiven der Klasse C VI, an deren Lieferung wieder Krauss und Maffei beteiligt waren.
Nach einer kurzen Pause von 2 Jahren wurden von 1907 bis 1909 weitere 27 Stück, die jedoch die Bezeichnung G $^3/_4$ N erhielten, in Dienst gestellt, so daß insgesamt 120 Lokomotiven dieser Bauart zum Bestand gehörten. Die nur von Krauss gelieferten G $^3/_4$ N-Lokomotiven glichen völlig denen der C VI, sie unterschieden sich lediglich durch einen um 20 mm längeren vorderen Überhang und damit eine um 20 mm größere LüP und um eine geringfügig höhere Dienstmasse.
Ab Lokomotive 54 1308 wurde die Pendelaufhängung durch die gerade Schieberführung ersetzt.
10 Jahre später erlebte in Bayern die 1'C-Bauart in Gestalt der G $^3/_4$ H nochmals mit der beachtlichen Stückzahl von 225 Lokomotiven einen letzten Höhepunkt und verdeutlichte mit ihrer modernen Konzeption die Überlegenheit von Überhitzung und Speisewasservorwärmung auch unter den Be-

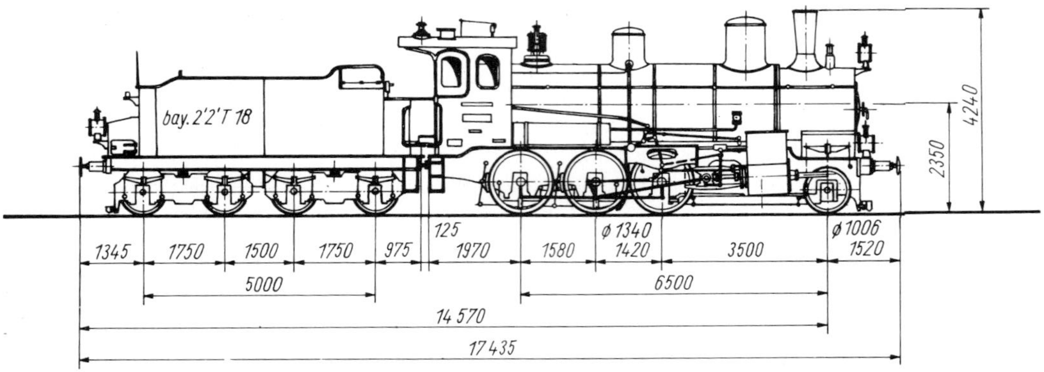


bay. C VI (BR $54^{13}$)

54 1302 (bay. C VI, Bahnnummer 1553) (Krauss 3977/1899)

triebsbedingungen des Nebenbahndienstes.
Die DRG übernahm 1925 noch 64 Lokomotiven der Klasse C VI und 32 der Klasse G $^{3}/_{4}$ N.
Sie vermochten in der Ebene 590 t mit 60 km/h und in der Steigung von 20‰ 210 t mit 25 km/h zu befördern. Bei der DRG wurde 1931 die letzte C VI und 1935 die letzte G $^{3}/_{4}$ N ausgemustert.

## Konstruktive Merkmale

Laufwerk: Voranlaufendes Krauss-Helmholtz-Gestell mit 3500 mm Achsstand; nur 1580 mm fester Achsstand. Laufachse und 1. Kuppelachse über Winkelhebel, 2. und 3. Kuppelachse durch Ausgleichhebel verbunden.
Triebwerk: Zweizylinder-Naßdampf-Verbundtriebwerk. Zylinder leicht geneigt. Mittlere Achse als Treibachse ausgebildet, Kreuzkopfführung durch zwei Gleitbahnen.
Steuerung: Außenliegende Heusinger-Steuerung mit gerader Schwinge.
Bremse: Westinghouse-Schnellbremse. 2. und 3. Kuppelachse und alle Tenderachsen einseitig gebremst.
Sondereinrichtungen: Sandkasten auf Langkessel, nur Räder der Treibachse einseitig gesandet; Dampfheizleitung.
Tender: bay. 4 T 18 mit 6,5 t Kohle.

54 1412 (bay. G 3/4 N, Bahnnummer 1647) (Krauss 6004/1908)

# $54^{15-17}$ bay. G $^3/_4$ H

Im Gegensatz zu Preußen ging man in Bayern nur zögernd an die Einführung des Heißdampfes. Dafür sah man in der Anwendung der zweistufigen Dampfdehnung das einzig wirksame Mittel zum Bau wirtschaftlicher Lokomotiven und hielt verhältnismäßig lange an der Beschaffung von n2v- und n4v-Lokomotiven für Reise- und Güterzüge fest. Selbst die ersten Schritte zur Anwendung des Heißdampfes wurden sehr zögernd unternommen und spiegeln sich in recht knapp bemessenen Überhitzerheizflächen wider. Damit blieben die erwarteten Einsparungen natürlich aus, so daß man trotz Anwendung des Heißdampfes zusätzlich auf die Verbundwirkung zurückgriff. Diese Entwicklung zeichnete sich bei fast allen Heißdampflokomotiven der Bayerischen Staatsbahn ab. Erst auf Grund der Erfolge des norddeutschen Lokomotivbaues mit hohen Dampftemperaturen bei einstufiger Dampfdehnung verließ man in Bayern am Ende der Länderbahnzeit diese Entwicklung und führte erstmals 1919 an der 1′C-Maschine bay. G $^3/_4$ H das Heißdampf-Zwillingstriebwerk an einer Schlepptenderlokomotive ein, nachdem Krauss seit 1906 diese Bauart bereits an Tenderlokomotiven der Bayerischen Staatsbahn zur Anwendung gebracht hatte. Die ersten von Maffei gelieferten Lokomotiven entstanden nach Forderungen der bayerischen Verkehrsverwaltung und stellten die Weiterentwicklung der C VI/G $^3/_4$ N der Bauart 1′C n2v von 1899/1907 dar. Zwischen 1919 und 1923 stellte Bayern 225 Lokomotiven der G $^3/_4$ H unter den Bahnnummern 7 001–7 225 in Dienst, an deren Lieferung die Firmen Krauss und Maffei beteiligt waren.

Im Vergleich zur Vorgängerin C VI/G $^3/_4$ N wies sie nicht nur äußerlich die Attribute einer modernen Dampflokomotive auf, sie unterschied sich auch in den wichtigsten Hauptabmessungen. Dem etwa 20 % größeren Kessel und der höheren Reibungsmasse verdankt die G $^3/_4$ H eine spürbare Leistungssteigerung. Die Kesselmitte rückte von

54 1658 (bay. G 3/4 H, Bahnnummer 7158) (Krauss 7743/1921)

bay. G 3/4 H (BR $54^{15-17}$),
Bahnnummern 7001 bis 7165

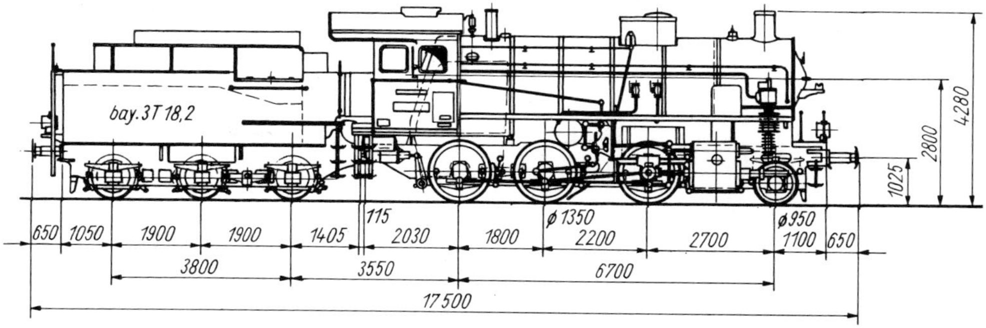


2350 mm auf 2800 mm ü. SO, so daß die Ausbildung einer breiten, über die Rahmenwangen hinausragenden Feuerbüchse möglich wurde. Der Gesamtachsstand der Lokomotive veränderte sich von 6500 mm auf 6700 mm, wobei sich der feste Achsstand von 1580 mm auf 4000 mm vergrößerte. Neben einem Überhitzer mit den bescheidenen Abmessungen von 36,7 $m^2$ war auch eine Speisewasservorwärmanlage vorgesehen. Der Vorwärmer lag quer auf dem Rahmen vor der Treibachse.

Eine Kaltspeisung bei geschlossenem Regler wurde durch das Schneidersche Stoßventil vermieden, bei welchem der Vorwärmer nach Reglerschluß gedrosselten Frischdampf erhielt. Von Nachteil waren die Abkehr vom Krauss-Helmholtz-Gestell und die Anwendung der weniger günstigen Adamsachse. Bis zur Bahnnummer 7165 (54 1665) lagen Dampfdom und Sandkasten unter einer gemeinsamen Verkleidung auf dem Langkessel, ab Bahnnummer 7166 (54 1666) waren sie getrennt angeordnet. Ab hier gab es auch geringfügige Masseunterschiede, denn ab der Betriebsnummer 54 1666 stieg die Dienstmasse um 1,7 t.

Ihr gutes Leistungsvermögen zeigte der Vergleich mit den Werten der C VI/G 3/4 N. Die G 3/4 H war in der Lage, in der Ebene 1000 t mit 60 km/h und in der Steigung von 20‰ 265 t mit 25 km je h zu befördern, während die C VI/G 3/4 N unter den gleichen Bedingungen nur 590 t bzw. 210 t bewältigte.

Von der DRG wurden alle 225 Lokomotiven übernommen und als Baureihe $54^{15-17}$ (54 1501–54 1725) in das neue Nummernschema eingereiht. Die Maschinen verblieben bis auf wenige Ausnahmen in Süddeutschland. Einige wurden in Norddeutschland und nach 1939 auch in Österreich eingesetzt. Die 54 1507 und 54 1554 verschlug es bis 1957 zum Bw Halle-G, danach standen sie noch als Werkloks in Weißandt-Gölzau im Einsatz. Nach 1945 war der größte Teil dieser Maschinen noch in Betrieb. Als letzte Lokomotive dieser Baureihe wurde 1966 die 54 1632 ausgemustert.

## Konstruktive Merkmale

Kessel: Crampton-Stehkessel. Zwei zylindrische Kesselschüsse. Breite, über den Rahmen ragende Feuerbüchse; Feuerbüchse anfangs Flußeisen, später Kupfer.

Rauchrohrüberhitzer Bauart Schmidt.

Rahmen: 30 mm Blechrahmen, vorn 25 mm dick und um 55 mm eingezogen; im Zylinderbereich durch schmiedeeisernes Bauteil verstärkt.

Laufwerk: Vordere Laufachse als Adamsachse ausgebildet. Abfederung durch Blattfedern, für Lauf- und 1. Kuppelachse obenliegend, für 2. und 3. Kuppelachse unterhalb der Achslager angeordnet. Lauf- und 1. Kuppelachse über Winkelhebel verbunden. 2. und 3. Kuppelachse über Ausgleichhebel verbunden.

Triebwerk: Zweizylinder-Heißdampf-Triebwerk mit 520 mm Zylinderdurchmesser bei 630 mm Hub, waagerecht angeordnete Zylinder. Kreuzkopfführung durch eine Gleitbahn. Mittlere Achse Treibachse.

Steuerung: Außenliegende Heusinger-Steuerung mit Hängeeisen; Kolbenschieber mit innerer Einströmung.

Bremse: Selbsttätige Westinghouse-Bremse mit Zusatzbremse; Tender mit Wurfhebelbremse; Laufachse ungebremst; Kuppelachsen einseitig, Tenderachsen zweiseitig gebremst.

Sondereinrichtungen: Zwei Friedmann-Schmierpumpen. Geschwindigkeitsanzeige Bauart Haußhälter. Temperaturanzeige für Vorwärmer und Überhitzung. Druckmesser für Rauchkammerunterdruck. Sandkasten und Sandstreuer; Wärmfach für Speisen.

Tender: bay. 3 T 18,2 und 6 t Kohle.

# $55^{0-6}$

**pr. G 7[1]**

Anfang der 90er Jahre wurden im Bereich der KPEV Güterwagen mit einer Tragfähigkeit von 15 t eingeführt. Auf Flachlandstrecken reichte die Zugkraft der G 5-Maschinen (1'C) noch aus, jedoch auf steigungs- und krümmungsreichen Strecken wurden Vorspannleistungen erforderlich, weil die Güterzüge bei gleicher Achsanzahl schwerer geworden waren. Die Beschaffung einer Güterzuglokomotive mit größerer Reibungsmasse war unvermeidlich geworden.

Um die günstigste Bauart zu ermitteln, ließ die Preußische Staatsbahn 4 verschiedene D-Kuppler bauen: eine D n2-Lokomotive der Gattung G $7^1$, eine daraus abgeleitete Verbundmaschine G $7^2$, eine 1'D n2v-Lokomotive der Gattung G $7^3$ und schließlich eine B'B n4v-Lokomotive der Bauart Mallet.

Die G $7^1$/G $7^2$ entstanden nach dem Musterblatt III 3i, die G $7^3$ nach dem Musterblatt III 3e und die Mallet-Lok nach dem Musterblatt III 3f.

Urheber der Naßdampf-Zwillingslok war die Stettiner Firma Vulcan. Sie begann 1892 mit den Entwürfen und dem Bau und lieferte 1893 die ersten Maschinen.

Die Ableitung aus der G 5-Reihe war unverkennbar. Der Kuppelraddurchmesser betrug mit 1250 mm sogar noch 100 mm weniger als bei der G 5-Reihe, die niedrige Kessellage hatte sich nicht verändert, und auch der Kessel selbst entsprach im Prinzip dem der 1'C-Güterzuglok. Lediglich die Heizrohre und Rauchrohre waren um 400 mm auf 4500 mm verlängert worden, um die zugelassene Achsfahrmasse von 14 t auszunutzen. Die Zylinder mußten schwach geneigt ausgeführt werden, um bei dem geringen Treibraddurchmesser innerhalb des Umgrenzungsprofiles zu bleiben. Die innere Allan-Steuerung behielt man ebenfalls bei, jedoch war der Kreuzkopf erstmalig bei einer preußischen Lokomotive einschienig geführt.

Die G 7 waren die ersten vierfach gekuppelten Lokomotiven der Preußischen Staatsbahn. Erfahrungen über die Kurvenbeweglichkeit vierfach gekuppelter Triebwerke besaß man in Preußen noch nicht. Im Lieferzustand waren die Spurkränze der Treibachse (3. Kuppelachse) um 5 mm geschwächt. Als sich diese Maßnahme als unzureichend erwies, verwendete man 1896 versuchsweise spurkranzlose Treibachsen nach amerikanischem Vorbild. Die KED Erfurt hatte einigen Maschinen bei Laufversuchen ± 8 mm Seitenverschiebbarkeit auf der 2. und 4. Kuppelachse gegeben und dabei keine Verschlechterung des Laufverhaltens registrieren können. Einer allgemeinen Einführung dieser Maßnahme stand man jedoch kritisch gegenüber, weil man plötzliche Querschläge der seitenverschiebbaren Achsen befürchtete. Erst zehn Jahre nach den Erfurter Versuchen, und als Gölsdorf in Österreich sogar bei einem Fünfkuppler die „Gefahrlosigkeit" eines Seitenspiels von Kuppelachsen nachgewiesen hatte, entschloß man sich (1906), der 2. und der 4. Kuppelachse ± 10 mm Seitenverschiebbarkeit zu geben.

Das Leistungsprogramm der G $7^1$ sah 1400 t in der Ebene mit 40 km/h, 600 t auf 5‰ Steigung mit 30 km/h und 400 t auf 10‰ Steigung mit 25 km/h vor. Damit lag sie unter dem Leistungsvermögen der Verbundmaschine G $7^2$.

Die Zwillingsmaschine G $7^1$ war bei der Preußischen Staatsbahn mit 1215 (andere Quellen: 1202) Exemplaren vorhanden. Die LBE beschaffte nach diesem Muster 1898 3 Maschinen, die Pfalzbahnen ließen 27 Stück als G $4^1$ mit außenliegender Heusinger-Steuerung bauen. Diese Lokomotiven hatten um 10 mm größere Zylinderdurchmesser. Die in Aufbau, Bedienung und Wartung sehr einfachen Maschinen wurden im ersten Weltkrieg an allen Kriegsschauplätzen eingesetzt. 1916 entschloß sich die Preußische Staatsbahn zum Nachbau von 200 Lokomotiven der Gattung G $7^1$, um den Lokomotivmangel zu mindern. Zu dieser Zeit verfügte Preußen bereits über wesentlich bessere und leistungsfähigere Maschinen, so daß ein Nachbau dieser mehr als 20 Jahre alten Konstruktion verwundert. Die unzureichenden Behandlungsmöglichkeiten in den Feld-Bw, die relativ niedrigen Baukosten dieser Naßdampflok und die bescheidenen Ansprüche, die die Maschine an die Qualifikation des Personals stellte, mögen die Gründe für die Renaissance der G $7^1$ gewesen sein. Die Nachbauloks unterschieden sich von der Ursprungsausführung durch 2 Sandkästen auf dem Kesselscheitel und durch einen Ventilregler. In der ersten Lieferung hatte die G $7^1$ als Neuerung einen Regler mit Doppelsitzventil.

Die DRG übernahm von der Preußischen Staatsbahn 660 Lokomotiven der Gattung G $7^1$ und ordnete sie mit den Betriebsnummern 55 001–55 660 ein. Die drei ältesten Maschinen (55 001–55 003) stammten noch aus der Vulcan-Lieferung von 1894 (Fabriknummern 1 411, 1 415 und 1 417). Am Bau der G $7^1$ waren außer Vulcan und

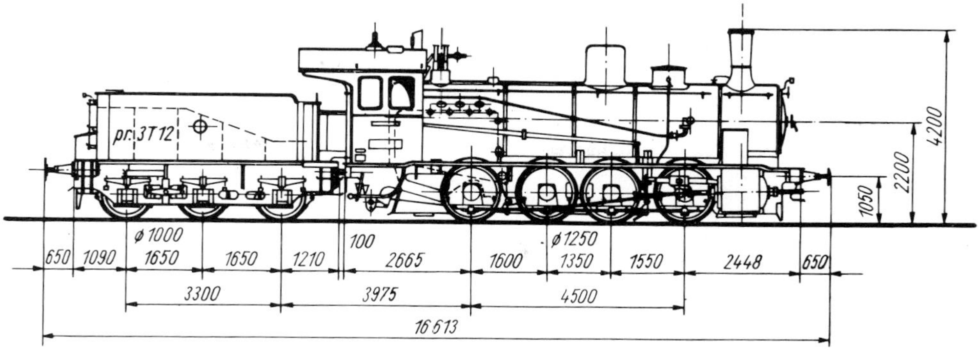


pr. G $7^1$ (BR $55^{0-6}$)

der Hanomag noch Schwartzkopff, Linke-Hofmann, Schichau, Henschel, Hartmann, Borsig, Jung, Hohenzollern und Orenstein & Koppel beteiligt. Von den 200 nachgebauten Lokomotiven kamen nur noch 80 zur DRG (55 581 bis 55 660).

Eine Anzahl Maschinen überstanden nicht nur den ersten, sondern auch den zweiten Weltkrieg. Zum Teil waren es Maschinen, die 1919 als Reparationslieferungen an die PKP, die AL und an Litauen abgegeben werden mußten und nach 1939 von der DRG wieder vereinnahmt worden waren. Diese ehemals pr. G $7^1$ wurden auf Lücken bereits ausgemusterter DRG-Maschinen eingenummert.

Die letzte G $7^1$ wurde bei der DB im Jahr 1957, bei der DR im Jahr 1966 ausgemustert.

Es waren die 55 193 und 55 669, die auf der Strecke Erfurt–Nottleben verkehrten. Die 55 669, eine ehemalige G $7^1$ der SAAR, wird vom Verkehrsmuseum Dresden aufbewahrt.

55 038 (pr. $G^7$) (Schwartzkopff 2765/1900), vormals 4492 Königsberg

## Konstruktive Merkmale

Kessel: Langkessel aus 3 überlascht genieteten Schüssen mit 1350 mm größter l. W. und 2200 mm über SO liegender Kesselmitte. 4500 mm Abstand zwischen den Rohrwänden. Rauchkammerlänge 1261 mm. Sandkasten auf dem 1., Dampfdom auf dem 2. Kesselschuß. Ramsbottom-Sicherheitsventil vor der Führerhausvorderwand. Speiseeinrichtungen: 2 Dampfstrahlpumpen Bauart Strube. Versuchsausführung: 2 Lokomotiven mit Brotan-Kessel (KED Erfurt 1908).

Rahmen: Genieteter und geschraubter Blechrahmen.

Laufwerk: Vierpunktabstützung. Tragfedern der beiden ersten und der beiden letzten Kuppelachsen durch Ausgleichhebel verbunden. Erste Lieferungen mit oberhalb der Achslager liegenden Federn, spätere Lieferungen mit Federn unterhalb der Achslager.

Triebwerk: Zweizylinder-Naßdampftriebwerk mit außenliegenden, leicht geneigt angeordneten Zylindern. Erstmals einschienige Kreuzkopfführung. Antrieb der 3. Kuppelachse.

Steuerung: Innenliegende Allan-Steuerung.

Bremse: Dampfbremse, von oben auf den 2. und 4. Kuppelradsatz wirkend.

Sondereinrichtungen: Mechanischer Sandstreuer sandet die Räder der 2. Kuppelachse einseitig von vorn. Petroleumbeleuchtung.

Tender: pr. 3 T 12 mit 5 bzw. 7 t Kohle.

# $55^{7-13}$ pr. G $7^2$

# $55^{57}$ meck. G $7^2$

Die Naßdampf-Zwillingslok G $7^1$ wurde von 1893–1909 gebaut. 1916 folgten als Kriegsnachbau weitere 200 Lokomotiven. 1895 entwickelte die Firma Vulcan aus der Zwillingslok eine Verbundlokomotive, die D n2v der Gattung G $7^2$. Für die Verbundlok galt das Musterblatt III 3i.

Es ist heute nicht mehr mit Sicherheit feststellbar, ob die ersten von Vulcan gelieferten Maschinen der Gattung G $7^2$ nicht ebenfalls oberhalb der Achslager liegende Federn wie die ersten G $7^1$ hatten. Sicher dürfte sein, daß die Rohrlänge der ersten Lieferung noch 4500 mm betrug, aber wegen der höheren Zylindermassen der Verbundlok auf 4100 mm gekürzt werden mußten, um die zulässige Achsfahrmasse nicht zu überschreiten.

Auf jeden Fall war die Serienlieferung der G $7^2$ mit der G $7^1$ weitgehend identisch. Die Federn waren unterhalb der Achslager angeordnet, die Rohrlänge betrug nur 4100 mm. Dafür war die Rauchkammer mit 1340 mm gegenüber 1261 mm bei der G $7^1$ etwas länger. Die Zylinder waren gleichfalls, um das Umgrenzungsprofil nicht zu überschreiten, leicht geneigt, die Kreuzköpfe wurden wie bei der G $7^1$ einschienig geführt. Auch die G $7^2$ bekam anfangs Regler mit Doppelsitzventil, der aber bald gegen einen normalen Schieberregler getauscht wurde. Als Anfahrvorrichtung diente anfangs das v. Borriessche, später das Dultzsche Wechselventil.

Das Leistungsprogramm für die G $7^2$ sah die Beförderung von 1400 t in der Ebene mit 40 km/h, von 690 t auf 5‰ Steigung mit 30 km/h und von 465 t auf 10‰ Steigung mit 25 km/h vor.

Der Einsatz von Zwillings- oder Verbundmaschinen war den preußischen Direktionen freigestellt. Dort, wo die Zuglok vor allem bei schweren Nahgüterzügen die Rangierarbeiten selbst erledigen mußte, war die Zwillingsmaschine rentabler. Im Streckendienst hatte die Verbundmaschine die günstigeren Verbrauchswerte. Zur Reichsbahnzeit wurden sowohl G $7^1$- wie G $7^2$-Lokomotiven auf Heißdampf umgebaut, aber in der Nummerung nicht besonders gekennzeichnet. Der Umbau begann ab 1922.

Von der Verbundlok G $7^2$ sind 1638 Stück gebaut worden. Beträchtliche Stückzahlen mußten nach 1919 als Reparationsleistungen an die PKP und an Litauen abgegeben werden. Die Mecklenburgische Friedrich-Franz-Eisenbahn ließ sich 1914–1916 noch 11 Maschinen nach dem Muster der G $7^2$ bauen. Diese Lokomotiven wurden bereits mit einem flachen Abdampf-Vorwärmer auf dem Kesselscheitel geliefert.

Die DRG übernahm fast 700 Lokomotiven der Gattung G $7^2$ als 55 701 bis 55 1392. Die 55 701 war allerdings eine falsch eingenummerte G $7^3$, also eine 1'D n2v, die von der Hanomag 1895 mit der Fabriknummer 2669 gebaut worden war. An der Lieferung der G $7^2$ waren fast alle deutschen Lokomotivfabriken beteiligt. Von den 11 mecklenburgischen Maschinen kamen noch 5 zur DRG und wurden als 55 5701 bis 55 5705 eingereiht. Diese Lokomotiven trugen wegen der Vorwärmeranlage das Betriebsgattungszeichen G 44.14,

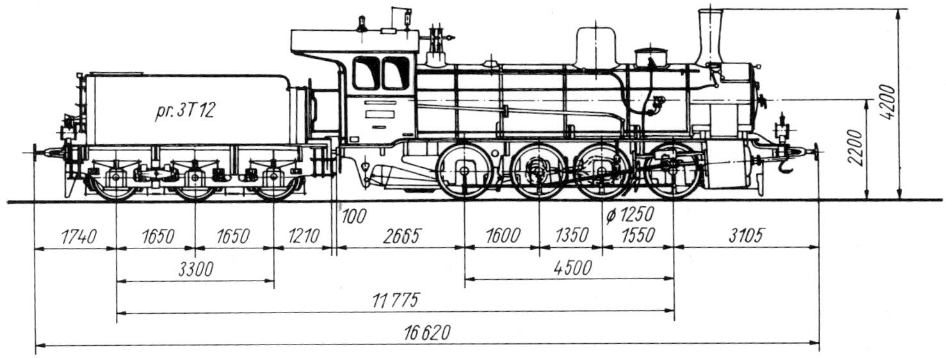


pr./meckl. G $7^2$ (BR $55^{7-13}$, BR $55^{57}$)

hatten also 1 t Achsfahrmasse mehr als die pr. G $7^2$ (G 44.13). Die G $7^2$ der Friedrich-Franz-Eisenbahn waren von der Firma Linke-Hofmann erbaut worden. Auch die pr. G $7^2$ wurden teilweise mit rundem Knorr-Vorwärmer ausgerüstet.

Bis zum Ende der 30er Jahre dürften viele der G $7^2$ bereits ausgemustert worden sein. Nach der Besetzung Polens durch Hitlerdeutschland wurden die polnischen G $7^2$ (Tp 2) von der DRG vereinnahmt und als Zweitbesetzung in 55 701–55 894 eingenummert. Einige Maschinen kamen nach dem zweiten Weltkrieg noch zur DR und DB, wurden aber bei beiden deutschen Bahnverwaltungen bald ausgemustert.

55 1291 (pr. $G^{72}$) (Henschel 9426/1909), vormals 4794 Cassel. Diese Maschine ist auf Heißdampf umgebaut worden.

## Konstruktive Merkmale

Kessel: Langkessel aus 3 überlascht genieteten Schüssen mit 1350 mm größter l. W. und 2200 mm über SO liegender Kesselmitte. 4100 mm Abstand zwischen den Rohrwänden (Serienausführung). Rauchkammerlänge 1340 mm. Sandkasten auf dem 1., Dampfdom auf dem 2. Kesselschuß. Ramsbottom-Sicherheitsventil vor der Führerhausvorderwand. Speiseeinrichtungen: 2 Dampfstrahlpumpen Bauart Strube. BR $55^{57}$ mit Kolbenspeisepumpe und Abdampfvorwärmer, nur 1 Strahlpumpe.
Rahmen: Genieteter und geschraubter Blechrahmen.
Laufwerk: Vierpunktabstützung. Tragfedern der beiden ersten und der beiden letzten Kuppelachsen durch Ausgleichhebel verbunden. Serienausführung mit unterhalb der Achslager liegenden Federn.
Triebwerk: Zweizylinder-Naßdampf-Verbundtriebwerk mit außenliegenden Zylindern. Rechts HD-, links ND-Zylinder. Zylinder leicht geneigt. Einschienige Kreuzkopfführung. Antrieb der 3. Kuppelachse. Anfahrvorrichtung: Wechselventil Bauart v. Borries oder Dultz.
Steuerung: Innenliegende Allan-Steuerung.
Bremse: Dampfbremse, von oben auf den 2. und 4. Kuppelradsatz wirkend.
Sondereinrichtungen: Mechanischer Sandstreuer sandet die Räder der 2. Kuppelachse vorn. Petroleumbeleuchtung.
Tender: pr. 3 T 12 mit 5 bzw. 7 t Kohle.

# $55^{16-22}$ pr. G 8

Nach der prinzipiellen Bewährung des Heißdampfbetriebes bei Reisezuglokomotiven wartete Garbe 1901 mit dem Entwurf der ersten Heißdampf-Güterzuglokomotive auf. Bis 1904 wurden 12 (nach anderen Quellen 13) Maschinen an die ED Kassel und Saarbrücken geliefert. Urheberfirma dieser mit G 8 bezeichneten D h2-Lokomotive war die Stettiner Maschinenbau A.G. Vulcan.
Garbe war bestrebt, eine leichte, aber sehr leistungsfähige Maschine zu entwickeln. Der Kessel bestand im Gegensatz zur G $7^2$ (3 Schüsse) nur noch aus 2 Schüssen mit 14,5 mm (G $7^2$ = 16 mm) Blechdicke. Wie die ständigen Änderungen einiger Hauptabmessungen beweisen, war sich Garbe über die zweckmäßigste Durchbildung einiger Baugruppen nicht im klaren, sondern mußte erst Erfahrungen sammeln.
Die Rohrlänge betrug anfangs 4100 mm und wurde auf 4500 mm verlängert. Die Länge des Rostes erhöhte sich von 2200 mm auf 2500 mm und schließlich auf 2550 mm. Die Zylinderdurchmesser wurden von 550 mm (1902) auf 575 mm, dann auf 590 mm (1904) und schließlich auf 600 mm (1906) vergrößert.
Bis zum Jahre 1906 wurden 153 Lokomotiven der Gattung G 8 mit Rauchkammerüberhitzer Bauart Schmidt geliefert. Diese Maschinen sind äußerlich an den halbzylindrischen Aufsätzen im oberen Teil der Rauchkammer erkennbar. Weil diese Überhitzerbauart im Betrieb sehr häufig die Ursache von Störungen durch Undichtigkeiten des Flammrohres war, wurde ab 1906 nur noch der Rauchrohrüberhitzer, ebenfalls Bauart, Schmidt, verwendet. Diese Überhitzerbauart war nicht nur billiger, sondern auch für die Masseverteilung günstiger. In Belgien war der Rauchrohrüberhitzer von Flamme schon mit gutem Erfolg angewendet worden. Bei der Konzipierung des Triebwerkes verließ Garbe den bisher bei vierfach gekuppelten Güterzuglokomotiven üblichen Raddurchmesser von 1250 mm und wählte Kuppelräder von 1350 mm Durchmesser. Als zulässige Höchstgeschwindigkeit konnten deshalb 50 km je h, später 55 km/h festgesetzt werden.
Die ersten an die ED Kassel und Saarbrücken gelieferten Maschinen wurden u. a. auf der Moselbahn (Koblenz–Trier) eingesetzt und hatten sich vor schweren Erzzügen mit 110 Achsen zu bewähren. Gegenüber der G $7^1$ beispielsweise war mit der G 8 eine erhebliche Leistungssteigerung erzielt worden. Konnte die Naßdampf-Zwillingsmaschine auf Steigungen von 5‰ mit 40 km/h 385 t ziehen, so konnte die G 8 mit 700 t fast das Doppelte bewältigen. Das Leistungsprogramm sah bei 50 km/h in der Ebene 1350 t Zugmasse und auf Steigungen von 10‰ mit 25 km je h noch 665 t vor.
Die bereits erwähnten Probleme mit dem Rauchkammerüberhitzer und die Schwierigkeiten, die die Kolbenschieber mit den nichtfedernden, breiten Dichtungsringen bereiteten, waren Ursache dafür, daß mit der G 8 noch nicht sofort der Siegeszug der Heißdampf-Güterzuglokomotive begann. Die Sorgen, die die Kinderkrankheiten der Heißdampfeinrichtungen dem Betrieb bereiteten, verhalfen der Naßdampflok

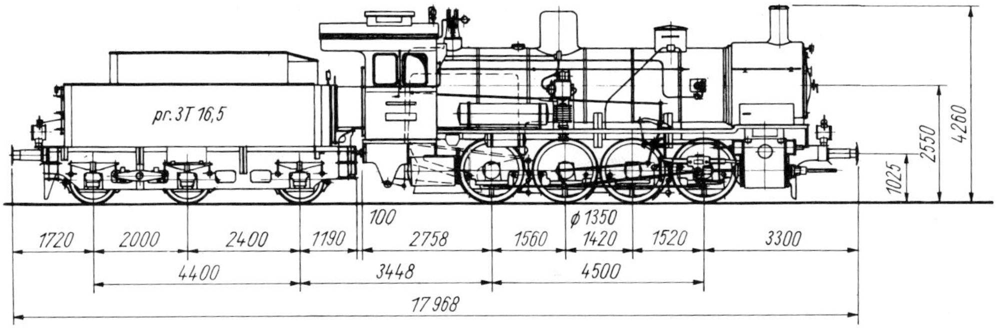


pr. G 8 (BR $55^{16-22}$)

im Jahre 1908 mit der Gattung G 9 zu einer Neuauflage.

Auch hatte die zu leichte Bauweise der G 8 an verschiedenen Bauteilen Verstärkungen erforderlich gemacht, besonders, als mit Einführung der Druckluftbremse die Dienstmasse auf 58,4 t anstieg.

Die Preußische Staatsbahn rüstete 1908 2 Lokomotiven und 1911 nochmals 5 Lokomotiven der Gattung G 8 versuchsweise mit Gleichstromzylindern der Bauart Stumpf aus und 1910/1911 weitere 10 Lokomotiven mit Lentz-Ventilsteuerung. Das EZA ließ alle 3 Bauarten im Versuchsbetrieb erproben und belastete sie auf 8‰ Steigung mit 620 ··· 980 t. Weder die Stumpfschen Gleichstrommaschinen noch die Lokomotiven mit Lentz-Ventilsteuerung konnten ihre wirtschaftliche Überlegenheit gegenüber der Nor-

55 1840 (pr. G 8) (Vulcan 2435/1908), vormals 4826 Königsberg

malausführung beweisen, so daß ein Weiterbau unterblieb und einige Maschinen in Normalausführung zurückgebaut wurden.
An der Lieferung der G 8, von der 1 045 (nach anderen Quellen 1 050) Maschinen gebaut wurden, waren vor allem die Firmen Vulcan, Schichau und Hanomag beteiligt. Einige Lokomotiven wurden auch von Henschel geliefert.
Die DRG übernahm mit den Betriebsnummern 55 1601–55 2256 656 Lokomotiven der Gattung G 8, wovon die 55 1601 sogar noch aus der Vulcan-Lieferung von 1902 (Fabrik-Nr. 1 930) stammte.
Nach dem zweiten Weltkrieg kamen etwa 200 G 8 zur DB und etwa 50 zur DR. Die letzten DB-Maschinen wurden bereits 1955 ausgemustert, einzelne DR-Maschinen waren sogar noch im vorläufigen EDV-Nummernplan zu finden: die 55 2024 (vorgesehen als 55 2024-2) und die 55 2071 (vorgesehen als 55 2071-3). Vor der Umnummerung im Jahre 1970 sind jedoch beide ausgemustert worden.

## Konstruktive Merkmale

Kessel: Genieteter Kessel. Langkessel aus zwei Schüssen. Sandkasten auf dem 1. Kesselschuß, Dampfdom mit Flachschieberregler am hinteren Ende des 2. Kesselschusses. Kesselmitte 2500 mm über SO. Kupferne Feuerbüchse mit beweglichen vorderen Deckenankern. Abstand zwischen den Rohrwänden von ursprünglich 4100 mm auf 4500 mm vergrößert. Bis 1906 Rauchkammerüberhitzer, ab 1906 Rauchrohrüberhitzer Bauart Schmidt. Ramsbottom-Sicherheitsventil vor der Führerhausvorderwand. Speiseeinrichtungen: 2 Dampfstrahlpumpen.
Rahmen: 25 mm dicker Blechrahmen, durch Querverbindungen versteift.
Laufwerk: Vierpunktabstützung. Tragfedern der Kuppelachsen unterhalb der Achslager. Federn der 1. und 2., sowie der 3. und 4. Kuppelachse durch Ausgleichhebel verbunden. Alle Achslager mit Stellkeilen. 2. Kuppelachse mit ± 8 mm Seitenverschiebbarkeit.
Triebwerk: Zweizylinder-Heißdampftriebwerk mit außenliegenden, waagerecht angeordneten Zylindern. Antrieb der 3. Kuppelachse. Spurkranz der Treibachse um 5 mm geschwächt. Druckausgleichvorrichtung mit Handbetätigung vom Führerhaus aus. Luftsauge- und Sicherheitsventil an jedem Zylinder.
Steuerung: Außenliegende Heusinger-Steuerung mit entlasteten Kolbenschiebern. Breite, nichtfedernde Dichtungsringe.
Bremse: Dampfbremse mit einseitiger Abbremsung der 2. und 4. Kuppelachse von vorn. Später Ausrüstung mit Druckluftbremse.
Sondereinrichtungen: Sandstreuer sandet die Räder der 2. Kuppelachse von vorn. Spurkranznäßeinrichtung für die Räder der 1. Kuppelachse. Lüftungsaufsatz für Führerhaus.
Tender: pr. 3 T 12 mit 5 t Kohle oder pr. 3 T 16,5.

# $55^{23-24}$ pr. G 9

Bei der Suche nach der am besten geeigneten vierfach gekuppelten Güterzuglokomotive für Preußen war neben der G $7^1$ (D n2) und der G $7^2$ (D n2v) im Februar 1894 eine von Grafenstaden erbaute B'B n4v-Lokomotive der Bauart Mallet in Dienst gestellt worden. Diese Maschine war nach dem Muster der für die Badische Staatsbahn gelieferten Lokomotiven entstanden. Zwar war der Bogenlauf dieser preußischen Mallet-Lokomotive zufriedenstellend, im geraden Gleis lief sie jedoch unruhig und erforderte erheblichen Wartungsaufwand zum Abdichten der beweglichen Dampfleitungen von den HD- zu den ND-Zylindern. Diese Lokomotiven, von denen bis 1899 nur 27 Stück beschafft wurden, erhielten das Gattungszeichen G 9 und wurden nicht mehr von der DRG übernommen.
Als G 9 wurde auch eine D n2-Lokomotive bezeichnet, die zu entwickeln 1908 die Firma Schichau den Auftrag erhalten hatte. Diese G 9 ist nicht mehr als eine Übergangslösung gewesen, der keine Zukunft beschieden sein konnte. Bis 1907 waren bereits 278 Heißdampflokomotiven der Gattung G 8 an die KPEV geliefert worden, und lediglich dem Umstand, daß bei den Heißdampflokomotiven noch einige Kinderkrankheiten zu überwinden waren, verdankt die G 9 ihr Entstehen.

Schichau hatte offensichtlich den Auftrag, bei der G 9 so wenig wie möglich Konstruktionsarbeit zu investieren. Das gesamte Laufwerk stammte von der G $7^1$/G $7^2$ mit 1250 mm Kuppelraddurchmesser und dem unsymmetrischen Achsstand von 1550 + 1350 + 1600 mm. Die Zylinder waren ebenfalls geneigt (1:50), um innerhalb des Umgrenzungsprofils zu bleiben, die Schieberspiegel schräg nach außen abgewinkelt. Die Erhöhung der zulässigen Achsfahrmasse in Preußen auf 15 t konnte genutzt werden, um einen leistungsfähigeren Kessel als bei den G 7-Maschinen unterzubringen. Die Reibungsmasse erhöhte sich von etwa 53 t (G $7^1$/G $7^2$) auf 60 t. Rostlänge und Abstand zwischen den Rohrwänden entsprachen denen der G $7^1$ (D n2), der Kesseldurchmesser wurde aber auf 1660 mm l. W. vergrößert, die Kesselmitte lag jetzt 2665 mm über SO. Bei dieser hohen Kessellage konnte man den Stehkessel auf den Rahmen setzen und den Rost verbreitern, so daß 3,05 $m^2$ Rostfläche entstanden.

Die ersten 10 von Schichau gelieferten G 9-Lokomotiven erhielten noch innenliegende Allan-Steuerung, jedoch schon einschienig geführte Kreuzköpfe. Alle weiteren Lokomotiven wurden mit außenliegender Heusinger-Steuerung ausgerüstet, die den Vorzug besserer Zugänglichkeit und geringerer Reibungsarbeit im Gestänge bot. Allerdings ergaben sich Probleme mit der Schieberschmierung, denn die 252 mm × 490 mm großen Trick-Flachschieber neigten zum Festfressen. Erst die Einführung von De-Limon-Schmierpressen schaffte Abhilfe.

Interessant ist ein Vergleich der Leistungsprogramme von G $7^1$, G 8 und G 9. Im oberen Geschwindigkeitsbereich war die G 8 eindeutig überlegen, im unteren war der Leistungsunterschied weniger deutlich. Die G 9 war zum Zeitpunkt ihres Erscheinens eine der zugkräftigsten vierfach gekuppelten Naßdampf-Güterzuglokomotiven Europas. Das bezeugt auch ein Vergleich der Leistungsprogramme von G $7^1$ (D n2), G 8 (D h2) und G 9 (D n2). Die Wagenzugmasse ist in der umseitigen Tabelle in t angegeben.

Die G 9 wurde bis 1913 gebaut. Schichau lieferte 79 Maschinen, die restlichen stammten von den Firmen Hanomag, Borsig und Henschel. Insgesamt wurden von der Preußischen Staats-

55 2370 (pr. G 9) (Hanomag 6001/1910), vormals 5117 Breslau. Die Lokomotive ist auf Heißdampf umgebaut und mit dem Tender pr. 2′2′ T 20 gekuppelt.

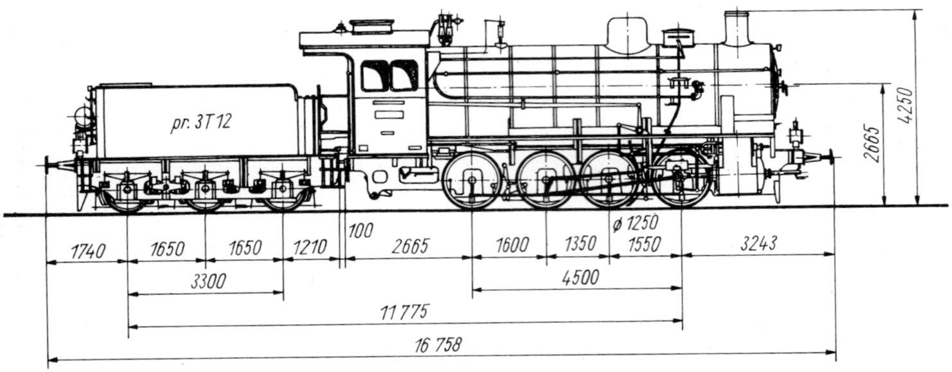


pr. G 9 (BR $55^{23-24}$)

bahn 200 Maschinen beschafft. Die DRG übernahm als Baureihe $55^{23-24}$ mit den Betriebsnummern 55 2301 bis 55 2433 133 Maschinen der Gattung G 9. Ab 1923 wurden 36 Maschinen auf Heißdampf umgebaut, erhielten aber keine neue Betriebsnummer. Naßdampfloks trugen das Gattungszeichen G 44.15, Heißdampfloks das Gattungszeichen G 44.16.
Die Heißdampf-Zwillingslokomotiven trugen folgende Betriebsnummern: 55 2306, 55 2315, 55 2316, 55 2318, 55 2327, 55 2329, 55 2330, 55 2331, 55 2338, 55 2341, 55 2342, 55 2343, 55 2344, 55 2345, 55 2351, 55 2361, 55 2364, 55 2365, 55 2366, 55 2370, 55 2371, 55 2373, 55 2374, 55 2375, 55 2385, 55 2386, 55 2389, 55 2393, 55 2419, 55 2423, 55 2425, 55 2426, 55 2427, 55 2428, 55 2430 und 55 2433.

Einige Maschinen wurden auf Lentz-Ventilsteuerung umgebaut. Die Heißdampfloks waren den Naßdampfloks in der Wirtschaftlichkeit überlegen und fanden noch im Streckendienst Verwendung, wobei sie allerdings mit größeren Tendern als dem pr. 3 T 12 der Ursprungsausführung gekuppelt wurden (2′2′ T 20). Ende 1924 gehörten 31 Heißdampf- und 102 Naßdampflokomotiven zum Bestand der Deutschen Reichsbahn-Gesellschaft. Die Heißdampfmaschinen waren alle im Bereich der RBD Münster beheimatet. Ihre Heimat-Bw waren Coesfeld, Gronau und Rheine R.
1944 kamen die 55 2366, 55 2386, 55 2389 und 55 2425 leihweise zur Brandenburgischen Städtebahn, verblieben aber nach Kriegsende dort.
Die Deutsche Bundesbahn hatte 1946 noch 14 Maschinen der Heißdampfausführung in den Bestandslisten, im Januar 1949 jedoch keine mehr.
Fünf Maschinen verblieben der Deutschen Reichsbahn, wovon die 55 2366, 55 2373 und 55 2425 schadhaft waren und bis 1952 zerlegt worden sind. Die 55 2389 stand bis 1959 im Dienst, die 55 2461 sogar bis 1961 und ist dann als Heizlok an das Kraftwerk Vetschau abgegeben worden.

## Konstruktive Merkmale

Kessel: Genieteter Kessel mit 3 zylindrischen Langkesselschüssen (1 660 mm größte l. W.) und 4 500 mm Abstand zwischen den Rohrwänden. Sandkasten auf dem ersten, Dampfdom mit Flachschieberregler auf dem

| Steigung | km/h | | | | | | | | | | |
|---|---|---|---|---|---|---|---|---|---|---|---|
| | 20 | | | 30 | | | 40 | | | 50 | |
| | G 7$^1$ | G 8 | G 9 | G 7$^1$ | G 8 | G 9 | G 7$^1$ | G 8 | G 9 | G 8 | G 9 |
| 0‰ | | | | 2000 | | | 1400 | | 1820 | 1350 | 1200 |
| 3‰ | 1310 | | | 835 | 1370 | 1210 | 530 | 975 | 840 | 660 | 580 |
| 5‰ | 935 | 1290 | 1260 | 600 | 990 | 890 | 385 | 700 | 610 | 495 | 420 |
| 7‰ | 740 | 1000 | 975 | 450 | 760 | 680 | 295 | 540 | 480 | 380 | 325 |

mittleren Kesselschuß. Gewölbte Feuerbüchsdecke, Stehkesselmantel aus einem Blech bestehend. Feuerbüchse, auf dem Rahmen sitzend, überragt die Rahmenbreite. Ramsbottom-Sicherheitsventil vor der Führerhausvorderwand. Dampfpfeife auf dem Stehkesselscheitel vor dem Sicherheitsventil. Speiseeinrichtungen: 2 saugende Dampfstrahlpumpen (150 l/min) der preußischen Regelbauart.
Rahmen: 30 mm dicker Blechrahmen. Mittlere Querversteifungen als Langkesselträger ausgebildet.
Laufwerk: Vierpunktabstützung. Tragfedern der Kuppelachsen unterhalb der Achslager angeordnet. Federn des 1. und 2. sowie des 3. und 4. Kuppelradsatzes durch Ausgleichhebel verbunden. 1. und 3. Achse fest im Rahmen gelagert, 2. und 4. Kuppelachse mit ± 10 mm Seitenverschiebbarkeit. 5 mm Spurkranzschwächung der Treibachse.
Triebwerk: Zweizylinder-Naßdampftriebwerk mit einfacher Dampfdehnung. Außenliegende Zylinder um 1:50 geneigt. Antrieb der 3. Kuppelachse. Einschienige Kreuzkopfführung.
Steuerung: Für die ersten 10 Maschinen innenliegende Allan-Steuerung. Für die folgenden Lieferungen außenliegende Heusinger-Steuerung. Dampfverteilung durch Trick-Flachschieber, Schieberspiegel schräg nach außen geneigt.
Bremse: Dampfbremse mit einseitiger Abbremsung der 2. und 4. Kuppelachse von vorn.
Sondereinrichtungen: Mechanischer Sandstreuer oder Dampfsandstreuer Bauart Haas sandet die Räder der 2. Kuppelachse einseitig von vorn. Schmierpresse Bauart de Limon für alle unter Dampf gehenden Teile. Rauchverbrennung Bauart Marcotty. Dampfläutewerk Bauart Latowski. Dampfheizungseinrichtung.
Tender: pr. 3 T 12 mit 5 bzw. 7 t Kohle.

# $55^{25-56}$ pr. $G\,8^1$

# $55^{58}$ meck. $G\,8^1$

Von 1893 bis 1908 hatte die Preußische Staatsbahn mit den Gattungen $G\,7^1$ (D n2), $G\,7^2$ (D n2v), $G\,7^3$ (1'D n2v), G 8 (D h2) und G 9 (D n2) fünf verschiedene vierfach gekuppelte Güterzuglokomotiven in zum Teil beträchtlicher Stückzahl beschafft, ohne daß mit einer der Gattungen auf längere Zeit den Anforderungen des Zugförderungsdienstes entsprochen worden wäre. Ein Vorschlag von v. Borries, die $G\,7^3$ weiterzuentwickeln und eine leistungsfähige Maschine mit vorderer Laufachse und Vierzylinder-Verbund-Heißdampftriebwerk zu bauen, fand beim EZA keine Billigung.
In der 63. Beratung des preußischen Ausschusses für Lokomotiven vom 8. bis 11. November 1911 in Berlin unterbreitete Robert Garbe den von der Firma Friedrich Schichau, Elbing, ausgearbeiteten Entwurf einer verstärkten G 8-Lokomotive. In einem Bericht an den Minister für öffentliche Arbeiten war über Versuchsfahrten mit der G 8 vorsichtig formuliert worden, daß „die volle Ausnutzung der Dampfmaschine ... durch das zu geringe Reibungsgewicht von nur 57 t etwas beeinträchtigt" werde.
In der Lokausschußsitzung wurde der seinerzeitige Regierungs- und Baurat Knechtel von der KED Elberfeld deutlicher: Die Zugkraft der G 8-Lokomotive sei derart festgesetzt, daß man ohne Sandstreuen nicht auskomme.
Eine Verstärkung der Maschine und eine Erhöhung der Reibungsmasse wurde vor allem durch Verwendung stärkerer Rahmenbleche und eines bei gleicher Rohrlänge größer dimensionierten Kessels erzielt. Den im Lokausschuß eingebrachten Vorschlag, zur Erzielung der erforderlichen Reibungsmasse den G 10-Kessel zu verwenden, hatte Garbe energisch abgelehnt, weil die G 10 einen viel zu großen Rost für den G 8-Rahmen habe und der G 10-Kessel die harmonische Bauart der Lokomotive zerstören würde. Die Grundbauart des G 8-Kessels wurde beibehalten. Der Kessel wurde jedoch im Durchmesser vergrößert, aus dickerem Blech gefertigt (17 mm Wanddicke) und für 14 bar (14 kp/cm$^2$) ausgelegt. Die dadurch entstandene Mehrbelastung der beiden vorderen Achsen um 430 ··· 600 kg gegenüber den hinteren wollte Garbe mit Ballastmassestücken ausgleichen. Eine wesentliche Verbesserung zur gleichmäßigen Masseverteilung war die wenig später erfolgte Verlegung des Kessels um 50 mm nach hinten.
Die $G\,8^1$ erhielt ab der ersten Maschine den Rauchrohrüberhitzer Bauart Schmidt. Ab 1913/1914 wurden die Lokomotiven serienmäßig mit einem Speisewasservorwärmer ausgerüstet. Dafür entfiel die Dampfstrahlpumpe auf der Heizerseite. Bereits ausgelieferte Lokomotiven erhielten den Speisewasservorwärmer nachträglich eingebaut. 1911 hatte man Versuche mit dem Weir-Vorwärmer, einer englischen Bauart von der Firma Atlas, unternommen und dann die Bauarten Schichau und Knorr erprobt. Die Bauart Schichau mit zweiseitig eingewalzten Rohren wurde im Frühjahr 1914 zugunsten der flachen Knorr-Bauart verlassen. Die U-förmig gebogenen Rohre der Bauart Knorr sparten Dichtungen, waren aber

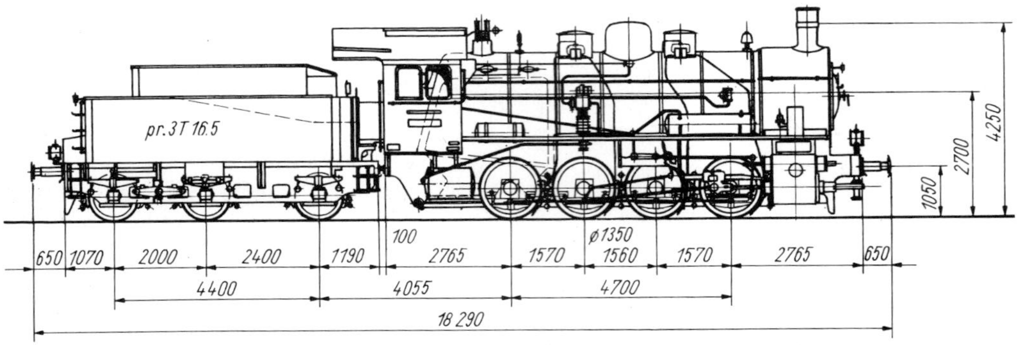


pr./meckl. G 8$^1$ (BR $55^{25-26}$, BR $55^{58}$)

schwer zu reinigen. Im Herbst 1914 wurde der flache gegen den runden Knorr-Vorwärmer, der noch in der Reichsbahnzeit Regelausführung war, ausgetauscht. Der Vorwärmer war auf dem linken Umlaufblech montiert.

Beim Vergleich der Leistungsprogramme der G 8$^1$ und der G 10 (E h2), die bereits 1910 entstanden war, wird deutlich, daß die G 8$^1$ im oberen Geschwindigkeitsbereich eine größere Zugkraft entwickeln konnte als die G 10. Die Klammerwerte sind die Wagenzugmassen der G 10:

0‰ Steigung bei 55 km/h
1150 t (1095) t
3‰ Steigung bei 50 km/h
740 t (670) t
5‰ Steigung bei 40 km/h
735 t (700) t
7‰ Steigung bei 35 km/h
660 t (635) t
10‰ Steigung bei 25 km/h
650 t (640) t
20‰ Steigung bei 20 km/h
450 t (460) t.

Das Leistungsprogramm war von der DRG gegenüber dem von der KPEV aufgestellten bei einer Kesselbelastung von 57 kg/m$^2$h noch erheblich erhöht worden. Bei Versuchsfahrten wurden mit der G 8$^1$ die gleichen Leistungen wie mit der G 10 erreicht. Die etwas größere Heizfläche des G 10-Kessels resultiert aus längeren Rohren, hatte aber keine größere Kesselleistung zur Folge, denn die Strahlungsheizfläche beider Kessel war annähernd gleich.

Auf krümmungsreichen Strecken war die G 8$^1$ mit 4 Kuppelachsen der fünffach gekuppelten G 10 ebenfalls überlegen, weil sie ruhiger lief, einen geringeren Laufwiderstand und einen geringeren Radreifenverschleiß hatte. Die G 8$^1$ hatte mit 4700 mm den größten Achsstand aller vierfach gekuppelten preußischen Güterzuglokomotiven. Die Bau- und Betriebsordnung von 1905 gestattete jedoch nur 4500 mm festen Achsstand. So gab man der 4. Kuppelachse ± 3 mm Seitenverschiebbarkeit und genügte mit dem Achsstand der drei fest im Rahmen gelagerten Achsen von 3130 mm den Forderungen der BBO. Die G 8$^1$, mit einer mittleren Kuppelachsfahrmasse von 17,5 t ohnehin nur auf Hauptstrecken zugelassen, konnte die gleichen Krümmungsradien durchfahren wie Maschinen mit 4500 mm Achsstand, weil man außerdem die Spurkränze der 2. und 3. Kuppelachse um 15 mm geschwächt hatte.

Eine wesentliche Verbesserung für den Betriebseinsatz der G 8$^1$ war die Entwicklung eines neuen Tenders mit 16,5 m$^3$ Wasser und 7 t Kohle. Der Aktionsradius der Lokomotiven wurde vergrößert, es konnten längere Strekken ohne Halt durchfahren werden.

Bereits bei der G 8 hatte es Versuche mit einem Wasserrohrkessel Bauart Stroomann gegeben. Die Kessel waren von der Lokomotivfabrik Orenstein & Koppel, Berlin-Drewitz, gebaut worden. Auf der Baltischen Ausstellung in Malmö 1914 stand neben einer G 8$^1$ in Normalausführung auch eine mit Stroomann-Kessel. Weil sich diese Bauart nicht bewährte, nahm man von weiteren Versuchen Abstand.

Die G 8$^1$ war die erfolgreichste preußische Güterzuglokomotive und gehört zusammen mit der P 8 zu den besten Konstruktionen Garbes. In den 9 Jahren von 1913–1921 wurde die enorme Stückzahl von 4948 Maschinen allein von der Preußischen Staatsbahn beschafft. Diese Stückzahl wurde von keiner anderen deutschen Länderbahnlokomotive erreicht. Die Reichseisenbahnen in Elsaß-Lothringen beschafften 137 Maschinen, die Mecklenburgische Friedrich-Franz-Eisenbahn 10 und die Zeche ,,Deutscher Kaiser'' in Oberhausen ebenfalls 10.

55 4536 (pr. G 8$^1$) (Hanomag 8271/1917), vormals 5258 Elberfeld

Auch im Ausland fand die G 8[1] großen Anklang und wurde von verschiedenen Bahnverwaltungen in Deutschland bestellt oder in Lizenz nachgebaut. Die Rumänische Staatsbahn beschaffte 81, die Polnische Staatsbahn 50 und die Schwedische Staatsbahn 10 Maschinen der Gattung G 8[1].
Die DRG übernahm mit den Betriebsnummern 55 2501–55 5622 mehr als 3000 Maschinen G 8[1] von der Preußischen Staatsbahn und mit den Betriebsnummern 55 5801–55 5810 und 55 5851 und 55 5852 12 Maschinen von der Mecklenburgischen Staatsbahn. Nach dem Versailler Vertrag waren beträchtliche Stückzahlen dieser Lokomotiven an die Siegermächte abgegeben worden. Nach der Besetzung Polens durch die Hitler-Wehrmacht im Jahre 1939 wurden von 1941–1945 368 polnische G 8[1] (Tp 4) mit Betriebsnummern bereits ausgemusterter DRG-Maschinen versehen. Die Betriebsnummern 55 3492[II] und 55 3525[II] waren litauische G 8[1] (dort als P 8 bezeichnet).
Die DRG hatte ab 1934 eine größere Anzahl G 8[1] mit vorderer Laufachse ausgerüstet, um die zulässige Geschwindigkeit zu erhöhen und die Achsfahrmasse zum Einsatz auf Nebenbahnen zu verringern. Damit bestätigte sie die Richtigkeit des v. Borriesschen Vorschlages für eine 1'D-Maschine.
Über 1000 Lokomotiven der Gattung G 8[1] überstanden den zweiten Weltkrieg und leisteten bei beiden deutschen Bahnverwaltungen in der Nachkriegszeit und bis zum Ende der 60er Jahre wertvolle Dienste. Mit Beginn der 70er Jahre wurden bei beiden Bahnverwaltungen die letzten Maschinen ausgemustert.

## Konstruktive Merkmale

Kessel: Genieteter Kessel. Langkessel aus 2 Schüssen mit 4500 mm Abstand zwischen den Rohrwänden. Kupferne Feuerbüchse mit geneigter Rückwand, kupferne Stehbolzen, stählerne Deckenanker. Dampfdom mit Ventilregler Bauart Schmidt & Wagner auf dem 2. Kesselschuß. Je ein Sandkasten vor und hinter dem Dampfdom. Ramsbottom-Sicherheitsventil vor der Führerhausvorderwand. Dampfpfeife auf dem Stehkesselscheitel vor dem Sicherheitsventil. Rauchrohrüberhitzer Bauart Schmidt. Zylindrische Rauchkammer mit Winkelring am Langkessel angenietet. Speiseeinrichtungen: Oberflächenvorwärmer Bauart Knorr (Serienausführung) mit Kolbenspeise-

pumpe Bauart Knorr (240 l/min); Dampfstrahlpumpe (225 l/min) auf der Lokführerseite.
Rahmen: 30 mm dicker, durchgehender Blechrahmen. Durch 2 Pendelbleche mit dem Langkessel verbunden. Besondere Versteifungen am vorderen Pufferträger, um Stabilität beim Aufgleisen zu sichern.
Laufwerk: Vierpunktabstützung. Tragfedern unterhalb der Achslager angeordnet. Federn der 1. und 2. sowie der 3. und 4. Kuppelachse durch Ausgleichhebel verbunden. Kuppelachsen 1, 2 und 3 fest im Rahmen gelagert, 4. Kuppelachse mit ± 3 mm Seitenverschiebbarkeit. Spurkränze der 2. und 3. Kuppelachse um 15 mm geschwächt.
Triebwerk: Zweizylinder-Heißdampftriebwerk mit außenliegenden waagerechten Zylindern. Antrieb der 3. Kuppelachse. Jeder Zylinder mit Druckausgleichvorrichtung für den Leerlauf und Sicherheitsventil gegen Wasserschlag.
Steuerung: Außenliegende Heusinger-Steuerung mit Kuhnscher Schleife. Ursprünglich Kolbenschieber mit erweitertem Trick-Kanal. Serienausführung: Kolbenschieber mit einfacher innerer Einströmung.
Bremse: Druckluftbremse Bauart Knorr bremst alle Achsen einseitig von vorn. Zweistufige Luftpumpe Bauart Knorr auf der Lokführerseite in Höhe der 3. Kuppelachse.
Sondereinrichtungen: Druckluftsandstreuer sandet die Räder aller Kuppelachsen einseitig von vorn. Schmierung aller unter Dampf gehenden Teile durch Schmierpumpen verschiedener Bauart. Gasbeleuchtung Bauart Pintsch (Gasbehälter auf dem Werkzeugkasten an der Tenderrückwand).
Tender: pr. 3 T 16,5 mit 7 t Kohle.

# $55^{59}$ pfälz. G 5

Mit dem wirtschaftlichen Aufschwung der 90er Jahre des vergangenen Jahrhunderts war auch ein sprunghaftes Anwachsen des Güterverkehrs zu verzeichnen.
Diesen Anforderungen waren die leichten B-, 1 B- und C-Maschinen auf den steigungs- und krümmungsreichen Strecken der Pfalz bald nicht mehr gewachsen, so daß die unwirtschaftliche Bespannung schwerer Güterzüge mit zwei und drei Lokomotiven immer häufiger erforderlich wurde. Als einziger Ausweg bot sich die vierfache Kupplung der Radsätze an, und so entschloß sich die Pfalzbahn, zur Abdeckung der dringendsten Bedürfnisse 6 D n2-Lokomotiven als Gelegenheitskauf bei Sharp, Steward & Co. in England zu erwerben.
Es bestand jedoch die Absicht, weitere starke Güterzuglokomotiven in Dienst zu stellen, allerdings war man sich über die zukünftige Bauart nicht schlüssig, weshalb die Pfalzbahn 1895 eine „Submission auf 10 starke Güterzuglokomotiven" ausschrieb, für die 145 m² Heizfläche, Verbundsystem, eine Höchstgeschwindigkeit von 50 km je h u. a. vorgeschrieben waren. Bereits kurze Zeit später boten Krauss und Maffei vierfach gekuppelte Lokomotiven an, von denen die Pfalzbahn 1896 je 2 zu Vergleichszwecken erwarb.
Von Krauss kamen die 1'D-Lokomotiven der Gattung pfälz. G $4^3$, Bahnnummern 200 und 201 mit den Namen HAGENBACH und JOCKGRIM, die sich stark an die bay. E I anlehnten und wie diese mit Tandem-Verbundtriebwerk der Bauart Sondermann ausgerüstet waren. Maffei lieferte die B'B n4v Mallet-Lokomotiven der Gattung pfälz. G $4^2$, Bahnnummern 198 und 199 mit den Namen BERG und NEUBURG, nachdem bereits Bayern eine gleiche Lokomotive beschafft hatte.
Zu den Nachteilen höherer Verbrauchswerte kamen die hohen Kosten für die Nacharbeiten an Kolben und Schiebern der Tandem-Bauart. Trotz geringerer Verbrauchswerte zeigte aber die Mallet-Lokomotive größere Instandhaltungskosten und besonders hohen Radreifenverschleiß. Gegenüber vergleichbaren Zweizylinderlokomotiven erwiesen sich beide Bauarten als unwirtschaftlich, so daß sie nicht serienmäßig beschafft wurden, auch das Verbundsystem verfiel der Ablehnung.
Statt dessen stellte die Pfalzbahn von 1898–1899 27 D n2-Lokomotiven als Gattung G $4^1$ in Dienst, die Maffei lieferte. Zweifellos erfolgte diese Entwicklung unter Einfluß der preuß. G $7^1$, die im benachbarten Saargebiet Dienst verrichtete.
Nach dieser langen Periode ohne markante Entwicklungsmerkmale erschien dann 1905, den damaligen Gepflogenheiten folgend, erstmals ein Vierkuppler in n2v-Bauart und auch äußerlich in moderner und ansprechender Form, die Gattung G 5. Leider unterblieb der entscheidende Schritt zur Heißdampfausführung. Obwohl ein Pielock-Überhitzer vorgesehen war, wurde er nicht eingebaut, weil die mit der Lokomotive „NEUFFER" (pfälz. P $3^1$) erzielten Ergebnisse mit diesem Überhitzer nicht befriedigten. Auch der relativ geringe Kesseldruck von 13 bar (13 kp/cm²) war für die Zylinderdurchmesser von

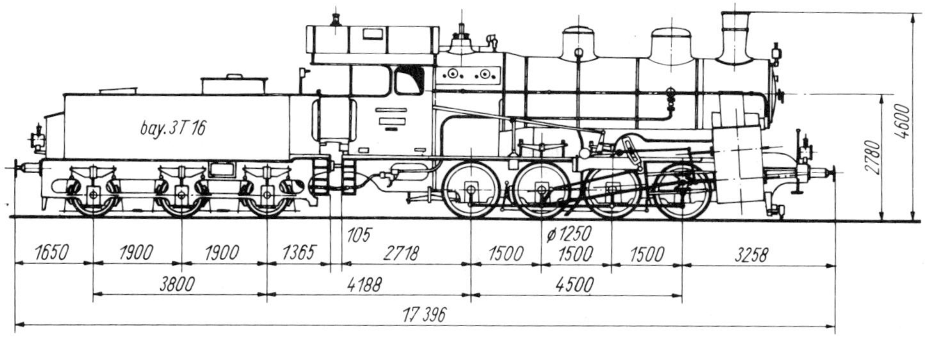


540 mm/810 mm nicht sehr günstig gewählt. In ihren entscheidenden Abmessungen unterschied sie sich nicht wesentlich von der Zwillingsausführung von 1898/1899. So betrug die Heizfläche der G 5 156,08 m² gegen 145,75 m² bei der G 4[1], die Rostfläche 2,5 m² gegen 2,25 m².

pfälz. G 5 (BR $55^{59}$)

55 5905 (pfälz. G 5, Bahnnummer 296) (Krauss 5322/1905)

Auffallend war die hohe Kessellage von 2780 mm ü. SO. Der Stehkessel stand nun frei über den Rahmenwangen und bot damit Raum für eine breite Feuerbüchse und eine ausreichende Rostfläche. Aus Profilgründen und wegen der großen Zylinderdurchmesser mußten die Zylinder geneigt angeordnet werden. Als Steuerung sah man die Bauart Heusinger vor, wobei die ND-Maschine doppelte Ein- und Ausströmung erhielt. Sie war die erste deutsche Naßdampflokomotive mit Kolbenschiebern und wurde mit der Anfahrvorrichtung Bauart Lindner und Luftansaugventilen auf den Schieberkästen ausgerüstet. Ursprünglich war sie mit einer Dampfklotzbremse versehen, die einseitig auf die Räder der festen Achsen wirkte. Später rüstete man auf die Druckluftbremse der Bauart Westinghouse um. Sie konnten in der Ebene 1380 t mit 45 km/h und in 25‰ Steigung noch 170 t mit 30 km/h befördern.

Von 1905–1907 lieferte Krauss 24 Lokomotiven dieser Bauart. Zur DRG gelangten nur 22 Lokomotiven, da zwei nach dem ersten Weltkrieg abgegeben werden mußten. Die 22 Lokomotiven bildeten bei der DRG die Baureihe $55^{59}$ und standen noch alle bis 1926 in Dienst. 1929 wurde die letzte Maschine dieser Gattung ausgemustert.

## Konstruktive Merkmale

Kessel: Zwei zylindrische Kesselschüsse; kurzer konischer Kesselschuß mit Stehkessel verbunden, Stehkessel mit runder Decke. Kessel mit Rauchkammer auf vorderer Blechträgerkonstruktion gelagert, Feuerbüchse über Gleitstücke auf Rahmen abgestützt.

Rahmen: 25 mm dicker Blechrahmen, bestehend aus zwei durchlaufenden Wangen. Versteifung durch sieben Querwände, vorderen Pufferträger, Zylinderversteifungen und zwei Bodenbleche im hinteren Rahmenteil.

Laufwerk: Vierpunktabstützung. Blatt-Tragfedern, zwei vordere Federn oberhalb Achslager und durch Ausgleichhebel verbunden, dritte und vierte Achse durch hoch- und tiefliegende Federn abgefedert, wobei letzte Achse über Ausgleichhebel und unter dem Aschkasten angeordnete Feder belastet wird. Erste und dritte Achse fest, zweite und vierte mit je ± 25 mm Seitenverschiebbarkeit gelagert.

Triebwerk: Zweizylinder-Naßdampf-Verbundtriebwerk, zwei außenliegende Zylinder. Zylinder stark geneigt.

Steuerung: HD-Zylinder mit Kolbenschieber und einfacher Ein- und Ausströmung, ND-Zylinder mit doppelter Ein- und Ausströmung. Außenliegende Heusinger-Steuerung mit Kuhnscher Schleife, Anfahrvorrichtung nach Lindner, Luftansaugventile für Druckausgleich, höherer ND-Füllungsgrad für gleichmäßige Arbeitsaufteilung.

Bremse: Ursprünglich Dampfklotzbremse, einseitiges Bremsen der beiden festgelagerten Radsätze, später Druckluftbremse Bauart Westinghouse.

Sondereinrichtungen: Sandstreueinrichtung nach Bauart Rihosek, Dampfschmierpresse, Stabysche Rauchverbrennungseinrichtung, Funkenfänger Bauart Sturm.

Tender: bay. 3 T 16 mit 6 t Kohle.

# $55^{60}$ sä. I V

Noch während des Beschaffungszeitraumes der Gattung V V (BR $53^{6-7}$) ging die Sächsische Staatsbahn an die Entwicklung einer vierfach gekuppelten Güterzuglokomotive. Für die steigungs- und krümmungsreichen Strekken des Erzgebirges war die Leistung der dreifach gekuppelten Lokomotiven der Gattungen V und V V nicht mehr in jedem Falle ausreichend. Neben entsprechender Reibungsmasse mußte die zu entwickelnde Lokomotive über eine gute Kurvenläufigkeit verfügen. Bereits 1891 hatte man dieses Problem mit der Beschaffung von 2 Maschinen der Bauart Meyer (B′B′ n4v), die als Tenderlokomotiven ausgeführt waren, zu lösen versucht (Gattung MIT V). Weil sich diese Lokomotiven mit zwei Maschinendrehgestellen nicht bewährten, versuchte man es 1898 mit einer Schlepptenderlokomotive der Bauart Mallet. Lokomotiven dieser Bauart hatte die Badische Staatsbahn bereits 1893 als Gattung VIII c von Grafenstaden bauen lassen. Auch die Preußische Staatsbahn beschaffte bis 1899 als Gattung G 9 B′B n4v-Mallet-Lokomotiven, doch weder den badischen noch den preußischen Maschinen war eine lange Dienstzeit beschieden. Auch einer bayerischen Schlepptender-Mallet (Gattung BB I) war kein Erfolg vergönnt.

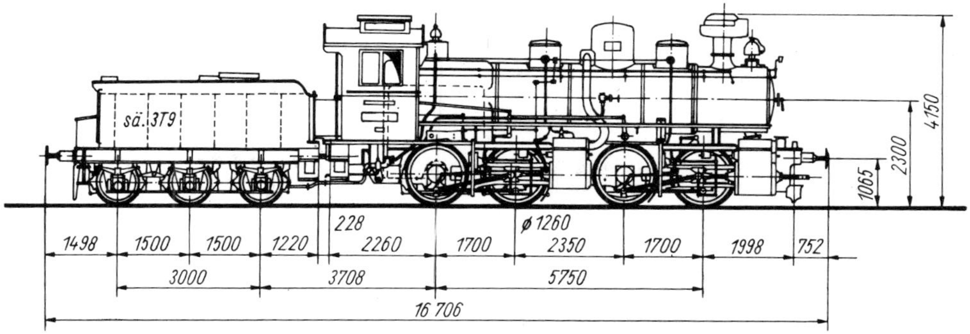


sä. I V (BR $55^{60}$), gültig für Bahnnummer 1251, spätere 55 6001

Wenn die Sächsische Staatsbahn bis 1903 insgesamt 30 dieser als Gattung I V bezeichneten Lokomotiven beschaffte, so kennzeichnet das die Vorbehalte, die man gegen die Bogenläufigkeit nach dem Gölsdorfschen Prinzip seitenverschiebbarer Kuppelachsen hegte. Hartmann hatte 1898 fünf Lokomotiven, 1899 zwanzig und 1903 nochmals fünf Lokomotiven der Gattung I V geliefert, die die Bahnnummern 1 251–1 280 erhielten.

sä. I V, Bahnnummer 1251 (Hartmann 2336/1898), spätere 55 6001

Die sächsischen Mallet-Lokomotiven hatten, wie andere Lokomotiven dieser Bauart auch, die Neigung zum Schleudern, die auch durch getrennte Sandung beider Triebwerke nicht zu verhindern war. Durch das häufige Abreißen des zu übertragenden Drehmomentes konnte die Reibungsmasse nicht kontinuierlich in voller Höhe für die Zugkraft genutzt werden. Trotz einer Reibungsmasse von 60 t waren die Wagenzugmassen der Gattung I V bescheiden und erreichten nicht in allen Fällen die der Gattung V V mit nur 42 t Reibungsmasse (Klammerwerte sind die Wagenzugmassen der Gattung V V):
Die I V zog in der Ebene 950 (1080) t mit 45 km/h. Auf 5‰ Steigung wurden mit 25 km/h 930 (780) t und mit 35 km/h 560 (550) t gezogen. Auf Steigungen von 10‰ bewältigte die I V mit 25 km/h 505 (430) t und auf 25‰ Steigung mit der gleichen Geschwindigkeit 118 (155) t.
Für die hohe Dienstmasse von 60 t war die Lokomotive eindeutig zu leistungsschwach, denn man hatte nur reichlich 2 $m^2$ Rostfläche und 141 $m^2$ Heizfläche unterbringen können.
Die DRG übernahm mit 13 Maschinen zwar noch fast 50 % des einstigen Bestandes der Sächsischen Staatsbahn, musterte sie aber bald nach der Umzeichnung aus. Die Maschinen trugen die DRG-Betriebsnummern 55 6001 bis 55 6013 und waren die einzigen Schlepptender-Mallet-Lokomotiven, die zur DRG kamen.

## Konstruktive Merkmale

Kessel: Genieteter Kessel. Langkessel aus 2 Schüssen mit 4500 mm Abstand zwischen den Rohrwänden. Kesselmitte 2300 mm über SO. Dampfdom mit Ventilregler auf dem 1. Kesselschuß, vor und hinter dem Dom je ein Sandkasten. Feuerbüchse und Stehbolzen aus Kupfer. Feuerbüchse zwischen den Rahmenblechen eingezogen. Hinterkessel Bauart Belpaire. 2 Sicherheitsventile Bauart Pop-Coale vor der Führerhausvorderwand. Speiseeinrichtungen: 2 nichtsaugende Dampfstrahlpumpen Bauart Friedmann.
Rahmen: 25 mm dicker Blechrahmen mit 1275 mm lichter Weite für beide Maschinengruppen.
Laufwerk: Vierpunktabstützung. Tragfedern aller vier Kuppelachsen unterhalb der Achslager. Tragfedern der beiden Kuppelachsen des Drehgestelles und die der fest im Rahmen gelagerten beiden Kuppelachsen durch Ausgleichhebel verbunden. Vorderes Maschinendrehgestell nach Bauart Mallet.
Triebwerk: Vierzylinder-Naßdampf-Verbundtriebwerk. Vornliegende ND- und hintenliegende HD-Zylinder. Außenliegende, waagerecht angeordnete Zylinder.
Steuerung: Außenliegende Heusinger-Steuerung.
Bremse: Dampfbremse. Doppelseitige Abbremsung der beiden hinteren Kuppelachsen.
Sondereinrichtungen: Handbetätigter Sandstreuer sandet die Räder der 2. und 3. Kuppelachse von vorn. Dampfläutewerk Bauart Latowski. Führerhaus mit Oberlichtaufsatz bei den ersten beiden Lieferungen. Teilweise Ausrüstung mit Kobelfunkenfänger.
Tender: sä. 3 T 9 mit 4 t Kohle und 3 T 12 mit 6 t Kohle.

# $55^{62}$

**old. G 7[1]**

Das Großherzogtum Oldenburg hat sich selten den Luxus eigener Lokomotiventwicklungen geleistet, sondern ließ meist bewährte preußische Konstruktionen von der Hanomag für ihre Betriebsverhältnisse nachbauen. Die vorwiegend ländliche Struktur Oldenburgs mit geringem Verkehrsaufkommen ließ, wenn der Betrieb wirtschaftlich sein sollte, nur einfache, preisgünstige und möglichst vielseitig verwendbare Lokomotiven zu. Außerdem besaß Oldenburg keine eigenen Kohlevorkommen und bevorzugte deshalb bei vielen Baureihen das sparsamere Verbundverfahren.
Die letzten Güterzuglokomotiven vor der Jahrhundertwende hatte Oldenburg 1895 beschafft (C n2v). Erst 1912 ging man an die Beschaffung einer vierfach gekuppelten Lokomotive. Zu dieser Zeit baute die KPEV bereits seit zwei Jahren die fünffach gekuppelte Heißdampflokomotive der Gattung G 10. Die Gründe für die Beschaffung der vierfach gekuppelten Güterzuglokomotive durch die Oldenburgische Staatsbahn waren, wie in anderen Ländern auch, die steigenden Zugmassen und die ständig erforderlichen Vorspannleistungen, die den Betrieb unwirtschaftlich werden ließen.
Die D n2v-Lokomotive der Gattung G 7[1] der Oldenburgischen Staatsbahn

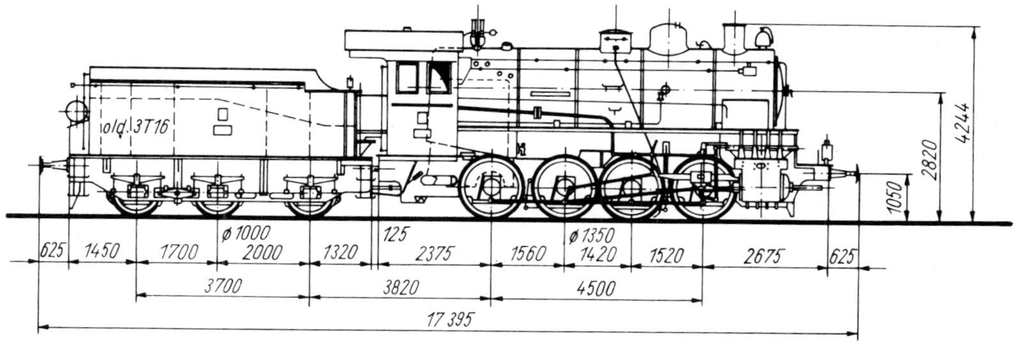


old. G $7^1$ (BR $55^{62}$)

entspricht im Grundprinzip mehr der pfälz. G 5 als der pr. G $7^2$. Es wurden aber bei ihr bereits Bautendenzen des sich weiterentwickelten Lokomotivbaus berücksichtigt, wenn auch nicht alle und nicht konsequent. Auffällig ist die hohe Kessellage mit 2820 mm Höhe der Kesselmitte über SO. Dadurch konnte die Feuerbüchse trotz des Blechrahmens auf den Rahmen gestellt werden. Die Möglichkeit, eine große Rostfläche unterzubringen, nutzte man jedoch

55 6202 (old. G $7^1$) (Hanomag 6524/1912), ehemalige Bahnnummer 232 WANGERLAND

nicht. Mit 2,23 $m^2$ war sie sogar noch etwas kleiner als die der G $7^2$ (2,29 $m^2$). Der Kesseldruck betrug ebenfalls nur 12 bar (12 kp/$cm^2$). Oldenburger Gepflogenheiten gemäß hatte die Maschine Lentz-Ventilsteuerung. Abweichend von der üblichen Bauart mit geschlossenem Ventilkasten, waren die Ventile in vier einzelnen Töpfen an das Zylindergußstück angebaut. Die beiden Außenzylinder der nach dem Verbundprinzip arbeitenden Dampfmaschine überragten nach vorn noch die Rauchkammer.

Obwohl Preußen seit Jahren erfolgreich Heißdampflokomotiven baute, konnten sich die Oldenburger nicht entschließen, die G $7^1$ wenigstens mit dem bei vielen ihrer Lokomotiven bereits bewährten Verbinder-Dampftrockner (Bauart Ranafier) auszurüsten. Die old. G $7^1$ wurde von 1912–1918 von der Hanomag als Naßdampflok geliefert und erst 1925 von der DRG auf Heißdampf (D h2v) umgebaut. Zugleich wurde die größte zulässige Geschwindigkeit von 45 km/h auf 60 km/h erhöht und die Baureihe mit Druckluftbremse ausgestattet.

In der Ebene zog die old. G $7^1$ 1575 t mit 45 km/h, auf 5‰ Steigung 760 t mit 35 km/h und auf 10‰ 680 t mit 20 km/h. Die 22 von der Hanomag gelieferten Lokomotiven trugen neben ihren Bahnnummern (231-276 mit Lükken) Namen oldenburgischer Ortschaften.

Die DRG übernahm noch 13 Maschinen als Baureihe $55^{62}$ mit den Betriebsnummern 55 6201–55 6213. Das waren die Baulose der Jahre 1912, 1913, 1914 und eine Maschine des Bauloses 1915. Alle anderen Maschinen des Bauloses 1915 und das komplette Baulos 1918 mußten 1919 als Reparationsleistung an Belgien abgegeben werden. Die DRG-Lokomotiven sind mit Ausnahme der 55 6213 in den Jahren 1934/1935 ausgemustert worden.

## Konstruktive Merkmale

Kessel: Genieteter zylindrischer Langkessel mit 4 200 mm Abstand zwischen den Rohrwänden und 1 600 mm größtem Durchmesser. Stehkessel mit senkrechten Seitenwänden auf dem Rahmen stehend. Dampfdom auf dem 1., Sandkasten auf dem 2. Kesselschuß. Ramsbottom-Sicherheitsventil vor der Führerhausvorderwand. Speiseeinrichtungen: 2 Dampfstrahlpumpen.

Rahmen: Blechrahmen

Laufwerk: Vierpunktabstützung. Federn der Kuppelachsen unterhalb der Achslager. 1. und 3. Kuppelachse fest im Rahmen gelagert, 2. und 4. Kuppelachse mit ± 10 mm Seitenverschiebbarkeit.

Triebwerk: Zweizylinder-Naßdampf-Verbundtriebwerk mit außenliegenden Zylindern. Antrieb der 3. Kuppelachse.

Steuerung: Außenliegende Heusinger-Steuerung treibt die Ventilnockenstange der Lentz-Ventilsteuerung (4 Einzelventiltöpfe).

Bremse: Dampfbremse. Einseitige Abbremsung der 2. und 4. Kuppelachse von vorn.

Sondereinrichtungen: Mechanischer Sandstreuer sandet die Räder der 2. Kuppelachse von vorn. Dampfläutewerk auf dem Rauchkammerscheitel vor dem Schornstein.

Tender: old. 3 T 16 mit 7 t Kohle.

# $55^{72}$

**pfälz. G $4^1$**

1892 beschaffte die Pfalzbahn, die noch bis 1908 eigenständig war und erst ab 01. 01. 1909 in die Bayerische Staatsbahn einging, die letzten C n2-Güterzuglokomotiven der Gattung pfälz. G $2^2$.

Diese Lokomotiven entsprechen der bay. C IV (Zwilling), wobei preußische Merkmale, z. B. Allansteuerung, eingeflossen waren. Nach 41 Lokomotiven pfälz. G $2^1$ und 22 pfälz. G $2^2$ machte sich nunmehr dringend eine Leistungssteigerung erforderlich, denn die Cn 2-Bauart entsprach schon seit längerer Zeit nicht mehr den Anforderungen der Zugförderung und den Erfordernissen eines wirtschaftlichen Lokomotivbetriebes.

Eine kurzfristige Verbesserung dieser Situation bot sich 1892 durch den Ankauf von vierfach gekuppelten Lokomotiven, die von Sharp aus England stammten und ursprünglich für eine norwegische Bahn geliefert worden waren. Durch den Konkurs dieser Bahn waren die Lokomotiven billig zu haben, so daß die Pfalzbahn 6 Stück erwarb, gleichzeitig mit der Badischen Staatsbahn, die insgesamt 10 dieser Lokomotiven kaufte. Damit war zwar vorerst der dringendste Bedarf gedeckt, eine weitere Beschaffung vierfach gekuppelter Lokomotiven jedoch unumgänglich. Zu Vergleichen über die Wirtschaftlichkeit

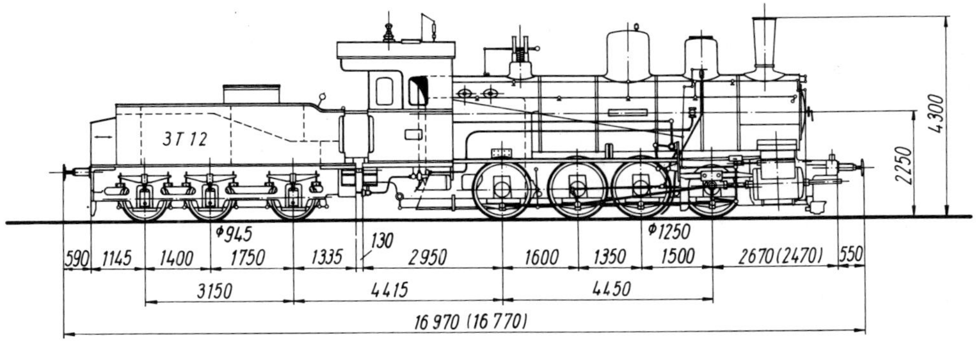


( ) - Maße 1. Lieferung

pfälz. G $4^1$ (BR $55^{72}$)

der unterschiedlichen Ausführungen nahm die Pfalzbahn 1896 weitere Lokomotiven mit vier angetriebenen Achsen in Betrieb: Zwei B'B-Mallet-Lokomotiven der Bauart n4v (Bahnnummern 198 und 199, „BERG" und „NEUBURG"), Gattung pfälz. G $4^2$ und zwei 1'D-Lokomotiven (Bahnnummern 200 und 201, „HAGENBACH" und „JOCKGRIM"), Gattung pfälz. G $4^3$.
Erstere kamen von Maffei und entsprachen den im gleichen Jahr für die Bayerische Staatsbahn gelieferten BBI-Lokomotiven, letztere hatte Krauss geliefert. Auch diese Lokomotiven entsprachen einem bayerischen Vorbild, der bay. E I.
Sie unterschieden sich von dieser lediglich durch einen kleineren Kessel, erhielten aber ebenfalls Triebwerke der Bauart Sondermann. Die vergleichenden Versuchsfahrten ergaben bei etwas größeren Anhängemassen einen spürbar geringeren Wasser- und Kohleverbrauch für die Mallet-Lokomotiven.
Außerplanmäßige Abstellungen und Reparaturkosten waren bei beiden Gattungen nicht zufriedenstellend; nach dem 1900 erfolgten Umbau der Sondermann-Triebwerke in normale Naßdampftriebwerke standen die pfälz. G $4^3$ zudem noch in dem Rufe, ausgesprochene „Kohlenfresser" zu sein. So schieden beide Bauarten für eine Nachbeschaffung aus, obwohl die pfälz. G $4^2$ noch bis 1922, die pfälz. G $4^3$ bis 1920 Dienst leisteten.
Man beschloß die völlige Abkehr vom Verbundsystem und bestellte einfache Vierkuppler nach dem Vorbild der pr. G $7^1$ ohne voranlaufende Laufachse und in der n2-Bauart.
Den Auftrag erhielt die Lokomotivfabrik Krauss. Die erste Lieferung von 1898 bestand aus 12 Lokomotiven (Bahnnummern 209–220), die zweite von 1899 aus 15 Maschinen (Bahnnummern 231–245). Beide Lieferungen unterschieden sich lediglich in der Länge und in geringfügigen Unterschieden bei der Steuerungsbetätigung. Sie waren ursprünglich mit einem schwarzbraunen Anstrich versehen.
Mit 12 bar (12 kp/cm²) Kesseldruck, einem Zylinderdurchmesser von 530 mm bei 630 mm Hub, 1250 mm Raddurchmesser und einer mittleren Kuppelachsfahrmasse von 14 t wiesen diese, als pfälz. G $4^1$ eingereihten Lokomotiven keine bemerkenswerten Abmessungen auf, genügten aber den damaligen Leistungsanforderungen vollauf. Der Kessel lag mit 2250 mm über SO noch relativ niedrig. Das Triebwerk war als einfaches Zweizylinder-Naßdampftriebwerk mit außenliegenden, leicht geneigten Zylindern ausgebildet, angetrieben wurde die 3. Achse. Als Steuerung kam eine außenliegende Heusinger-Steuerung in Hängeeisenbauart und mit Flachschiebern zur Anwendung. Trotz der kleinen Raddurchmesser lagen die Blatt-Tragfedern unterhalb der Achslager, wobei die 1. und 2. sowie die 3. und 4. Kuppelachse durch Ausgleichhebel verbunden waren, die Abstützung erfolgte also in 4 Punkten.
Dabei hatte die 2. Kuppelachse ± 8 mm Seitenverschiebbarkeit erhalten. Mit nur 12 m³ Wasser bei 6 t Kohle entsprach der Tender offensichtlich nicht den Anforderungen des Güterzugdienstes. Bis 1920 gehörten noch alle 27 pfälz. G $4^1$ zum Bestand, die ehemaligen Bahnnummern 209–220 der Lieferung von 1898 und die Bahnnummern 231–233 von 1899 gelangten unter den Betriebsnummern 55 7201–55 7215 als BR $55^{72}$ noch zur DRG.
Die restlichen 12 Maschinen mußten nach dem ersten Weltkrieg an die Saar abgegeben werden. Alle 15 DRG-Lokomotiven waren noch 1926 vorhanden, erst danach setzte verstärkt die Ausmusterung ein. Dabei wurden einzelne Maschinen auch als Werklokomotiven verkauft.

Die Lokomotiven der BR $55^{72}$ waren in der Lage, in der Ebene 930 t mit der Höchstgeschwindigkeit von 45 km/h zu befördern, in 10 ‰ Steigung noch 175 t.

## Konstruktive Merkmale

Kessel: Cramptonkessel mit runder Stehkesseldecke und 4500 mm Länge zwischen den Rohrwänden. Runder Dom auf Langkesselmitte, davor ekkiger Sandkasten. Sicherheitsventil Bauart Ramsbottom zwischen Führerhaus und Dom.
Rahmen: Blechrahmen
Laufwerk: Vierpunktabstützung. Alle Tragfedern unterhalb der Achslager angeordnet. Federn der 1. und 2. sowie der 3. und 4. Kuppelachse durch Ausgleichhebel verbunden. 2. Achse mit ± 8 mm Seitenverschiebbarkeit.
Triebwerk: Zweizylinder-Naßdampftriebwerk mit außenliegenden, leicht geneigten Zylindern. Antrieb auf die 3. Kuppelachse, einschienige Kreuzkopfführung, z. T. nachstellbare Stangenlager.
Steuerung: Außenliegende Heusinger-Steuerung in Hängeeisenbauart, Flachschieber.
Bremse: Ursprünglich nur Tender-Handbremse, teilweise Dampfbremse. Später Westinghouse- Schnellbremse. 1. und 4. Kuppelachse einseitig abgebremst.
Sondereinrichtungen: Läutewerk. Dampfheizleitung, Sandkasten auf Langkessel, gesandet werden die Räder der 1. und 2. Kuppelachse einseitig. Einrichtung für kontinuierliches Sanden, vom Führerhaus regel- und abstellbar.
Tender: bay. 3 T 12 mit 6 t Kohle.

# $56^0$ — pr. G $7^3$

# $56^2$ — meck. G $7^3$

Die dritte Version einer vierfach gekuppelten Güterzuglokomotive wurde 1893 nach Vorschlägen von v. Borries bei der Hanomag gebaut. Es war eine 1′D n2v-Lokomotive, die das Gattungszeichen G $7^3$ erhielt. Das dafür gültige Musterblatt trug die Bezeichnung III 3e. August von Borries hatte die 1′D bei einer Nordamerika-Reise als Standardlokomotive für den Güterverkehr kennengelernt. Von den amerikanischen Vorbildern stammen die Achsfolge der G $7^3$ und die geringe Achsfahrmasse der Adamsachse mit nur 6,1 t, während die Kuppelachsen mit 12,5 (2. und 4. Kuppelachse), 12,7 (3. Kuppelachse) und 13,5 (1. Kuppelachse) t belastet waren. Bei den geringen Geschwindigkeiten, die die Maschine fuhr (45 km/h größte zulässige Geschwindigkeit), übernahm die vordere Laufachse jedoch kaum Führungskräfte, bei schlechtem Oberbau stieg wegen der geringen Achsfahrmasse die Gefahr von Entgleisungen. Die G $7^3$ war zwar eine durchaus leistungsfähige Maschine, konnte jedoch gegenüber den D-Kupplern G $7^1$ und G $7^2$ keine Vorteile verbuchen, so daß nach der Beschaffung von 15 Maschinen ihr Bau im Jahre 1895 eingestellt wurde. Preußen sparte mit jeder Achse und, gemessen an G $7^1$ und G $7^2$, war die Laufachse der G $7^3$ entbehrlich.

Die erste Lokomotive der Gattung G $7^3$ wurde 1893 an die KED Hannover geliefert und im Herbst des gleichen Jahres auf der Strecke Soest–Nordheim in Dienst gestellt. Die Strecke hatte Steigungen und Gefälle (4 ‰) im Wechsel, bei Altenbeken eine 10 ‰-Steigung. Von Soest bis Paderborn beförderten dreifach gekuppelte Normalloks (G 3/G 4) mit 35 km/h 105 bis 110 Achsen. Den Verbundloks (G $4^2$) konnte man 115 Achsen zumuten. Von Paderborn bis Altenbeken mußte Vorspanndienst geleistet werden. In Soest kamen die Züge mit 120 bis 150 Achsen an und wurden nach aufwendigen Rangierarbeiten auf eine für die C-Kuppler zumutbare Achszahl reduziert. Die Notwendigkeit, eine Lokomotive zu beschaffen, die die Züge ungeteilt weiterbefördern konnte, bestand also durchaus.
Ein Leistungsprogramm ist im Merkbuch (Ausgabe1924) nicht enthalten. Nach Angaben v. Borries' entwickelte die G $7^3$ bei 30 km/h 493 kW (670 PS) (am Radumfang), bei 38 km/h 500 kW (680 PS) und leistete Zugkraft am Radumfang von 85 kN (errechnet nach Widerstandsformeln). Die in Soest ankommenden Kohlezüge von 1 000 bis 1 200 t konnten auch von der G $7^3$ nicht im Alleingang über die 10‰-Steigung geschleppt werden, so daß die G 3/G 4 weiterhin Vorspanndienste leisten mußten. Jedoch entfiel die Zugteilung in Soest. Die G $7^3$ war mit dem v. Borriesschen Wechselventil ausgerüstet und konnte somit dauernd als Zwillings- oder als Verbundmaschine betrieben werden. Das Reglergestänge war, für preußische Verhältnisse ungewohnt, außen am Kessel zum Doppelsitzventilregler geführt. Diese Reglerbauart bewährte sich, wie bei der G $7^1$ und G $7^2$ erwähnt, nicht, weil durch unterschiedliche Wärmedehnung der Bauteile im Betrieb keine absolute Dichtheit zu erzielen war. Die Zylinder

pr./meckl. G $7^3$ (BR $56^0$, BR $56^2$)

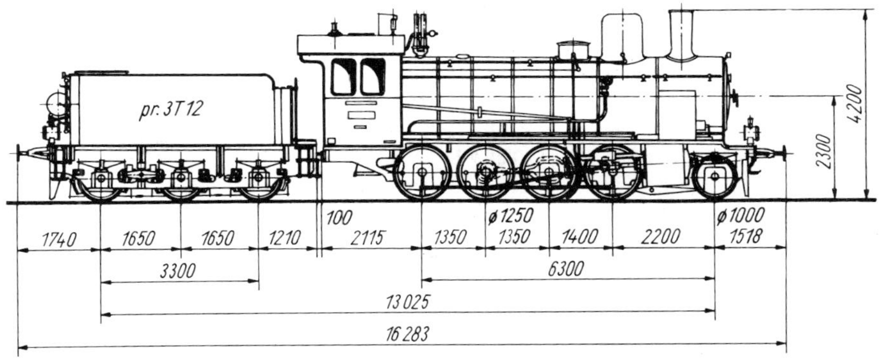


erhielten also ständig Dampf und waren beim Anfahren durch Wasserschläge gefährdet.

Der Kessel hatte mit 4100 mm die gleiche Rohrlänge wie der der G $7^2$, war aber im Durchmesser 180 mm größer. Auch das Triebwerk glich, von den Achsständen abgesehen, mit geneigten Zylindern und einschienig geführtem Kreuzkopf den beiden anderen Varianten. Der Umlauf war durch eine Tür in der linken Führerhausvorderwand zu betreten.

Der Lokomotivmangel im ersten Weltkrieg hatte nicht nur eine Neuauflage der G $7^1$, sondern auch der G $7^3$ zur Folge. 1917 wurden von süddeutschen Lokomotivfabriken noch 70 Maschinen nach den vorhandenen Zeichnungen gebaut. Am Nachbau waren Krauss, Maffei und Esslingen beteiligt, Maffei lieferte die G $7^3$ in verstärkter und ver-

pr. G $7^3$, 4604 Frankfurt (Hanomag 2670/1895) übernommen als 56 001

besserter Ausführung. Der Kesseldruck wurde auf 14 bar (14 kp/cm$^2$) erhöht, die Lokomotiven erhielten Knorr-Oberflächenvorwärmer. Statt Dampfbremse bekamen die Maschinen Druckluftbremse mit vorn auf den 3. und 4. Kuppelradsatz wirkenden Bremsklötzen. Das v. Borriessche Wechselventil wurde durch die Regelausführung, das Dultzsche Wechselventil, ersetzt. Die mittlere Kuppelachsfahrmasse stieg dadurch von 12,5 auf 13,2 t, die Achsfahrmasse der Adamsachse von 6,1 auf 8 t. Die Maschinen wurden mit dem Tender pr. 3 T 16,5 (7 t Kohle) gekuppelt. Von diesen Nachbauten kamen einige zur LBE und zur Mecklenburgischen Friedrich-Franz-Eisenbahn.

Die DRG übernahm nur 5 Maschinen der Gattung G $7^3$ als Baureihe $56^0$ mit den Betriebsnummern 56 001 bis 56 005. Davon stammten die 56 001 und 56 002 aus Hanomag-Lieferungen des Jahres 1895 (Fabriknummern 2 670 und 2 671), die 56 003 von Esslingen (1917), die 56 004 von Krauss (1917) und die 56 005 von Maffei (1917).

Von den mecklenburgischen Maschinen kamen ebenfalls 5 Lokomotiven der Gattung G $7^3$ zur DRG und wurden als 56 201–56 205 eingeordnet. Diese 5 Maschinen sind sämtlich Nachbauten aus dem Jahre 1917, die 56 201–56 203 von Maffei, die anderen von Krauss.

## Konstruktive Merkmale

Kessel: Genieteter Langkessel aus 3 zylindrischen Schüssen mit 1 600 mm größter lichter Weite. Kesselmitte 2 300 mm über SO. Abstand zwischen den Rohrwänden 4 100 mm. Schmale Feuerbüchse, zwischen den Rahmenblechen eingezogen. Stehbolzen und Feuerbüchse aus Kupfer. Dampfdom mit Doppelsitzventilregler auf dem 1. Kesselschuß, Sandkasten auf dem 2. Kesselschuß. Ramsbottom-Sicherheitsventil vor der Führerhausvorderwand. 2 Kesselspeiseventile seitlich am Langkessel. Speiseeinrichtungen: 2 nichtsaugende Dampfstrahlpumpen Bauart Schau. Nachbauten mit Vorwärmer Bauart Knorr und Kolbenspeisepumpe.

Rahmen: Blechrahmen aus 23 mm (vorn) und 26 mm (hinten) dicken Platten. Lichtmaß 1 220 mm. Vorn wegen Ausschlags der Adamsachse um 130 mm eingezogen.

Laufwerk: Vierpunktabstützung. Federn der Laufachse und der 1. Kuppelachse sowie der 2. bis 4. Kuppelachse durch Ausgleichhebel verbunden. Tragfedern der Kuppelachsen unterhalb, die der Laufachsen oberhalb der Achslager. Vordere Laufachse als Adamsachse mit ± 75 mm Seitenverschiebbarkeit. 2. Kuppelachse mit ± 5 mm Seitenverschiebbarkeit.

Triebwerk: Zweizylinder-Naßdampf-Verbundtriebwerk mit außenliegenden, 1:20 geneigten Zylindern. Rechts HD-, links ND-Zylinder. Antrieb der 3. Kuppelachse. Anfahrvorrichtung: Wechselventil Bauart v. Borries.

Steuerung: Innenliegende Allan-Steuerung mit Trick-Schiebern. HD-Schieber entlastet.

Bremse: Dampfbremse, von oben auf den 2. und 4. Kuppelradsatz wirkend. Später mit Abbremsung der 3. und 4. Kuppelachse, seitlich wirkende Bremsklötze.

Sondereinrichtungen: Mechanischer Sandstreuer sandet die Räder der 2. Kuppelachse von vorn. Zentralschmierung Bauart de Limon für alle unter Dampf gehenden Teile. Spurkranznäßeinrichtung für 1. Kuppelachse.

Tender: pr. 3 T 12 mit 5 bzw. 7 t Kohle.

# 56¹ pr. G $8^3$

Die Preußische Staatsbahn verfügte zwar über eine beträchtliche Anzahl vierfach gekuppelter Güterzuglokomotiven, jedoch mit der Achsfolge 1'D gab es nur die G $7^3$, die im ersten Weltkrieg in Ermangelung besserer Entwürfe nachgebaut worden war. Nicht zuletzt durch die G 12 mit der Achsfolge 1'E und durch die Fuchsschen Versuche bei den Reichseisenbahnen über Spurkranzabnutzung der 1. Kuppelachse (siehe auch Abschnitt pr. G 12, S. 177) setzte sich die Erkenntnis durch, daß es lauftechnisch und unterhaltungsseitig vorteilhafter sei, die 1. Kuppelachse von der Führung im Gleis zu entlasten. Mit dem Einbau einer vorderen Laufachse gewann man Laufruhe, höhere Geschwindigkeiten und konnte einen leistungsfähigeren Kessel unterbringen, ohne eine mittlere Kuppelachsfahrmasse von 17 t zu überschreiten.

Ein Bedürfnis für eine moderne 1'D-Maschine, einsetzbar im mittelschweren Güterzugdienst, war durchaus vorhanden. Die einfachste und schnellste Art, diesen Bedarf zu decken, schien der Verkehrsabteilung des Württembergischen Staatsministeriums in einer Ableitung aus der G 12 zu liegen. Ein entsprechender Vorschlag an das preußische Ministerium für öffentliche Arbeiten wurde dort befürwortet, und bereits im Dezember 1918 wurden die ersten

1'D-Lokomotiven mit der Gattungsbezeichnung G $8^3$ dem Betrieb übergeben. Man hatte den Entwurf zur G 12 um eine Kuppelachse reduziert, Rahmen, Kessel und Feuerbüchse entsprechend verkürzt und bis auf die Zylinderdurchmesser im Prinzip nichts verändert. Der Abstand zwischen den Rohrwänden betrug statt 4800 mm bei der G 12 jetzt 4100 mm, die Rostfläche statt 3,90 $m^2$ nur noch 3,43 $m^2$. Die Anzahl der Heiz- und Rauchrohre blieb unverändert. Barrenrahmen, Drillingstriebwerk und Dreipunktabstützung stammten von der G 12 ab.

Nach dem Leistungsprogramm (Merkbuch, Ausgabe 1924) zog die Maschine in der Ebene 1700t mit 50km/h. Auf Steigungen von 5‰ wurden 1000t mit 35km/h und auf Steigungen von 10‰ 780t mit 25km/h bewältigt. Das waren Leistungen, die zwischen 300 und 500t unter denen der G 12 lagen und für eine derart kostspielige und unterhaltungsintensive Maschine keine überwältigenden Ergebnisse. Es war also offensichtlich nicht damit getan, durch Verkürzung des Kessels und einiger anderer Baugruppen eine neue, vollwertige Lokomotive zu schaffen. So baute man von der G $8^3$ auch nur die verhältnismäßig geringe Stückzahl von 85 Maschinen, die ausnahmslos von Henschel in den Jahren 1919 und 1920 geliefert wurden. Die DRG übernahm alle 85 Maschinen mit den Betriebsnummern 56 101–56 185.

Die G $8^3$ behauptete sich, obwohl nicht die Ideallösung einer 1'D-Maschine, auch noch in den Jahren nach dem zweiten Weltkrieg bei beiden deutschen Bahnverwaltungen im Betriebsdienst. Spätestens Mitte der 60er Jahre dürften aber die letzten Maschinen ausgemustert worden sein. Freiberg (Sa) besaß bis 1960 einige G $8^3$ für die Beförderung von Nahgüterzügen nach Dresden und Karl-Marx-Stadt (Hilbersdorf) sowie für Schiebeleistungen nach Flöha und Tharandt. Der Bestand der Bw Freiberg (Sa) umfaßte 1955 sieben G $8^3$. Auch das Bw Werdau (Sa) führte 1961 einige G $8^3$ im Bestand, die bald darauf als Werklok verkauft worden sind. Im EDV-Umnummerungsplan der DR vom Jahre 1969 ist bereits keine G $8^3$ mehr enthalten.

56 127 (pr. G $8^3$) (Henschel 17 129/1920), ehemals 5342 Cassel

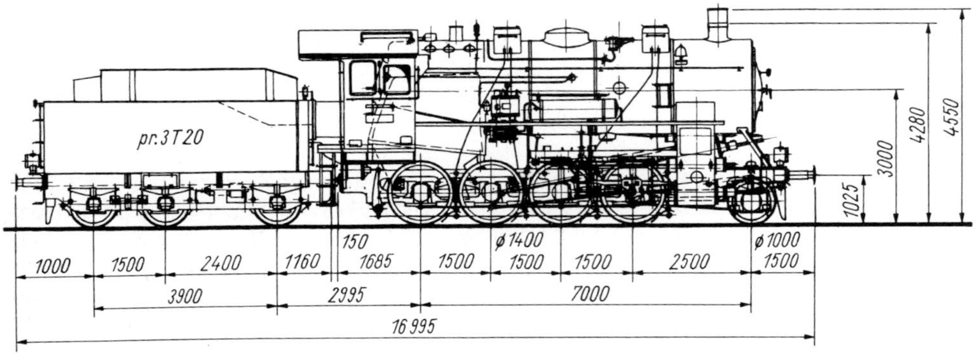


pr. G 8³ (BR 56¹)

## Konstruktive Merkmale

Kessel: Genieteter Kessel. Langkessel aus 2 Schüssen mit 1800 mm Innendurchmesser und 4100 mm Abstand zwischen den Rohrwänden. Rauchrohrüberhitzer Bauart Schmidt. Dampfdom mit Ventilregler Bauart Schmidt & Wagner auf dem 2. Kesselschuß. Speisedom (zuerst ohne Domverkleidung) mit Winkelrostschlammabscheider auf dem 1. Kesselschuß. Vor dem Speisedom und hinter dem Dampfdom je ein Sandkasten. Breiter Hinterkessel der Bauart Belpaire auf dem Rahmen. Geneigte Feuerbüchsrückwand. Feuerbüchse und Stehbolzen aus Flußeisen (später Kupfer). Geneigter Rost mit Kipprost. 2 Pop-Sicherheitsventile. Speiseeinrichtungen: Oberflächenvorwärmer Bauart Knorr mit Kolbenspeisepumpe Bauart Knorr; 1 Dampfstrahlpumpe Bauart Strube.

Rahmen: 100 mm dicker Barrenrahmen, 760 mm hoch, mit 1000 mm lichter Weite. 1 Pendelblech.

Laufwerk: Dreipunktabstützung. Federn der 1. und 2. Kuppelachse und der Laufachse (Bissel-Achse) durch Ausgleichhebel verbunden. 3. und 4. Kuppelachse über je eine gemeinsame Feder abgefedert. Bissel-Achse mit ±80 mm Seitenverschiebbarkeit. 1., 3. und 4. Kuppelachse fest im Rahmen gelagert. 2. Kuppelachse mit ±25 mm Seitenverschiebbarkeit. 3. Kuppelachse (Treibachse) mit 15 mm Spurkranzschwächung.

Triebwerk: Dreizylinder-Heißdampftriebwerk mit einfacher Dampfdehnung. Beide waagerecht angeordnete Außenzylinder und der geneigte Innenzylinder arbeiten auf die 3. Kuppelachse (Kropfachse). Jeder Zylinder mit druckluftgesteuertem Druckausgleichventil und Zylinderdeckel mit Sicherheitsventil.

Steuerung: Außenliegende Heusinger-Steuerung für Außenzylinder. Steuerung des Innenzylinders durch eine fest im Rahmen gelagerte und eine zweite darüber schwingende Übertragungswelle, von den Schieberkreuzköpfen rechts und links abgenommen. Kolbenschieber mit innerer Einströmung.

Bremse: Einkammer-Druckluftbremse Bauart Knorr mit Zusatzbremse. Zweistufige Luftpumpe Bauart Knorr auf der rechten Maschinenseite zwischen 2. und 3. Kuppelachse im Umlaufblech. Abbremsung aller Kuppelräder einseitig von vorn. 2 Hauptluftbehälter (je 400 l) unter dem Umlaufblech rechts und links neben dem Hinterkessel.

Sondereinrichtungen: Zentralschmierung für alle unter Dampf gehenden Teile. Druckluftsandstreuer sandet die Räder der 1. und 3. Kuppelachse beidseitig, die Räder der 2. von vorn und die Räder der 4. von hinten. Rauchverbrennungseinrichtung Bauart Marcotty. Dampfheizungseinrichtung. Gasbeleuchtung Bauart Pintsch.

Tender: pr. 3 T 20 mit 6 t Kohle.

# $56^{2-8}$ pr. G $8^1$ mit Laufachse meck. G $8^1$ mit Laufachse

Die DRG hatte von den Preußischen und Mecklenburgischen Staatsbahnen als Baureihen $55^{25-56}$ und $55^{58}$ eine größere Anzahl D h2-Lokomotiven der Gattung G $8^1$ übernommen. Diese Maschinen waren wegen ihres leistungsfähigen Kessels und ihrer großen Zugkraft sehr beliebt. Die hohe mittlere Kuppelachsfahrmasse von 17,5 t ließ jedoch nur den Einsatz auf Hauptbahnen zu. Wenn auch die G $8^1$ auf krümmungsreichen Strecken einen geringeren Radreifenverschleiß als die fünffach gekuppelte G 10 hatte, so waren doch ihre Laufeigenschaften im oberen Geschwindigkeitsbereich ebenso wie die der G 10 nicht befriedigend. Die zulässige Geschwindigkeit betrug nur 55 km/h. Die G $8^1$ hatte 4700 mm Achsstand. Nach den damals geltenden Bestimmungen der Technischen Vereinbarungen durfte der feste Achsstand 4500 mm nicht übersteigen. Um dieser Forderung zu genügen, hatte man der G $8^1$ ± 3 mm Seitenverschiebbarkeit der 4. Kuppelachse gegeben.

Weil die G $8^1$ noch in sehr gutem Erhaltungszustand war, entschloß sich die DRG, durch den Einbau einer vorderen Laufachse die Laufeigenschaften zu verbessern und damit gleichzeitig die mittlere Kuppelachsfahrmasse zu verringern.

Der Rahmen wurde zur Aufnahme des Bissel-Gestelles, das nach Art der Einheitslokomotiven der Baureihen 24 und 64 ausgeführt war, vorgeschuht. Der Kessel wurde um 720 mm nach vorn verschoben und um 80 mm angehoben. Die Bissel-Achse erhielt ± 100 mm Seitenverschiebbarkeit, die ersten 3 Kuppelachsen blieben fest im Rahmen gelagert, und die 4. Kuppelachse behielt ± 3 mm Seitenverschiebbarkeit. Wie bei der G $8^1$ hatten die 2. und 3. Kuppelachse 15 mm Spurkranzschwächung. Nach dem Umbau

56 376 nach Umbau im Raw Schwerte 1936 aus 55 5605 (pr. G $8^1$, Bahnnummer 5183 Altona) (Orenstein & Koppel 8959/1921)

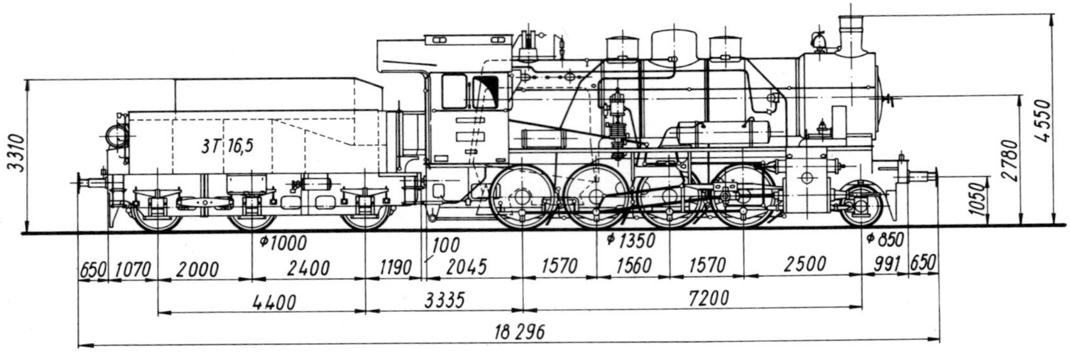


BR $56^{2-8}$ (pr./meckl. G 8[1] mit Laufachse)

betrug die Achsfahrmasse der Laufachse 10,5 t, die der 1. und 4. Kuppelachse 16,2 t, die der 2. Kuppelachse 16,1 t, und die Treibachse war mit 15,6 t am geringsten belastet. Die Lok-Leermasse erhöhte sich gegenüber der G 8[1] nach dem Umbau von 62,2 t auf 67,9 t, die Reibungsmasse verringerte sich von 69,9 t auf 64,1 t. Um eine gleichmäßige Belastung aller Kuppelachsen zu erzielen, waren über den beiden ersten Kuppelachsen gußeiserne Massestücke (2 t) eingebaut worden. Die Lokomotive konnte jetzt auch für den Einsatz auf Nebenbahnen zugelassen werden, und die zulässige Geschwindigkeit wurde auf 70 km/h bei Vorwärtsfahrt heraufgesetzt (rückwärts wie bisher 50 km/h).

Die Anfertigung der Zeichnungen und der ersten 10 Lokomotiven erfolgte bei den Borsig-Lokomotivwerken. Den Umbau weiterer Lokomotiven nahmen die Reichsbahnausbesserungswerke anläßlich fällig werdender Untersuchungen vor.

Die G 8[1] mit vorderer Laufachse konnte in der Ebene 2100 t mit 45 km/h und auf Steigungen von 10‰ noch 495 t mit 40 km/h ziehen. Der Umbau erfolgte in den Jahren 1934–1941. Insgesamt wurden 691 Maschinen der Gattungen pr. und meckl. G 8[1] umgebaut, die jetzt die Baureihennummer 56 (als 1′D) und die Ordnungsnummern 201–891 erhielten.

Die Maschinen standen bei beiden deutschen Bahnverwaltungen bis zur Mitte der 60er Jahre im Einsatz, vor allem im Güterzug- und Personenzugdienst auf Nebenbahnen. Bei der DR waren im EDV-Umnummerungsplan von 1969 noch 4 Maschinen zur Umzeichnung vorgesehen (56 234, 56 339, 56 384 und 56 443). Die Umnummerung wurde jedoch nicht mehr ausgeführt.

## Konstruktive Merkmale

Kessel: wie BR $55^{25-56, 58}$ (pr. G 8[1], meck. G 8[1]), jedoch um 720 mm nach vorn verschoben und um 80 mm angehoben. Kesselmitte 2780 mm über SO.

Rahmen: wie BR $55^{25-56, 58}$ (pr. G 8[1], meck. G 8[1]), jedoch vor der 1. Kuppelachse zur Aufnahme der Bissel-Achse vorgeschuht.

Laufwerk: Vierpunktabstützung. Tragfedern der Bissel-Achse und der ersten beiden Kuppelachsen sowie der beiden letzten Kuppelachsen durch Ausgleichhebel verbunden. Bissel-Achse mit ± 100 mm Seitenverschiebbarkeit. Kuppelachsen 1, 2 und 3 fest im Rahmen gelagert, 4. Kuppelachse mit ± 3 mm Seitenverschiebbarkeit. 15 mm Spurkranzschwächung bei 2. und 3. Kuppelachse.

Triebwerk: wie BR $55^{25-56, 58}$ (pr. G 8[1], meck. G 8[1]).

Steuerung: wie BR $55^{25-56, 58}$ (pr. G 8[1], meck. G 8[1]).

Bremse: wie BR $55^{25-56, 58}$ (pr. G 8[1], meck. G 8[1]).

Sondereinrichtungen: wie BR $55^{25-56, 58}$ (pr. G 8[1], meck. G 8[1]), jedoch mit elektrischer Beleuchtung durch Dampfturbogenerator.

Tender: pr. 3 T 16,5 mit 7 t Kohle.

# $56^4$

**bay. G $^4/_5$ N**

1906 zeigte die Firma Krauss auf der bayerischen Jubiläums-Landesausstellung zu Nürnberg eine 1'D n2-Lokomotive, die einen vorläufigen Abschluß in der Entwicklung leistungsstarker Güterzuglokomotiven bei der Bayerischen Staatsbahn darstellte. Es war dies die letzte Lokomotive einer Lieferung von 7 Maschinen, die bei der Bayerischen Staatsbahn als Gattung G $^4/_5$ N eingereiht wurden (Bahnnummer 2 137; Fabriknummer 5 338; Baujahr 1906).
Im Gegensatz zur Pfalzbahn hatte die Bayerische Staatsbahn die Achsanordnung D übersprungen und war gleich zum Bau von 1'D-Lokomotiven übergegangen, als das starke Anwachsen des Verkehrs immer dringlicher Ersatz für die alten Dreikuppler forderte. Bis 1894 standen zur Bewältigung des Güterverkehrs ausschließlich dreifach gekuppelte Lokomotiven zur Verfügung, was immer häufiger zur unwirtschaftlichen Mehrfachtraktion zwang. So mußten die schweren Kohlenzüge auf der Steigung bei Laufach mit zwei Lokomotiven an der Spitze und einer Schiebelokomotive befördert werden.
Um diesen sehr unwirtschaftlichen Verhältnissen abzuhelfen, entschloß man sich zur Beschaffung vierfach gekuppelter Lokomotiven mit vorderer Laufachse, von denen in den Jahren 1895 bis 1901 mehrere Bauarten bzw. Ausführungen erschienen.
Von 1895–1896 kamen als erste Vierkuppler 12 Maschinen der Gattung bay. E I (1'D n2; Bahnnummern 2 051 bis 2 062), die Krauss gebaut hatte und als deren wichtigste konstruktive Merkmale das Krauss-Helmholtz-Gestell und die vor der Laufachse liegenden Zylinder zu nennen sind.
Ihnen folgten 1896–1897 2 ähnliche Lokomotiven, die ebenfalls als Gattung bay. E I (1'D n4v; Bahnnummern 2 063 bis 2 064) bezeichnet wurden, jedoch ein Vierzylinder-Verbundtriebwerk der Bauart Sondermann erhalten hatten, welches 1898 in ein Zweizylinder-Naßdampftriebwerk umgebaut wurde. Die Zylinder lagen bei diesen Lokomotiven hinter der Laufachse.
1896 unternahm man auch Versuche mit dem Mallet-Triebwerk und stellte ein Exemplar einer Schlepptenderlokomotive der Gattung bay. BBI (B'B n4v; Bahnnummer 2 100) in Dienst, die Maffei lieferte. Die erwarteten Vorteile stellten sich bei dieser Lokomotive jedoch nicht ein, sie zeigte vielmehr große Laufunruhe und starke Neigung zum Schleudern, so daß es zu keiner Weiterbeschaffung kam. Diese Lokomotive ist heute im Verkehrsmuseum Nürnberg in aufgeschnittenem Zustand ausgestellt.
Zwischen 1899 und 1901 stellte die Bayerische Staatsbahn weitere 48 Maschinen als Gattung bay. E I (1'Dn2; Bahnnummern 2 065–2 084, 2 087 bis 2 099 und 2 116–2 130) in Dienst, die bei Krauss hergestellt wurden und wieder ein Zweizylinder-Naßdampftriebwerk erhielten.
Besonders seit der Weltausstellung von 1893 in Chikago fand der amerikanische Lokomotivbau in Europa zunehmend Beachtung. Zum Vergleich mit deutschen Bauarten beschaffte die Bayerische Staatsbahn neben 2 S-Lokomotiven auch 2 G-Lokomotiven des amerikanischen Typs „Consolidation", die entsprechend ihrer Bauart ebenfalls die Bezeichnung bay. E I (1'D n4v; Bahnnummern 2 085–2 086) erhielten und 1899 von der Lokomotivfabrik Baldwin (Philadelphia) geliefert wurden. Mit Ausnahme der Kesselblechdicken, der Signalanordnung sowie der Zug- und Stoßeinrichtung, die den deutschen Vorschriften entsprachen, waren alle Teile nach amerikanischer Bauart ausgeführt. Neu für den deutschen Lokomotivbau waren dabei der geschmiedete Barrenrahmen und die Zweikurbeldampfmaschine mit übereinanderliegenden HD- und ND-Zylindern für zweistufige Dampfdehnung der Bauart Vauclain. Im Betriebseinsatz waren die amerikanischen Lokomotiven trotz Verbundwirkung den Zwillingsmaschinen der Gattung bay. E I keineswegs überlegen, außerdem verursachten sie starkes Zucken und ständig Undichtheiten an der flußeisernen Feuerbüchse, so daß sie bereits 1920 nicht mehr zum Bestand gehörten.
Auf Grund der mit diesen Lokomotiven gesammelten Erfahrungen beauftragte 1904 die Bayerische Staatsbahn die Firma Krauss mit der Entwicklung einer neuen, gegenüber den bisherigen 1'D-Lokomotiven verstärkten Bauart. Bereits 1905 lieferte Krauss als 5 000. Lokomotive des Werkes die erste Maschine der neuen Gattung G $^4/_5$ N, der bis 1906 weitere 6 folgten und die bei der Bayerischen Staatsbahn als Bahnnummern 2 131–2 137 eingereiht wurden. Die Kesselmitte rückte auf 2 650 mm ü. SO. Damit war es möglich, eine breite, über den Rahmen hinausragende Feuerbüchse unterzubringen. Die Kesselabmessungen waren etwas kleiner als bei den Baldwin-Maschinen, aber größer als bei der bay. E I. Auf den Barrenrahmen wurde verzichtet, da die Lokomotiven kein Innentriebwerk erhielten und ein genügend breiter Rost auch so unterzubringen war. Die au-

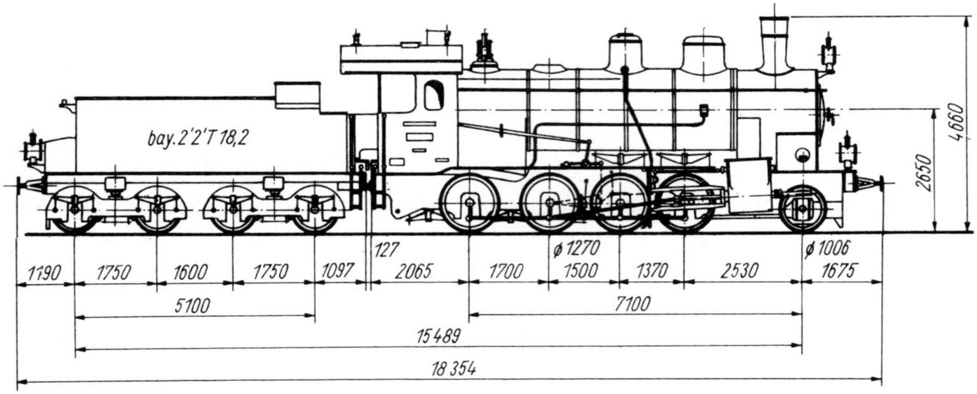


bay. G 4/5 N (BR $56^4$)

ßenliegenden Zwillingszylinder arbeiteten mit Naßdampf bei einstufiger Dehnung auf die dritte Kuppelachse. Der Antrieb der Kolbenschieber Bauart Carlquist erfolgte durch die innenliegende Stephenson-Steuerung und Übertragungshebel nach außen. Für eine gute Kurvenbeweglichkeit sorgten das voranlaufende Bissel-Gestell und die seitliche Verschiebbarkeit der zweiten und vierten Kuppelachse um $\pm$ 22 mm, womit bei der Bayerischen Staatsbahn erstmals die frei verschiebbare Kuppelachse angewandt wurde.

Wie bei den amerikanischen Lokomotiven wählte man auch für die G $^4/_5$ N einen Treib- und Kuppelraddurchmesser von 1 270 mm. Die Lokomotive war in 3 Punkten abgestützt. Dabei waren die Tragfedern der zweiten bis vierten Kuppelachse durch Ausgleichhebel verbunden, während die vordere Laufachse über Winkelhebel und Zugstangen mit der ersten Kuppelachse in Verbindung stand und durch einen Ausgleichhebel beide Lokseiten in Höhe der Laufachsmitte verbunden waren. Nach amerikanischem Vorbild waren dabei die Federgehänge in Schneiden aufgehängt. Wegen der

breiten Feuerbüchse konnten die Tragfedern der dritten und vierten Kuppelachse nicht unterhalb der Achslager angeordnet werden, sie kamen dafür hinter den Achslagern im unteren Rahmenbereich zum Einbau.
Mehr als bisher achtete man auch bereits bei der Fertigung der Lokomotiven auf den freizügigen Austauschbau, wofür besonders die Fertigung nach Lehren und die Einhaltung geringer Toleranzen durch entsprechende Bearbeitungsverfahren zur Anwendung kamen.
Von den 7 Lokomotiven dieser Bauart kamen noch 4 unter BR $56^4$ als 56 401 bis 56 404 zur DRG; sie wurden jedoch alle schon 1927 ausgemustert.
Während die bay. E I-Lokomotiven in der Ebene 820 t mit 50 km/h beförderten, konnten hier die der BR $56^4$ 1 000 t schleppen, in der 20-‰-Steigung waren es 225 t mit 25 km/h gegenüber 200 t bei der bay. E I.

bay. G 4/5 N, Bahnnummer 2131 (Krauss 5000/1905), spätere 56 401

## Konstruktive Merkmale

Kessel: 3 zylindrische Kesselschüsse; Stehkessel mit runder Decke; kupferne, breite Feuerbüchse über den Rädern. Kessel vorn auf Blechsattel über den Zylindern, hinten auf Feuerbüchsring über Pendelstützen sowie Pendelblech unter dem letzten Schuß gelagert. Reglerdom auf 1. Kesselschuß. Speiseeinrichtungen: 2 nichtsaugende Dampfstrahlpumpen Bauart Friedmann.
Rahmen: Blechinnenrahmen aus 25-mm-Blechplatten im Abstand von 1 190 mm, vor den Zylindern auf 1 160 mm verringert für Bissel-Achse; Ausschnitt im Rahmenblech zur Unterbringung der Feuerbüchse; Diagonalversteifungen des Rahmens durch oberes und unteres Rahmendeckblech; zusätzliche Zylinderversteifungen.
Laufwerk: Voranlaufendes Bissel-Gestell. Zweite und vierte Kuppelachse mit ± 22 mm Seitenverschiebbarkeit. Lokomotive in 3 Punkten abgestützt; vordere Laufachse und erste Kuppelachse über Winkelhebel und Zugstangen verbunden, zweite bis vierte Kuppelachse über Ausgleichhebel verbunden. Federgehänge in Schneiden gelagert; Tragfedern der dritten und vierten Kuppelachse hinter den Achslagern angeordnet.
Triebwerk: Zweizylinder-Naßdampftriebwerk mit einfacher Dampfdehnung; dritte Kuppelachse als Treibachse ausgebildet. Leicht geneigte Zylinderanordnung. Kreuzkopfführung durch zwei Gleitbahnen; nachstellbare Stangenlager.
Steuerung: Innenliegende Stephenson-Steuerung mit offenen Stangen; Antrieb der Kolbenschieber Bauart Carlquist über Übertragungshebel; innere Einströmung.
Bremse: Westinghouse-Bremse; alle festgelagerten Achsen einseitig abgebremst; Tenderachsen beidseitig und durch Wurfhebelbremse abgebremst.
Sondereinrichtungen: Reglerdom auf erstem Kesselschuß; Sandkasten auf Langkessel; nur Räder der zweiten Kuppelachse einseitig gesandet; Funkenfänger Bauart Thomas; Dampfschmierpresse Bauart Mildenberg; Geschwindigkeitsmesser Bauart Haußhälter; Dampfheizleitung.
Tender: bay. 2'2' T 18,2 mit 6,5 t Kohle.

# $56^5$ sä. IX V

# $56^6$ sä. IX HV

Die unbefriedigenden Betriebsergebnisse, die die Sächsische Staatsbahn mit der Mallet-Lok der Gattung I V (B'B n4v) erzielte, bewirkten eine Rückkehr zum ungeteilten Triebwerk. Man wandte sich folgerichtig wie auch bei anderen deutschen Bahnverwaltungen der Achsfolge 1'D zu.

Gefordert wurde eine leistungsfähige, gut bogenläufige Lokomotive, deren Masse je Meter Fahrzeuglänge so niedrig wie möglich zu halten war, um Oberbau und Brückenbauwerke zu schonen. Die neue Lokomotive, 1902 von Hartmann geliefert, war in vieler Hinsicht eine bemerkenswerte Konstruktion. Der Achsstand der gekuppelten Achsen betrug 5340 mm. Die letzte Kuppelachse war bis fast zur Stehkesselrückwand nach hinten versetzt worden und als radial einstellbare Hohlachse der Bauart Klien-Lindner ausgebildet. Mit ± 30 mm Seitenverschiebbarkeit der Klien-Lindner-Achse, ± 17 mm der 2. Kuppelachse und ± 50 mm der vorderen Laufachse konnte die Gattung IX noch Gleisbögen von 170 m Radius ohne Zwängen durchfahren. Die Klien-Lindner-Hohlachse erforderte für die 4. Kuppelachse einen Außenrahmen. Das kam der Ausbildung einer breiten Feuerbüchse zugute, deren Rostfläche von 3,17 $m^2$ auch für die Verfeuerung von Braunkohle geeignet war.

Äußeres Kennzeichen der Gattung IX ist weiterhin das große Dampfsammelrohr von etwa 5 m Länge auf dem Langkessel, das den Dampfraum vergrößern und für trockenen Dampf sorgen sollte. Die unterschiedliche Längenausdehnung von Langkessel und Dampfsammelrohr hatte ständig Undichtheiten an den Verbindungsstutzen zur Folge. Außerdem war das Rohr bei Wartungsarbeiten am Belpaire-Hinterkessel hinderlich, so daß bei den später gebauten Ersatzkesseln das Dampfsammelrohr in den Langkessel verlegt wurde und die beiden auf dem Langkessel befindlichen Dome verband.

Hartmann lieferte 1902 zunächst 2 Probemaschinen (Fabriknummern 2 650 und 2 651), die die Bahnnummern 751 und 752 erhielten. Die Lok Nr. 751 besaß in der Rauchkammer (vor dem Schornstein) noch einen Verbinder-Dampftrockner der Bauart Klien, in des-

sä. IX V, Bahnnummer 753 (Hartmann 2850/1904). Diese Lokomotive erhielt keine DRG-Betriebsnummer.

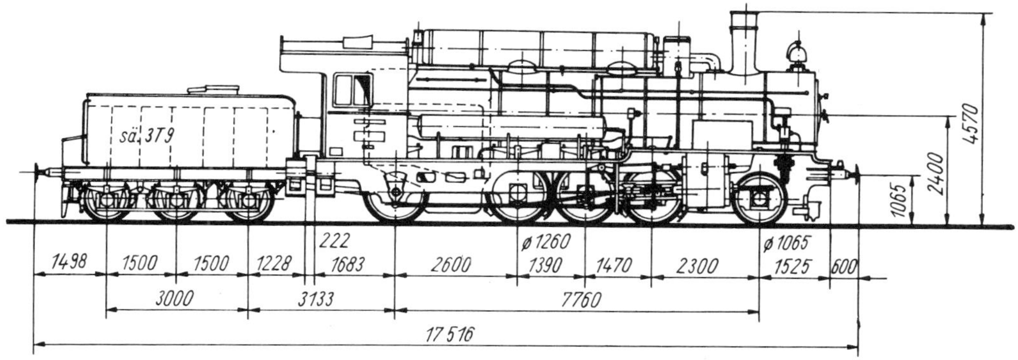


sä. IX V (BR $56^5$), gültig für Bahnnummer 771 ($56\,60^1$)

sen Schlangenrohren der vom HD-Zylinder kommende Dampf auf dem Wege zum ND-Zylinder getrocknet wurde. Gegenüber der Bahnnummer 752 ohne Dampftrockner zeichnete sich die Lok Nr. 751 durch einen niedrigeren Wasserverbrauch aus.
1904 lieferte Hartmann weitere 9 Lokomotiven der Gattung IX V (Fabriknummern 2 850–2 853 und 2 862–2 866), die die Bahnnummern 753–756 und 757–761 erhielten. Auch diese Lokomotiven wurden mit Verbinder-Dampftrockner Bauart Klien geliefert. Eine weitere Lieferung von 9 Lokomotiven im Jahre 1906 (Fabriknummern 2 918 bis 2 926) vervollständigte das Baulos von 20 Lokomotiven der Gattung IX V. Diese Lieferung (Bahnnummern 762 bis 770) hatte auch noch einen Dampftrockner, aber in kleinerer Ausführung im oberen Teil der Rauchkammer.

Die in den Jahren 1907 und 1908 gelieferten 30 Maschinen (Fabriknummern 3 124–3 153) mit den Bahnnummern 771–800 waren Heißdampflokomoti-

sä. IX HV, Bahnnummer 773 (Hartmann 3126/1907), spätere 56 603

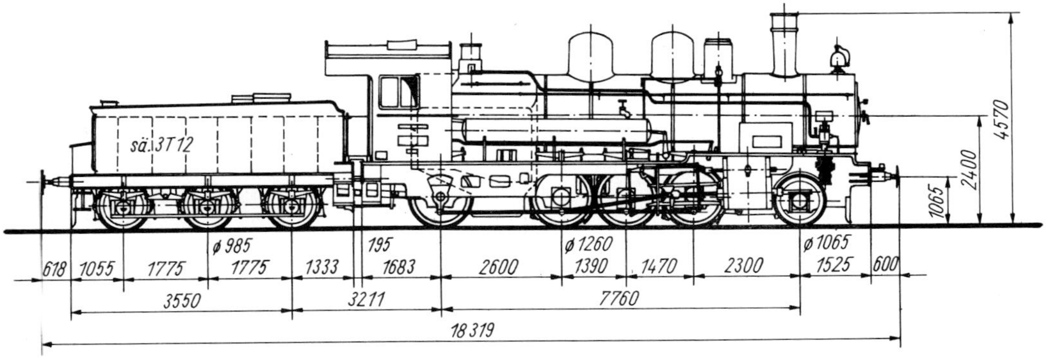


sä. IX HV (BR $56^6$) mit Ersatzkessel (Bahnnummern 776–791)

ven mit Rauchrohrüberhitzer Bauart Schmidt. Die Zylinderdurchmesser von 530/700 mm hatte man beibehalten, aber den Kesseldruck von 14 bar (14 kp je $cm^2$) auf 15 bar (15 kp/$cm^2$) erhöht. Statt der Flachschieber bei den Naßdampfmaschinen kamen jetzt Kolbenschieber mit innerer Einströmung zum Einsatz. Die 30 Heißdampflokomotiven erhielten das Gattungszeichen IX HV. Beim Vergleich der Leistungsprogramme beider Gattungen erwies sich natürlich die Heißdampflokomotive überlegen, vor allem im oberen Geschwindigkeitsbereich:

| Steigung in ‰ | Geschwindigkeit in km/h | Zugmasse in t IX V | Zugmasse in t IX HV |
|---|---|---|---|
| 0 | 50 | 1 310 | 1 670 |
| 3 | 35 | 1 090 | 1 300 |
| 5 | 30 | 935 | 1 080 |
| 10 | 25 | 605 | 700 |
| 25 | 25 | 210 | 260 |

Der geringe Treibraddurchmesser von 1 240 mm machte die Ausführung der Steuerung problematisch. Da an der Treibachse noch zwei Kuppelstangen angriffen, hätte eine aufgesetzte Gegenkurbel die Fahrzeugumgrenzung überschritten. Eine Innensteuerung wollte man ebenso wie eine Joy-Steuerung vermeiden, um den Einfluß des Federspiels auf die Dampfverteilung auszuschalten. Zum Bewegen der Schwinge verwendete man deshalb nur einen Joy-Lenker und entwickelte damit eine sogenannte Hawthorn-Kitson-Steuerung.

Die 50 Maschinen der Gattungen IX H und IX HV genügten bis zur Mitte des ersten Weltkrieges den Anforderungen der Sächsischen Staatsbahn. Ihre Laufeigenschaften waren über die zulässige Geschwindigkeit von 50 km/h hinaus gut, und im DRG-Merkbuch (Ausgabe 1924) sind die Wagenzugmassen bis zu 65 km/h angegeben. Die Maschinen wurden auch im Eilgüterzugdienst bis 60 km/h ausgefahren.

Die DRG übernahm noch 16 Naßdampf-Lokomotiven der Gattung IX V als Baureihe $56^5$ mit den Betriebsnummern 56 501–56 516 und 25 Heißdampflokomotiven der Gattung IX HV als Baureihe $56^6$ mit den Betriebsnummern 56 601–56 625. Die Maschinen erledigten noch in den 20er Jahren einen großen Teil des Güterzugdienstes auf sächsischen Strecken und wurden mit Druckluftbremseinrichtung der Bauart Westinghouse ausgerüstet. Wenig später erhielten sie auch noch Vorwärmeranlagen und Kolbenspeisepumpen, ein Zeichen dafür, daß die DRG noch einen längeren Betriebseinsatz vorgesehen hatte. Allerdings häuften sich Abnutzungserscheinungen an den Hohlachsen, so daß sich die DRG gezwungen sah, die Seitenverschiebbarkeit der Achsen aufzuheben, um ihre Störanfälligkeit zu mindern.

## Konstruktive Merkmale

Kessel: Genieteter Kessel. Langkessel aus 3 Schüssen mit 4 600 mm Abstand zwischen den Rohrwänden. Kesselmitte 2 400 mm über SO. Gattung IX V (außer Bahnnummer 752) mit Verbinder-Dampftrockner Bauart Klien. Gattung IX HV mit Rauchrohrüberhitzer Bauart Schmidt. Breiter Hinterkessel Bauart Belpaire mit dreiteiligem Kipprost. 2 Pop-Sicherheitsventile vor der Führerhaus-Vorderwand auf dem Stehkesselscheitel. Langes Dampfsammelrohr über dem Langkessel. Sandkasten vor dem Dampfsammelrohr auf dem 1. Kesselschluß. 2 weitere Sandkästen rechts und links auf dem Umlaufblech. Speiseeinrichtungen: 2 nichtsaugende Dampfstrahlpumpen Bauart Friedmann Klasse SZ Nr. 10 (200 l/min).

Rahmen: 30 mm dicker Blech-Innenrahmen für Laufachse und die ersten

drei Kuppelachsen. Mittenabstand vorn 1185 mm, in der Mitte (Bereich der Kuppelachsen) 1250 mm. 25 mm dikker Blech-Außenrahmen für 4. Kuppelachse. Der Mittenabstand beträgt 1955 mm.
Laufwerk: Sechspunktabstützung. Tragfedern der Laufachse und der 1. Kuppelachse sowie der 2. und 3. Kuppelachse durch Ausgleichhebel verbunden. Alle Tragfedern oberhalb der Achslager angeordnet. Vordere Laufachse als Adamsachse mit ± 50 mm Seitenverschiebbarkeit. 1. und 3. Kuppelachse fest im Rahmen gelagert. 2. Kuppelachse mit ± 17 mm Seitenverschiebbarkeit. 4. Kuppelachse als Hohlachse Bauart Klien-Lindner mit ± 30 mm Seitenverschiebbarkeit.
Triebwerk: Gattung IX V mit Zweizylinder-Naßdampf-Verbundtriebwerk. Gattung IX HV mit Zweizylinder-Heißdampf-Verbundtriebwerk. Jeweils außenliegende, waagerecht angeordnete Zylinder. Rechts HD-, links ND-Zylinder. Antrieb der 3.Kuppelachse. Anfahrvorrichtung Bauart Lindner.
Steuerung: Außenliegende Heusinger-Steuerung mit Joy-Lenkern zum Antrieb der Schwinge (Hawthorn-Kitson-Steuerung). Gattung IX V mit Flachschiebern, Gattung IX HV mit Kolbenschiebern für innere Einströmung beim HD-Zylinder.
Bremse: Ursprungsausführung mit Dampfbremse. Später Umrüstung auf Druckluftbremse Bauart Westinghouse mit beidseitiger Abbremsung der 1. und 3. Kuppelachse.
Sondereinrichtungen: Handbetätigter Sandstreuer. Sandkasten auf dem Langkessel sandet die Räder der 1. Kuppelachse von vorn. Je ein Sandkasten auf dem Umlaufblech sandet die Räder der 3. Kuppelachse von vorn. Dampfläutewerk Bauart Latowski auf dem Rauchkammerscheitel.
Tender: sä. 3 T 9 mit 4 t Kohle oder sä. 3 T 12 mit 5 t Kohle.

# $56^7$

**bad. VIIIe[1–8]**

Wie bei vielen anderen deutschen Bahnverwaltungen stellten auch bei der Badischen Staatsbahn die dreifach gekuppelten Lokomotiven lange Zeit die Grundlage fast des gesamten Güterzugdienstes dar.
Obwohl die Gattungen VII a[1–17], VII c und insbesondere die Verbundausführung VII d zu den schwersten C-Kupplern gehörten, zwang das stark steigende Verkehrsaufkommen auf den neigungsreichen Strecken Badens immer häufiger zur planmäßigen Doppelbespannung der Güterzüge.
Zwar gab es 10 Dn2-Maschinen der Gattung VIII a, die 1874/1875 Egestorff (Hannover) für den Einsatz im Schwarzwald gebaut hatte, sowie die 10 von Sharp und Steward 1886/1887 gelieferten, 1892/1894 von der Badischen Staatsbahn angekauften und als Gattung VIII b eingereihten Lokomotiven, die jedoch den nach der Jahrhundertwende entstandenen Anforderungen nicht mehr entsprachen. Im Zuge der unter Esser begonnenen Neubeschaffung waren 1893 auch zunächst 2 Mallet-Lokomotiven der Bauart B'B n4v (Gattung bad. VIII c) entstanden, denen 30 weitere Exemplare mit erhöhtem Kesseldruck folgten. Aber das schlechte Laufverhalten, die auf Grund der Schleuderneigung geringe Ausnutzung der Reibungsmasse und die durch die Vielteiligkeit bedingten hohen Kosten verhalfen auch diesen Lokomotiven nicht zum Erfolg. Auch der Vierkuppler in der Bauart Hagans (Henschel; 1910) war in zwei Exemplaren als Gattung bad. VIII d vertreten.
Alle diese Bauarten der Gattungen VIII a–d konnten unter den ständig steigenden Anforderungen weder leistungsmäßig noch wirtschaftlich befriedigen. Deshalb faßte man 1907 den Entschluß zur folgerichtigen Weiterentwicklung als 1'D mit Vierzylinder-Verbundtriebwerk und, auf Anraten von Gölsdorf, mit Dampftrockner. Die neuen Lokomotiven, deren erste Lieferung 1909 von Maffei erfolgte, wurden nach Angaben von Courtin entworfen und gebaut. Sie stellten die erste deutsche Güterzuglokomotive dieser Bauart dar und wiesen einige markante Merkmale auf. So waren sie die ersten deutschen Güterzuglokomotiven mit Barrenrahmen. Die Kesselmitte erreichte mit 2790 mm ü. SO einen beachtlichen Wert. Der Kesseldruck betrug 16 bar (16 kp/cm$^2$). Ungewöhnlich groß war auch die Rostfläche mit 3,75 m$^2$, die bei späteren Lieferungen aus Gewichtsgründen auf 3,55 m$^2$ verringert wurde. Die Badische Staatsbahn hoffte, mit dieser neuen, als VIII e bezeichneten Gattung auch allen zukünftigen Anforderungen Rechnung zu tragen.
Während des ersten Weltkriegs stieg der Leistungsbedarf weiter an, so daß auch die Badische Staatsbahn die 1'E h3-Lokomotiven der preußischen Gattung G 12 einsetzte. Bei der Entwicklung der bad. VIII e ist der Einfluß der 1'D-Lokomotiven der Serie 170 Österreichs zu erkennen, der zweifellos auf den engen Kontakt zwischen Gölsdorf und Courtin zurückzuführen ist. So entsprach auch die Laufwerksgestaltung mit ± 25 mm Seitenverschiebbarkeit der 2. und 4. Kuppelachse der bekannten Gölsdorf-Ausführung. Allerdings gestattete die höhere zulässige

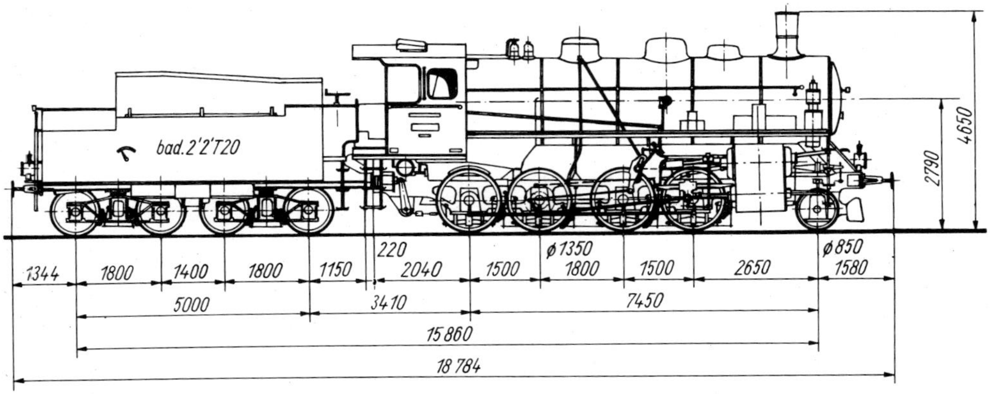


bad. VIII $e^{2–5}$ (BR $56^7$)

bad. VIII $e^7$, Bahnnummer 859 (Maschinenbaugesellschaft Karlsruhe 1916/1914), spätere 56 774

Achsfahrmasse bei der badischen Maschine einen schwereren und leistungsfähigeren Kessel und das Vierzylindertriebwerk.
Im Laufe der Beschaffung von 1908 bis 1915 ergaben sich verschiedene Änderungen, die durch die Reihen VIII $e^{1-8}$ gekennzeichnet sind. Die Reihen 1–5 waren mit dem Dampftrockner der Bauart Clench ausgerüstet und trugen zwischen Schornstein und Dampfdom einen gesonderten Reglerdom. Der Dampfdom, der sich bei der Reihe 1 in Höhe der 2. und 3. Kuppelachse befand, rückte bei den folgenden Reihen nach vorn hinter den Reglerdom. HD-

und ND-Schieber saßen auf einer gemeinsamen Schieberstange über dem Außenzylinder. Ab Reihe 6 entfiel der Reglerdom, und der Schmidt-Rauchrohrüberhitzer kam zum Einsatz. Gleichzeitig erhielten HD- und ND-Zylinder getrennte Schieber mit gleichem Schieberdurchmesser, der ND-Schieber zusätzlich mit doppelter Einströmung.

Bis auf die Reihe 8, die vollständig mit Knorr-Vorwärmern ausgerüstet war, wurden einzelne Lokomotiven der vorangegangenen Reihen damit bestückt, wobei sich die Speisepumpe vorn rechts und der flach gehaltene Vorwärmer querliegend hinter der 2. Kuppelachse befand. Die beiden Sicherheitsventile sind bei der Reihe 1 nebeneinander, ab Reihe 2–8 hintereinander auf dem Stehkessel angeordnet.

Der Clench-Dampftrockner wurde später ausgebaut, so daß die Maschinen als n4v-Lokomotiven liefen. Ein nachträglicher Einbau von Überhitzern der Bauart Schmidt wurde nicht vorgenommen .

Im Zusammenhang mit verschiedenen Änderungen der Kesselabmessungen und dem Einsatz des Schmidt-Überhitzers änderte sich auch das Verhältnis von HD- zu ND-Zylinderdurchmesser von 395/635 mm auf 380/610 mm und später wieder auf 395/610 mm. Der Hub blieb mit 640 mm unverändert.

Alle 4 Zylinder lagen in einer Ebene und trieben die 3. Kuppelachse an. Der außenliegende ND-Zylinder lag nahezu waagerecht, der innenliegende HD-Zylinder war im Verhältnis 1:7,05 sehr stark geneigt angeordnet. Die Lokomotiven erhielten eine außenliegende Heusinger-Steuerung.

Wegen der gemeinsamen Anordnung von HD- und ND-Schieber auf einer Schieberstange war auf jeder Seite nur eine Schwinge vorhanden. Die Zylindergruppe war so ausgebildet, daß je ein HD- und ND-Zylinder mit ihrem Schieber ein Gehäuseteil bildeten.

Nach der Lieferung der ersten 10 Maschinen (5 Stück von Maffei, 5 Stück von Maschinenbaugesellschaft Karlsruhe) gingen alle weiteren Bestellungen an die Maschinenbaugesellschaft Karlsruhe. Die vierachsigen Tender ließ die Badische Staatsbahn im wesentlichen bei Baume & Marpent in Haine St. Pierre bauen. 19 Tender kamen von der Waggonfabrik Rastatt, 11 wurden von der Fuchs-Waggonfabrik Heidelberg geliefert.

Bis zum Jahre 1915 stellte die Badische Staatsbahn 70 Lokomotiven der Gattung VIII $e^{1-8}$ in 8 Unterbaureihen in Dienst, von denen noch 68 als Baureihe $56^7$ zur DRG kamen. Sie liefen bemerkenswert ruhig und vermochten in der Ebene 1840 t mit 45 km/h oder 700 t mit 65 km/h und auf 20‰ Steigung noch 340 t mit 25 km/h zu befördern. Den nach dem ersten Weltkrieg entstandenen leistungsfähigen neuen Loktypen war sie jedoch nicht ebenbürtig, so daß die letzte Maschine dieser Baureihe bereits 1931 aus dem Bestand der DRG ausschied.

## Konstruktive Merkmale

Kessel: Kessel mit breitem, über Rahmen ragendem Stehkessel, zwei Langkesselschüsse, Clench-Dampftrockner durch zweite Rohrwand vor Rauchkammerrohrwand, Reglerdom, später Entfall nach Einsatz von Überhitzern der Bauart Schmidt. Äußere glatte, halbrunde Feuerbüchsdecke, Kupferfeuerbüchse, dreiteilige Feuertür. Kessel über Pendelbleche, Rauchkammer vorn auf Zylinder-Sattel aufgelagert und mit Rahmenvorderende durch schräge Rundeisenstreben verbunden.

Speiseeinrichtungen: Ursprünglich zwei Strahlpumpen, später Vorwärmanlage Bauart Knorr mit Speisepumpe.

Rahmen: Geschmiedeter einteiliger Barrenrahmen von 100 mm Dicke.

Laufwerk: Lokomotive in 4 Punkten abgestützt. Laufachse der Bauart Adams mit ± 65 mm Seitenverschiebbarkeit, zweite und vierte Kuppelachse mit ± 25 mm Seitenverschiebbarkeit. Treib- und Kuppelachsen durch untenliegende, Laufachse durch obenliegende Blattfedern abgefedert, Lauf- und 1. und 2. Kuppelachse sowie 3. und 4. Kuppelachse durch Ausgleichhebel verbunden.

Triebwerk: Vierzylinder-Verbundtriebwerk mit Einachsantrieb, HD- und ND-Zylinder arbeiteten auf 3. Kuppelachse. Äußere ND-Zylinder fast waagerecht, innerer HD-Zylinder stark geneigt angeordnet. Zylindergruppe in Lokmitte geteilt, je ein HD- und ND-Zylinder bildeten ein Gußstück, durchgehende Kolbenstangen.

Steuerung: Außenliegende Heusinger-Steuerung mit Hängeeisen, HD- und ND-Kolbenschieber in einem Schiebergehäuse auf gemeinsamer Schieberstange angeordnet, ab Reihe 6 getrennte Schieber mit gleichem Durchmesser, ND-Schieber mit doppelter Einströmung, füllungsabhängige Füllventile zur Erleichterung des Anfahrens.

Bremse: Selbsttätige Westinghouse-Bremse, sämtliche Kuppelachsen einseitig gebremst.

Sondereinrichtungen: Sandkasten zum Sanden der Räder der 2. und 3. Kuppelachse. Zwei Friedmann-Schmierpumpen, Heißdampfthermometer, zusätzlich Manometer für Verbinderdruck, Manometer für Rauchkammerunterdruck, Geschwindigkeitsmesser Bauart Haußhälter, Dampfheizleitung.

Tender: bad. 2'2' T 20 mit 7 t Kohle.

# $56^{8-11}$ bay. G $^4/_5$ H

Nach der Indienststellung von sieben 1'D n2-Lokomotiven bay. G $^4/_5$ N im Jahre 1906 hatte in Bayern die Entwicklung der Güterzuglokomotive zur Achsanordnung E in Gestalt der bay. G $^5/_5$ von 1911 und zur Mallet-Bauart D'D, bay. Gt 2 × $^4/_4$ von 1913 geführt. Trotzdem sah man sich, besonders unter der Auswirkung des ersten Weltkriegs, zur Neubeschaffung einer 1'D-Lokomotive gezwungen, wobei das Heraufsetzen der zulässigen Achsfahrmasse auf 16 t nun auch eine erhebliche Leistungssteigerung bei gleicher Achsanordnung zuließ. Im Gegensatz zur bay. G $^5/_5$ sollte diese Lokomotive auch im Reisezugdienst eingesetzt werden. Die Vorteile des Heißdampfes waren nunmehr zum Allgemeingut im Lokomotivbau geworden, so daß für die bay. G $^4/_5$ H die Überhitzung vorgesehen war. Obwohl die Einführung des Heißdampfes bei allen anderen Bahnverwaltungen zum Verzicht auf die zweifache Dampfdehnung geführt hatte, glaubte man in Bayern, auch bei Anwendung der Überhitzung nicht auf die Verbundwirkung verzichten zu können und sah für die neue Lokomotive ein h4v-Triebwerk vor. Die neue Gattung entstand in Anlehnung an acht von Maffei für die Gotthardbahn gelieferte Maschinen, allerdings durch Überhitzer und Vorwärmanlage verbessert, auch die bad. VIII e war Vorbild, desgleichen stand die bay. G $^5/_5$ vor allem im Triebwerk und in der Steuerung Pate. Sie trug auch im äußeren Bild alle Züge einer modernen Dampflokomotive. Die Kesselmitte war auf 2815 mm über SO gerückt, die breite Feuerbüchse lag über dem Rahmen, der wieder als Barrenrahmen ausgeführt war. Das Vierzylinder-Verbundtriebwerk, bei dem alle 4 Zylinder auf eine Achse arbeiteten, sowie die Überhitzung ermöglichten eine beachtliche Leistungssteigerung, was der Vergleich der Wagenzugmassen mit der bay. G $^4/_5$ N verdeutlicht.

Der leistungsfähige Kessel wies bereits 16 bar (16 kp/cm$^2$) Überdruck auf, die Rostfläche war gegenüber der bay. G $^4/_5$ N geringfügig vergrößert, allerdings wurde die Verdampfungsheizfläche durch Einbau längerer Rohre vergrößert. Die anfangs mit nur 24 Elementen etwas zu niedrige Überhitzung konnte durch den späteren Einbau von 32 Elementen spürbar verbessert werden. Ein dreiteiliger Barrenrahmen gestattete den ungehinderten Zugang zum Innentriebwerk. Als Rückschritt muß die Einführung der Adamsachse angesehen werden, nachdem man bereits das Krauss-Helmholtz-Lenkgestell der bay. E I zugunsten des Bissel-Gestells bei der bay. G $^4/_5$ N aufgegeben hatte.

Seltsamerweise kam man in Bayern mit der lauftechnisch ungünstigeren Adamsachse gut zurecht. Zusätzlich erhielt die letzte Kuppelachse ± 20 mm Seitenverschiebbarkeit. Die obenliegenden Tragfedern der Lauf- und der 1. und 2. Kuppelachse waren über Ausgleich- und Winkelhebel zusammengefaßt. Wegen des Platzbedarfs für den Stehkessel waren die Federn der 3. und 4. Kuppelachse neben den Achslagern angeordnet. Dazu waren oberhalb dieser Achslager Bügel vorgesehen, deren innere Enden sich auf eine Blattfeder und die äußeren Enden auf Wickelfedern abstützen. Als Triebwerksbauart hatte die Bayerische Staatsbahn die Vierzylinder-Verbundanordnung vorgeschrieben. Maffei wählte dazu den Einachsantrieb auf die zweite Kuppelachse. Alle 4 Zylinder lagen dabei in einer Ebene. Obwohl bereits der Achsstand zwischen der 1. und 2. Kuppelachse auf 1800 mm gegenüber 1400 mm bei den anderen Achsen vergrößert worden war, ergaben sich recht kurze Treibstangen, die relativ hohe senkrechte Kreuzkopfkräfte zur Folge hatten. Aus diesen Einbauverhältnissen ergab sich auch die starke Neigung der Innenzylinder von 1:6,34 und der Außenzylinder von 1:34 sowie die unterschiedlichen Hübe für HD- und ND-Zylinder zu 610 mm und 640 mm. Als Steuerung kam die Bauart Heusinger mit Hängeeisen zur Anwendung. Je ein HD- und ND-Zylinder bildeten einen Block mit einem gemeinsamen Schiebergehäuse. Diese beiden Gußteile stellten gleichzeitig den Rauchkammerträger dar und wurden in Rahmenmitte zu einem einheitlichen Bauteil verschraubt. Der gemeinsame Kolbenschieber erhielt für den HD- und ND-Teil 360 mm Durchmesser, die Schieberschubstange war an einer Pendelaufhängung gelagert. Eine Anfahrvorrichtung gab bei mehr als 70 % Füllung Frischdampf zu den Verbindern und damit zu den ND-Maschinen frei.

In den Jahren 1915–1919 stellte die Bayerische Staatsbahn insgesamt 230 Lokomotiven dieser Gattung in Dienst einschließlich der für die Militär-Generaldirektion Brüssel und Warschau beschafften, die zu den leistungsstärksten deutschen 1'D-Bauarten zählten. Sie bewährten sich im schweren Dienst sehr gut und erwiesen sich als wirtschaftliche Baureihe.

Von der DRG wurden 169 Lokomotiven nach folgender Übersicht übernommen:

| DRG | Baujahr | Bahnnummern | Bemerkungen |
|---|---|---|---|
| 56901–561035 | 1915–1919 | 5501–5695 | Militär-Generaldirektion Brüssel |
| 56801–56809 | 1916–1917 | 5151–5160 | Ursprünglich Militär-Generaldirektion Brüssel |
| 561101–561125 | 1918–1919 | 5211–5235 | Ursprünglich Militär-Generaldirektion Warschau |

Bis auf die Bahnnummern 5 536–5 555, die späteren Lokomotiven 56 928 bis 56 944, die Krauss 1916 und 1917 lieferte, entstanden alle anderen Maschinen bei Maffei in München.
Bei sonst völlig gleichen Abmessungen unterschieden sich einzelne Lieferserien durch geringfügige Unterschiede in der Verdampfungs- und Überhitzerheizfläche sowie in der Dienstmasse.
Sie waren in der Lage, in der Ebene 1370 t mit 60 km/h und in 20‰ Steigung 365 t mit 30 km/h zu befördern, während die bay. G $^{4}/_{5}$ N unter den gleichen Bedingungen nur 600 t bzw. 180 t bewältigte.
Der größte Teil des Bestandes wurde bereits bis 1935 ausgemustert, nur wenige überlebten den zweiten Weltkrieg. 1947 stellte die DB die letzten Exemplare dieser Baureihe außer Dienst.

56 917 (bay. G 4/5 H, Bahnnummer 5521) (Maffei 4572/1916)

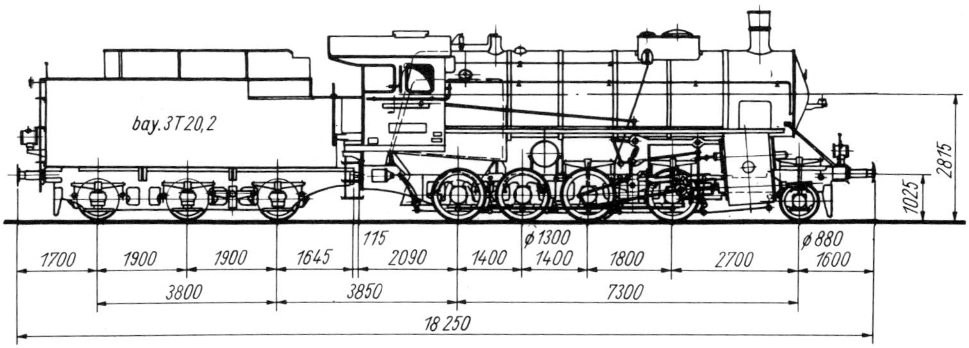


bay. G 4/5 H (BR $56^{8-11}$)

## Konstruktive Merkmale

Kessel: 2 zylindrische Kesselschüsse, Stehkessel mit runder Decke, geneigte Stehkesselrückwand; leicht geneigte Stehkesselseitenwände; flußeiserne Feuerbüchse. Dom auf vorderem Kesselschuß. Breite Feuerbüchse über den Rändern; Kessellagerung vorn auf Zylindersattel, Blechträger hinter 1. und 2. Kuppelachse, hinten Feuerbüchse auf Gleitstücken und Pendelblechen. Rauchrohrüberhitzer nach Bauart Schmidt. Pop-Sicherheitsventile. Speiseeinrichtungen: Speisewasservorwärmanlage mit Speisepumpe. Vorwärmer quer unter dem Kessel zwischen 3. und 4. Kuppelachse. Zwei nichtsaugende Strahlpumpen Bauart Friedmann.

Rahmen: Dreiteiliges Rahmenstück; Mittelteil zur Aufnahme der Kuppelachsen und der Zylindergruppe als 100 mm dicker Barrenrahmen ausgebildet, hinteres Teil im Zugkastenbereich aus 40-mm-Blechplatten, desgleichen Vorderteil vor Rauchkammer.

Laufwerk: Vordere Laufachse als Adamsachse mit ± 70 mm Seitenverschiebbarkeit ausgebildet, Rückstellung durch Blattfedern; letzte Kuppelachse mit ± 20 mm Seitenverschiebbarkeit ausgeführt.

Tragfedern der Lauf- und der 1. und 2. Kuppelachse obenliegend und durch Winkelhebel und Zugstangen bzw. durch Ausgleichhebel zu einer Gruppe verbunden; die 3. und 4. Kuppelachse bildeten zweite Federgruppe; dabei Bügel über Achslager, an deren äußerem Ende eine Wickelfeder, zwischen den Bügeln eine Blattfeder, angeordnet war.

Triebwerk: Vierzylinder-Heißdampf-Verbundtriebwerk, alle vier Zylinder in einer Ebene liegend; außenliegende ND-Zylinder 1 : 34, innenliegende HD-Zylinder 1 : 6,34 geneigt; HD- und ND-Triebwerke arbeiten auf 2. Kuppelachse; sehr kurze Treibstangen; Hub für HD 610 mm gegen 640 mm für ND; je ein HD- und ND-Zylinder mit gemeinsamem Schieberkasten und halbem Kesselträger bildeten ein einheitliches Gußstück; in der Mitte miteinander und mit Rauchkammerboden verschraubt. Kreuzkopfführung durch eine Gleitbahn für HD- und ND-Maschine.

Steuerung: Außenliegende Heusinger-Steuerung in Hängeeisenbauart; Schieberschubstange in Pendelaufhängung; gemeinsame Kolbenschieber gleichen Durchmessers von 360 mm für HD- und ND-Zylinder; zwei Anfahrhähne, die bei mehr als 70 % Füllung Frischdampf zum Verbinder freigaben.

Bremse: Selbsttätige Westinghouse-Schnellbremse; alle Kuppelachsen einseitig gebremst; Tenderachsen beidseitig gebremst; Tender mit Handspindelbremse ausgerüstet.

Sondereinrichtungen: Zwei Friedmann-Schmierpumpen, Vorrichtung zum Vermeiden des Kaltspeisens. Verstellbares Klappenblasrohr. Dom und Sandkasten unter gemeinsamer Verkleidung auf Langkessel. Treibrad einseitig gesandet. Geschwindigkeitsmesser Bauart Haußhälter. Anzeigen für Kessel- und Schieberkastendruck, Rauchkammerunterdruck sowie Überhitzungs- und Speisewassertemperatur. Dampfheizleitung. Wärmfach für Speisen.

Tender: bay. 3 T 20,2 mit 6,5 t Kohle.

# $56^{20-29}$ pr. G $8^2$/old. G $8^2$

Noch während die G $8^3$, die verkürzte Ausführung der G 12, in Bau war, entschloß man sich bei der Preußischen Staatsbahn, die Lokomotive zu vereinfachen, indem man auf das Innentriebwerk verzichtete. Die ersten Maschinen mit Zwillingstriebwerk, die das Gattungszeichen G $8^2$ erhielten, waren bereits im April 1919 fertiggestellt. Urheberfirma dieser Lokomotive war wiederum Henschel & Sohn in Kassel.
Außer am Triebwerk und an den Zylindern wurden gegenüber der G $8^3$ keine Veränderungen vorgenommen. Die Verringerung der Rostbreite um 6 cm und die Erhöhung der Anzahl der Heizrohre von 189 auf 190 sind unbedeutende Änderungen. Unter Beibehaltung des Kolbenhubes von 660 mm erhielt die G $8^2$ zwei im Modell gleiche Zylinder von 630 mm Durchmesser. Der Kesseldruck wurde anfangs mit 12 bar (12 kp je $cm^2$) festgesetzt und nach Stabilisierung der friedensmäßigen Fertigung auf 14 bar (14 kp/$cm^2$) erhöht.
Durch den kurzen Kessel und die hohe Kessellage (Kesselmitte 3000 mm über SO) wirkten die G $8^2$ und die G $8^3$ sehr gedrungen und bullig. Sie zählten mit ihrer Dienstmasse von 83,5 bzw. 84,3 t und ihrer Reibungsmasse von 70,2 t bzw. 70,7 t auch zu den stärksten europäischen Güterzuglokomotiven. Das Leistungsvermögen der G $8^2$ wird erst richtig deutlich, wenn es mit dem der Drillingsmaschinen G $8^3$ und G 12 und dem der Vierzylinder-Verbundmaschine bay. G $^4/_5$ H verglichen wird (s. Tabelle).
Die Leistung der bay. G $^4/_5$ H wurde von der G $8^2$ lediglich im Bereich bis 45 km je h annähernd erreicht. Oberhalb 45 km/h war die bay. G $^4/_5$ H, die zudem 16 bar (16 kp/$cm^2$) Kesseldruck hatte, überlegen.
Die G $8^2$ erfüllte die Anforderungen des Betriebsmaschinendienstes und hatte gegenüber der G $8^3$ den Vorteil des einfacheren Triebwerkes und der geringeren Abkühlungs- und Strömungsverluste. Der Beschaffungszeitraum erstreckte sich bis in die Zeit der DRG, und die DRG ließ von der bewährten Konstruktion noch bis 1928 eine beträchtliche Anzahl nachbauen. Es dürfte wohl auch auf die gute Bewährung der G $8^2$ zurückzuführen sein, daß bei der Beschaffung einer vierfach gekuppelten Einheits-Güterzuglokomotive wiederum die Achsfolge 1'D zur Diskussion stand, ehe man sich für die 1'D1' (Baureihe 41) entschied. Insgesamt wurden von der G $8^2$ etwa 850 Maschinen gebaut, die die DRG unter den Betriebsnummern 56 2001–56 2485 und 56 2551–56 2916 in ihrem Bestand führte. Die Betriebsnummern 56 2486 bis 56 2550 waren unbesetzt.
Wie die G 12, so wurde auch die G $8^2$ zu Versuchen mit Braunkohlenstaubfeuerung herangezogen. Als erste Lokomotive erhielt 1928 die 56 2130 Kohlenstaubfeuerung Bauart AEG. Ihr folgten 1929 und 1930 die Lokomotiven 56 2801, 56 2906 und 56 2907. Die beiden letzten Maschinen waren Neubauten; sie wurden aus dem letzten bei der AEG in Fertigung befindlichen Baulos genommen und bekamen sofort die AEG-Kohlenstaubfeuerung eingebaut.
An der Lieferung der G $8^2$ waren eine Reihe namhafter deutscher Lokomotivfabriken beteiligt, so z. B. Henschel mit 319 Maschinen, Hanomag, Jung, Linke-Hofmann, Krupp u. a.
1921 hatte Hanomag von der DRG den Auftrag über 61 Maschinen G $8^2$ (mit pr. 3 T 20) erhalten, wovon 5 Maschinen für die ehemalige Oldenburgische Staatsbahn bestimmt waren. Oldenburg hatte, trotz seiner Zugehörigkeit zur DRG, an das RVM den Antrag gestellt, diese 5 Lokomotiven mit Lentz-Ventilsteuerung geliefert zu bekommen, weil diese Steuerungsbauart seit 1909 in Oldenburg mit Erfolg verwendet wurde. Dem Antrag wurde stattgegeben, und die 5 Lokomotiven erschienen im endgültigen Umzeichnungsplan mit den Betriebsnummern 56 2276–56 2280.

| Steigung in % | Geschwindigkeit in km/h | Wagenzugmasse in t | | | |
|---|---|---|---|---|---|
| | | pr. G $8^2$ | pr. G $8^3$ | pr. G 12 | bay. G $^4/_5$ H |
| 0 | 50 | 1850 | 1700 | 2270 | 2000 |
| 2 | 45 | 1200 | 1210 | 1650 | 1400 |
| 4 | 30 | 1300 | 1380 | 1770 | 1510 |
| 5 | 35 | 980 | 1000 | 1310 | 1150 |
| 7 | 50 | 500 | *) | 680 | 580 |
| 10 | 25 | 720 | 780 | 1000 | *) |

*) keine Angaben im Merkbuch, Ausgabe 1924.

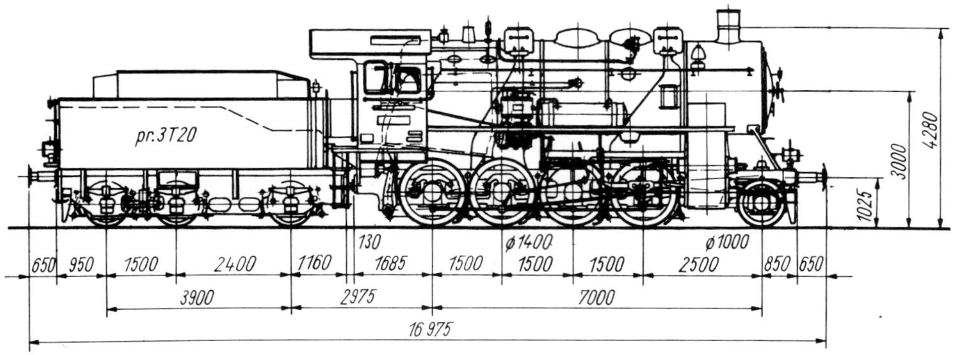


pr. G $8^2$ (BR $56^{20-29}$)

56 2452 (pr. G $8^2$) (Krupp 243/1921), ehemalige 4888 Cassel

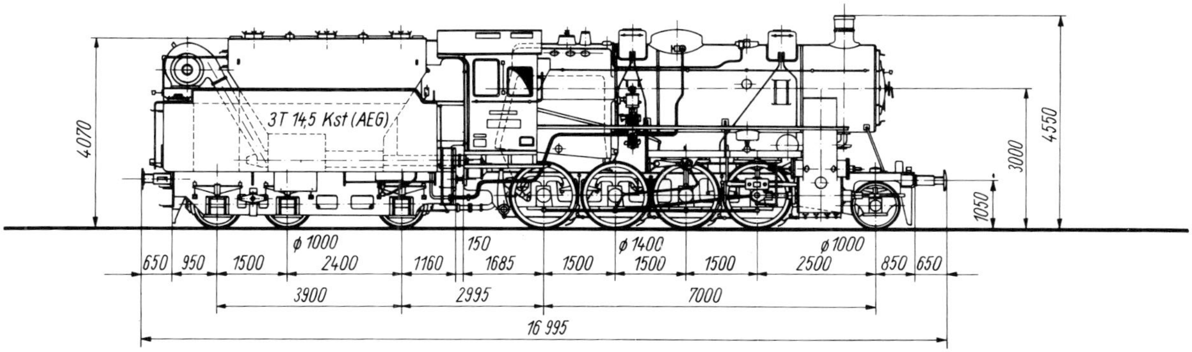


BR $56^{20-29}$ mit AEG-Kohlenstaubfeuerung

56 2130 (pr. G $8^2$) (Henschel 18 130/1921) mit AEG-Kohlenstaubfeuerung, vormals 5046 Cassel

Die DRG traf noch einige Maßnahmen, um die Laufeigenschaften der G $8^2$ zu verbessern. Die Gegenmassestücke der Kuppelachsen (die Treibachse ausgenommen) wurden durchbohrt, um sie leichter zu machen.
So konnte in den 30er Jahren bei einigen ausgewählten Lokomotiven, die vorzugsweise im Personenzugdienst eingesetzt waren, die zulässige Höchstgeschwindigkeit auf 75 km/h festgesetzt werden. Diese Maschinen waren durch ein entsprechendes Geschwindigkeitsschild auf dem Führerstand besonders gekennzeichnet. Es waren dies z. B. Lokomotiven des Bw Güsten, die auf der Hügellandstrecke Magdeburg—Erfurt im Einsatz standen.
Die Bremse wurde durch Einbau von G-P-Wechsel der höheren möglichen Geschwindigkeit angepaßt. Der Umbau erfolgte bei den einzelnen Rbd in eigener Regie.
Bei beiden deutschen Bahnverwaltungen stand die G $8^2$ nach dem zweiten Weltkrieg noch in größeren Stückzahlen im Einsatz. Wegen ihrer Achsfahrmasse von 17 t war sie für Nebenbahnen nicht geeignet. Ihre Einsatzgebiete lagen im Nahgüterverkehr auf Hauptbahnen, und auch im Personenzugdienst war sie wegen ihrer guten Anfahrbeschleunigung anzutreffen. Mit Beginn der 60er Jahre wurde sie zunehmend in den Rangierdienst abgedrängt.
Nach dem Kriege verblieben, wie die erste provisorische Lokzählung vom 31. 12. 1945 ergab, 532 Maschinen der Baureihe $56^{20-29}$ im Bereich der späteren Deutschen Bundesbahn. Zahlreiche Lokomotiven waren kriegsbeschädigt und sind nicht mehr instandgesetzt worden. Der Bestand ging rasch zurück: 1950 waren es 457 Lokomotiven, 1952 noch 295 und 1953 nur noch 193. Sie waren bei den Direktionen Essen, Hamburg, Hannover, Köln, Mainz, Münster und Trier beheimatet. Viele Maschinen fielen der Ausmusterungsverfügung vom 18. 10. 1954 zum Opfer, so daß die meisten Lokomotiven mit Fristablauf ausschieden. Ende 1959 war diese Baureihe offiziell ausgemustert; als letzte Lokomotiven wurden die 56 2847 (November 1962) und 56 2637 (Oktober 1963) abgestellt.
Bei der Deutschen Reichsbahn verblieben nach den Kriege etwa 60 Maschinen. Sie waren vor allem bei den Direktionen Erfurt und Cottbus konzentriert und schieden aus, als die Diesellokomotive der Baureihe V 60 (BR 106) in größeren Stückzahlen geliefert wurde. Die DR hatte im EDV-Umnummerungsplan von 1969 noch 17 Lokomotiven der Gattung G $8^2$ zur Umzeichnung vorgesehen, darunter die erste und die letzte Maschine dieser Gattung, die 56 2001 und die 56 2916. Einige Maschinen bekamen die EDV-Kontrollziffer auch noch angeschrieben. Mit Beginn der 70er Jahre war auch diese Baureihe ausgemustert.

## Konstruktive Merkmale

Kessel: wie Baureihe $56^1$ (pr. G $8^3$)
Rahmen: wie Baureihe $56^1$ (pr. G $8^3$)
Laufwerk: wie Baureihe $56^1$ (pr. G $8^3$), jedoch 2. Kuppelachse nur mit ± 15 mm Seitenverschiebbarkeit.
Triebwerk: Zweizylinder-Heißdampftriebwerk mit einfacher Dampfdehnung. Die beiden außenliegenden, waagerecht angeordneten Zylinder arbeiteten auf die 3. Kuppelachse. Treibachse mit 15 mm Spurkranzschwächung. Druckluftgesteuertes Druckausgleichventil für jeden Zylinder.
Steuerung: Außenliegende Heusinger-Steuerung mit Kolbenschiebern für innere Einströmung. Old. G $8^2$ mit Lentz-Ventilsteuerung.
Bremse: wie Baureihe $56^1$ (pr. G $8^3$)
Sondereinrichtungen: wie Baureihe $56^1$ (pr. G $8^3$)
Tender: pr. 3 T 20 mit 6 t Kohle, old. 3 T 16,5 mit 7 t Kohle (Mittelachse mit ± 5 mm Seitenverschiebbarkeit).
Die old. G $8^3$ erhielt folgende Verbesserungen an der Lentz-Ventilsteuerung:

1. Sämtliche Ventile vom Dampfdruck auf Schließen beansprucht; gleiche Ventilbelastung für Ein- und Ausströmen.
2. Kein schwerer Ventilkasten mehr, sondern 4 unabhängige Einzelführungen.
3. Masse bewegter Steuerungsteile auf Mindestmaß reduziert.
4. Herstellung der Nockenstangen vereinfacht; Hubkurven gehärtet und in Nockenstangen eingepaßt.
5. Ventilspindeln zur besseren Abdichtung verlängert.
6. Stellring zur Einregulierung der Steuerung.
7. Druckschmierung für Ventilspindeln der Einlaßventile.
8. Am Zylinderkörper 8 Schaulöcher zur Beobachtung des Ventilsitzes.

# $57^0$ sä. XI V

# $57^1$ sä. XI H

# $57^2$ sä. XI HV

Als die Sächsische Staatsbahn für den Einsatz auf weniger krümmungsreichen Strecken fünffach gekuppelte Güterzuglokomotiven beschaffte, hatte sich die Erkenntnis durchgesetzt, daß ein guter Bogenlauf auch mit weniger aufwendigen Konstruktionen als der Klien-Lindner-Hohlachse zu erzielen sei. War man von der Mallet-Lok der Gattung I V (B'B n4v) bei der Gattung IX zwar schon zur Steifrahmenlok, allerdings mit Hohlachse, zurückgekehrt, so nahm man jetzt das Gölsdorfsche Prinzip seitenverschiebbarer Kuppelachsen auf. Um die am besten geeignete Bauart zu ermitteln, wurde bei Hartmann eine Güterzuglok der Achsfolge E mit verschiedenen Ausführungen der Dampfmaschine in Auftrag gegeben: die Gattung XI V als Zweizylinder-Naßdampf-Verbundlok (E n2v), die Gattung XI H als Zweizylinder-Heißdampflok (E h2) und die Gattung XI HV als Zweizylinder-Heißdampf-Verbundlokomotive (E h2v).

Im Jahre 1905 lieferte Hartmann 2 Maschinen der Gattung XI V, 8 Maschinen der Gattung XI H und 2 Maschinen der Gattung XI HV. Die Naßdampflok war mit Verbinder-Dampftrockner Bauart Klien ausgerüstet, die Heißdampfloks hatten Rauchkammerüberhitzer Bauart Schmidt. Bei den Lokomotiven der ersten Lieferung waren die 1., 3. und 5. Kuppelachse seitenverschiebbar, die 4. Kuppelachse war die Treibachse. Bei allen späteren Lieferungen gab man die Seitenverschiebbarkeit der 3. Kuppelachse auf, wählte sie als Treibachse und beließ nur die Seitenverschiebbarkeit der ersten und der letzten Kuppelachse. Lediglich die Lieferungen der XI V vom Jahre 1913 (Bahnnummern 825–848) hatten nicht die erste, sondern die zweite Kuppelachse seitenverschiebbar.

Die Naßdampfmaschine XI V unterschied sich äußerlich von den Heißdampflokomotiven durch die Lage des Schornsteines, der bei ihr bis zum Ende der Rauchkammer (500 mm vor der Rohrwand) zurückversetzt war. Alle drei Gattungen hatten Belpaire-Hinterkessel und ein Verbindungsrohr zwischen beiden Dampfdomen, wie es auch viele österreichische Maschinen besaßen.

Die beiden Heißdampfbauarten konnten nicht überzeugen und wurden zunächst nicht mehr beschafft. Es gab sowohl mit den Schmidtschen Rauchkammerüberhitzern als auch mit den Kolbenschiebern Schwierigkeiten, die die Bahnverwaltung veranlaßten, ab 1909 nur die Naßdampflokomotive XI V weiter zu beschaffen, obwohl sie die leistungsschwächste der drei Bauarten war. Bis zum Jahre 1915 wurden 108 Lokomotiven der Gattung XI V gebaut.

Die Heißdampf-Zwillingslokomotive XI H erlebte keine Nachauflage, aber die Heißdampf-Verbundlokomotive XI HV wurde 10 Jahre nach Lieferung der Prototypen wieder gebaut. Bis 1918 wurden von ihr insgesamt 31 Stück geliefert. Allerdings rüstete Hartmann die Nachbestellungen nicht mehr mit Rauchkammer-, sondern mit Rauchrohrüberhitzer aus. Die 5 Lokomotiven des Bauloses 1915 (Bahnnummern 869–873) erhielten Schmidtsche Kleinrohrüberhitzer, alle weiteren den Großrohrüberhitzer. Alle 10 Lokomotiven des Bauloses 1918 (Bahnnummern 888–897) bekamen ab Werk Speisewasservorwärmer. Auch die letzte Lieferung der XI V wurde mit Speisewasservorwärmer geliefert: Bahnnummern 849–858 mit Vulcan-Vorwärmern, Bahnnummern 863–868 mit Knorr-Vorwärmern.

Die Serienlieferung der Naßdampf-Verbundlokomotive XI V (ab 1909, Bahnnummern ab 713) war nicht nur im Laufwerk, sondern auch in anderen Baugruppen von den beiden Probelokomotiven verschieden. Der Abstand zwischen den Rohrwänden war um 200 mm größer geworden, und der nach hinten verschobene Belpaire-Hinterkessel hatte eine Rahmenverlängerung von 50 mm zur Folge. Die Rauchkammer war um 150 mm länger, die beiden Dampfdome um 200 mm enger aneinander gerückt. Bei allen XI V wurde der Verbinder-Dampftrockner wieder ausgebaut und der Schornstein nach vorn versetzt; ein Teil der Maschinen erhielt sogar noch Frischdampf-Überhitzer. Dieser Umbau in Heißdampflokomotiven erfolgte erst nach 1920, also bereits zur Zeit der DRG.

Die Leistungsprogramme (Merkbuch, Ausgabe 1924) wiesen die XI HV als die stärkste der drei Gattungen aus, wenn auch die Unterschiede teilweise gering waren, wie aus der umseitigen Tabelle zu ersehen ist.

Die DRG übernahm 76 Lokomotiven der Gattung XI V in ihren Bestand und gab ihnen die Betriebsnummern 57 001 bis 57 014 und 57 021–57 083. Die Betriebsnummern 57 015–57 020 blieben unbesetzt. Entgegen dem bei der Umnummerung üblichen Prinzip, der Fabriknummer zu folgen, erhielten die zuletzt gelieferten Maschinen dieser Gattung (Baujahre 1914/1915) die DRG-Nummern 57 001–57 014. Die 57 021 und 57 022 sind die Prototypen vom Jahre 1905. Erst ab Baujahr 1909 (ab Bahnnummer 713) folgt die Numme-

| Steigung in ‰ | Geschwindigkeit in km/h | Wagenzugmasse in t | | |
|---|---|---|---|---|
| | | XI V | XI H | XI HV |
| 0 | 50 | 1400 | 1610 | 1730 |
| 3 | 40 | 1010 | 1115 | 1185 |
| 5 | 30 | 1070 | 1130 | 1185 |
| 10 | 25 | 720 | 760 | 780 |
| 25 | 20 | 320 | 350 | 360 |

rung wieder der Reihenfolge der Fabriknummern.
Von den 8 Heißdampf-Zwillingslokomotiven der Gattung XI H kamen 5 zur DRG und erhielten die Betriebsnummern 57 101–57 105.

57 005 (sä. XI V, Bahnnummer 853) (Hartmann 3812/1915)

Von den Heißdampf-Verbundlokomotiven XI HV übernahm die DRG 18 Maschinen. Auch hier folgt die Nummerung nicht der Chronologie der Fabriknummern. Die beiden Erstlieferungen vom Jahre 1905 (Bahnnummern 709 und 710) wurden 57 201 und 57 202. Dann folgen mit 57 203–57 210 8 Lokomotiven aus dem Baulos 1916. 57 211 und 57 212 waren Lieferungen vom Jahre 1915, denen sich als 57 213 und 57 214 wieder Maschinen aus dem Jahre 1916 anschließen. Die 57 215 bis 57 218 entstammen der letzten Lieferung vom Jahre 1918. 47 Naßdampflokomotiven (XI V) sind auf Heißdampf umgebaut worden.
Für 67 Lokomotiven der drei Gattungen XI genehmigte die HV der DRG im Oktober 1930 noch eine Änderung des Laufwerkes. Die 5. Kuppelachse wurde festgelegt, und nur die 1. Kuppelachse behielt ihre Seitenverschiebbarkeit. Die Spurkränze der Kuppelachsen 3 und 4 wurden geschwächt. Dieser Umbau erfolgte bei 47 Heißdampflokomotiven der BR $57^0$ (frühere Gattung XI V), bei 3 Lokomotiven der BR $57^1$ (Gattung XI H) und bei 17 Lokomotiven der BR $57^2$ (Gattung XI HV).
Die Ausmusterung der Gattung XI erfolgte Anfang der 30er Jahre und war etwa Mitte der 30er Jahre abgeschlossen. Die Maschinen konnten mit ihren

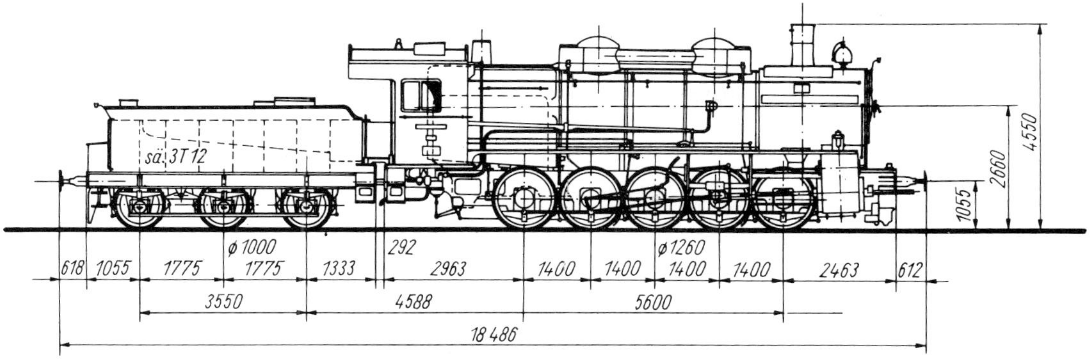


sä. XI H (BR $57^1$), Bahnnummern 701–708

57 102 (sä. XI H, Bahnnummer 704) (Hartmann 2910/1905

kleinen Rädern und ihren schweren Triebwerken nicht mehr den Anforderungen genügen, die an die Geschwindigkeit der Güterzüge gestellt wurden.

## Konstruktive Merkmale

$57^0$

Kessel: Genieteter Kessel. Langkessel aus 3 verschieden langen, teleskopartig ineinandergeschobenen Schüssen. Abstand zwischen den Rohrwänden 4700 mm. Baumuster mit 4500 mm Abstand zwischen den Rohrwänden. Breiter Belpaire-Hinterkessel. Feuerbüchse und Stehbolzen aus Kupfer. 2 durch ein Rohr verbundene Dampfdome auf dem Langkessel. Vor dem 1. und hinter dem 2. Dampfdom je ein Sandkasten angelehnt. Verbinder-Dampftrockner Bauart Klien in der Rauchkammer. 2 Pop-Sicherheitsventile auf dem Stehkesselscheitel vor der Führerhausvorderwand. Speiseeinrichtungen: 2 nichtsaugende Dampfstrahlpumpen Bauart Friedmann SZ Nr. 10 (200 bzw. 240 l/min). Ab Bahnnummer 834 2 Dampfstrahlpumpen Bauart Wintzer (180/230 l/min).
Rahmen: 32 mm dicker Blechrahmen mit 1208 mm Mittenabstand. Ab Bahnnummer 713 um 50 mm verlängerter Rahmen. 2 Pendelbleche.

57 203 (sä. XI HV, Bahnnummer 874) (Hartmann 3891/1916)

sä. XI HV, Bahnnummer 879 (Hartmann 3896/1916) spätere 57 207

Laufwerk: Vierpunktabstützung. Tragfedern der ersten beiden und der drei letzten Kuppelachsen durch Ausgleichhebel verbunden. Tragfedern unterhalb der Achslager. Bei den Baumustern 1., 3. und 5. Kuppelachse mit ± 26 mm Seitenverschiebbarkeit. Serienausführung mit ± 26 mm Seitenverschiebbarkeit der 1. und 5. Kuppelachse. Bei Bahnnummern 825–848 2. und 5. Kuppelachse mit ± 26 mm Seitenverschiebbarkeit.
Triebwerk: Zweizylinder-Naßdampf-Verbundtriebwerk mit außenliegenden, leicht geneigt angeordneten Zylindern. Rechts HD-, links ND-Zylinder. Bei Baumusterlokomotiven Antrieb der 4., bei Serienausführung Antrieb der 3. Kuppelachse.
Steuerung: Außenliegende Heusinger-Steuerung. Anfahrvorrichtung Bauart Lindner.
Bremse: Dampfbremse; Abbremsung aller Radsätze einseitig von vorn.
Sondereinrichtungen: Handbetätigter Sandstreuer sandet die Räder der 2. und 4. Kuppelachse von vorn. Dampfläutewerk Bauart Latowski auf dem Rauchkammerscheitel.
Tender: sä. 3 T 9 mit 4 t Kohle; sä. 3 T 12 mit 5 t oder 6 t Kohle; sä. 3 T 13 mit 6 t Kohle.

$57^1$

Kessel: Prinzipieller Aufbau wie BR $57^0$ (sä. XI V), jedoch mit 4 500 mm Abstand zwischen den Rohrwänden. Rauchkammerüberhitzer Bauart Schmidt. Speiseeinrichtungen: 2 nichtsaugende Dampfstrahlpumpen Bauart Friedmann SZ Nr. 10 (200 l/min).
Rahmen: 32 mm dicker Blechrahmen

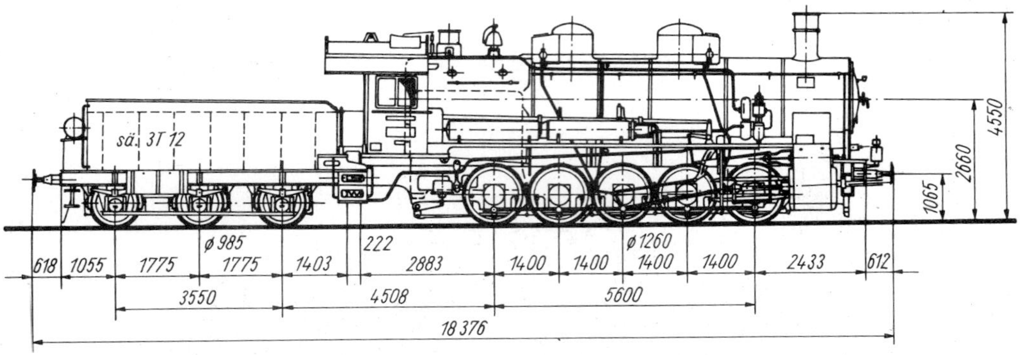


sä. XI HV (BR $57^2$), Bahnnummer 874

mit 1 208 mm Mittenabstand. 2 Pendelbleche.
Laufwerk: Vierpunktabstützung. Tragfedern der ersten beiden und der letzten drei Kuppelachsen durch Ausgleichhebel verbunden. Tragfedern unterhalb der Achslager. 1., 3. und 5. Kuppelachse mit ± 26 mm Seitenverschiebbarkeit.
Triebwerk: Zweizylinder-Heißdampftriebwerk mit einfacher Dampfdehnung. Außenliegende, leicht geneigt angeordnete Zylinder. Antrieb der 4. Kuppelachse.
Steuerung: Außenliegende Heusinger-Steuerung.
Bremse: wie BR $57^0$ (sä. XI V).
Sondereinrichtungen: wie BR $57^0$ (sä. XI V).
Tender: wie BR $57^0$ (sä. XI V).

$57^2$

Kessel: Prinzipieller Aufbau wie bei BR $57^0$ (sä. XI V). Abstand zwischen den Rohrwänden bei beiden Baumustern 4 500 mm, bei der Serienausführung 4 700 mm. Baumuster mit Rauchkammerüberhitzer Bauart Schmidt. Bahnnummern 869 bis 873 mit Kleinrohrüberhitzer, ab Bahnnummer 874 mit Großrohrüberhitzer. Speiseeinrichtungen: Baumuster mit 2 nichtsaugenden Dampfstrahlpumpen Bauart Friedmann SZ Nr. 10 (200 l/min). Bahnnummern 869–887 mit 2 nichtsaugenden Dampfstrahlpumpen Bauart Wintzer (180/230 l/min). Bahnnummern 888–897 mit 1 Knorr-Kolbenspeisepumpe und 1 Dampfstrahlpumpe Bauart Friedmann.
Rahmen: wie BR $57^1$ (sä. XI H).
Laufwerk: Vierpunktabstützung. Tragfedern der ersten beiden und der letzten drei Kuppelachsen durch Ausgleichhebel verbunden. Tragfedern unterhalb der Achslager. Baumuster mit ± 26 mm Seitenverschiebbarkeit für 1., 3. und 5. Kuppelachse. Serienausführung mit ± 26 mm Seitenverschiebbarkeit für 1. und 5. Kuppelachse.
Triebwerk: Zweizylinder-Heißdampf-Verbundtriebwerk mit außenliegenden, leicht geneigt angeordneten Zylindern. Rechts HD-, links ND-Zylinder. Bei Baumustern Antrieb der 4., bei Serienausführung Antrieb der 3. Kuppelachse.
Steuerung: wie BR $57^0$ (sä. XI V).
Bremse: Baumuster mit Dampfbremse. Serienausführung mit Druckluftbremse Bauart Westinghouse. Abbremsung aller Kuppelradsätze einseitig von vorn.
Sondereinrichtungen: wie BR $57^0$ (sä. XI V).
Tender: wie BR $57^0$ (sä. XI V).

# $57^3$ wü. H

# $57^4$ wü. Hh

Die durch die Wirtschaftskrise eingetretene Stagnation in der Entwicklung leistungsfähiger Güterzuglokomotiven war auch bei der Württembergischen Staatsbahn zu verzeichnen. Bis 1880 standen zur Abwicklung des gesamten Güterverkehrs lediglich die C-Kuppler der Klasse F von 1864 zur Verfügung. Zur Verbesserung der Wirtschaftlichkeit erhöhte man später noch deren Kesseldruck von 10 bar (10 kp/cm$^2$) auf 12 bar (12 kp/cm$^2$), blieb aber wegen der Abneigung gegen Lokomotiven mit festem großem Achsstand noch bis 1909 bei dreifach gekuppelten Maschinen, die zudem auch noch mit den Triebwerken der Bauart Klose in Zwillings- und Verbundwirkung (wü. F 1 c und wü. F 1) in Dienst gestellt wurden. Lokomotiven mit dieser Achsanordnung sind auf Grund ihres geringen festen Achsstandes und der großen überhängenden Massen weder für große Zugkräfte noch für hohe Geschwindigkeiten geeignet. Deshalb konnten die in den 90er Jahren stark steigenden Zugmassen nur durch Teilung der Züge oder die unwirtschaftliche Doppelbespannung bewältigt werden. Als Lösung kam nur eine leistungsgesteigerte Lokomotive mit einer Mindestreibungsmasse von 70 t in Betracht, die wegen der geringen zulässigen Achsfahrmasse 5 angetriebene Achsen erforderte. Nach dem damaligen Entwicklungsstand in Deutschland war das völliges Neuland. Es war deshalb zweifellos ein mutiger Schritt Kloses, des leitenden Maschineningenieurs der Württembergischen Staatsbahn, den Schritt zum Fünfkuppler zu wagen, der 1892 erstmals auf deutschen Strecken zum Einsatz kam. Bei dieser neuen Lokomotive, die als wü. Klasse G in der Bauart E n3v von Esslingen geliefert wurde, fand das nach ihm benannte „Klose-Triebwerk" Anwendung, wel-

57 301 (wü. H., Bahnnummer 812) (Maschinenfabrik Esslingen 3325/1905). Zustand nach Ausrüstung mit Überhitzer, Oberflächenvorwärmer und auf den Kessel verlegten Sandkasten.

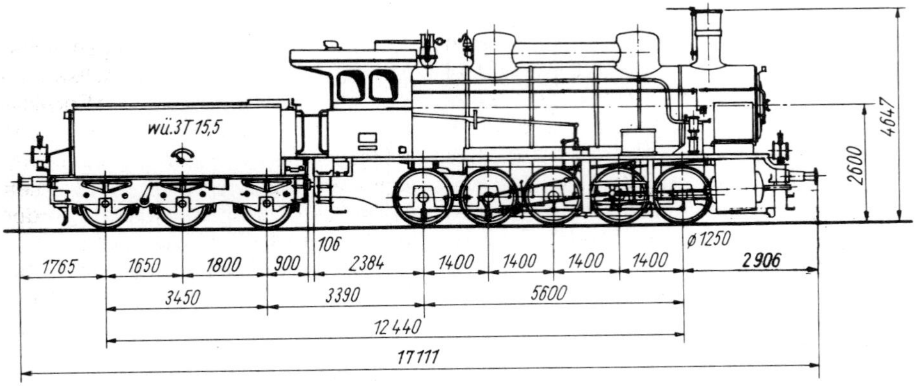


wü. Hh (BR $57^4$), Ursprungsausführung

57 408 (wü. Hh, Bahnnummer 837) (Maschinenfabrik Esslingen 3717/1914). Zustand nach Ausrüstung mit Oberflächenvorwärmer und auf den Kessel verlegten Sandkasten.

ches das zwanglose Befahren von Bögen mit einem Mindestradius von 150 m gewährleistete. In Verbindung mit dem schwierig zu beherrschenden Dreizylinder-Verbundtriebwerk (mittig liegender HD-Zylinder, alle Zylinder hatten gleichen Durchmesser und arbeiteten auf die zweite Achse) stellten die neuen Lokomotiven, obwohl sie lauf- und leistungstechnisch befriedigten, erhebliche Anforderungen sowohl an die Fertigung als auch an die Erhaltung und Unterhaltung.
So blieb es bei 5 Maschinen dieser Klasse, die trotz z. T. heftiger Kritiken in der Fachpresse (man sprach sogar von einer „Hemmung des Fortschritts") eine bemerkenswerte Entwicklung darstellten und als württembergische „Elefanten" in die Lokomotivgeschichte eingingen.
Als jedoch nach der Jahrhundertwende der Leistungsbedarf weiter anstieg, machten sich erneut Neubeschaffungen unumgänglich. Inzwischen lagen neue Erkenntnisse über den Bogenlauf vor. 1888 hatte Richard von Helmholtz in der Zeitschrift des Vereins deutscher Ingenieure (ZVDI) seine theoretischen Untersuchungen zu diesen Problemen veröffentlicht, die von Gölsdorf erstmals 1898 an 1'D-Lokomotiven (Reihe 170) und 1901 an den E-Lokomotiven (Reihe 180) in die Praxis eingeführt wurden. Nun galt als bewiesen, daß vier- und fünfachsige Lokomotiven ohne komplizierte Triebwerks- und Rahmenkonstruktionen ohne Beanstandungen einsetzbar waren. Man entschloß sich deshalb bei der Württembergischen Staatsbahn, die neu zu beschaffende Maschine in der Bauart E n2v mit seitenverschiebbaren Achsen nach System Gölsdorf zu bestellen und vergab 1904 an die Maschinenfabrik Esslingen den Auftrag zur Fertigung. Von 1905–1909 lieferte Esslingen 8 Stück der genannten Bauart, die bei der Württembergischen Staatsbahn als Klasse H zum Einsatz kamen. Auch die Sächsische Staatsbahn nahm bereits 1905 ihre ersten E-gekuppelten Lokomotiven mit seitenverschiebbaren Achsen in Betrieb, die in den Varianten E h2 (sä. XI H); E n2v (sä. XI V) und E h2v (sä. XI HV) ausgeführt waren. Erst danach folgten die anderen deutschen Bahnen.
Dem Entwurf lagen folgende Forderungen der Bahnverwaltung zugrunde:
- Beförderung von 685 t Wagenzugmasse auf einer Steigung von 10‰ mit 20 km/h,
- Masseaufteilung auf 5 gekuppelte Achsen,
- befahrbarer Mindestradius von 180 m,
- ruhiger Lauf bei 50 km/h in der Geraden und bei Ein- und Ausfahrten in Kurven,
- Tendervorräte: 15 $m^3$ Wasser und 7,5 t Kohle,
- maximale Achsfahrmasse 15 t.

Besonders der hohen zulässigen Achsfahrmasse war es zu verdanken, daß die Lokomotiven der Klasse H einen neuen, sehr leistungsfähigen Kessel erhielten, für den ein Dampfdruck von 15 bar (15 kp/$cm^2$) vorgesehen war. Um möglichst trockenen Dampf zu erhalten, wurde der Kessel – ähnlich den Schnellzuglokomotiven der Klassen AD und ADh – mit 2, durch ein weites Rohr verbundenen Domen ausgerüstet, die Kesselmitte rückte auf 2500 mm ü. SO. Der Treibraddurchmesser blieb mit 1250 mm in Anlehnung an die alten Dreikuppler der Klasse Fc recht klein, die 2 außenliegenden Zylinder arbeiteten mit Verbundwirkung auf die vierte Kuppelachse. Übermäßig lange Treibstangen vermied man durch Zurückverlegung der Kreuzkopfführung, wobei die verlängerte Kolbenstange zusätzlich in einer Brillenführung abgestützt wurde. Nach der bewährten Laufwerksgestaltung Gölsdorfs erhielt die 1. Achse ± 26 mm, die 3. Achse ± 20 mm und die letzte Achse ± 26 mm Seitenverschiebbarkeit. Die ursprünglichen Flachschieber ersetzte man bei der HD-Maschine durch Kolbenschieber. Desgleichen wurden die früher auf dem Umlauf angeordneten Sandbehälter auf den Kesselrücken verlegt. Bei Belastungsfahrten auf der Versuchsstrecke Göppingen—Geislingen zeigte sich, daß die geforderte Leistung voll erbracht wurde. So wurden in der Ebene 1750 t mit 45 km/h und in einer Steigung von 10‰ 495 t mit 35 km/h befördert. Bis 1909 standen 8 Lokomotiven der Klasse H zur Verfügung. Als im gleichen Jahr die Weiterbeschaffung leistungsstarker Lokomotiven erforderlich wurde, entschloß man sich – unter Beibehaltung der alten Grundkonzeption – zur Einführung des Heißdampfes, was zweifellos unter dem Einfluß der allgemeinen Einführung bei anderen Bahnverwaltungen und der guten Erfahrungen mit den Schnellzuglokomotiven der Klasse ADh geschah. Die ab 1909 gebauten und als Klasse Hh bezeichneten Maschinen unterschieden sich von denen der Klasse H vor allem im Kessel und im Triebwerk. Dabei verringerte sich die Gesamtheizfläche von 193 $m^2$ auf 160 $m^2$, die Rostfläche von 2,83 $m^2$ auf 2,58 $m^2$, wobei die frühere breite Feuerbüchse durch eine lange schmale Büchse ersetzt wurde. Zweifelhaft war die Herabsetzung des Dampfdruckes von 15 bar (15 kp/$cm^2$) auf 13 bar (13 kp/$cm^2$). Neu war ebenfalls das Triebwerk. Anstelle des Verbundtriebwerkes mit 565/860 mm Zylinderdurchmesser trat das einfache Zwillingstriebwerk mit 620 mm Durchmesser; der Hub blieb dabei unverändert, ebenfalls das gesamte Laufwerk. Bis 1920 beschaffte die Württembergische Staatsbahn 26 Maschinen der Klasse Hh, von denen die letzten mit Kolbenspeisepumpe und Abdampfvorwärmer ausgerüstet waren.

Die gesamten Lieferungen der Klassen H und Hh erfolgten von der Maschinenfabrik Esslingen.
Nach dem ersten Weltkrieg mußten 4 Loks der Klasse H und 6 Loks der Klasse Hh abgegeben werden. Zur DRG gelangten 3 Lokomotiven der Klasse H, die in h2v-Maschinen umgebaut wurden, und 17 Lokomotiven der Klasse Hh. Noch 1931 gehörten zwei der BR $57^3$ und 16 der BR $57^4$ zum Bestand der Rbd Stuttgart, die letzten wurden 1935 ausgemustert.
Trotz des verminderten Kesseldruckes und der geringeren Kesselabmessungen war die Heißdampfausführung vor allem im oberen Leistungsbereich der Verbundmaschine spürbar überlegen. So vermochten sie in der Ebene noch 1900 t mit 45 km/h gegen 1740 t bei der Klasse H zu befördern, in 20‰ Steigung bewältigten beide Ausführungen etwa 350 t mit 25 km/h. Die zur Bauart h2v umgebauten Lokomotiven waren den h2-Maschinen leistungsmäßig geringfügig überlegen.

## Konstruktive Merkmale

Kessel: Kessel mit breiter, über dem Rahmen liegender Feuerbüchse. Hochliegender Kessel mit 2 durch Rohr verbundenen Domen. Kesseldruck 15 bar (15 kp/cm$^2$); bei Klasse Hh lange schmale Feuerbüchse, Kesseldruck 13 bar (13 kp/cm$^2$), Rauchrohrüberhitzer mit 46,5 m$^2$ Heizfläche.
Rahmen: Blechrahmen
Laufwerk: Seitenverschiebbarkeit der Radsätze mit ± 26 mm für 1. Achse; ± 20 mm für 3. und ± 26 mm für 5. Achse. Abstützung durch Blattfedern für Achsen 1–4 bei Klasse H und für Achsen 1–3 bei Klasse Hh oberhalb der Achslager, die restlichen unterhalb der Achslager angeordnet. Jeweils 1. und 2. sowie 4. und 5. Achse durch Ausgleichhebel verbunden.
Triebwerk: Zweizylinder-Verbundtriebwerk mit außenliegenden Zylindern, aus Profilgründen leicht geneigte Zylinderanordnung. Klasse Hh mit Zweizylinder-Heißdampftriebwerk, späterer Umbau der n2v- in h2v-Maschinen; zurückverlegte doppelte Kreuzkopfführung, lange Kolbenstange durch zusätzliche Brille geführt. Treibachse ist fest gelagerte 4. Achse.
Steuerung: Außenliegende Heusinger-Steuerung. Flachschieber, später Kolbenschieber, Anfahrvorrichtung nach Gölsdorf. Nach Umbau in h2v Flachschieber auf ND-Seite beibehalten.
Bremse: Westinghouse-Bremse, die die drei mittleren Achsen einseitig abbremst. Mitnahme der Bremsklötze bei Seitenverschiebung der Radsätze durch seitliche Führungen und besondere gelenkige Aufhängung an der mittleren Achse, stehender Bremszylinder zwischen 3. und 4. Achse in Rahmenmitte.
Sondereinrichtungen: Ursprünglich Sandkästen auf Umlauf, später auf Kesselrücken, letzte Lieferungen der Klasse Hh mit Speisewasservorwärmer und Kolbenspeisepumpe ausgerüstet sowie Nachrüstung aller von der DRG übernommenen Loks, Dampfheizleitung.
Tender: wü. 3 T 15,5 mit 6 t Kohle.

# $57^5$

**bay. G $^5/_5$**

Mit der bay. G$^5/_5$, die 1911 in Dienst gestellt wurde, führte die Entwicklung von der 1'D n2 von 1906 zur fünffach gekuppelten Güterzuglokomotive, die – erstmals an einer bayerischen Güterzuglokomotive – mit Überhitzer und Vierzylinder-Verbundtriebwerk ausgeführt war. Man verzichtete auf Lenk- oder Drehgestelle und nutzte die gesamte Lokomotivmasse als Reibungsmasse. Mit dieser großen Reibungsmasse, der Anwendung von Heißdampf und dem Vierzylinder-Verbundtriebwerk war es nun möglich, eine beachtliche Leistungssteigerung zu erzielen, die vor allem für den Einsatz auf den Steilstrecken Bayerns notwendig wurde. Einen entsprechenden Auftrag hatte die Bayerische Staatsbahn 1910 an die Firma Maffei vergeben, die bereits 1911 15 Maschinen lieferte, von denen die erste im gleichen Jahr als Fabriknummer 3 235 auf der „Internationalen Industrie- und Gewerbeausstellung" in Turin gezeigt wurde.
Dem Leistungsprogramm lag die Forderung zugrunde, auf einer 11-‰-Steigung einen 800-t-Zug mit einer Geschwindigkeit von 25 km/h zu befördern. Dank der für die Bayerische Staatsbahn charakteristischen Baumerkmale wie Barrenrahmen, breiter, über dem Rahmen stehender Feuerbüchse, Vierzylinder-Verbundtriebwerk

und vor allem wegen des hohen Kesseldruckes von 16 bar (16 kp/cm$^2$) erwies sich die neue Lokomotive den sächsischen und württembergischen E-Kupplern von 1905 und auch der ein Jahr zuvor erschienenen pr. G 10 (E h2) weit überlegen. Heizflächen- und Rostabmessungen übertrafen die der pr. G 10 um fast 40 %; leider ist auch bei der bay. G $^5/_5$ der Grundmangel nahezu aller bayerischen Heißdampflokomotiven zu verzeichnen – die Unterdimensionierung des Überhitzers. Allerdings versuchte man später, die Dampftemperatur durch Vergrößern der Überhitzerheizfläche zu erhöhen.

Der Rahmen war zum Vorteil für Ausbildung und Wartung des Innentriebwerkes als Barrenrahmen ausgeführt. Zur Gewährleistung des geforderten Bogenlaufes erhielten die erste und letzte Kuppelachse je ± 20 mm Seitenverschiebbarkeit, während die Treibachse im Spurkranz 7 mm geschwächt wurde. Wie später bei der bay. G $^4/_5$ H, mußte der Achsstand zwischen zweiter Kuppelachse und Treibachse auf 1800 mm gegenüber 1400 mm zwischen den anderen Achsen vergrößert werden, um ausreichend lange Treibstangen unterzubringen. Die Lokomotive war in 6 Punkten abgestützt. Für das Vierzylinder-Verbundtriebwerk wählte Maffei den Einachsantrieb auf die mittlere Achse.

Je ein innerer HD- und ein äußerer ND-Zylinder bildeten einen gemeinsamen Gußblock. Beide Teile waren in Lokomotivmitte miteinander verschraubt. Die außenliegende Heusinger-Steuerung in Hängeeisenbauart bewegte einen für HD- und ND-Zylinder gemeinsamen Kolbenschieber. Zum erleichterten Anfahren diente ein Anfahrhahn, der ab 70 % Füllung Frischdampf zum ND-Zylinder freigab.

Alle 15 Lokomotiven der ersten Lieferung von 1911 erhielt das Bw Würzburg.

Bei den Versuchsfahrten zeigte sich, daß die geforderte Leistung noch übertroffen wurde, denn mit der vorgeschriebenen Anhängemasse erreichte die Lokomotive statt 25 km/h bis zu 32 km/h. Die gute betriebliche Bewährung und die günstigen Verbrauchswerte veranlaßten die Bayerische Staatsbahn zur Beschaffung weiterer Lokomotiven dieser Bauart. Von 1920 bis 1924 erfolgten, ebenfalls durch Maffei, drei weitere Lieferungen, so daß Ende 1924 insgesamt 95 Lokomotiven zum Bestand zählten.

Die einzelnen Lieferungen unterschieden sich in der Bemessung einiger Bauteile. Während die Ausführung von 1911 Zylinderdurchmesser von 425/650 mm bei 610/640 mm Hub erhielt, vergrößerte man diese ab Lieferung von 1920 auf 450/690 mm bei unveränderten Hüben. Die Verdampfungsheizfläche wurde bei gleichzeitiger Vergrößerung des Überhitzers verringert. Dienstmasse und mittlere Kuppelachsfahrmasse stiegen dabei ebenfalls, so daß die späteren Serien

57 505 (bay. G 5/5, Bahnnummer 5810) (Maffei 3244/1911)

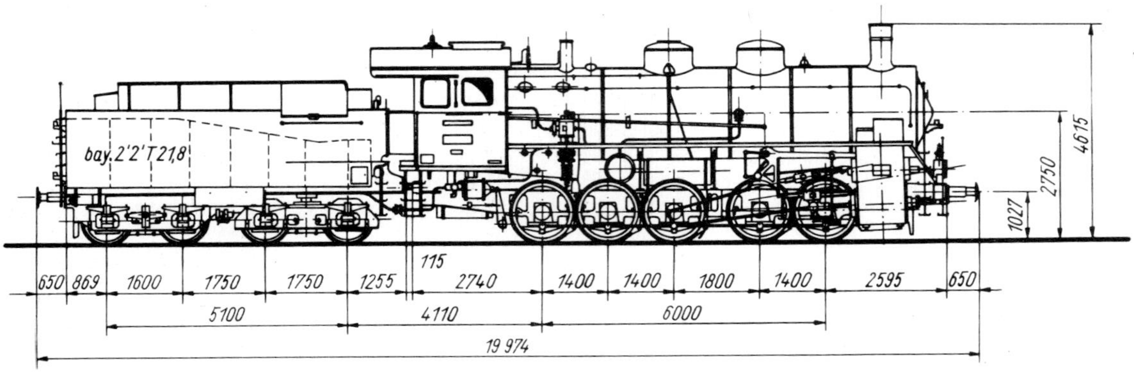


bay. G 5/5 (BR $57^5$), Bahnnummern 5816–5895

das Gattungszeichen G 55.16, die 1924 gebauten Lokomotiven sogar G 55.17 bekamen. Die 1911 in Turin ausgestellte Lokomotive war ursprünglich mit einem kurzen Krempenschornstein ausgerüstet.

Von den 87 bei der DRG als BR $57^5$ eingereihten Lokomotiven wurde der überwiegende Teil bereits bis 1935 ausgemustert, nur wenige blieben bis 1945 im Bestand.

1950 stellte die DB die beiden letzten Vertreter dieser leistungsfähigen bayerischen Güterzuglokomotive, die 57 574 und die 57 579, außer Dienst.

Abgesehen von der wü. K, der 1'F h4v-Lokomotive der späteren BR $59^0$, war sie neben der pr. G 12 bis zum Erscheinen der Einheitslokomotiven die leistungsfähigste deutsche Güterzuglokomotive. Sie war in der Lage, in der Ebene 1340-t-Züge mit 60 km/h und in 20-‰-Steigung 470-t-Züge mit einer Geschwindigkeit von 25 km/h zu befördern.

## Konstruktive Merkmale

Kessel: 2 Langkesselschüsse, lange Rauchkammer; Feuerbüchse mit geneigter Stehkesselrückwand; über Rahmen verbreiterte Feuerbüchse; Langkessel durch Pendelbleche mit Rahmen verbunden; vorn mit Rauchkammer auf HD-Zylinder gelagert; Stehkessel beweglich in Führungsstücken gelagert. Rauchrohrüberhitzer Bauart Schmidt. Speiseeinrichtungen: Zwei nichtsaugende Friedmann-Injektoren.

Rahmen: Barrenrahmen aus 100 mm dicken Rahmenwangen; an den Zugkästen und durch Zylinderblöcke versteift.

Laufwerk: Sechspunktabstützung. Alle Tragfedern unterhalb der Achslager angeordnet; erste und zweite sowie dritte und vierte Achse durch Ausgleichhebel verbunden; erste und fünfte Achse ± 20 mm seitenverschiebbar, Treibachse mit um 7 mm geschwächtem Spurkranz.

Triebwerk: Vierzylinder-Heißdampf-Verbundtriebwerk; Einachsantrieb, alle 4 Zylinder arbeiten auf die dritte Achse; innere HD- und äußere ND-Zylinder; je ein HD- und ND-Zylinder bilden ein Gußteil mit gemeinsamem Schiebergehäuse; stark geneigte HD- und leicht geneigte ND-Zylinder; beide Gußteile in Lokomotivmitte miteinander verschraubt; einschienige Kreuzkopfführung.

Steuerung: Außenliegende Heusinger-Steuerung in Hängeeisenbauart; Schieberstangenführung durch Pendelaufhängung; Anfahrbahn gibt bei 70 % Füllung Frischdampf zu ND-Zylindern frei.

Bremse: Westinghouse-Bremse; zwei Bremszylinder wirken einseitig auf die zweite bis fünfte Achse; ab Lieferung 1920 Westinghouse-Bremse mit Zusatzbremse.

Sondereinrichtungen: Manometer für Kessel-, Verbinder- und HD-Schieberkasten; Anzeige für Überhitzertemperatur; Geschwindigkeitsanzeige Bauart Haußhälter; zwei Friedmann-Schmierpumpen; Handsandstreuer für Räder der Treibachse; Dampfheizleitung; erste Lieferung erhielt nachträglich Vorwärmanlage mit Speisepumpe; Vorwärmer querliegend oberhalb des Rahmens angeordnet, alle übrigen Lieferungen ab Werk mit Vorwärmanlagen ausgerüstet.

Tender: bay. 2'2' T 21,8 mit 7,5 t (später 8 t) Kohle.

# $57^{10-35}$ pr. G 10

Auf der 49. Beratung des preußischen Ausschusses für Lokomotiven vom 4.–6. 12. 1907 in Kassel legte Robert Garbe vom EZA den Entwurf einer fünffach gekuppelten Heißdampf-Güterzuglokomotive vor. Ein Vorentwurf war bereits auf der Lokomotiv-Verteilungskonferenz (13.–14. 9. 1907) diskutiert worden, und drei Direktionen hatten Bedarf an dieser Lokomotive angemeldet.
Der dem Lokausschuß vorgelegte Entwurf war durch folgende Merkmale charakterisiert: Kessel analog der pr. P 8; 1 400 mm Kuppelraddurchmesser mit 1 500 mm Achsabstand; ± 28 mm Seitenverschiebbarkeit der 1., 3. und 5. Achse; 4. Achse als Treibachse. Dadurch ergaben sich unverhältnismäßig lange Kolben- und Schieberstangen, so daß eine Brillenführung für die Kolbenstange erforderlich geworden wäre. Die neue Lokomotive war also ein P 8-Kessel auf dem Fahrwerk der T 16 (BR $94^{2-4}$). Der Lokausschuß hielt den Antrieb der 4. Achse für unzweckmäßig, die Seitenverschiebbarkeit der 3. Achse für überflüssig und empfahl die Neuvorlage des Entwurfs mit Ausbildung der 3. Achse als Treibachse.
Diesen neuen Entwurf legte Garbe auf der 50. Beratung am 19. und 20. 2. 1908 in Hannover vor. Die Achsen 2, 3 und 4 waren fest gelagert, die 3. Achse war Treibachse, die Kuppelachsen 1 und 5 hatten je ± 28 mm Seitenverschiebbarkeit. Auf der gleichen Ausschußsitzung wurde übrigens auch die T 16 (die seit 1905 gebaut wurde) mit diesem Fahrwerk vorgestellt und später als $T\,16^1$ gebaut. Mit einigen Änderungen wurde der Entwurf der fünffach gekuppelten Schlepptenderlokomotive genehmigt. Diese Änderungen betrafen den Wegfall des Löschetrichters in der Rauchkammer und eine tiefere Lage des vorderen Aschkastenteiles.
Sowohl auf der 49. wie auch auf der 50. Ausschußsitzung hatten die Direktionen Elberfeld und Erfurt den Entwurf abgelehnt, weil kein Bedarf für eine so leistungsstarke Maschine vorhanden sei. Ebenso beharrlich hatte die ED Breslau ihre Beschaffung für die schlesischen Strecken und für die Beförderung schwerer Militärzüge gefordert. Die Achsfahrmasse der Lokomotive war mit 15 t festgesetzt, damit sie, im Gegensatz zur $G\,8^1$, auch auf Nebenstrecken einsetzbar war. Urheberfirma dieser ersten fünffach gekuppelten preußischen Schlepptenderlokomotive, die das Gattungszeichen G 10 erhielt, war Henschel & Sohn in Kassel. Beim Kessel griff man auf die bewährte Konstruktion des P 8-Kessels zurück. Der Kuppelraddurchmesser wurde von 1 350 mm auf 1 400 mm vergrößert.
Weil die Kessellage niedriger als bei der P 8 war, konnte ein höherer Dom verwendet werden. Der größere Raddurchmesser gestattete auch den Einbau von Zylindern mit 630 mm Durchmesser. Die Ausführung des Laufwerkes mit seitenverschiebbarer 1. und 5. Kuppelachse und Spurkranzschwächung bei der Treibachse gab zwar eine gute Kurvenbeweglichkeit, doch der Lauf der Maschine war im geraden Gleis recht unruhig, da die geführte Länge der Lok mit nur 3 000 mm zu gering war. Die DRG nahm bis 1936 Verbesserungen am Laufwerk vor. Die 5. Kuppelachse wurde durch Auffüttern der Achslager festgelegt, die Spurkränze der 3. und 4. Achse schwächte man um 8 mm. Analoge Änderungen wurden bei den Tenderlokomotiven der Gattungen T 16 und $T\,16^1$ vorgenommen. Die zulässige Geschwindigkeit der G 10 konnte daraufhin auf 60 km/h erhöht werden. In der Ursprungsausführung betrug die Reibungsmasse der G 10 69,5 t. Nach der Ausrüstung mit Oberflächenvorwärmer Bauart Knorr, Speisedom, zweitem Sandkasten und vergrößertem Überhitzer stieg die Reibungsmasse auf 76,6 t, womit aber der Einsatz auf Nebenstrecken noch möglich war.
Nach dem ursprünglichen Leistungsprogramm (Merkbuch, Ausgabe 1924) beförderte die G 10 in der Ebene 1 380 t mit 50 km/h, 820 t auf 5‰ Steigung mit 35 km/h und 830 t auf 10‰ Steigung mit 20 km/h. Auf Grund von Versuchsfahrten zu Zeiten der DRG wurden die Wagenzugmassen erhöht: 1 460 t in der Ebene mit 50 km/h, 875 t auf 5‰ Steigung mit 35 km/h und 905 t auf 10‰ Steigung mit 20 km/h.
Das Leistungsvermögen der G 10 übertraf also nicht das der vierfach gekuppelten $G\,8^1$, was bei dem geringeren Kesseldruck von 12 bar (12 kp/cm$^2$), $G\,8^1$: 14 bar (14 kp/cm$^2$) und der niedrigen Achsfahrmasse (15 t; $G\,8^1$: 17 t) auch nicht zu erwarten war.
Die ersten Maschinen der Gattung G 10 wurden 1910 von Henschel geliefert. Der Beschaffungszeitraum erstreckte sich über 14 Jahre, also bis in die DRG-Zeit. Bis 1925 wurden an die Preußische Staatsbahn bzw. an die DRG 2 589 Maschinen geliefert. Die Reichseisenbahnen beschafften 35, die SAAR-Bahnen 27 Maschinen. Diese unkomplizierte, robuste Gebrauchslokomotive fand auch im Ausland Interessenten. Sie lief bei der PKP, der TCCD, der CFR, den Österreichischen Heeresfeldbahnen und bei der Litauischen Staatsbahn.

Im vorläufigen Umzeichnungsplan der DRG war die G 10 als Baureihe 33 vorgesehen und ist mit diesen Betriebsnummern noch zum Einsatz gekommen (z. B. 57 3259–57 3264 als 33 2259 bis 33 2264; 57 3279–57 3285 als 33 2279 bis 33 2285 und 57 3299–57 3301 als 33 2297–33 2299). Aus dem Bestand der Preußischen Staatsbahn übernahm die DRG Maschinen mit den Betriebsnummern 57 1001–57 2726. Die Betriebsnummern 57 2727–57 2891 blieben zunächst unbesetzt. Auf die Nummern 57 2727–57 2763 wurden 1935 die G 10 der SAAR gesetzt, auf die Nummern 57 2764–57 2772 im Jahre 1941 die G 10 (Tw 1) der PKP und auf die Nummern 57 2773–57 2783 im Jahre 1943 die G 10 (K) der Prinz-Heinrich-Bahn Luxemburgs. 1944/1945 wurden die Betriebsnummern 57 2784 bis 57 2804 mit weiteren Tw 1 der PKP besetzt, wobei die 57 2789–57 2792 ehemalige G 10 der Österreichischen Heeresfeldbahnen (Reihe 680) waren. Die Betriebsnummern 57 2892 bis 57 3524 erhielten zur Reichsbahnzeit erfolgte Nachbauten bzw. erst dann zur Ablieferung gekommene Maschinen. Die Betriebsnummern 57 3551 erhielt 1948 eine G 10 der AL, die Nummer 57 4245 kam an eine G 10, die 1945 im Bereich der Rbd Schwerin vorgefunden wurde.

An der Lieferung der G 10 waren viele deutsche Lokomotivfabriken beteiligt, vorrangig Henschel, Hanomag und Borsig, aber auch Grafenstaden, Krupp, Orenstein & Koppel, Rheinmetall, Hohenzollern und Schwartzkopff.

Mit der Lok „Magdeburg 5475" (57 2008) unternahm die Preußische Staatsbahn Versuche mit einem Rauchgasvorwärmer für das Speisewasser und rüstete die Maschine mit rechteckigen, oben abgewinkelten Windleitblechen aus. Wenn auch diese Anlage später wieder ausgebaut wurde, so war sie doch eine Entwicklungsstufe zum späteren Rauchgasvorwärmer der Bauart Franco-Crosti. Die Lok „Erfurt 5530" (57 2021) war eine Zeitlang mit Gleichstromzylindern der Bauart Stumpf ausgerüstet. Einige G 10 erhielten ab Werk Riggenbach-Gegendruckbremse, die aber in den 30er Jahren nach der Einführung mehrlösiger Bremsen wieder ausgebaut wurde.

Sowohl im ersten als auch im zweiten Weltkrieg kam der G 10 als Kriegslokomotive eine große Rolle zu, weil sie mit ihrer niedrigen Achsfahrmasse freizügig einsetzbar war und an Bedienung und Unterhaltung wenig Ansprüche stelle. Im zweiten Weltkrieg erhielten die im Osten eingesetzten G 10 besondere Frostschutzeinrichtungen, und einige Maschinen wurden zu Panzerzugloks umgebaut.

Der amtliche Bestand betrug nach H. Wenzel am 31. 12. 1943 2 230 Maschinen der Baureihe $57^{10-35}$. Nach dem zweiten Weltkrieg war der Bestand arg dezimiert, und viele Maschinen blieben in anderen europäischen Ländern zurück. Wenzel gibt den Bestand (nach 1945) der DB mit 649 (zuzüglich 81 Maschinen der SAAR) und den der DR mit 112 Lokomotiven an. Im Jahre 1968 gehörte keine G 10 mehr zum Unterhaltungsbestand der DB.

57 1002 (pr. G 10) (Henschel 10 000/1910). Die Jubiläumsfabriknummer von Henschel trug die ehemalige Bahnnummer 5401 Mainz. Die Maschine ist noch mit dem längeren Führerhaus und zwei Kesselaufbauten geliefert worden.

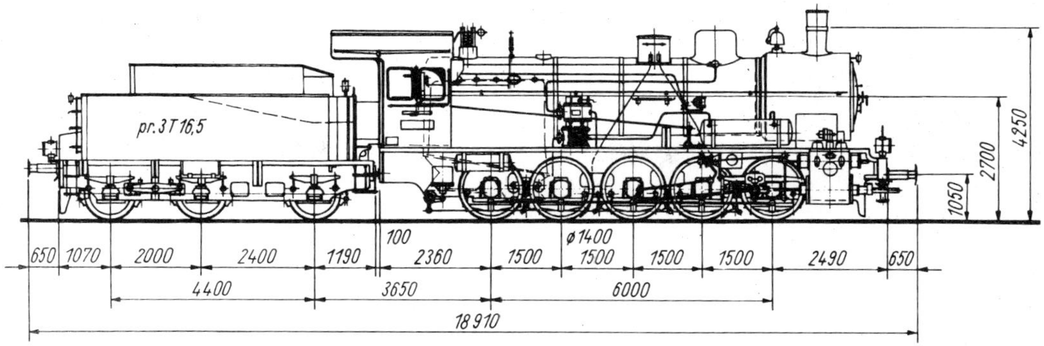


pr. G 10 (BR $57^{10-35}$)

Die letzten Maschinen der DR schieden Anfang der 70er Jahre aus. Noch Anfang 1972 stand die 57 2533-8 im Bw Wittenberge, um dann als Heizlok an die Universität Greifswald verkauft zu werden. Die 57 3297 ist für das Verkehrsmuseum Dresden reserviert.

## Konstruktive Merkmale

Kessel: Genieteter Kessel. Kesselmitte 2 700 mm über SO. Dampfdom auf dem 1. Kesselschuß, Sandkasten in

57 3400 (pr. G 10) (Hanomag 10 275/1923) mit Riggenbachgegendruckbremse

Kesselmitte. Vergrößerte Rauchkammer mit Winkelring an den Langkessel angenietet. Hinterkessel zwischen die Rahmenbleche eingezogen, Vorder- und Rückwand des Stehkessels senkrecht. Feuerbüchse und Stehbolzen aus Kupfer; bei Kriegslieferungen flußeiserne Feuerbüchse. Ramsbottom-Sicherheitsventil vor der Führerhausvorderwand. Speiseeinrichtungen: Kolbenspeisepumpe mit Oberflächenvorwärmer Bauart Knorr; 1 Dampfstrahlpumpe Bauart Strube.

Rahmen: 30 mm dicker Blechrahmen mit 1 230 mm Lichtmaß.

Laufwerk: 1. und 5. Kuppelachse mit ± 28 mm Seitenverschiebbarkeit, Spurkränze der 3. Achse um 5 mm geschwächt. Federn der 1. und 2. sowie der 4. und 5. Achse mit Ausgleichhebeln verbunden.

Triebwerk: Zweizylinder-Heißdampftriebwerk mit außenliegenden, waagerecht angeordneten Zylindern. Antrieb der 3. Kuppelachse.

Steuerung: Außenliegende Heusinger-Steuerung mit Kolbenschiebern der preußischen Regelbauart (220 mm Durchmesser). Antrieb der Schwinge von der Treibachse.

Bremse: Druckluftbremse Bauart Knorr mit Zusatzbremse. Treibachse wird beidseitig, 2. Kuppelachse einseitig von vorn und 4. Kuppelachse einseitig von hinten gebremst. Abbremsung mit 67,4 % (92,4 % mit Zusatzbremse) der Dienstmasse.

Sondereinrichtungen: Preßluftsandstreuer sandet die Räder der 2. und 4. Kuppelachse von vorn. Rauchverbrennungseinrichtung Bauart Marcotty. Spurkranznäßeinrichtung für 1. Radsatz. Gasbeleuchtung Bauart Pintsch. Dampfheizungseinrichtung.

Tender: pr. 3 T 16,5 mit 7 t Kohle.

# $58^0$ pr. G $12^1$

Am Beginn des ersten Weltkrieges standen der KPEV als leistungsstarke Güterzuglokomotiven die G $8^1$ (D h2) und die G 10 (E h2), die späteren DRG-Baureihen $55^{25-56}$ und $57^{10-35}$, zur Verfügung. Leistungsmäßig waren beide etwa gleichwertig, die G $8^1$ wegen ihrer höheren Achsfahrmasse jedoch nur auf Hauptbahnen einsetzbar.

Seit der Jahrhundertwende waren in verstärktem Maße Güterwagen mit 20 t Lademasse eingestellt worden. In den ersten 15 Jahren des 20. Jahrhunderts hatte sich bei der KPEV die Zahl der Güterwagen um 72,2 % erhöht und die Lademasse verdoppelt. Auf Flachlandstrecken und bis zu Steigungen von 1:150 war die Leistung der G $8^1$ ausreichend. Da aber 1 200-t-Züge um diese Zeit keine Seltenheit waren und auf Hauptbahnen auch recht häufig Steigungen von 1:100 vorkamen, war die G $8^1$ überfordert. Das mit Kriegsbeginn sprunghaft gestiegene Transportaufkommen und die Zunahme schwerer, durchgehender Züge ließ die Forderung nach einer stärkeren und schnelleren Güterzuglokomotive laut werden. Über die Einführung einer schweren Güterzuglok mit 85 t Reibungsmasse wurde auf Anregung Wagners von der ED Breslau schon 1913 verhandelt. Es war geplant, der Serienfertigung ausgedehnte Versuche vorausgehen zu lassen. Dieser Vorschlag fand die Zustimmung aller Direktionen. Mehr Leistung war aber nur mit einem größeren Kessel zu erzielen, der wiederum ein sechsachsiges Fahrwerk, also die Achsfolge 1'E, erforderte. Güterzuglokomotiven dieser Achsfolge, die ersten übrigens in Europa, liefen seit 1904 bei den Reichseisenbahnen in Elsaß-Lothringen. Es waren Vierzylinder-Verbundmaschinen mit De-Glehn-Triebwerk.

Die Firma Henschel & Sohn in Kassel wurde mit der Ausarbeitung des Entwurfs der neuen 1'E-Lokomotive beauftragt. Entwurf und Ausführung wurden durch den Krieg verzögert, und erst im August 1915 verließen die ersten Maschinen das Werk.

Die G $12^1$ war die erste preußische Güterzuglokomotive mit Drillingstriebwerk. Bei einem Zwillingstriebwerk befürchtete man zu hohe Lager- und Zapfendrücke und wählte deshalb das bei der S $10^2$ (BR $17^2$) bewährte Dreizylinder-Triebwerk mit einstufiger Dehnung. Für diese Art der Dampfmaschine sprachen außerdem die gleichmäßige Anfahrzugkraft und die besser durchschmiedbare Kropfachse als bei einem Vierzylinder-Triebwerk. Die beiden Außenzylinder arbeiteten auf die 3. Kuppelachse, der stark geneigte Innenzylinder arbeitete auf die 2. Kuppelachse.

Mit 5000 mm Abstand zwischen den Rohrwänden war der G $12^1$-Kessel nicht nur der größte bisher bei der KPEV verwendete Güterzuglokkessel, sondern der größte Kessel überhaupt und übertraf die Kessel der S 10-Familie noch um 100 mm. Größer war später lediglich der P 10-Kessel mit 5800 mm Abstand zwischen den Rohrwänden. Der Hinterkessel entsprach der Garbeschen Tradition mit schmaler, zwischen den Rahmenblechen eingezogener Feuerbüchse. Die hohe Kessellage (2920 mm der Kesselmitte über

SO) hätte einen breiten, auf dem Rahmen liegenden Hinterkessel zugelassen, doch so ergab sich bei der bevorzugten schmalen Bauart die enorme Rostlänge von 3220 mm bei 1020 mm Breite. Die kriegsbedingte Rohstoffknappheit zwang zum Einbau einer stählernen (flußeisernen) Feuerbüchse mit flußeisernen Stehbolzen.
Auch die Rahmenbauart, ein 30 mm dicker Blechrahmen, entsprach preußischen Gepflogenheiten, obwohl man im süddeutschen Lokomotivbau, besonders bei Mehrzylinderlokomotiven, schon lange den Barrenrahmen verwendete und selbst bei der S $10^1$ (Bauart 1914) wenigstens den vorderen Rahmenteil als Barrenrahmen ausgeführt hatte. Um die Seitenverschiebbarkeit der Bissel-Achse zu ermöglichen, war der Blechrahmen der G $12^1$ im vorderen Teil ausgeschnitten. Der Kuppelraddurchmeser betrug, wie auch bei der G 10, 1400 mm. Die zulässige Geschwindigkeit wurde mit 65 km/h festgesetzt.
Nach dem Leistungsprogramm (Merkbuch, Ausgabe 1924) wurden bei zulässiger Höchstgeschwindigkeit in der Ebene 1330 t gezogen. Auf 5‰ Steigung waren es bei 45 km/h noch 1000 t und auf 10‰ Steigung mit 30 km/h 1045 t. Die Zugeinrichtung entsprach bereits den neuen Richtlinien und war für 21 t ausgelegt.
Wegen des Krieges konnten Versuchsfahrten nur vor planmäßigen Zügen stattfinden, und zwar auf den Strecken Grunewald–Sangerhausen und Cochem–Ehrang. Auf der krümmungsreichen Moselbahn wurde auf einer Steigung von 10‰ ein 1400 t schwerer Güterzug aus dem Stand in Bewegung gesetzt. Verbrauchsmessungen bei verschiedenen Belastungen fanden nicht statt. Trotz erheblicher thermischer Verluste des Dampfes vom Überhitzer bis zu den Zylindern war der Kohleverbrauch noch günstig (1,9 kg je kW ≙ 1,4 kg/PSe), der Wasserverbrauch mit 15 kg/kWh ≙ 11 kg/PSeh jedoch reichlich hoch.
Mit einer mittleren Kuppelachsfahrmasse von 16,86 t und maximaler Achsfahrmasse von 17,1 t (2. Kuppelachse) war die G $12^1$ erheblich schwer geraten, zu schwer, um auf Haupt- und Nebenbahnen freizügig einsetzbar zu sein. Die ursprünglichen Abmessungen der Rostfläche stellten erhebliche Anforderungen an die Feuerführung durch den Heizer, und zur Wartung des Innentriebwerkes bedurfte es wegen des Blechrahmens einiger Geschicklichkeit.
So betrachtete man die G $12^1$ mehr als eine Versuchsbaureihe und beschaffte nur 21 Maschinen, die alle von Henschel in den Jahren zwischen 1915 und 1917 geliefert wurden. 12 Maschinen gleicher Ausführung kamen an die Reichseisenbahnen in Elsaß-Lothringen. Die Sächsische Staatsbahn beschaffte als Gattung XIII H (BR $58^1$) 20 ähnliche Maschinen, die jedoch eine

58 002 (pr. G $12^1$) (Henschel 13 288/1915), ehemalige 5553 Erfurt

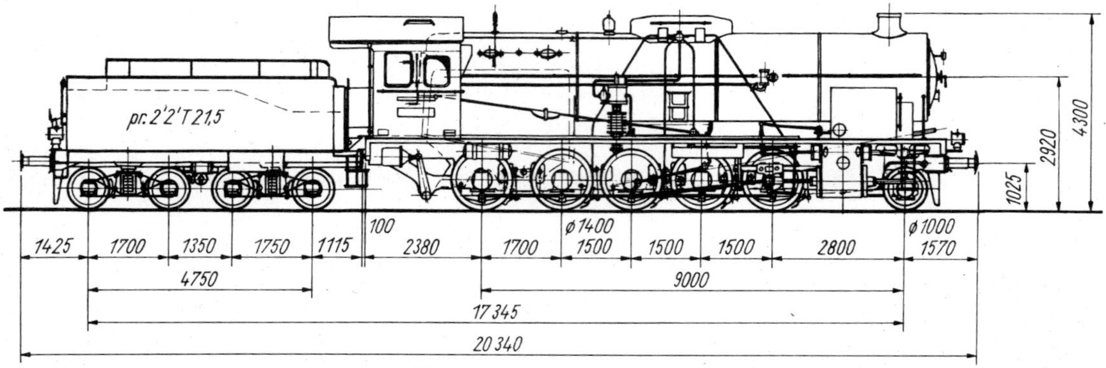


pr. G 12[1] (BR $58^0$)

andere Rohrteilung als die preußischen hatten.

Die 21 Maschinen der Preußischen Staatsbahn kamen an nur 3 Direktionen: 5 551–5 554 Erfurt, 5 551–5 555 Kassel und 5 551–5 562 Saarbrücken/Trier. Die DRG übernahm noch 15 Maschinen mit den Betriebsnummern 58 001–58 015. Davon stammten 8 aus dem Jahre 1915, 6 aus dem Jahre 1916 und nur eine aus dem Jahr 1917. Die Maschinen waren bis zu ihrer Ausmusterung im Jahre 1935 beim Bw Soest beheimatet.

## Konstruktive Merkmale

Kessel: Genieteter Kessel. Langkessel aus 2 Schüssen mit 1 880 mm größtem Innendurchmesser und 5000 mm Abstand zwischen den Rohrwänden. Dampfdom und 2 Sandkästen unter gemeinsamer Verkleidung auf dem 2. Kesselschuß. Rauchrohrüberhitzer Bauart Schmidt. Ventilregler Schmidt & Wagner. 2 Sicherheitsventile Pop Coale auf dem Stehkesselscheitel in Höhe der hinteren Rohrwand. Speiseeinrichtungen: Oberflächenvorwärmer Bauart Knorr mit Kolbenspeisepumpe Bauart Knorr; 1 Dampfstrahlpumpe.

Rahmen: 30 mm dicker Blechrahmen mit 1 240 mm lichter Weite. Im Vorderteil für Bissel-Achse ausgeschnitten. 2 Pendelbleche.

Laufwerk: Vierpunktabstützung. Tragfedern der Kuppelachsen unterhalb der Achslager. Tragfedern der 1. und 2. und der 3.–5. Kuppelachse durch Ausgleichhebel verbunden. 1.–4. Kuppelachse fest im Rahmen gelagert, 5. Kuppelachse mit ± 20 mm Seitenverschiebbarkeit. Vordere Laufachse als Bissel-Achse mit ± 80 mm Seitenverschiebbarkeit ausgeführt. Spurkränze der 2. Kuppelachse um 13 mm, der 3. Kuppelachse um 15 mm geschwächt.

Triebwerk: Dreizylinder-Heißdampftriebwerk mit einstufiger Dampfdehnung. Alle 3 Zylinder in einer Ebene. Innenzylinder unter 1:5 geneigt. Außenzylinder treiben die 3. Kuppelachse, Innenzylinder treibt die 2. Kuppelachse an. 2. Kuppelachse als Kropfachse ausgebildet.

Steuerung: Außenliegende Heusinger-Steuerung für Außenzylinder. Antrieb der inneren Steuerung wird von den äußeren Voreilhebeln durch Übertragungswellen abgenommen.

Bremse: Druckluftbremse Bauart Knorr mit Zusatzbremse. Abbremsung aller Kuppelachsen einseitig von vorn. Kolbenverbundluftpumpe oberhalb des Umlaufbleches zwischen 3. und 4. Kuppelachse auf der rechten Maschinenseite.

Sondereinrichtungen: Preßluftsandstreuer sandet die Räder aller Kuppelachsen einseitig von vorn. Spurkranznäßeinrichtung für Laufachse. Rauchverbrennungseinrichtung Marcotty. Gasbeleuchtung Bauart Pintsch. Dampfheizungseinrichtung.

Tender: pr. 2′2′ T 21,7 mit 7 t Kohle.

# 58[1] sä. XIII H

Die ab 1905 von der Sächsischen Staatsbahn beschafften fünffach gekuppelten Güterzuglokomotiven der Gattung XI genügten für etwa 10 Jahre den Anforderungen des Betriebes. Erst anläßlich der Transportprobleme des ersten Weltkrieges mußte man auch in Sachsen an die Beschaffung einer leistungsstärkeren Maschine denken. Die Verwaltung der Sächsischen Staatsbahn hatte ein offenes Ohr für die Vereinheitlichungsbestrebungen im deutschen Lokomotivbau. Sie beschaffte nicht nur ab 1919 1'E h3-Lokomotiven nach dem Vorbild der pr. G 12, wie das die Staatsbahnen Badens und Württembergs auch taten, sondern sie übernahm bereits vorher von der Preußischen Staatsbahn die Zeichnungen der von Henschel entworfenen G 12[1]. Es mag dahingestellt bleiben, ob die Beweggründe für den Nachbau einer Lokomotive, die nicht in allen Belangen als geglückt galt, im Vereinheitlichungsbestreben der Sächsischen Staatsbahn zu suchen sind, oder ob ganz einfach der Lokomotivmangel zur Übernahme einer fertigen Konstruktion zwang. Hartmann lieferte mit den Fabriknummern 3 946–3 965 im Jahr 1917 20 1'E h3-Lokomotiven, die das Gattungszeichen XIII H erhielten. Sie wurden unter den Bahnnummern 1 165–1 184 eingestellt. Gegenüber der preußischen Ausführung nahm man einige, allerdings geringfügige Änderungen vor. Die Gesamtheizfläche der XIII H betrug mit 210,51 $m^2$ etwa 15 $m^2$ mehr als die der pr. G 12[1] (195,63 $m^2$). Auch die Überhitzerheizfläche war mit 81,26 $m^2$ (gegenüber 77,72 $m^2$) bei der XIII H

58 104 (sä. XIII H, Bahnnummer 1171) (Hartmann 3952/1917)

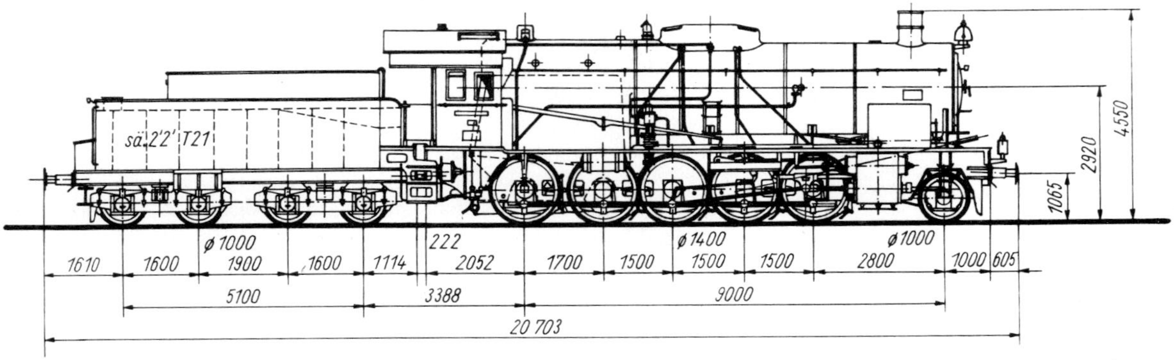


sä. XIII H (BR $58^1$), Bahnnummern 1165–1184

größer. Zum Unterschied von der G $12^1$ hatte die XIII H anfangs keinen Speisewasservorwärmer. Verstärkungen verschiedener Bauteile ließen die sächsische Maschine schwerer als die preußische ausfallen, so daß mit einer Dienstmasse von 101,1 t erstmals von einer deutschen Güterzuglokomotive die Grenze von 100 t überschritten wurde. Die Dienstmasse der G $12^1$ betrug nur 98,8 t.

Auch die Sächsische Staatsbahn beließ es beim Bau von 20 Lokomotiven XIII H nach dem Muster der pr. G $12^1$. Unter der gleichen Gattungsbezeichnung XIII H wurden dann auch die 1'E h3-Lokomotiven geführt, die nach dem Vorbild der pr. G 12 (BR $58^{10-21}$) ab 1919 gebaut worden sind. In der Literatur werden diese Lokomotiven gelegentlich fälschlich als sä. G 12 bezeichnet, aber Sachsen war die einzige deutsche Bahnverwaltung, die nicht die preußische Gattungsbezeichnung für preußische Lokomotiven übernahm.

Zur DRG kamen noch 14 der 20 gebauten Maschinen, die mit den Betriebsnummern 58 101–58 114 eingeordnet wurden. Wie auch die pr. G $12^1$ konnte sich die sä. XIII H nicht sehr lange im Betriebsdienst behaupten, da sie ihrer Nachfolgerin (ab Bahnnummer 1 185) in vielen Belangen unterlegen war, angefangen beim schlecht zugänglichen Innentriebwerk (Blechrahmen) bis zur ungünstigen Form der Feuerbüchse.

Sechs Lokomotiven der Gattung XIII H ($58^1$) waren 1919 als Reparationsleistung nach Frankreich abgegeben worden, wo sie als 150 D 201–206 liefen. Im Bw Zwickau (Sachs) sind 1941 die 150 D 201, 150 D 203 und 150 D 206 (ehemalige Bahnnummern 1165, 1170 und 1183) wieder beheimatet gewesen.

## Konstruktive Merkmale

Kessel: Genieteter Kessel. Langkessel aus 2 Schüssen mit 5000 mm Abstand zwischen den Rohrwänden. Dampfdom mit Ventilregler und 2 Sandkästen unter gemeinsamer Verkleidung auf dem 2. Kesselschuß. Rauchrohrüberhitzer Bauart Schmidt. Kipprost. 2 Pop-Sicherheitsventile auf dem Stehkesselscheitel. Speiseeinrichtungen: 2 Dampfstrahlpumpen Bauart Friedmann, Klasse ASZ Nr. 9 (180 l/min).

Rahmen: 30 mm dicker Blechrahmen mit 1270 mm Mittenabstand. 2 Pendelbleche.

Laufwerk: Vierpunktabstützung. Tragfedern der Laufachse und der ersten beiden Kuppelachsen sowie der letzten 3 Kuppelachsen durch Ausgleichhebel verbunden. Tragfedern der Laufachse oberhalb, Tragfedern der Kuppelachsen unterhalb der Achslager. Laufachse als Bissel-Achse mit ± 80 mm Seitenverschiebbarkeit. Kuppelachsen 1–4 fest im Rahmen gelagert, 5. Kuppelachse mit ± 20 mm Seitenverschiebbarkeit.

Triebwerk: Dreizylinder-Heißdampftriebwerk mit einfacher Dampfdehnung. Zweiachsantrieb. 2 waagerecht angeordneten Außenzylinder arbeiten auf 3. Kuppelachse, der geneigt angeordnete Innenzylinder auf die 2. Kuppelachse.

Steuerung: Außenliegende Heusinger-Steuerung für Außenzylinder. Antrieb der inneren Steuerung wird von den äußeren Schieberkreuzköpfen durch Übertragungswellen abgenommen.

Bremse: Druckluftbremse Bauart Westinghouse. Abbremsung aller Kuppelradsätze einseitig von vorn. Luftpumpe auf der rechten Maschinenseite.

Sondereinrichtungen: Druckluftbetätigter Sandstreuer sandet die Räder der ersten 4 Kuppelradsätze einseitig von vorn. Dampfläutewerk Bauart Latowski auf einer Konsole am Rauchkammerring.

Tender: sä. 2'2' T 21 mit 5 t Kohle.

# $58^{2-3}$ bad. G $12^{1-7}$

# $58^{4}$ sä. XIII H

# $58^{5}$ wü. G 12

# $58^{10-21}$ pr. G 12

Auch nach der Gründung des Deutschen Reiches im Jahre 1871 hatten die einzelnen deutschen Staaten weitgehend ihre Autonomie bewahrt, und speziell das Eisenbahnwesen war von der Reichsgründung nahezu unberührt geblieben. Jede deutsche Staatsbahnverwaltung beschaffte Triebfahrzeuge und Wagen nach eigenem Ermessen und nach den entsprechenden betrieblichen Erfordernissen. Weil kein Triebfahrzeugaustausch zwischen den einzelnen Staatsbahnen stattfand, empfand niemand die Typenvielfalt als Hindernis. Güterwagen jedoch wurden freizügig eingesetzt, so daß es am 1. 4. 1908 zur Gründung des Staatsbahnwagenverbandes kam. Fortan wurden alle Güterwagen nach einheitlichen Zeichnungen und Lieferbedingungen beschafft.
Diese bei Lokomotiven fehlende Vereinheitlichung machte sich im ersten Weltkrieg äußerst nachteilig bemerkbar, als alle deutschen Bahnverwaltungen Lokomotiven an das Heeresfeldbahnwesen abgeben mußten. Wenn auch nach Möglichkeit die Maschinen einer Bahnverwaltung konzentriert eingesetzt wurden, so war es schließlich unmöglich, den durch die Kriegsereignisse sprunghaft gestiegenen Ersatzteilbedarf zu decken. Für jede Staatsbahnverwaltung und für jede Baureihe war eine gesonderte Ersatzteilhaltung erforderlich, und die Ersatzteillager in Warschau und Wilna konnten größere Teile (Kessel, Achsen) nicht in ausreichender Menge vorhalten. Vom Anfordern aus dem Hinterland bis zum Eintreffen am Einsatzort vergingen oft Monate. Es gab teilweise nicht einmal eine einheitliche Bezeichnung für Ersatzteile, von Normung und Austauschbarkeit konnte keine Rede sein. Außerdem hatten auch die Personale Schwierigkeiten, vor allem nachts, mit der uneinheitlichen Bedienung der Lokomotiven.
Aus dieser Situation heraus, deren ausführliche Darstellung zum Verständnis der Sachlage erforderlich schien, ist es begreiflich, daß sich Anfang 1916 auf Anregung des Ministeriums für öffentliche Arbeiten alle deutschen Bahnverwaltungen mit der Beschaffung einer einheitlichen Güterzuglokomotive einverstanden erklärten.
Hinter dieser „Anregung" stand natürlich die Heeresverwaltung, die nicht nur mehr, sondern auch leistungsstärkere Maschinen forderte. Aus Mangel an geeigneten Entwürfen waren zunächst die Naßdampfloks G $7^{1}$ (D n2) und G $7^{3}$ (1'D n2v) nachgebaut worden, doch die Heeresverwaltung lehnte den Weiterbau dieser unzulänglichen, weil zu schwachen und unwirtschaftlichen Maschinen ab und forderte eine moderne Maschine mit Überhitzer und Speisewasservorwärmer, die auf 10‰ Steigung 700...750 t mit 20 km/h schleppen konnte und eine Höchstgeschwindigkeit von 60 km/h bei ruhigem Lauf erreichen mußte.
Dieses Leistungsprogramm hätte bei voller Anstrengung auch von der G 10 erfüllt werden können, doch waren deren Laufeigenschaften bei höheren Geschwindigkeiten mangelhaft und ihr Kessel gegen dauernde Höchstbelastung zu anfällig.
Die geforderten 70 t Reibungsmasse bei 16 t maximaler Achsfahrmasse, der große Kessel, der bei Schonung der flußeisernen Feuerbüchse die entsprechende Leistung abzugeben hatte, erforderten ein fünfachsiges Triebwerk. Dem Lokausschuß lagen zwei Entwürfe vor: eine E h2 mit 77,5 t Reibungsmasse und eine 1'E h3 mit 90 t Reibungsmasse. Für den E-Kuppler sprach die einfachere Bauart. Gegen ihn sprachen die zu hohen Lager- und Zapfendrücke des Zwillingstriebwerkes und die hohe Beanspruchung der 1. Kuppelachse als führende Achse. Fuchs hatte bei den Reichseisenbahnen Versuche über die Radreifenabnutzung bei E- und 1'E-Maschinen angestellt und ermittelt, daß ohne führende Laufachse die Radreifenabnutzung der 1. Kuppelachse doppelt so schnell erfolgte. Trotz höherer Beschaffungskosten sei deshalb, so seine Folgerungen, Maschinen mit führender Laufachse der Vorzug zu geben. Bei einer führenden Laufachse war auch die Beanspruchung der Schienen geringer. Das Dreizylindertriebwerk hatte trotz höherer Beschaffungs- und Unterhaltungskosten den Vorzug gleichmäßiger Anfahrzugkraft und geringerer Lager- und Zapfenbeanspruchung.
Ein Weiterbau der G $12^{1}$ schied schon wegen der zu hohen Achsfahrmasse aus, von den Mängeln der langen, schmalen Feuerbüchse und dem schwer zugänglichen Innentriebwerk abgesehen.
Die Firma Henschel & Sohn erhielt den Auftrag, Entwurf und Ausführung der neuen 1'E h3-Güterzuglokomotive zu übernehmen. Henschel baute zu dieser Zeit eine 1'E-Güterzuglokomotive mit 1250 mm Kuppelraddurchmesser, 4,5 $m^2$ Rostfläche und Drillingstriebwerk mit Einachsantrieb für die Kaiserlich Ottomanische Generaldirektion der Militäreisenbahnen. Aus dieser Lokomotive und aus den beim Bau der G $12^{1}$ gewonnenen Erfahrungen entstand die

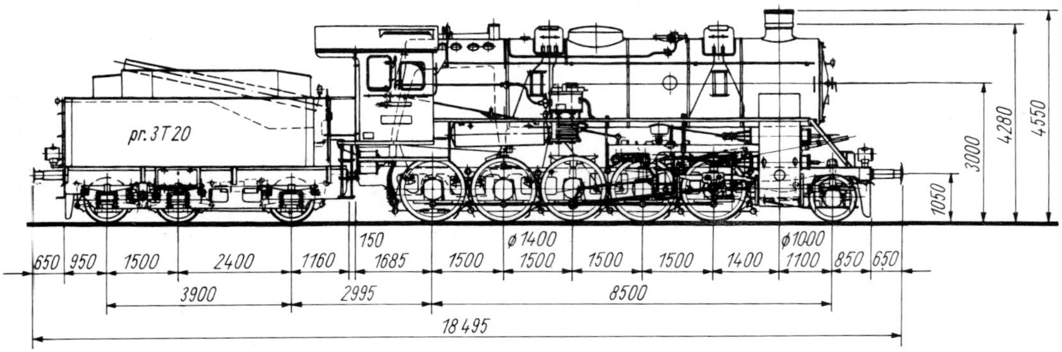


pr. G 12 (BR $58^{10-21}$)

neue 1'E h3-Güterzuglokomotive, die die Gattungsbezeichnung G 12 erhielt. Die ersten Maschinen wurden im August 1917 geliefert und von der Preußischen Staatsbahn und den Reichseisenbahnen in Dienst gestellt. In gleicher Ausführung beschafften sie auch in den folgenden Jahren die Staatsbahnen Sachsens (als Gattung XIII H), Badens (als G $12^{1-7}$) und Württembergs (als G 12). Bis 1924 wurden etwa 1 500 Lokomotiven der Gattung G 12 gebaut. War es auch noch keine Einheitslokomotive in der Form, wie sie ab 1920 von der DRG konzipiert und aus-

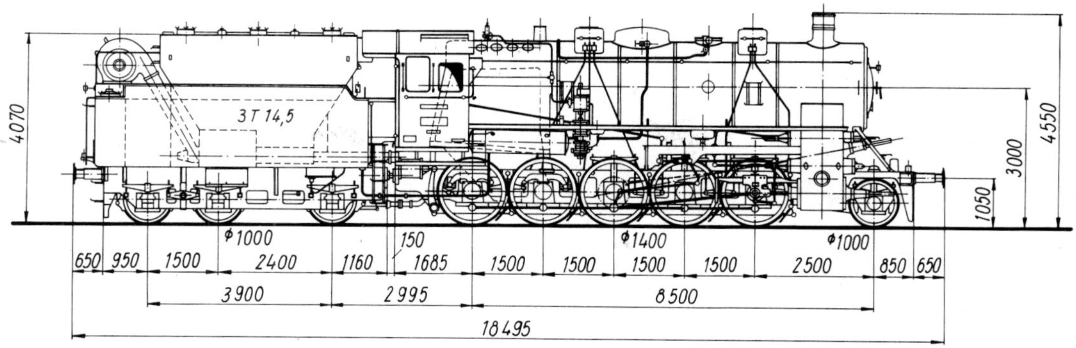


geführt wurde, so war es doch ein wesentlicher Schritt auf diesem Wege. Die Lokomotive brach mit fast allen Traditionen des preußischen Lokomotivbaus und wies auch gegenüber der G $12^{1}$ erhebliche konstruktive Änderungen auf.

58 261 (bad. G $12^{5}$; Bahnnummer 1047) (Brown 5001/1921)

Der Rahmen war als durchgehender Barrenrahmen ausgeführt. Statt der schmalen Feuerbüchse Garbescher Bauart hatte die G 12 einen breiten Hinterkessel der Bauart Belpaire. Die Kesselmitte erreichte, erstmals bei einer preußischen Lokomotive, die Höhe von 3000 mm. Alle 3 Zylinder arbeiteten auf die 3. Kuppelachse, die als Kropfachse ausgebildet war.

Bemerkenswert und neuartig war auch die Abfederung. Die Federn der ersten drei Kuppelachsen lagen oberhalb der Achslager und stützten sich mit sehr langen Spannschrauben auf die Ausgleichhebel. Bei den beiden hinteren Kuppelachsen war diese Abfederung wegen des Hinterkessels und des Aschkastens nicht möglich. Die 4. und 5. Kuppelachse erhielten eine gemeinsame, zwischen beiden Achsen angeordnete Feder. Die Tragfedern der Bissel-Achse wurden mit denen der Kuppelachsen durch einen Längsausgleichhebel verbunden, der die Massen über ein Pendel und eine im Hauptrahmen geführte Hülse auf eine Wiege übertrug, die mit 4 Pendeln am Rahmen des Bissel-Gestells hing. Auf diese Weise ergab sich eine Dreipunktabstützung.

Es gab bei der G 12 einige Bauart-

BR $58^{10-21}$ (pr. G 12) mit AEG-Kohlenstaubfeuerung

änderungen, weil sich verschiedene Baugruppen im Praxisbetrieb nicht bewährten. Der Schornsteindurchmesser war zu klein und wurde geändert. Die kriegsbedingten Ersatzwerkstoffe bei Hähnen, Ventilen und Flanschen (Eisen statt Rotguß) führten zu Undichtheiten. Die eisernen Hähne und Ventile wurden deshalb nach Kriegsende durch Rotgußarmaturen ersetzt. Der Armaturenstutzen, im Führerhaus schlecht zugänglich, erhielt seinen Platz vor dem Führerhaus. Die Überhitzerumkehrenden waren zu dicht an der hinteren Rohrwand und mußten um 300 mm nach vorn verlegt werden. Der schnellen Abnutzung der Treibachslager durch zu hohe Belastung wurde 1925 durch den Einbau von Obergethmann-Lagern abgeholfen. Anfangs saßen die beiden Sandkästen neben dem Dampfdom unter einer gemeinsamen Verkleidung. Da der Sand schlecht trocken zu halten war und dann dem Schleudern des Triebwerkes nicht begegnet werden konnte, ordnete man 2 getrennte Sandkästen mit günstiger gelegenen Fallrohren an.

Nach dem Leistungsprogramm des Merkbuches (Ausgabe 1924) zog die G 12 mit Höchstgeschwindigkeit (65 km

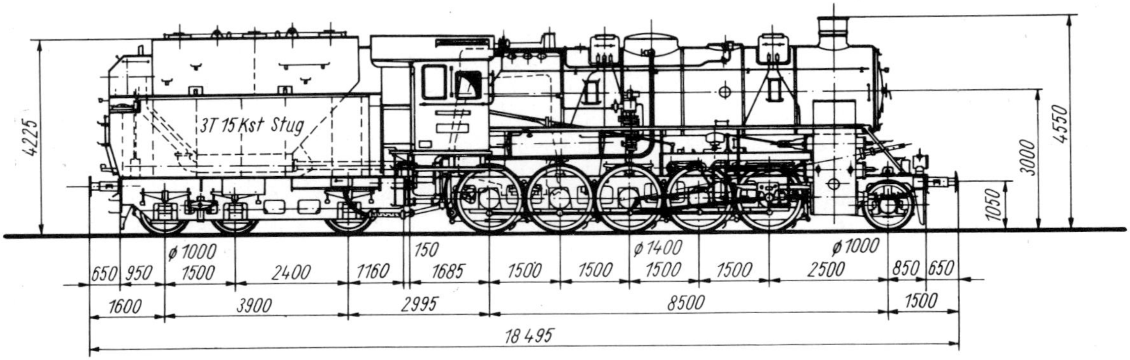


BR $58^{10-21}$ mit Kohlenstaubfeuerung System STUG

je h) in der Ebene 1330 t, mit 50 km/h 2270 t. Auf 5‰ Steigung wurden bei 40 km/h 1150 t und auf 10‰ Steigung mit 25 km/h 1000 t bewältigt.

Die Preußische Staatsbahn beschaffte 1168 Maschinen der Gattung G 12 (Henschel, Linke-Hofmann, Borsig, Hanomag, Schichau, Krupp, Rheinmetall und AEG), die Reichseisenbahnen beschafften 118 Maschinen (Henschel und Grafenstaden), die Badische Staatsbahn beschaffte 88 (MBG Karlsruhe und BBC Mannheim), die Sächsische Staatsbahn 62 (Hartmann) und die Württembergische Staatsbahn 63 Maschinen (Esslingen).

Die DRG übernahm folgende Lokomotiven: von der Badischen Staatsbahn die Gattungen G $12^{1-7}$ mit den Betriebsnummern 58 201–58 225, 58 231 bis 58 272, 58 281–58 303 und 58 311 bis 58 318; von der Sächsischen Staatsbahn die Gattung XIII H und deren 1924 erfolgten Nachbau mit den Betriebsnummern 58 401–58 462; von der Württembergischen Staatsbahn die Gattung G 12 mit den Betriebsnummern 58 501–58 543; von der Preußischen Staatsbahn mit der Betriebsnummer 58 1001 eine der oben erwähnten für die Türkei bestimmten Lokomotiven und mit den Betriebsnummern 58 1002 bis 58 2143 Lokomotiven der Gattung pr. G 12.

Einsatzgebiete der G 12 waren fast alle deutschen Direktionen mit Steigungsstrecken von Saarbrücken/Trier über Bayern bis Breslau mit Ausnahme Norddeutschlands. Die nördlichste Direktion mit G 12-Bestand war Hannover.

Einige Maschinen dienten der DRG für Versuche mit Kohlenstaubfeuerung: Die 58 1416 und 58 1894 erhielten 1930 Kohlenstaubfeuerung Bauart AEG, die 58 1353, 58 1677, 58 1722 und 58 1794 wurden 1928–1930 auf Kohlenstaubfeuerung des Systems STUG umgebaut. Beide Feuerungssysteme arbeiteten mit feinkörnigem, trockenem Braunkohlenstaub und unterschieden sich im wesentlichen durch die Ausführung und Anordnung der Brenner.

Nach dem zweiten Weltkrieg griff die DR, gezwungen durch den Mangel an Lokomotivkohle, die Kohlenstaubfeuerung wieder auf. Ing. Hans Wendler vereinfachte das System, indem er bei der Staubaustragung aus dem Tender auf alle mechanischen Teile verzichtete und den Kohlenstaub pneumatisch transportierte. Da sein System auch mit weniger hochwertigem Kohlenstaub arbeitete, waren seine Kohlenstaublokomotiven im rauhen Praxisbetrieb voll funktionstüchtig.

Von der DR wurden folgende Maschinen auf Kohlenstaubfeuerung System Wendler umgebaut: 1 bad. G 12; 10 sä. XIII H; 1 wü. G 12 und 43 pr. G 12 (darunter auch die 58 1353, die früher bereits Kohlenstaubfeuerung System STUG hatte).

58 1353 (pr. G 12) (Borsig 10 618/1920) mit Kohlenstaubfeuerung System STUG, ehemalige 5586 Münster

Über den Nachkriegsbestand beider deutscher Bahnverwaltungen liegen keine verläßlichen Angaben vor. Die DB konnte schon frühzeitig auf die G 12 verzichten, während bei der DR noch 1976 Maschinen im Einsatz waren. Von der PKP hatte die DR im Jahre 1956 13 Maschinen der Gattung G 12 (Ty 1) zurückerhalten. Bei 3 Lokomotiven ließ sich die ehemalige DRG-Nummer nicht mehr ermitteln. Diese Maschinen wurden als 58 2144, 58 2145 und 58 2146 eingeordnet.

Die G 12 der DR wurden in Thüringen und auf den sächsischen Gebirgsstrecken eingesetzt, allerdings seit Ende der 60er Jahre nur in der rostgefeuerten Ausführung; die Kohlenstaubloks waren zu diesem Zeitpunkt bereits ausgemustert. Letzte Station der G 12 bei der DR war das Bw Aue (Sachsen), das im Sommerfahrplan 1976 noch 5 Maschinen unter Dampf hatte und damit fast bis zuletzt sogar planmäßige Schnellzüge von Zwickau bis Schwarzenberg bespannte. Das ,,Überleben" der G 12 im Erzgebirge ist u. a. auch den kleinen Drehscheiben im Bw Aue zu verdanken, auf denen außer der G 12 keine gleichstarken Maschinen (z. B. die Reko-G 12 der BR $58^{30}$) wenden konnten. Mit Beginn des Winterfahrplanes 1976/1977 wurden die Lokomotiven der Gattung G 12 durch Diesellokomotiven der Baureihe $118^{2-4}$ ersetzt.

## Konstruktive Merkmale

Kessel: Genieteter Kessel. Langkessel aus 2 Schüssen mit 1 800 mm Innendurchmesser und 4800 mm Abstand zwischen den Rohrwänden. Rauchkammer mit Zwischenring an den Langkessel angenietet. Dampfdom mit Ventilregler Bauart Schmidt & Wagner auf dem 2. Kesselschuß. Vor und hinter dem Dom je 1 Sandkasten unter gemeinsamer Verkleidung. Spätere Lieferungen mit getrennter Anordnung: 1. Sandkasten hinter der Rauchkammer, 2. Sandkasten zwischen Dampfdom und Hinterkessel. Hochliegende Kesselspeiseventile mit Winkelrostschlammabscheider. Breiter Hinterkessel der Bauart Belpaire über dem Rahmen stehend. Geneigte Feuerbüchsrückwand. Feuerbüchse und Stehbolzen aus Flußeisen. Geneigter Rost mit Kipprost. 2 Pop-Sicherheitsventile. Speiseeinrichtungen: Oberflächenvorwärmer Bauart Knorr mit Kolbenspeisepumpe Bauart Knorr; zuerst 2, später 1 Dampfstrahlpumpe (Heizerseite) Bauart Strube.

Rahmen: 100 mm dicker Barrenrah-

men mit 1000 mm lichter Weite. 2 Pendelbleche.
Laufwerk: Dreipunktabstützung. Federn der 1.–3. Kuppelachse oberhalb der Achslager, 4. und 5. Kuppelachse über je eine gemeinsame Feder abgefedert. Vordere Laufachse als Bissel-Achse mit ± 80 mm Seitenverschiebbarkeit. 1., 3. und 4. Kuppelachse fest im Rahmen gelagert. 2. und 5. Kuppelachse mit ± 25 mm Seitenverschiebbarkeit. Spurkränze der 3. Kuppelachse (Treibachse) um 15 mm geschwächt.
Triebwerk: Dreizylinder-Heißdampftriebwerk mit einfacher Dampfdehnung. Beide waagerecht angeordneten Außenzylinder und der geneigt angeordnete Innenzylinder arbeiten auf die 3. Kuppelachse (Kropfachse). Jeder Zylinder mit druckluftgesteuertem Druckausgleichventil. Zylinderdeckel mit Sicherheitsventil.
Steuerung: Außenliegende Heusinger-Steuerung für Außenzylinder. Steuerung des Innenzylinders durch eine fest im Rahmen gelagerte und eine zweite darüber schwingende Übertragungswelle. Kolbenschieber mit innerer Einströmung.
Bremse: Einkammer-Druckluftbremse Bauart Knorr mit Zusatzbremse. Zweistufige Luftpumpe Bauart Knorr auf der rechten Maschinenseite in Höhe der Treibachse. Abbremsung aller Kuppelräder einseitig von vorn. Zwei Hauptluftbehälter mit je 400 l Inhalt unter dem Umlaufblech rechts und links neben dem Hinterkessel.
Sondereinrichtungen: Zentralschmierung aller unter Dampf gehenden Teile. Druckluftsandstreuer sandet die Räder aller Kuppelachsen (außer der 2.) einseitig von vorn. Rauchverbrennungseinrichtung Bauart Marcotty. Spurkranznäßeinrichtung für Laufachse. Dampfheizungseinrichtung. Gasbeleuchtung Bauart Pintsch.
Tender: pr. 3 T 20 mit 6 t Kohle.

## $58^{2, 4, 5, 10–21}$ Umbaulok DR (Kohlenstaubfeuerung)

Bereits im Abschnitt über die bad., wü. und pr. G 12 und die sä. XIII H (S. 179) war erwähnt worden, daß die Deutsche Reichsbahn nach 1945 begann, die vorliegenden Erfahrungen mit kohlenstaubgefeuerten Lokomotiven der Systeme AEG und STUG aufzugreifen und weiterzuentwickeln. Weil die Deutsche Demokratische Republik nur über unbedeutende Steinkohlenvorkommen verfügt, mußte in den Nachkriegsjahren der Betrieb mit Braunkohlenbriketts aufrechterhalten werden. Abgesehen vom geringeren Heizwert und dem daraus resultierenden Mehrverbrauch an Brennstoffen, bringt die Verfeuerung von Braunkohlenbriketts eine Reihe schwerwiegender Probleme mit sich, so u. a. hohen Ascheanfall, starken Funkenflug aus Schornstein und Aschkasten, geringere Dampfleistung und größere Verschmutzung der Umwelt.
Es lag also nahe, ein Verfahren zur Verfeuerung von Braunkohlenstaub zu entwickeln, der z. B. bei der Brikettherstellung anfiel bzw. relativ einfach in Mahlanlagen herzustellen war. Braunkohlenstaub hat einen höheren Heizwert als Braunkohlenbriketts und war, bei entsprechender Brennraumgestaltung, nahezu vollständig zu verbrennen.
Die von der AEG und der STUG entwickelten Kohlenstaublokomotiven der Baureihen G $8^2$ und G 12 erwiesen sich zwar im Prinzip als brauchbar, die Umstellung einer größeren Anzahl von Lokomotiven unterblieb jedoch schon zur Zeit der DRG, weil die Anlagen zu wartungsintensiv und zu störanfällig waren und an die Qualität des Braunkohlenstaubes große Anforderungen stellten.
Das von Ing. Hans Wendler für die DR entwickelte Verfahren verzichtet im Gegensatz zu den Systemen AEG und STUG auf eine mechanische Förderung des Kohlenstaubes vom Tender zum Brenner. Die Staubaustragung nach Wendler erfolgt pneumatisch und die Verbrennung ausschließlich mit der zur Staubförderung verwendeten Primärluft.
Bis zur Betriebstauglichkeit des Wendlerschen Systems waren jedoch manche Schwierigkeiten zu überwinden und Erfahrungen zu sammeln. Anfang 1950 erhielt die FVA Halle (S), die spätere VES-M, die Lok 58 1208, die erste im Raw Stendal auf Kohlenstaubfeuerung Bauart Wendler umgebaute G 12. Zum Betrieb der pneumatischen Staubförderung war die Lok mit einer zweiten Doppelverbundluftpumpe und einem dritten Hauptluftbehälter ausgerüstet worden. In der Zeit vom 2.–29. 3. 1950 wurden in der FVA Halle zunächst Standversuche durchgeführt. Die Anfangsergebnisse waren nicht ermutigend. In der ersten Versuchsreihe (12 Einzelversuche) gelang es nicht, den Beharrungszustand zu erreichen, weil es trotz Benutzung des Hilfsbläsers nicht möglich war, genügend Verbrennungsluft in den Feuerraum einzuführen und eine ausreichende Staubmenge zu verbrennen. Die Flammen rissen häufig ab, es traten Verpuffungen in der Feuerbüchse ein, und es kam infolge Druckschwankungen zu Verstopfungen der Ansaugrohre.
Die zweite Versuchsserie an der 58 1208 erfolgte mit engerem Schorn-

stein und verengtem Blasrohr. Damit erreichte man zwar eine Annäherung an die erforderlichen Werte, aber noch keine ausreichende Erhöhung der Luftgeschwindigkeit. Die von der alten Staublok mit mechanischer Austragung übernommene Bunkerform war ungeeignet, weil der Bunker nicht leerzufahren war und Restbestände von mehreren Tonnen blieben. Man kam schließlich zur Unterteilung in mehrere Kammern und zur Staubentnahme an der tiefsten Stelle. Es war ein mühevoller, aber erfolgreicher Weg, bis nach den Erfahrungen der Versuchsfahrten im August und September 1950 die 58 1208 wie vorher auch die 58 1068 und die 58 404 in einen für die Eisenbahnpraxis tauglichen Zustand versetzt waren.

Neben der Kohlenstaubfeuerung nach System Wendler wurde von der DR noch ein zweites Verfahren erprobt, das von der VVB LOWA in Wildau entwickelt worden war. Die LOWA-Kohlenstaubfeuerung basiert auf dem Wendlerschen System, weist aber eine Reihe von Unterschieden auf. Das LOWA-System hatte ebenfalls pneumatische Staubaustragung, arbeitete mit 3 Brennern und entnahm den Brennstoff einem Vorratsbunker auf der Lokomotive, der das Führerhaus nach hinten abschloß. Dieser Vorratsbunker enthielt Brennstoff für 20 min Fahrzeit und konnte während des Betriebes der Feuerung aus dem Tender nachgespeist werden. Der Kessel war mit Verbrennungskammer zur Vergrößerung des Verbrennungsraumes ausgerüstet. Außerdem sollte auf diese Weise der Brennweg eine Verlängerung erfahren.

Die FVA Halle übernahm am 21. 3. 1953 die nach dem LOWA-System umgebaute Lok 58 1346. Da zunächst eine Hauptuntersuchung fällig war, konnte erst im Mai 1954 mit den Versuchen begonnen werden. Zuvor mußte der LOWA-Kohlenstaubtender 2′3 T 35, mit dem die 58 1346 gekuppelt war, gegen einen leichteren der Bauart K 2′2′ T 30 (Wannentender) getauscht werden, weil die Gleiswaage zur Messung des Brennstoffverbrauches nur

58 1353 (Borsig 10 618/1920), die einstige STUG-Kohlenstaublokomotive mit Kohlenstaubfeuerung System Wendler

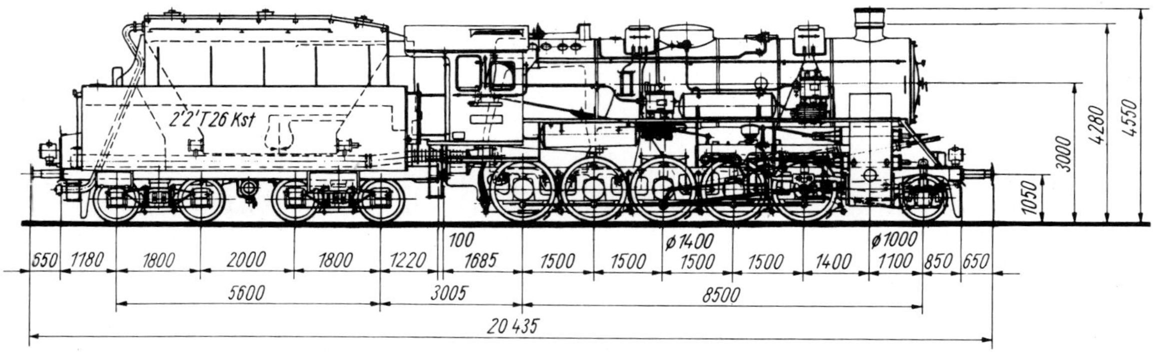


BR $58^4$, BR $58^{10–21}$ mit Kohlenstaubfeuerung System Wendler und Kohlenstaubtender 2′2′ T 26 Kst

max. 41 t Wiegebereich hatte. Dieser Kohlenstaubtender K 2′2′ T 30 Wendlerscher Bauart stand von den Versuchen mit der 44 506 und der 08 1001 zur Verfügung.

Die LOWA-Lok 58 1346 wurde an den Ergebnissen der Wendler-Lok 58 1353 (vormals Kohlenstaubfeuerung System STUG) gemessen und erreichte nicht deren Leistungen. Der Hilfsbläser mußte bei Geschwindigkeiten von 30 bis 50 km/h bis zu Leistungen von 368 kW (500 PSe) bzw. 442 kW (600 PSe), bei 65 km/h über den gesamten Leistungsbereich betrieben werden. Gegenüber der 58 1353 wurde bei einer Heizflächenbelastung von 75 kg/m$^2$h (Kesselgrenze) ein Leistungsabfall von 206 kW (280 PSe) ermittelt. Die Verbrennungskammer verhinderte nicht das Absetzen von Asche- und Schlackerückständen an der Rohrwand. Nach einer Vereinbarung zwischen der VVB LOWA und der FVA Halle sollte die 58 1346 umgebaut werden, um die festgestellten Mängel zu beseitigen. Der Umbau erfolgte schließlich nach dem System Wendler.

Die Funktionstüchtigkeit dieses Systems wurde u. a. durch den Umbau von 55 Lokomotiven der Gattungen bad., wü. und pr. G 12 und sä. XIII H erwiesen und konnte sich bei den Baureihen 44 und 52 bis zur Mitte der 70er Jahre behaupten.

Lok 58 1346 mit Kohlenstaubtender 2′3 T 37 Kst der LOWA

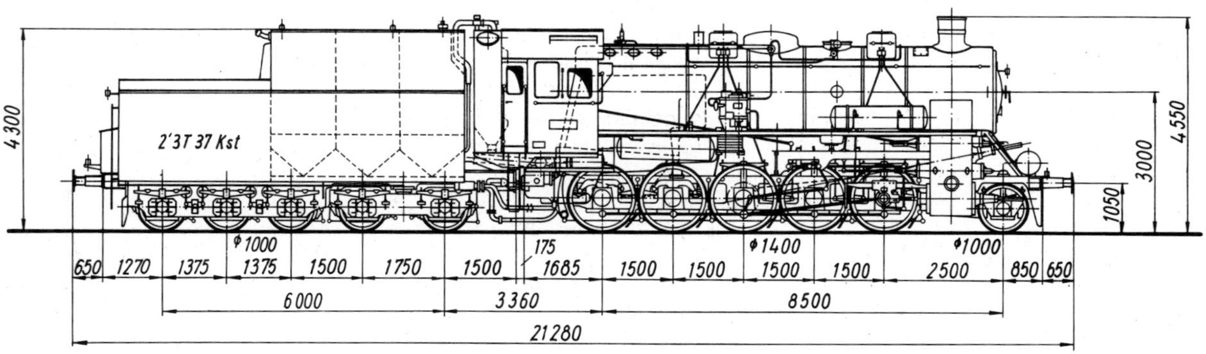

## Konstruktive Merkmale

Kessel: Bei System Wendler unverändert wie Baureihe $58^{10-21}$ (pr. G 12) usw. Feuerraum jedoch mit Schamottesteinen ausgemauert und Aschkasten geschlossen. Brennstoffzufuhr durch flexible Gummischlauchleitungen. Verbrennung mittels Wirbelbrennern. Kessel der 58 1346 mit Verbrennungskammer. Kessel ist Neuanfertigung des VEB Lokomotivbau/Elektrotechnische Werke „Hans Beimler" Hennigsdorf und des VEB Berliner Lokomotiv- und Kesselbau mit stumpf eingeschweißter Rohrwand.
Ausrüstung mit zweiter Doppelverbundluftpumpe und drittem Hauptluftbehälter.
Rahmen: wie BR $58^{10-21}$ (pr. G 12)
Laufwerk: wie BR $58^{10-21}$ (pr. G 12)
Triebwerk: wie BR $58^{10-21}$ (pr. G 12)
Steuerung: wie BR $58^{10-21}$ (pr. G 12)
Bremse: wie BR $58^{10-21}$ (pr. G 12)
Sondereinrichtungen: wie BR $58^{10-21}$ (pr. G 12)
Tender: 2'2' T 24 mit 16 $m^3$ Kohlenstaub für System Wendler. Aufteilung des Staubbunkers in 3 Kammern, die nur in leerem Zustand miteinander in Verbindung stehen. Entleerungsmöglichkeit nur für jeweils 1 Kammer durch Beaufschlagung mit Preßluft aus dem dritten Hauptluftbehälter.
Lok 58 1346 im Anlieferungszustand mit 2'3 T 38, der durch Umbau des Tenders der 45 024 entstanden war. Unterteilung des Staubbunkers in 3 Kammern. Vorräte: Kohlenstaub 20,5 $m^3$, Dienstmasse 73,4 t.

# $58^{30}$ Rekolok DR

Die DR verfügte noch über eine größere Stückzahl Maschinen der Baureihe $58^{10-21}$ (pr. G 12), die vor allem auf den Mittelgebirgsstrecken mit weniger als 20 t zulässiger Achsfahrmasse im Einsatz waren. Trotz ihres Alters von etwa 40 Jahren waren die Maschinen noch in gutem Erhaltungszustand, wiesen jedoch die bekannten Mängel der pr. G 12 auf: Die Dampfleistung des Kessels war auf die Dampfmaschine nur ungenügend abgestimmt; die abgeleitete Steuerung des Innenzylinders führte wegen ihrer Vielteiligkeit bald zu ungenauer Dampfverteilung; die Leerlaufeigenschaften waren nur mäßig.
Wie bei der BR $39^{0-2}$ (pr. P 10) hätte eine Generalreparatur diese grundlegenden Konstruktionsmängel nicht beseitigen können, so daß man sich entschloß, einen Teil der Maschinen in das Reko-Programm aufzunehmen.
Im Raw Zwickau wurden in den Jahren 1958–1963 insgesamt 56 Maschinen der Baureihen $58^{2-3}$, $58^4$ und $58^{10-21}$, darunter 4 Maschinen elsässischer Bauart, rekonstruiert. Die Lokomotiven erhielten neue, geschweißte Kessel mit Verbrennungskammer, wie sie für die Neubauloks der BR $23^{10}$ und $50^{40}$ entwickelt worden waren, und neue geschweißte Führerhäuser nach dem Muster der BR $23^{10}$. Der Rahmen mußte wegen des längeren Kessels vorgeschuht werden. Die Dampfmaschine blieb im Prinzip unverändert, erhielt jedoch Druckausgleichkolbenschieber Bauart Trofimoff, die die Leerlaufeigenschaften wesentlich verbesserten. Die Steuerung des Mittelzylinders wurde nicht mehr wie bei der G 12 von der äußeren Steuerung abgeleitet, sondern analog zur BR $39^{0-2}$ (pr. P 10) vom 5. Kuppelradsatz durch eine Übertragungswelle zwischen 3. und 4. Kuppelachse hindurch auf die Innenschwinge übertragen. Zur weiteren Ausrüstung der Rekolokomotiven gehörten Mischvorwärmeanlage und ein neuer Pumpenträger in Fahrzeugmitte. Der Kesseldruck betrug jetzt 16 bar (16 kp/$cm^2$) gegenüber 14 bar (14 kp/$cm^2$) bei der G 12.
Am 31. 3. 1958 traf mit der 58 3001 die erste Reko-G 12 (jetzt als Baureihe $58^{30}$ bezeichnet) bei der FVA Halle zur meßtechnischen Untersuchung ein. Die Meßfahrten konnten nur sehr stockend abgewickelt werden, weil sich die Lok als relativ störanfällig erwies. Das Versuchsprotokoll berichtet von häufigem Auflaufen der Trofimoff-Schieber, vom Heißlaufen der inneren Kreuzkopflager und von Schäden an der Mischvorwärmerpumpe. Diese Schäden waren aber keine typischen Mängel der rekonstruierten Baureihe, sondern in der Mehrzahl auf ungenaues Arbeiten im Raw und im Bw Halle P zurückzuführen. Lediglich die Mischvorwärmerpumpe, eine Neuentwicklung, hatte noch nicht die geforderte Betriebstauglichkeit erreicht.
Um einen realen Vergleich anstellen zu können, war vorher die Lok 58 1664, eine normale pr. G 12, meßtechnisch untersucht worden.
Die Rekolok 58 3001 erwies sich der G 12 in allen Belangen überlegen. Ihr Kohleverbrauch lag bei mittleren Leistungen und allen Fahrgeschwindigkeiten um 15...25 % unter dem der G 12. Trotz gleicher Abmessungen der

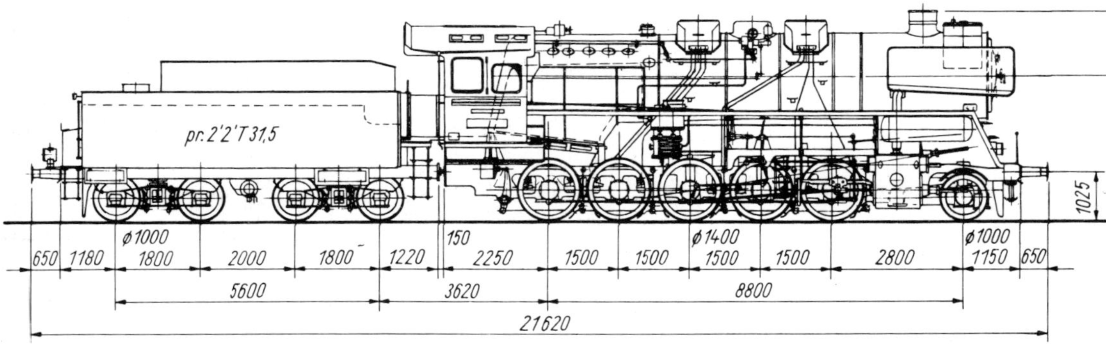


BR $58^{30}$
(Rekolok DR)

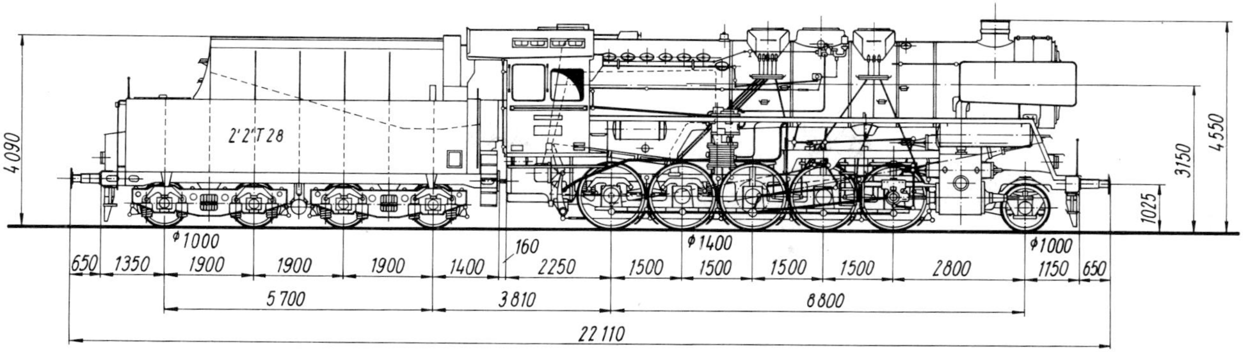


BR $58^{30}$; Rekolok DR mit Neubautender 2′2′ T 28

Dampfmaschine verbrauchte die 58 3001 weniger Dampf als die 58 1664, was mit der höheren Dampfqualität des Rekokessels zu erklären ist. Der mit 16 bar (16 kp/cm$^2$) betriebene Rekokessel (14 bar ≙ 14 kp/cm$^2$ bei 58 1664) lieferte einen um 30···40 °C höher überhitzten Dampf. Die Zugkraft der 58 3001 lag um 12···15 % über der der 58 1664 und übertraf sie damit um eine Tonne. Die Kesselgrenze war mit 65 kg je m$^2$h festgesetzt, doch ließen sich ohne Schwierigkeiten und ohne Kesselschäden Kesselanstrengungen von 70···80 kg/m$^2$h durchhalten. Die Höchstgeschwindigkeit der Rekolok wurde auf 70 km/h festgesetzt. Durch die Kupplung mit größeren Tendern und einer Rückgewinnung von 10 bis 12 % des Tenderwassers durch die Mischvorwärmeranlage konnte der Aktionsradius der Maschinen erheblich vergrößert werden. Hinter der BR $58^{30}$ liefen die Einheitstender 2′2′ T 26 von der BR 50, der Neubautender 2′2′ T 28, der Wannentender 2′2′ T 30 und auch der pr. 2′2′ T 31,5.

58 3020-3 (Rekolok DR), rekonstruiert aus AL 5673

Die Rekoloks der Baureihe $58^{30}$ waren im Raum Gera, Glauchau und Werdau eingesetzt und befuhren die Strecken nach Jena—Weimar, Weida—Saalfeld (Saale), Gößnitz—Glauchau, Werdau—Zwickau (Sachs) u. a. 1975 wurde eine größere Stückzahl im Bw Riesa beheimatet und ersetzte dort die pr. G 12. Die Riesaer G 12 kamen entweder zum Bw Aue (Sa) oder wurden verschrottet. Riesa war somit für die G 12 der DR die letzte, für einige Maschinen die vorletzte Station ihres mehr als 50jährigen Betriebseinsatzes.

Aue konnte die BR $58^{30}$ nicht einsetzen, weil die 19-m-Scheiben für die Rekoloks zu klein waren. Durch den vorgeschuhten Rahmen und den größeren Tender war die LüP der $58^{30}$ auf 22 650 mm gegenüber 18 495 mm der G 12 angestiegen.

Mit der Rekonstruktion der pr. G 12 zur BR $58^{30}$ hatte sich die DR nicht nur eine leistungsstarke Maschine geschaffen, die in Zugkraftbereiche der BR 44 hineinreichte, sondern auch gestalterisch eine glückliche Hand bewiesen. Die BR $58^{30}$, auch 1980 noch im Betriebsdienst auf einigen Strecken der Deutschen Reichsbahn anzutreffen, reiht sich ebenbürtig unter die Einheits- und Neubauloks ein.

## Konstruktive Merkmale

Kessel: Vollständig geschweißter Kessel. Langkessel aus 3 Schüssen mit 4 700 mm Abstand zwischen den Rohrwänden. 2 zylindrische und ein konischer Schuß. Stahlfeuerbüchse mit Verbrennungskammer. Gewindelos mit Spiel eingeschweißte Stehbolzen; Kreuzgelenkstehbolzen in den Hauptbewegungszonen. Aschkasten Bauart Stühren am Rahmen befestigt. Dampfdom mit Naßdampfventilregler Bauart Schmidt & Wagner (Seitenzugbetätigung) in Kesselmitte; davor und dahinter je ein geschweißter Sandkasten. 2 Sicherheitsventile Bauart Ackermann. Speiseeinrichtungen: Mischvorwärmeranlage Bauart IfS/DR vor dem Schornstein in der Rauchkammer mit Verbundmischpumpe VMP 15-20 Bauart Berliner Bremsenwerk (250 l/min); saugende Dampfstrahlpumpe (250 l je min).

Rahmen: 100 mm dicker Barrenrahmen mit vorgeschuhtem Blechrahmen, sonst unverändert von Baureihe $58^{10-21}$ (pr. G 12) übernommen.

Laufwerk: wie Baureihe $58^{10-21}$ (pr. G 12), jedoch Achsabstand zwischen Laufachse und 1. Kuppelachse von 2500 mm auf 2800 mm vergrößert.

Triebwerk: wie Baureihe $58^{10-21}$ (pr. G 12).

Steuerung: Außenliegende Heusinger-Steuerung mit Hängeeisen für Außenzylinder. Schwinge des Mittelzylinders wird vom 5. Kuppelradsatz durch Übertragungswelle angetrieben. Druckausgleichkolbenschieber Bauart Trofimoff.

Bremse: wie Baureihe $58^{10-21}$ (pr. G 12), jedoch Hauptluftbehälter (je 400 l) rechts und links in Rauchkammerhöhe unter dem Umlaufblech.

Sondereinrichtungen: Druckluftsandstreuer sandet alle Räder der Kuppelachsen bei Vorwärtsfahrt und die der Kuppelachsen 2, 3 und 4 bei Rückwärtsfahrt. Sonstige Ausrüstung wie Baureihe $58^{10-21}$ (pr. G 12).

Tender: 2′2′ T 26 der Einheitsbauart mit 8 t Kohle,
2′2′ T 28 (Neubau DR) mit 10 t Kohle,
2′2′ T 30 (Wannentender) mit 10 t Kohle,
pr. 2′2′ T 31,5 mit 7 t Kohle.

# $59^0$

**wü. K**

Es ist den schwierigen Streckenverhältnissen zuzuschreiben, daß die Württembergische Staatsbahn gezwungen waren, ständig Leistung und Zugkraft ihrer Lokomotiven zu erhöhen und so spürbar zum technischen Fortschritt der Dampflokomotive beitrugen. Diese besonderen Sorgen um ausreichende Zugkräfte verdeutlicht auch der Sprung von den Dreikupplern der 80er und 90er Jahre zu den fünffach gekuppelten Lokomotiven – für den damaligen Entwicklungsstand ein zweifellos bemerkenswert mutiger Schritt. So erschien 1892 der erste Fünfkuppler in der Gestalt der Klasse G mit Klose-Triebwerk, während schon 1905 die Steifrahmenlokomotiven in Gölsdorfscher Laufwerksbauart, allerdings noch mit Naßdampftriebwerk (Klasse H), in Betrieb genommen wurden. Mit diesem Vorsprung in der technischen Entwicklung konnte man in Württemberg den nächsten Schritt zum Sechskuppler wagen und beschritt mit der 1′F h4v-Lokomotive der Klasse K absolutes Neuland. Für eine derartige Lokomotive lagen, abgesehen von dem Einzelgänger der Reihe 100 Österreichs, keinerlei vergleichbare Konstruktionen oder Erfahrungen vor, so daß man hier uneingeschränkt von einer Pionierleistung sprechen kann.

Die langen Steigungen auf der Hauptstrecke Bretten–Ulm, vor allem aber die 5 km lange 1:44-Rampe der Geislinger Steige, waren immer wieder Ursache von Forderungen nach größeren Zugkräften. Aus den Erfahrungen mit den E-gekuppelten Klassen H und Hh ergab sich, daß die Leistungserhöhung nur durch einen größeren Kessel zu erzielen war. Die daraus resultierende Massezunahme konnte bei der geringen zulässigen Achsfahrmasse von 16 t dann jedoch nur auf 6 angetriebenen Achsen untergebracht werden, wollte man gleichzeitig auch die seit 1913 zugelassene Verstärkung der Zugeinrichtung auf 21 t ausnutzen. Dazu hätte sich auch die Triebwerksaufteilung nach Bauart Mallet angeboten, auf Vorschlag Dauners entschied man sich jedoch für die Einrahmenausführung mit 6 gekuppelten Achsen. Trotz z. T. ungewöhnlicher Abmessungen war die Entscheidung für Handfeuerung bei Besetzung der Lokomotive mit nur einem Heizer eine der wesentlichsten Voraussetzungen für den wirtschaftlichen Betrieb. Damit ergaben sich zwangsläufig Grenzen in der Auslegung der Lokomotive, so daß es galt, die gewünschte große Leistung durch hohe Dampfüberhitzung, Verbundwirkung und Abdampfvorwärmung zu erzielen, womit auch die Grundkonzeption der neuen 1′F h4v-Lokomotive vorgegeben war.

Auf der Grundlage des zu erwartenden Betriebsprogrammes lieferte die Württembergische Staatsbahn einen Vorentwurf und übertrug die konstruktive Ausführung von zunächst 3 Lokomotiven der Maschinenfabrik Esslingen. Die Auswirkungen des ersten Weltkrieges verzögerten die Auslieferung bis zum Januar 1918, dann folgten bis 1919 jedoch weitere 12 Maschinen. In den Jahren 1923–1924 kamen weitere 29 hinzu, so daß insgesamt 44 Exemplare der wü. K in Dienst gestellt wurden.

Sie unterschieden sich von der bereits

erwähnten österreichischen Lokomotive vor allem in der Gestaltung des Laufwerkes und in der Triebwerksanordnung. Während bei der Reihe 100 die 2., 5. und 6. Kuppelachse seitenverschiebbar ausgebildet waren, lagen bei der wü. K die vier mittleren Kuppelachsen fest und nur die 1. und 6. waren seitenverschiebbar. Jedoch erhielten die 3. und 4. Kuppelachse um 15 mm geschwächte Spurkränze. Hatte erstere Einachsantrieb, so wählte man bei der württembergischen Lokomotive den Zweiachsantrieb nach de Glehn, wobei die außenliegenden ND-Zylinder auf die 4. Kuppelachse, die inneren HD-Zylinder auf die doppelt gekröpfte 3. Kuppelachse arbeiteten. Dabei machte es sich erforderlich, auch die 2. Kuppelachse zu kröpfen, um Platz für die inneren Stangen zu bekommen. Um übermäßig lange Treibstangen zu vermeiden, verlegte man die Kreuzkopfführung der ND-Maschinen weit zurück. Beide HD-Zylinder bildeten ein gemeinsames Gußstück. Ein Hilfsdampfventil gestattete es, den ND-Maschinen Dampf von der Hochdruckeinströmung zuzuführen. Als Steuerung kam die Bauart Heusinger zur Anwendung, bei der die inneren HD-Kolbenschieber durch Zwischenwellen und Umkehrhebel angetrieben wurden. Die ND-Kolbenschieber erhielten doppelte Ein- und Ausströmung.

Gegenüber der 1'F Österreichs wies die neue Lokomotive Württembergs besonders in der Laufwerksgestaltung einige Vorteile auf. Dabei sind die Bissel-Achse anstelle der Adamsachse und die günstigere Lage des festen Achsstandes an erster Stelle zu nennen. Aber auch die Beibehaltung des Spurkranzes an der 3. Kuppelachse trug zur Verschleißminderung an Rad und Schiene bei. Desgleichen wirkte die Rückstellvorrichtung an der letzten Kuppelachse bei der Rückwärtsfahrt entlastend auf die feste vorletzte Achse. Kardanische Gelenke in den Kuppelstangen konnten entfallen.

Bemerkenswert waren auch die ungewöhnlichen Kesselabmessungen mit 232 $m^2$ Verdampfungs- und 80 $m^2$ Überhitzerheizfläche. Das waren Zahlen, die erst mit den schweren Einheitslokomotiven der BR 44 (Hv = 237 $m^2$; Hü = 100 $m^2$) und den leistungsstärksten deutschen Dampflokomotiven der BR 45 (Hv = 269 $m^2$; Hü = 120 $m^2$) wieder erreicht bzw. überschritten wurden.

Bei einer Lokomotive mit solchen Dimensionen erhielten Erleichterungen für Betrieb und Instandhaltung entscheidende Bedeutung. So erfolgte z. B. die Schmierung von 42 Stellen des Lauf- und Triebwerkes bei der wü. K zentral von zwei Bosch-Ölern im Führerhaus, auch die Fettschmierung kam bereits zur Anwendung. Die Treibstangenlager waren durch Doppelkeile nachstellbar, und der Zugang zum Innentriebwerk wurde durch besondere Einstiegsöffnungen im Rahmen erleichtert. Die Lokomotiven bewährten sich recht gut. Sie zeigten weder am Lauf- noch am Triebwerk abnormales Verschleißverhalten. Ihr Leistungsvermögen war so groß, daß selbst auf der ‚Geislinger Steige' Kessel- und Reibungsgrenze nicht voll ausgenutzt werden konnten. Es zeigte sich jedoch, daß sie ausgesprochene Bergmaschinen waren, während sie im Einsatz in der Ebene unwirtschaftlich arbeiteten. Hier vermochten sie 1 420 t mit 65 km/h und 2 600 t mit 50 km/h zu befördern; in der 25-‰-Steigung waren es immerhin noch beachtliche 420 t, die mit 25 km/h bewältigt wurden.

Als nach dem Zusammenschluß der Länderbahnen zur DRG der Ausbau der Strecken und eine Erhöhung der zulässigen Achsfahrmasse auf 20 t in Angriff genommen wurden, war es möglich, gleiche und größere Leistungen auch auf fünf gekuppelten Achsen unterzubringen. Ein Weiterbau dieses 1'F h4v-Typs war damit nicht mehr erforderlich.

Die Lokomotiven der Klasse K stellten somit die letzte Eigenentwicklung der Württembergischen Staatsbahn dar.

Bis 1933 verrichteten sie auf der ‚Geislinger Steige' Dienst, nach deren Elektrifizierung kamen sie auch auf anderen Strecken der Direktion Stuttgart zum Einsatz. 1942 wurden die Lokomotiven nach Österreich abgegeben, wo sie am Semmering Dienst versahen. Während des zweiten Weltkrieges gelangte ein Teil des Bestandes nach Ungarn und nach Jugoslawien.

Mit Einsatz der BR 42 auf dem Semmering wurden die Lokomotiven der BR $59^0$ (bei ÖBB Reihe 659) überflüssig und bis 1957 ausgemustert. Als letzte Lokomotive dieser Baureihe schied die 659 029 am 15. Oktober 1957 aus dem Bestand der ÖBB aus. Die an die DB zurückgegebenen Maschinen waren schon 1953 ausgemustert worden.

## Konstruktive Merkmale

Kessel: Zwei zylindrische Kesselschüsse, Stehkessel mit rechteckigem Querschnitt und halbrunder, an Langkessel anschließender Decke; schräg liegender großer Rost mit 4,2 $m^2$ Fläche; die drei ersten Lokomotiven mit kupferner Feuerbüchse und üblicher Feuerschirmbauart, die folgenden mit Stahlfeuerbüchse und nach unten gewölbtem Feuerschirm, der auf vier Wasserrohren zwischen Stehkesselrück- und Stehkesselvorderwand ruhte; Kipprost; trichterförmiger Aschkasten mit Bodenklappen; Dampfbrause unter dem Rost, reichlich bemessener Schmidt-Rauchrohrüberhitzer. Speiseeinrichtungen: Speisewasservorwärmanlage mit Speise-

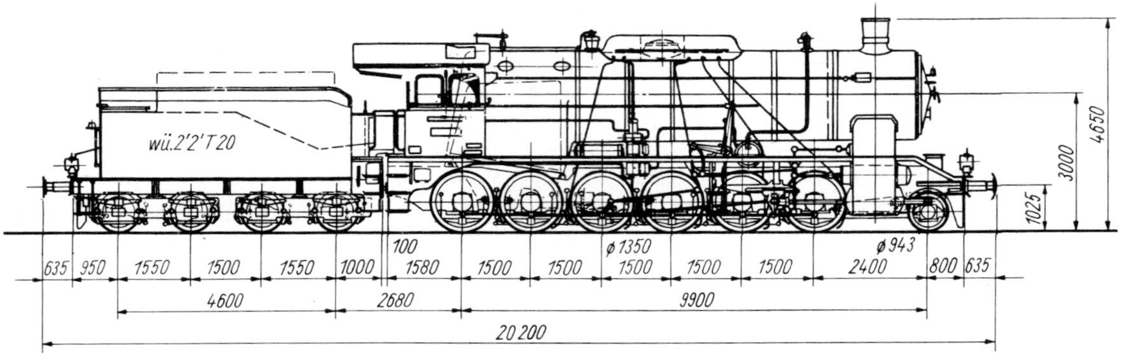


wü. K (BR 59$^0$) nach Ausrüstung mit rundem Vorwärmer

59 035 (wü. K.) (Maschinenfabrik Esslingen 4129/1924)

pumpe; nichtsaugende Strahlpumpen Bauart Friedmann.

Ursprünglich Abdampfvorwärmer eigener Bauart mit rechteckigem Querschnitt, quer oberhalb der 2. Kuppelachse zwischen Rahmen und Kessel angeordnet. Später an gleicher Stelle runder Vorwärmer.

Rahmen: Blechrahmen, bestehend aus zwei durchlaufenden 35 mm dicken Rahmenplatten, Versteifung durch vorderen und hinteren Kuppelkasten, Zylinderteil und Stahlgußquerträger, die gleichzeitig als Kreuzkopfgleitbahnträger und Bremsgestängeträger ausgebildet sind. Zugang zu Innentriebwerk über beidseitige Einstiege durch entsprechende Aussparungen in den Rahmenplatten.

Laufwerk: Fünfpunktabstützung.

Blatt-Tragfedern, für Laufachse oberhalb, für die sechs gekuppelten Achsen unterhalb der Achslage liegend. Laufachse und erste und zweite Kuppelachse, dritte und vierte Kuppelachse sowie fünfte und sechste Kuppelachse durch Ausgleichhebel miteinander verbunden.
Voranlaufendes Bissel-Gestell mit ± 95 mm Seitenverschiebbarkeit und Rückstellung durch Blattfedern, erste und sechste Kuppelachse mit ± 20 mm bzw. ± 45 mm Seitenverschiebbarkeit, die vier mittleren fest gelagert, jedoch dritte und vierte Kuppelachse mit um 15 mm geschwächtem Spurkranz. Letzte Kuppelachse mit Rückstellvorrichtung, um vorletzte Kuppelachse bei Rückwärtsfahrt zu entlasten.
Triebwerk: Vierzylinder-Heißdampf-Verbundtriebwerk, außenliegende waagerechte ND-Zylinder, innenliegende geneigte HD-Zylinder, alle Zylinder nebeneinander angeordnet. Beide HD-Zylinder bildeten mit Einströmraum und Schieberkammern gemeinsames Gußteil. Zweiachsantrieb nach de Glehn, wobei innere HD-Maschinen auf gekröpfte dritte Kuppelachse, äußere ND-Maschinen auf vierte Kuppelachse arbeiteten.
Steuerung: Außenliegende Heusinger-Steuerung mit Hängeeisen und fliegend gelagerten Schwingen; innenliegende HD-Schieber über Zwischenwelle und Umkehrhebel angetrieben. Gleiche Füllung für HD- und ND-Maschine, alle Schieber mit innerer Einströmung, ND-Schieber mit doppelter Ein- und Ausströmung; Hilfsdampfventil gestattet Einspeisung von HD-Dampf in Verbinder zur Verbesserung des Anfahrverhaltens und zur Leistungserhöhung während der Fahrt. Umsteuerung mittels Schraube und Handrad.
Bremse: Westinghouse-Bremse mit Zusatzbremse; Laufachse ungebremst, erste bis fünfte Kuppelachse durch einseitig wirkende Klotzbremse abgebremst, Tender zweiseitig abgebremst, Wurfhebelbremse.
Sondereinrichtungen: 2 Schmierölpumpen Bauart Bosch; Geschwindigkeitsmesser Bauart Junghans; Knorr-Preßluftsandstreuer, Sandkasten unter gemeinsamer Domverschalung, gesandet wurden die Räder der Achsen 1 bis 5 von vorn. Druckluftanschluß zum Ausblasen der Siede- und Rauchrohre; druckluftbetätigte Zylinderentwässerungshähne und Druckausgleichhähne. Dampfheizleitung.
Tender: wü. 2'2' T 20 mit 6 t Kohle, später auch pr. 2'2' T 21,5 und pr. 2'2' T 31,5 mit 7 t Kohle.

# Tabellen

| | | | | |
|---|---|---|---|---|
| Baureihe/Unterbaureihe | – | 41 | 41 | 41 |
| Betriebsgattung | – | G 46.18/20[1]) | G 46.18 | G 46.18 |
| abgekürzte Bezeichnung | – | 1′D1′h2 | 1′D1′h2 | 1′D1′h2 |
| frühere Länderbezeichnung | – | Einheitslok[2]) | Rekolok DB | Rekolok DR |
| bzw. ergänzende Angaben | – | | | |
| Betriebsnummer von | – | 41 001 | 41 006 | 41 003 |
| bis | – | 41 366 | 41 366 ● | 41 357 ● |
| zulässige Fahrgeschwindigkeit | km/h | 90 | 90 | 90 |
| Zylinderdurchmesser | mm | 520 | 520 | 520 |
| Kolbenhub | mm | 720 | 720 | 720 |
| Treib- und Kuppelraddurchmesser | mm | 1 600 | 1 600 | 1 600 |
| Laufraddurchmesser vorn/hinten | mm | 1 000/1 250 | 1 000/1 250 | 1 000/1 250 |
| Kesselüberdruck | bar | 20[3]) | 16 | 16 |
| Wasserraum des Kessels | $m^3$ | 9,06 | 10,25 | 10,6 |
| Dampfraum des Kessels | $m^3$ | 3,9 | 4,3 | 4,1 |
| Verdampfungswasseroberfläche | $m^2$ | 13,4 | 13,3 | 14,2 |
| Masse Kessel ohne/mit Ausrüstung | t | 22,7/29,7 | | 21,5/28,3 |
| Rostfläche | $m^2$ | 4,1 | 3,9 | 4,2 |
| Anzahl der Heizrohre | Stck | 85 | 80 | 112 |
| Heizrohrdurchmesser | mm | 70 × 2,5 | 54 × 2,5 | 54 × 2,5 |
| Anzahl der Rauchrohre | Stck | 20 | 42 | 36 |
| Rauchrohrdurchmesser | mm | 171 × 4,5 | 143 × 4,25 | 143 × 4 |
| Rohrlänge zwischen den Rohrwänden | mm | 6 800 | 5 200 | 5 700 |
| Überhitzerrohrdurchmesser | mm | 30 × 3 | 38 × 4 | 38 × 4 |
| Strahlungsheizfläche (Feuerbüchse + Verbrennungskammer) | $m^2$ | 16,2 | 21,2 | 21,3 |
| Heizrohrheizfläche | $m^2$ | 117,9 | 64,0 | 98,3 |
| Rauchrohrheizfläche | $m^2$ | 69,6 | 92,3 | 86,7 |
| Verdampfungsheizfläche | $m^2$ | 203,7 | 177,5 | 206,3 |
| Überhitzerheizfläche | $m^2$ | 72,2 | 95,8 | 83,8 |
| Bauart des Vorwärmers | – | OV | MV | MV |
| Achsstand der Lok | mm | 12 050 | 12 050 | 12 050 |
| Achsstand der Lok mit Tender | mm | 20 175 | 20 175 | 20 175 |
| Länge über Puffer mit Tender | mm | 23 905 | 23 905 | 23 905 |
| Masse leere Lok, ohne Tender | t | 92,6 | 93,2 93,1[4]) | 92,3 |
| Masse dienstbereite Lok ohne Tender | t | 101,9 | 101,5 101,3[4]) | 103,2 |
| Reibungsmasse | t | 70,0/78,0[1]) | 74,5 74,3[4]) | 70,9 |
| mittlere Kuppelachsfahrmasse | t | 17,5/19,5[1]) | 18,6 | 17,7 |
| Metermasse Lok mit Tender | t/m | 7,34 | 7,35 7,43[4]) | 7,47 |
| vorwiegend gekuppelt mit Tender | – | 2′2′ T 34 | 2′2′ T 34 | 2′2′ T 32 |
| Wasserkasteninhalt | $m^3$ | 34 | 34 | 32 |
| Brennstoffvorrat | t | 10 | 10[5]) | 10 |
| Urheberfirma bzw. Umbau- oder Rekonstruktionsausführender | – | Schwartzkopff | AW der DB[6]) | Raw „W. Pieck“[7]) Raw „7. Oktober“ |
| erstes Baujahr bzw. erstes Jahr des Umbaues oder der Rekonstruktion | – | 1936 | 1957 | 1959 |

[1] Kuppelachsfahrmasse wahlweise einstellbar
[2] 21 Lok erhielten 1957 bei DR geschweißte Nachbaukessel ohne Speisedom, geliefert vom VEB Schwermaschinenbau „Karl Liebknecht“ Magdeburg
[3] auf 16 bar herabgesetzt
[4] mit Ölhauptfeuerung
[5] bzw. 12 $m^3$ Heizöl
[6] Neubaukessel von Henschel und MF Esslingen
[7] Ersatzkessel mit Verbrennungskammer vom Raw Halberstadt

Punkt = Betriebsnummern nicht durchgehend

| | | | | |
|---|---|---|---|---|
| 42 | $42^{00}$ | $42^{90}$ | 43 | 44 |
| G 56.17 | G 56.18 | G 56.18 | G 56.20 | G 56.20 |
| 1′E h2 | 1′E h2 | 1′E h2 | 1′E h2 | 1′E h3 |
| Kriegslok | Kriegslok mit Brotankessel | Franco-Crosti Umbaulok DB | Einheitslok | Einheitslok |
| 42 001 | 42 0001[1]) | 42 9000 | 43 001 | 44 001 |
| 42 2810 ● | 42 0002 | 42 9001 | 43 035 | 44 010 |
| 80 | 80 | 80 | 70 | 70 |
| 630 | 630 | 600 | 720 | 3 × 600 |
| 660 | 660 | 660 | 660 | 660 |
| 1 400 | 1 400 | 1 400 | 1 400 | 1 400 |
| 850/– | 850/– | 850/– | 850/– | 850/– |
| 16 | 16 | 16 | 14 | 14 |
| 9,4 | 9,3 | 8,5 | 9,5 | 9,5 |
| 4,7 | 3,7 | 3,0 | 4,4 | 4,4 |
| 12,8 | 10,5 | 10,8 | 13,8 | 13,8 |
| 22,1/30,3 | 20,4/29,2 | | 26,6/34,6 | 26,6/34,6 |
| 4,7 | 4,7 | 3,9 | 4,7 | 4,7 |
| 143 | 156 | 42 | 127 | 127 |
| 51 × 2,5 | 54 × 2,5 | 63,5 × 3 | 54 × 2,5 | 54 × 2,5 |
| 43 | 35 | 28 | 43 | 43 |
| 133 × 4 | 143 × 4,25 | 152 × 4 | 143 × 4 | 143 × 4 |
| 4 800 | 4 900 | 5 200 | 5 800 | 5 800 |
| 38 × 4 | 38 × 4 | 40 × 4 | 38 × 4 | 38 × 4 |
| 19,3 | 20,9 | 15,9 | 18,0 | 18,0 |
| 99,3 | 117,7 | 39,5 | 113,0 | 113,0 |
| 81,0 | 72,5 | 65,9 | 106,0 | 106,0 |
| 199,6 | 211,0 | 250,2[3]) | 237,0 | 237,0 |
| 75,8 | 71,2 | 63,5 | 100,0 | 100,0 |
| – | – | AV[4]) | OV | OV |
| 9 200 | 9 200 | 9 200 | 9 650 | 9 650 |
| 19 000 | 19 000 | 19 000 | 19 185 | 19 190 |
| 23 000 | 23 000 | 22 975 | 22 615 | 22 620 |
| 86,8 | 90,0 | 87,6 | 100,9 | 103,7 |
| 96,9 | 99,6 | 98,7 | 110,8 | 114,1 |
| 85,7 | 88,8 | 87,1 | 96,6 | 99,4 |
| 17,2 | 17,8 | 17,4 | 19,3 | 19,8 |
| 6,75 | 6,88 | 6,85 | 8,2 | 8,34 |
| 2′2′ T 30 | 2′2′ T 30 | 2′2′ T 30 | 2′2′ T 32 | 2′2′ T 32 |
| 30 | 30 | 30 | 32 | 32 |
| 10 | 10 | 10 | 10 | 10 |
| DLV | Henschel[2]) | Henschel | DLV | DLV |
| 1944 | 1943 | 1951 | 1926 | 1926 |

[1] 1949 umgenummert in 42 001 und 42 002
[2] Brotan-Kessel von Wiener Lokomotivfabrik AG
[3] einschließlich 128,96 m² Heizfläche des Abgasvorwärmers (206 Heizrohre)
[4] Abgasspeisewasservorwärmer Bauart Franco-Crosti
Punkt = Betriebsnummern nicht durchgehend

| | | | | |
|---|---|---|---|---|
| Baureihe/Unterbaureihe | – | $44^0$ | 44 | $44^2$ |
| Betriebsgattung | – | G 56.20 | G 56.20 | G 56.20 |
| abgekürzte Bezeichnung | – | 1'E h4v | 1'E h3 | 1'E h3 |
| frühere Länderbezeichnung | – | Mitteldrucklok | Einheitslok | Umbaulok DB[3]) |
| bzw. ergänzende Angaben | – | | | |
| Betriebsnummer von | – | 44 011 | 44 013 | 44 239 |
| bis | – | 44 012 | 44 1858 ● | 44 246 ● |
| zulässige Fahrgeschwindigkeit | km/h | 80 | 80 | 80 |
| Zylinderdurchmesser | mm | 2 × 440/700 | 3 × 550 | 3 × 550 |
| Kolbenhub | mm | 660 | 660 | 660 |
| Treib- und Kuppelraddurchmesser | mm | 1400 | 1400 | 1400 |
| Laufraddurchmesser vorn/hinten | mm | 1000/– | 850/– | 850/– |
| Kesselüberdruck | bar | 25[1]) | 16 | 16 |
| Wasserraum des Kessels | $m^3$ | 8,8 | 9,5 | 9,6 |
| Dampfraum des Kessels | $m^3$ | 4,5 | 4,6 | 4,6 |
| Verdampfungswasseroberfläche | $m^2$ | 13,5 | 13,8 | 13,8 |
| Masse Kessel ohne/mit Ausrüstung | t | 26,5/35,1 | 24,6/32,6 | |
| Rostfläche | $m^2$ | 4,7 | 4,7[2]) | 4,6 |
| Anzahl der Heizrohre | Stck | 83 | 128 | 105 |
| Heizrohrdurchmesser | mm | 60 × 2,5 | 54 × 2,5 | 54 × 2,5 |
| Anzahl der Rauchrohre | Stck | 46 | 43 | 41 |
| Rauchrohrdurchmesser | mm | 152 × 4,5 | 143 × 4 | 143 × 4,25 |
| Rohrlänge zwischen den Rohrwänden | mm | 5800 | 5800 | 5200 |
| Überhitzerrohrdurchmesser | mm | 30 × 3 | 38 × 4 | 38 × 4 |
| Strahlungsheizfläche (Feuerbüchse + Verbrennungskammer) | $m^2$ | 17,4 | 18,0 | 21,3 |
| Heizrohrheizfläche | $m^2$ | 83,0 | 114,0 | 84,0 |
| Rauchrohrheizfläche | $m^2$ | 120,0 | 106,0 | 90,1 |
| Verdampfungsheizfläche | $m^2$ | 220,4 | 238,0 | 195,4 |
| Überhitzerheizfläche | $m^2$ | 113,0 | 100,0 | 86,0 |
| Bauart des Vorwärmers | – | OV | OV | OV |
| Achsstand der Lok | mm | 9650 | 9650 | 9650 |
| Achsstand der Lok mit Tender | mm | 19180 | 19190 | 19190 |
| Länge über Puffer mit Tender | mm | 22655 | 22620 | 22620 |
| Masse leere Lok, ohne Tender | t | 105,2 | 99,9 | 99,0 |
| Masse dienstbereite Lok ohne Tender | t | 114,9 | 109,8 | 110 |
| Reibungsmasse | t | 100,0 | 95,0 | 95,3 |
| mittlere Kuppelachsfahrmasse | t | 20,0 | 19,0 | 19,1 |
| Metermasse Lok mit Tender | t/m | 8,40 | 8,07 | 8,01 |
| vorwiegend gekuppelt mit Tender | – | 2'2' T 32 | 2'2' T 34 | 2'2' T 30 |
| Wasserkasteninhalt | $m^3$ | 32 | 34 | 30 |
| Brennstoffvorrat | t | 10 | 10 | 10 |
| Urheberfirma bzw. Umbau- oder Rekonstruktionsausführender | – | Henschel | DLV | Henschel |
| erstes Baujahr bzw. erstes Jahr des Umbaues oder der Rekonstruktion | – | 1932 | 1936 | 1950 |

[1] etwa 1935 auf 20 bar und 1939 auf 16 bar herabgesetzt
[2] ab 44 066 = 4,55 $m^2$
[3] mit Standard-Stockerfeuerung
Punkt = Betriebsnummern nicht durchgehend

| | | | | |
|---|---|---|---|---|
| 44 | 44 | 44 | 44 | 44 |
| G 56.20 | G 56.20 | G 56.20 | G 56.20 | G 56.20 |
| 1'E h3 | 1'E h3 | 1'E h3 | 1'E h3 | 1'E h3 |
| Umbaulok DB[1]) | Umbaulok DR | Einheitslok | Umbaulok DB | Umbaulok DR |
| | (Kohlenstaubfeuerung) | mit DR-Umbautender | (Öl) | (Öl)[4]) |
| 44 433 | 44 116 | | 44 087 | 44 104 |
| 44 1210 ● | 44 1400 ● | | 44 1746 ● | 44 1858 ● |
| 80 | 80 | 80 | 80 | 80 |
| 3 × 550 | 3 × 550 | 3 × 550 | 3 × 550 | 3 × 550 |
| 660 | 660 | 660 | 660 | 660 |
| 1 400 | 1 400 | 1 400 | 1 400 | 1 400 |
| 850/– | 850/– | 850/– | 850/– | 850/– |
| 16 | 16 | 16 | 16 | 16 |
| 9,6 | 9,5 | 9,5 | 9,7 | 9,5 |
| 4,6 | 4,6 | 4,6 | 4,6 | 4,6 |
| 13,8 | 13,8 | 13,8 | 13,8 | 13,8 |
| | 24,6/32,6 | 24,6/32,6 | | 24,6/32,6 |
| 4,6 | | 4,6 | 3) | |
| 105 | 128 | 128 | 128 | 128 |
| 54 × 2,5 | 54 × 2,5 | 54 × 2,5 | 54 × 2,5 | 54 × 2,5 |
| 41 | 43 | 43 | 43 | 43 |
| 143 × 4,25 | 143 × 4 | 143 × 4 | 143 × 4,25 | 143 × 4 |
| 5 200 | 5 800 | 5 800 | 5 800 | 5 800 |
| 38 × 4 | 38 × 4 | 38 × 4 | 38 × 4 | 38 × 4 |
| 21,3 | 18,0 | 18,0 | 18,3 | 18,0 |
| 84,0 | 114,0 | 114,0 | 114,3 | 114,0 |
| 90,1 | 106,0 | 106,0 | 105,4 | 106,0 |
| 195,4 | 238,0 | 238,0 | 237,7 | 238,0 |
| 86 | 100,0 | 100,0 | 100,0 | 100,0 |
| MV | OV | OV | OV | OV |
| 9 650 | 9 650 | 9 650 | 9 650 | 9 650 |
| 19 190 | 19 547 | 19 548 | 19 190 | 19 190 |
| 22 620 | 23 202 | 23 028 | 22 620 | 22 620 |
| 99,0 | 99,9 | 99,9 | 100,2 | 99,9 |
| 110,0 | 109,8 | 109,8 | 109,6 | 109,8 |
| 95,3 | 95,0 | 95,0 | 94,9 | 95,0 |
| 19,1 | 19,0 | 19,0 | 19,0 | 19,0 |
| 8,14 | 7,21 | 7,75 | 8,27 | 8,20 |
| 2'2' T 34 | 2'2' T 24 Kst | 2'2' T 32 Umbau[2]) | 2'2' T 34 | 2'2' T 34 |
| 34 | 24 | 32 | 34 | 34 |
| 10 | 21 | 10 | 12[5]) | 13,5[5]) |
| Henschel | Raw Meiningen | Raw Meiningen | AW der DB | Raw Meiningen |
| 1950 | 1953 | 1958 | 1960 | 1963 |

Punkt = Betriebsnummern nicht durchgehend
1 mit Henschel-Mischvorwärmer
2 Tender umgebaut aus pr. 2'2' T 31,5
3 Feuerraum der Feuerbüchse einschließlich Feuerkasten 7,4 $m^3$
4 bei Umbau erhielten 30 Lok geschweißte Nachbaukessel ohne Speisedom vom Raw Meiningen
5 $m^3$ Heizöl

| | | | | |
|---|---|---|---|---|
| Baureihe/Unterbaureihe | – | 45 | 45 | 45 |
| Betriebsgattung | – | G 57.18/20[1]) | G 57.18/20[1]) | G 57.18/20[1]) |
| abgekürzte Bezeichnung | – | 1′E1′h3 | 1′E1′h3 | 1′E1′h3 |
| frühere Länderbezeichnung | – | Einheitslok | Einheitslok | Umbaulok DB[2]) |
| bzw. ergänzende Angaben | – | | | |
| Betriebsnummer von | – | 45 001 | 45 003 | 45 008 |
| bis | – | 45 002 | 45 028 | 45 022 ● |
| zulässige Fahrgeschwindigkeit | km/h | 90 | 90 | 90 |
| Zylinderdurchmesser | mm | 3 × 520 | 3 × 520 | 3 × 520 |
| Kolbenhub | mm | 720 | 720 | 720 |
| Treib- und Kuppelraddurchmesser | mm | 1 600 | 1 600 | 1 600 |
| Laufraddurchmesser vorn/hinten | mm | 1 000/1 250 | 1 000/1 250 | 1 000/1 250 |
| Kesselüberdruck | bar | 20 | 20 | 16 |
| Wasserraum des Kessels | $m^3$ | 10,3 | 12,2 | 12,8 |
| Dampfraum des Kessels | $m^3$ | 5,7 | 4,7 | 4,9 |
| Verdampfungswasseroberfläche | $m^2$ | 17,0 | 16,0 | 16,2 |
| Masse Kessel ohne/mit Ausrüstung | t | 34,3/46,0 | 30,8/41,3 | |
| Rostfläche | $m^2$ | 5,0 | 4,8 | 4,5 |
| Anzahl der Heizrohre | Stck | 72 | 98 | 106 |
| Heizrohrdurchmesser | mm | 83 × 3,25 | 79 × 3 | 60 × 3 |
| Anzahl der Rauchrohre | Stck | 33 | 30 | 44 |
| Rauchrohrdurchmesser | mm | 191 × 5,5 | 185 × 5 | 152 × 4,25 |
| Rohrlänge zwischen den Rohrwänden | mm | 7 500 | 7 500 | 6 500 |
| Überhitzerrohrdurchmesser | mm | 30 × 3 | 30 × 3 | 35 × 4 |
| Strahlungsheizfläche (Feuerbüchse + Verbrennungskammer) | $m^2$ | 18,8 | 18,7 | 23,2 |
| Heizrohrheizfläche | $m^2$ | 130,0 | 168,5 | 116,9 |
| Rauchrohrheizfläche | $m^2$ | 140,2 | 123,3 | 128,9 |
| Verdampfungsheizfläche | $m^2$ | 289,0 | 310,5 | 269,0 |
| Überhitzerheizfläche | $m^2$ | 132,5 | 120,6 | 120,0 |
| Bauart des Vorwärmers | – | OV | OV | OV |
| Achsstand der Lok | mm | 13 600 | 13 600 | 13 600 |
| Achsstand der Lok mit Tender | mm | 21 775 | 21 775 | 21 775 |
| Länge über Puffer mit Tender | mm | 25 645 | 25 645 | 25 645 |
| Masse leere Lok, ohne Tender | t | 117,5 | 114,7 | 114,4 |
| Masse dienstbereite Lok ohne Tender | t | 128,4 | 126,7 | 128,5 |
| Reibungsmasse | t | 92,9/99,4[1]) | 90,7/98,8[1]) | 93,0/99,7[1]) |
| mittlere Kuppelachsfahrmasse | t | 18,6/19,9[1]) | 18,2/19,8[1]) | 18,6/19,9[1]) |
| Metermasse Lok mit Tender | t/m | 8,20 | 8,10 | 7,85 |
| vorwiegend gekuppelt mit Tender | – | 2′3 T 38 | 2′3 T 38 | 2′3 T 29[3]) |
| Wasserkasteninhalt | $m^3$ | 38 | 38 | 29 |
| Brennstoffvorrat | t | 10 | 10 | 12 |
| Urheberfirma bzw. Umbau- oder Rekonstruktionsausführender | – | Henschel | DLV | Krupp |
| erstes Baujahr bzw. erstes Jahr des Umbaues oder der Rekonstruktion | – | 1936 | 1940 | 1951 |

[1] Kuppelachsfahrmasse wahlweise einstellbar
[2] geschweißter Neubaukessel mit Verbrennungskammer
[3] umgebauter Tender 2′3 T 38 für Stokerfeuerung
Punkt = Betriebsnummern nicht durchgehend

| | | | | |
|---|---|---|---|---|
| 45 | H 45 | 50 | $50^{30}$ | 50 |
| G 57.18/20[1]) | G 57.19 | G 56.15 | G 56.15 | G 56.15 |
| 1′E1′h3 | 1′E1′h3v | 1′Eh2 | 1′Eh2 | 1′Eh2 |
| Umbaulok DB[2]) | Umbaulok DR | Einheitslok | Einheitslok | Umbaulok DB[5]) |
| | mit La Mont-Kessel | | mit Brotan-Kessel[4]) | |
| 45 010 | H 45 024 | 50 001 | 50 3011 | 50 117 |
| 45 023 ● | – | 50 3164 ● | 50 3012 | 50 2201 ● |
| 90 | 100 | 80 | 80 | 80 |
| 3 × 520 | 1 × 400/2 × 520 | 600 | 600 | 600 |
| 720 | 720 | 660 | 660 | 660 |
| 1 600 | 1 600 | 1 400 | 1 400 | 1 400 |
| 1 000/1 250 | 1 000/1 250 | 850/– | 850/– | 850/– |
| 16 | 42 | 16 | 16 | 16 |
| 13,1 | | 8,02 | 7,5 | 8,0[6]) |
| 5,1 | | 2,73 | 2,9 | 3,0 |
| 16,4 | | 10,7 | 9,4 | 10,8 |
| | | 19,2/26,3 | | |
| 4,5 | | 3,9 | 3,9 | 2,7 |
| 106 | | 113 | 123 | 68 |
| 60 × 3 | | 54 × 2,5 | 54 × 2,5 | 54 × 2,5 |
| 44 | | 35 | 27 | 40 |
| 152 × 4,25 | | 133 × 4 | 143 × 4,25 | 133 × 4 |
| 6 500 | | 5 200 | 5 200 | 5 200 |
| 35 × 4 | | 30 × 3 | 30 × 3,5 | 35 × 4 |
| 23,2 | | 15,9 | 17,4 | 17,8[6]) |
| 116,9 | | 90,4 | 98,5 | 54,4 |
| 128,9 | | 71,3 | 59,3 | 81,6 |
| 269,0 | 149,0 | 177,6 | 175,2 | 153,8 |
| 120,0 | 69,0 | 64,1 | 60,7 | 82,3 |
| OV | OV | OV | | OV |
| 13 600 | 13 600 | 9 200 | 9 200 | 9 200 |
| 21 775 | 22 500 | 18 890 | 18 890 | 18 890 |
| 25 645 | 27 350 | 22 940 | 22 940 | 22 940 |
| 112,3 | 120,0 | 78,6 | 78,5 | 78,6 |
| 125,5 | 127,0 | 88,1 | 86,1 | 86,9 |
| 91,0/97,2[1]) | 95,0 | 76,6 | 75,0 | 75,3 |
| 18,2/19,4[1]) | 19,0 | 15,3 | 15,0 | 15,0 |
| 7,73 | 7,60 | 6,43 | 6,35 | 6,38 |
| 2′3 T 29[3]) | | 2′2′ T 26 | 2′2′ T 26 | 2′2′ T 26 |
| 29 | 10 | 26 | 26 | 26 |
| 12 | 24[7]) | 8 | 8 | 8 |
| Krupp | LKM Babelsberg | DLV | Wiener Lokomotivfabrik | AW der DB |
| 1950 | 1951 | 1939 | 1942 | 1959 |

[1] Kuppelachsfahrmasse wahlweise einstellbar
[2] geschweißter Neubaukessel mit Verbrennungskammer
[3] umgebauter 2′3 T 38 für Stokerfeuerung
[4] ab 1949 mit Normalkesseln von DB umgerüstet
[5] Umbau auf verkleinerten Rost und geänderte Rohrteilung
[6] einschließlich Wasserkammer
[7] m³ Kohlenstaub
Punkt = Betriebsnummern nicht durchgehend

| | | | | |
|---|---|---|---|---|
| Baureihe/Unterbaureihe | – | $50^{35}$ | $50^{40}$ | $50^{40}$ |
| Betriebsgattung | – | G 56.15 | G 56.15 | G 56.15 |
| abgekürzte Bezeichnung | – | 1′E h2 | 1′E h2 | 1′E h2 |
| frühere Länderbezeichnung | – | Rekolok DR | Neubaulok DR | Franco-Crosti |
| bzw. ergänzende Angaben | – | | | Umbaulok DB |
| Betriebsnummer von | – | 50 3501 | 50 4001 | 50 4001 |
| bis | – | 50 3708 | 50 4088 | 50 4031 ● |
| zulässige Fahrgeschwindigkeit | km/h | 80 | 80 | 80 |
| Zylinderdurchmesser | mm | 600 | 600 | 600 |
| Kolbenhub | mm | 660 | 660 | 660 |
| Treib- und Kuppelraddurchmesser | mm | 1400 | 1400 | 1400 |
| Laufraddurchmesser vorn/hinten | mm | 850/– | 850/– | 850/– |
| Kesselüberdruck | bar | 16 | 16 | 16 |
| Wasserraum des Kessels | $m^3$ | 8,4 | 7,8 | 7,5 |
| Dampfraum des Kessels | $m^3$ | 3,7 | 3,5 | 2,4 |
| Verdampfungswasseroberfläche | $m^2$ | 12,4 | 11,1 | 9,7 |
| Masse Kessel ohne/mit Ausrüstung | t | 18,5/24,6 | 18,5/24,3 | |
| Rostfläche | $m^2$ | 3,7 | 3,7 | 3,1 |
| Anzahl der Heizrohre | Stck | 124 | 150 | 39 |
| Heizrohrdurchmesser | mm | 51 × 2,5 | 44,5 × 2,5 | 60 × 3 |
| Anzahl der Rauchrohre | Stck | 38 | 38 | 24 |
| Rauchrohrdurchmesser | mm | 133 × 4 | 133 × 4 | 152 × 4,25 |
| Rohrlänge zwischen den Rohrwänden | mm | 4700 | 4200 | 4700 |
| Überhitzerrohrdurchmesser | mm | 38 × 4 | 38 × 4 | 38 × 4 |
| Strahlungsheizfläche (Feuerbüchse + Verbrennungskammer) | $m^2$ | 17,9 | 17,9 | 17,3 |
| Heizrohrheizfläche | $m^2$ | 84,2 | 79,0 | 125,3[2]) |
| Rauchrohrheizfläche | $m^2$ | 70,2 | 62,7 | 50,8 |
| Verdampfungsheizfläche | $m^2$ | 172,3 | 159,6 | 193,5 |
| Überhitzerheizfläche | $m^2$ | 65,4 | 68,5 | 48,8 |
| Bauart des Vorwärmers | – | MV | MV | AV und MV[3]) |
| Achsstand der Lok | mm | 9200 | 9200 | 9200 |
| Achsstand der Lok mit Tender | mm | 18890 | 18435 | 18890 |
| Länge über Puffer mit Tender | mm | 22940 | 22600 | 22940 |
| Masse leere Lok, ohne Tender | t | 78,1 | 77,1 | 80,4 |
| Masse dienstbereite Lok ohne Tender | t | 88,2 | 85,9 | 90,6 |
| Reibungsmasse | t | 77,0 | 73,4 | 78,4 |
| mittlere Kuppelachsfahrmasse | t | 15,4 | 14,7 | 15,7 |
| Metermasse Lok mit Tender | t/m | 6,43 | 6,61 | 6,60 |
| vorwiegend gekuppelt mit Tender | – | 2′2′ T 26 | 2′2′ T 28 | 2′2′ T 26[4]) |
| Wasserkasteninhalt | $m^3$ | 26 | 28 | 26 |
| Brennstoffvorrat | t | 8 | 10 | 8 |
| Urheberfirma bzw. Umbau- oder Rekonstruktionsausführender | – | Raw Stendal[1]) | LKM Babelsberg | Henschel |
| erstes Baujahr bzw. erstes Jahr des Umbaues oder der Rekonstruktion | – | 1957 | 1956 | 1954 |

[1] Ersatzkessel mit Verbrennungskammer vom Raw Halberstadt und VEB Schwermaschinenbau „Karl Liebknecht“ Magdeburg
[2] einschließlich 94,2 $m^2$ Heizfläche des Abgasvorwärmers (161 Heizrohre)
[3] Abgasspeisewasservorwärmer Bauart Franco-Crosti und Oberflächenvorwärmer (50 4001) bzw. Mischvorwärmer (50 4002 bis 50 4031)
[4] Tender mit Kohlekastenabdeckung
Punkt = Betriebsnummern nicht durchgehend

| | | | | |
|---|---|---|---|---|
| $50^{40}$ | $50^{50}$ | 52 | $52^{18-19}$ | $52^{19-20}$ |
| G 56.15 | G 56.15 | G 56.15 | G 56.16 | G 56.16 |
| 1′E h2 | 1′E h2 | 1′E h2 | 1′E h2 | 1′E h2 |
| Franco-Crosti | Rekolok DR | Kriegslok | Kondenslok | Kondenslok |
| Umbaulok DB (Öl) | (Öl) | | | |
| 50 4011 | 50 5001 | 52 001 | 52 1850 | 52 1990 |
| – | 50 5072[4]) | 52 7794 ● | 52 1989 | 52 2027 |
| 80 | 80 | 80 | 80 | 80 |
| 600 | 600 | 600 | 600 | 600 |
| 660 | 660 | 660 | 660 | 660 |
| 1400 | 1400 | 1400 | 1400 | 1400 |
| 850/– | 850/– | 850/– | 850/– | 850/– |
| 16 | 16 | 16 | 16 | 16 |
| 7,5 | 8,4 | 7,8 | 7,8 | 7,8 |
| 2,4 | 3,7 | 3,0 | 3,0 | 3,0 |
| 9,7 | 12,4 | 10,7 | 10,7 | 10,7 |
| | 18,5/24,6 | 18,4/26,0 | 18,9/27,3 | 18,9/27,3 |
| [1]) | | 3,9 | 3,9 | 3,9 |
| 39 | 124 | 113 | 113 | 113 |
| 60 × 3 | 51 × 2,5 | 54 × 2,5 | 54 × 2,5 | 54 × 2,5 |
| 24 | 38 | 35 | 35 | 35 |
| 152 × 4,25 | 133 × 4 | 133 × 4 | 133 × 4 | 133 × 4 |
| 4700 | 4700 | 5200 | 5200 | 5200 |
| 38 × 4 | 38 × 4 | 35 × 4 | 35 × 4 | 35 × 4 |
| 17,3 | 17,9 | 15,9 | 15,9 | 15,9 |
| 125,3[2]) | 84,2 | 90,4 | 90,4 | 90,4 |
| 50,8 | 70,2 | 71,3 | 71,3 | 71,3 |
| 193,5 | 172,3 | 177,6 | 177,6 | 177,6 |
| 48,8 | 65,4 | 63,7 | 63,7 | 63,7 |
| AV und MV[3]) | MV | | | |
| 9200 | 9200 | 9200 | 9200 | 9200 |
| 18890 | 18890 | 19000[5]) | 23185 | 21755 |
| 22940 | 22940 | 22975[5]) | 27535 | 26205 |
| 80,7 | 78,1 | 75,9[6]) | 81,2 | 81,2 |
| 90,9 | 88,2 | 84,0[6]) | 89,1 | 89,1 |
| 78,7 | 77,0 | 75,7[6]) | 78,7 | 78,7 |
| 15,7 | 15,4 | 15,1[6]) | 15,7 | 15,7 |
| 6,69 | 6,43 | 6,20[6]) | 5,95 | |
| 2′2′ T 26 | 2′2′ T 26 | 2′2′ T 30 | 3′2′ T 16 Kon | 2′2′ T 13,5 Kon |
| 26 | 26 | 30 | 16[7]) | 13,5[7]) |
| 10[8]) | 11,2[8]) | 10 | 9 | 9 |
| Henschel | Raw Stendal | DLV | Henschel | Henschel |
| 1959 | 1966 | 1942 | 1943 | 1944 |

Punkt = Betriebsnummern nicht durchgehend

[1] Feuerrauminhalt von Feuerbüchse und Verbrennungskammer einschließlich Feuerkasten 5,9 $m^3$

[2] einschließlich 94,2 $m^2$ Heizfläche des Abgasvorwärmers (161 Heizrohre)

[3] Abgasspeisewasservorwärmer Bauart Franco-Crosti und Heinl-Mischvorwärmer

[4] erste Umbaugruppe 50 5001 bis 50 5042 von 1966 bis 1969; zweite Umbaugruppe 50 5043 bis 50 5072 ab 1970

[5] wenn mit Tender 4 T 30 (Bauart Floridsdorf) gekuppelt: Achsstand Lok + Tender = 18220 mm
Länge über Puffer = 22830 mm

[6] Massen und Lasten für Lok mit Blechrahmen

[7] Rohwasser; zusätzlich 1,5 $m^3$ Kondensat

[8] $m^3$ Heizöl

| | | | | |
|---|---|---|---|---|
| Baureihe/Unterbaureihe | – | 52 | $52^{80}$ | $52^{70}$ |
| Betriebsgattung | – | G 56.15 | G 56.15 | G 23.13 |
| abgekürzte Bezeichnung | – | 1'E h2 | 1'E h2 | 1'B n2 |
| frühere Länderbezeichnung | – | Umbaulok DR | Rekolok DR | sä. IIIb |
| bzw. ergänzende Angaben | – | (Kohlenstaubfeuerung) | | |
| Betriebsnummer von | – | 52 415 | 52 8001 | 52 7001 |
| bis | – | 52 7195 ● | 52 8200 | – |
| zulässige Fahrgeschwindigkeit | km/h | 80 | 80 | 75 |
| Zylinderdurchmesser | mm | 600 | 600 | 406 |
| Kolbenhub | mm | 660 | 660 | 559 |
| Treib- und Kuppelraddurchmesser | mm | 1 400 | 1 400 | 1 570 |
| Laufraddurchmesser vorn/hinten | mm | 850/– | 850/– | 1 045/– |
| Kesselüberdruck | bar | 16 | 16 | 8,5 |
| Wasserraum des Kessels | $m^3$ | 7,8 | 8,4 | |
| Dampfraum des Kessels | $m^3$ | 3,0 | 3,7 | |
| Verdampfungswasseroberfläche | $m^2$ | 10,7 | 12,4 | |
| Masse Kessel ohne/mit Ausrüstung | t | 18,4/26,0 | 18,7/24,3 | |
| Rostfläche | $m^2$ | | 3,71 | 1,6 |
| Anzahl der Heizrohre | Stck | 113 | 124 | 213 |
| Heizrohrdurchmesser | mm | 54 × 2,5 | 51 × 2,5 | 45 × 2,5 |
| Anzahl der Rauchrohre | Stck | 35 | 38 | – |
| Rauchrohrdurchmesser | mm | 133 × 4 | 133 × 4 | – |
| Rohrlänge zwischen den Rohrwänden | mm | 5 200 | 4 700 | 3 150 |
| Überhitzerrohrdurchmesser | mm | 35 × 4 | 38 × 4 | – |
| Strahlungsheizfläche (Feuerbüchse + Verbrennungskammer) | $m^2$ | 15,9 | 17,9 | 7,3 |
| Heizrohrheizfläche | $m^2$ | 90,4 | 84,2 | 84,3 |
| Rauchrohrheizfläche | $m^2$ | 71,3 | 70,2 | – |
| Verdampfungsheizfläche | $m^2$ | 177,6 | 172,3 | 91,6 |
| Überhitzerheizfläche | $m^2$ | 68,9 | 65,4 | – |
| Bauart des Vorwärmers | – | – | MV | – |
| Achsstand der Lok | mm | 9 200 | 9 200 | 3 800 |
| Achsstand der Lok mit Tender | mm | 19 000 | 19 000 | 9 170 |
| Länge über Puffer mit Tender | mm | 22 975 | 22 975 | 13 035 |
| Masse leere Lok, ohne Tender | t | 76,5 | 80,0 | 33,3 |
| Masse dienstbereite Lok ohne Tender | t | 84,4 | 89,7 | 36,6 |
| Reibungsmasse | t | 75,5 | 79,6 | 25,8 |
| mittlere Kuppelachsfahrmasse | t | 15,1 | 15,9 | 12,9 |
| Metermasse Lok mit Tender | t/m | 6,17 | 6,46 | 4,25 |
| vorwiegend gekuppelt mit Tender | – | 2'2' T 24 Kst | 2'2' T 30 | sä. 3 T 5,65 |
| Wasserkasteninhalt | $m^3$ | 24 | 30 | 5,65 |
| Brennstoffvorrat | t | 21[1]) | 10 | 4,5 |
| Urheberfirma bzw. Umbau- oder Rekonstruktionsausführender | – | Raw Stendal | Raw Stendal[2]) | MF Esslingen |
| erstes Baujahr bzw. erstes Jahr des Umbaues oder der Rekonstruktion | – | 1950 | 1960 | 1874 |

Punkt = Betriebsnummern nicht durchgehend
[1] $m^3$ Kohlenstaub

[2] Ersatzkessel mit Verbrennungskammer vom Raw Halberstadt und VEB Schwermaschinenbau „Karl Liebknecht" Magdeburg

| | | | | |
|---|---|---|---|---|
| $53^{0}$ | $53^{3}$ | $53^{6}$ | $53^{6-7}$ | $53^{7}$ |
| G 33.14 | G 33.15 | G 33.14 | G 33.14 | G 33.14 |
| C n2v | C n2v | C n2v | C n2v | C n2v |
| pr. G $4^{2}$ | pr. G $4^{3}$ | sä. VV | sä. VV | sä. VV |
| 53 001 | 53 301 | 53 601 | 53 616 | 53 681 |
| 53 025 | 53 327 | 53 615 | 53 680 | 53 729 |
| 55 | 60 | 45 | 45 | 50 |
| 460/650 | 460/680 | 480/700 | 460/650 | 500/700 |
| 630 | 630 | 610 | 610 | 610 |
| 1 340 | 1 350 | 1 420 | 1 420 | 1 420 |
| –/– | –/– | –/– | –/– | –/– |
| 12 | 12 | 12 | 12 | 12 |
| 3,8 | 4,3 | | | |
| 1,6 | 1,6 | | | |
| 6,2 | 6,1 | 6,8 | 6,8 | 6,8 |
| | 12,5/12,7 | | | |
| 1,53 | 1,7 | 1,4 | 1,4 | 1,4 |
| 172 | 217 | 173 | 173 | 167 |
| 50 × 2,5 | 46 × 2,5 | 50 × 2,5 | 50 × 2,5 | 50 × 2,5 |
| – | – | – | – | – |
| – | – | – | – | – |
| 4 450 | 3 900 | 4 369 | 4 369 | 4 369 |
| – | – | – | – | – |
| 7,8 | 8,7 | 8,2 | 8,2 | 8,2 |
| 108,2 | 109,0 | 106,9 | 106,9 | 103,2 |
| – | – | – | – | – |
| 116,0 | 117,7 | 115,1 | 115,1 | 111,4 |
| – | – | – | – | – |
| – | – | – | – | – |
| 3 400 | 3 700 | 3 400 | 3 400 | 3 400 |
| 10 655 | 10 590 | 10 350 | 10 350 | 10 350 |
| 15 362 | 15 100 | 14 718 | 14 718 | 14 718 |
| 35,8 | 42,2 | 37,5 | 37,5 | 39,0 |
| 41,2 | 46,7 | 42,0 | 42,0 | 43,7[1]) |
| 41,2 | 46,7 | 42,0 | 42,0 | 43,7[1] |
| 13,7 | 15,6 | 14,0 | 14,0 | 14,6 |
| 5,02 | 5,48 | 4,70 | 4,70 | 4,70 |
| pr. 3 T 10,5 | pr. 3 T 10,5 | sä. 3 T 7,5 | sä. 3 T 7,5 | sä. 3 T 7,5 |
| 10,5 | 10,5 | 7,5 | 7,5 | 7,5 |
| 4 | 4 | 4 | 4 | 4 |
| Henschel | Union-Gießerei | Hartmann | Sigl, Wiener Neustadt | Hartmann |
| 1882 | 1903 | 1885 | 1890 | 1898 |

[1] 53 681 bis 53 706 = 43,4 t

| Baureihe/Unterbaureihe | – | $53^{7}$ | $53^{8}$ | $53^{10}$ |
|---|---|---|---|---|
| Betriebsgattung | – | G 33.15 | G 33.13 | G 33.13 |
| abgekürzte Bezeichnung | – | C n2v | C n2v | C n2v |
| frühere Länderbezeichnung | – | sä. VV | wü. Fc | old. G $4^{2}$ |
| bzw. ergänzende Angaben | – | | | |
| Betriebsnummer von | – | 53 751 | 53 801 | 53 1001 |
| bis | – | – | 53 865 | 53 1003 |
| zulässige Fahrgeschwindigkeit | km/h | 50 | 45 | 45 |
| Zylinderdurchmesser | mm | 500/700 | 480/635 | 460/650 |
| Kolbenhub | mm | 610 | 612 | 630 |
| Treib- und Kuppelraddurchmesser | mm | 1 420 | 1 230 | 1 340 |
| Laufraddurchmesser vorn/hinten | mm | –/– | –/– | –/– |
| Kesselüberdruck | bar | 12 | 14 | 12 |
| Wasserraum des Kessels | $m^3$ | | 4,7 | 4,6 |
| Dampfraum des Kessels | $m^3$ | | 1,5 | 1,3 |
| Verdampfungswasseroberfläche | $m^2$ | 7,0 | 6,2 | 6,6 |
| Masse Kessel ohne/mit Ausrüstung | t | | 8,2/13,1 | 11,0/15,0 |
| Rostfläche | $m^2$ | 1,8 | 1,4 | 1,5 |
| Anzahl der Heizrohre | Stck | 204 | 205 | 206 |
| Heizrohrdurchmesser | mm | 50 × 2,5 | 45 × 2,5 | 44 × 2,5 |
| Anzahl der Rauchrohre | Stck | – | – | – |
| Rauchrohrdurchmesser | mm | – | – | – |
| Rohrlänge zwischen den Rohrwänden | mm | 4 000 | 4 169 | 4 350 |
| Überhitzerrohrdurchmesser | mm | – | – | – |
| Strahlungsheizfläche (Feuerbüchse + Verbrennungskammer) | $m^2$ | 7,65 | 7,8 | 7,67 |
| Heizrohrheizfläche | $m^2$ | 115,36 | 110,1 | 106,79 |
| Rauchrohrheizfläche | $m^2$ | – | – | – |
| Verdampfungsheizfläche | $m^2$ | 123,0 | 117,9 | 114,46 |
| Überhitzerheizfläche | $m^2$ | – | – | – |
| Bauart des Vorwärmers | – | – | – | – |
| Achsstand der Lok | mm | 3 400 | 3 200 | 3 400 |
| Achsstand der Lok mit Tender | mm | 10 350 | 9 850 | 10 568 |
| Länge über Puffer mit Tender | mm | 14 718 | 14 102 | 16 131 |
| Masse leere Lok, ohne Tender | t | 41,5 | 35,6 | 34,6 |
| Masse dienstbereite Lok ohne Tender | t | 46,2 | 39,7 | 40,2 |
| Reibungsmasse | t | 46,2 | 39,7 | 40,2 |
| mittlere Kuppelachsfahrmasse | t | 15,4 | 13,2 | 13,4 |
| Metermasse Lok mit Tender | t/m | 4,88 | 4,80 | 4,87 |
| vorwiegend gekuppelt mit Tender | – | sä. 3 T 9 | wü. 2 T 10 | old. 3 T 12 |
| Wasserkasteninhalt | $m^3$ | 9 | 10 | 12 |
| Brennstoffvorrat | t | 4 | 6 | 4 |
| Urheberfirma bzw. Umbau- oder Rekonstruktionsausführender | – | Hartmann | MF Esslingen | Hanomag |
| erstes Baujahr bzw. erstes Jahr des Umbaues oder der Rekonstruktion | – | 1920 | 1890 | 1895 |

| | | | | | | |
|---|---|---|---|---|---|---|
| $53^{10}$ | $53^{70-71}$ | $53^{76}$ | $53^{80}$ | | $53^{80-81}$ | |
| G 33.14 | G 33.13 | G 33.13 | G 33.13 | | G 33.14 | |
| C n2v | C n2 | C n2 | C n2 | | C n2v | |
| old. G $4^2$ | pr. G 3 | pr. G $4^1$ | bay. C IV Zw. | | bay. C IV Verb. | |
| 53 1051 | 53 7001 | 53 7601 | 53 8011 | | 53 8081 | |
| 53 1058 | 53 7157 | 53 7617 | 53 8076 | | 53 8168 | |
| 45 | 45 | 45 | 50 | | 50 | |
| 460/650 | 450 | 450 | 486 | | 486/705 | 500/705[3] |
| 630 | 630 | 630 | 630 | | 630 | |
| 1 340 | 1 340 | 1 340 | 1 340 | | 1 340 | |
| –/– | –/– | –/– | –/– | | –/– | |
| 12 | 10[1]) | 12 | 11 | 12[2]) | 12 | 13[3]) |
| 4,4 | 4,9 | 4,9 | 4,3 | | 4,3 | 4,4[3]) |
| 1,3 | 1,6 | 1,6 | 1,6 | | 1,6 | 1,6[3]) |
| 6,4 | 6,9 | 6,3 | 6,5 | | 6,5 | 6,5[3]) |
| 10,5/14,5 | | | 11,0/13,4 | | 11,0/13,4 | 11,5/13,9[3]) |
| 1,5 | 1,5 | 1,5 | 1,7 | | 1,7 | |
| 206 | 186[1]) | 172 | 181 | | 181 | |
| 44 × 2,5 | 50 × 2,5 | 50 × 2,5 | 52 × 3 | | 52 × 3 | |
| – | – | – | – | | – | |
| – | – | – | – | | – | |
| 4 160 | 4 450 | 4 450 | 4 000 | | 4 000 | |
| – | – | – | – | | – | |
| 7,7 | 7,79 | 7,8 | 7,2 | | 7,2 | |
| 105 | 108,2 | 108,2 | 104,6 | | 104,6 | |
| – | – | – | – | | – | |
| 112,7 | 116,0 | 116,0 | 111,8 | | 111,8 | |
| – | – | – | – | | – | |
| – | – | – | – | | – | |
| 3 400 | 3 400 | 3 400 | 3 200 | | 3 200 | |
| 10 568 | 10 668 | 10 668 | 10 320 | | 10 520 | |
| 16 131 | 15 375 | 15 375 | 14 630 | | 15 040 | |
| 36,4 | 34,7 | 35,5 | 36,2 | 36,8[2]) | 36,9 | 38,2[3]) |
| 41,7 | 40,1 | 40,1 | 40,6 | 41,4[2]) | 41,3 | 42,7[3]) |
| 41,7 | 40,1 | 40,1 | 40,6 | 41,4[2]) | 41,3 | 42,7[3]) |
| 13,9 | 13,4 | 13,4 | 13,5 | 13,8[2]) | 13,8 | 14,2[3]) |
| 4,97 | 4,95 | 4,95 | 4,71 | 4,75[2]) | 4,64 | 4,73[3]) |
| old. 3 T 12 | pr. 3 T 10,5 | pr. 3 T 12 | bay. 3 T 10,5 | | bay. 3 T 10,5 | |
| 12 | 10,5 | 12 | 10,5 | | 10,5 | |
| 5 | 4 | 5 | 5 | | 5 | |
| Hanomag | Schwartzkopff | Henschel | Maffei | | Krauss-München | |
| 1907 | 1877 | 1897 | 1884 | | 1889 | |

[1] ab 1904 mit Ersatzkessel für 12 bar und mit 172 Heizrohren

[2] ab Baujahr 1892 (Lok 53 8046)

[3] ab Baujahr 1892 (Lok 53 8083)

| | | | | |
|---|---|---|---|---|
| Baureihe/Unterbaureihe | – | $53^{82}$ | $53^{83}$ | $53^{85}$ |
| Betriebsgattung | – | G 33.13 | G 33.13 | G 33.13 |
| abgekürzte Bezeichnung | – | C n2 | C n2 | C n2 |
| frühere Länderbezeichnung | – | sä. V | wü. F2 | bad. VII a[1, 5, 7–11] |
| bzw. ergänzende Angaben | – | | | bad. VII a[13–17] bad. VII c[1] |
| Betriebsnummer von | – | 53 8201 | 53 8301 | 53 8501 53 8550 53 8597[7]) |
| bis | – | 53 8211 | – | 53 8542 ● 53 8586 ● 53 8598 |
| zulässige Fahrgeschwindigkeit | km/h | 40[1]) 45 | 45 | 45 |
| Zylinderdurchmesser | mm | 457 | 450 | 457 |
| Kolbenhub | mm | 610 | 612 | 635 |
| Treib- und Kuppelraddurchmesser | mm | 1 400 | 1 230 | 1 220 |
| Laufraddurchmesser vorn/hinten | mm | –/– | –/– | –/– |
| Kesselüberdruck | bar | 9 10[4])[5]) | 12 | 12 |
| Wasserraum des Kessels | $m^3$ | | 4,7 | 4,8 |
| Dampfraum des Kessels | $m^3$ | | 1,5 | 1,8 |
| Verdampfungswasseroberfläche | $m^2$ | | 6,2 | 6,7[8]) |
| Masse Kessel ohne/mit Ausrüstung | t | | 8,2/13,1 | 10,5/12,9 |
| Rostfläche | $m^2$ | 1,4 1,5[4]) | 1,4 | 1,5 |
| Anzahl der Heizrohre | Stck | 195[4]) | 205 | 183 |
| Heizrohrdurchmesser | mm | 45 × 2,5 | 45 × 2,5 | 52 × 3,5 |
| Anzahl der Rauchrohre | Stck | – | – | – |
| Rauchrohrdurchmesser | mm | – | – | – |
| Rohrlänge zwischen den Rohrwänden | mm | 4 209[1])[2]) 4 380[4]) 4 369[5]) | 4 169 | 4 400 |
| Überhitzerrohrdurchmesser | mm | – | – | – |
| Strahlungsheizfläche (Feuerbüchse + Verbrennungskammer) | $m^2$ | 7,9[1])[2]) 8,2[5]) 8,1[4]) 8,2[5]) | 7,8 | 7,5 |
| Heizrohrheizfläche | $m^2$ | 103,2[1])[2]) 106,8 113,4[4]) 105,2 | 110,1 | 116,4 |
| Rauchrohrheizfläche | $m^2$ | – | – | – |
| Verdampfungsheizfläche | $m^2$ | 111,1[1])[2]) 115,4 121,4[4]) 111,4 | 117,9 | 123,9 |
| Überhitzerheizfläche | $m^2$ | – | – | – |
| Bauart des Vorwärmers | – | – | – | – |
| Achsstand der Lok | mm | 3 150[1]) 3 350[2]) 3 400[3–5]) | 3 000 | 3 450 |
| Achsstand der Lok mit Tender | mm | 10 290[3]) | 9 490 | 10 487[9]) |
| Länge über Puffer mit Tender | mm | 14 663[3]) | 14 055 | 14 842[10]) |
| Masse leere Lok, ohne Tender | t | 34,8[4]) | 34,0 | 35,6 |
| Masse dienstbereite Lok ohne Tender | t | 37,3[1])[2]) 38,9[3]) 38,2[4]) 40,6[5]) | 38,0 | 39,1[11]) |
| Reibungsmasse | t | 37,3[1])[2]) 38,9[3]) 38,2[4]) 40,6[5]) | 38,0 | 39,1[11]) |
| mittlere Kuppelachsfahrmasse | t | 12,4[1])[2]) 12,9[3]) 12,7[4]) 13,5[5]) | 12,7 | 13,0[12]) |
| Metermasse Lok mit Tender | t/m | | 4,70 | 3,90 |
| vorwiegend gekuppelt mit Tender | – | sä. 3 T 7,5[5]) | wü. 2 T 10 | bad. 2 T 8[13]) |
| Wasserkasteninhalt | $m^3$ | 7,5 | 10 | 8[14]) |
| Brennstoffvorrat | t | 4 | 6 | 4 |
| Urheberfirma bzw. Umbau- oder Rekonstruktionsausführender | – | Schwartzkopff[1–5]) | MF Esslingen[6]) | MBG Karlsruhe |
| erstes Baujahr bzw. erstes Jahr des Umbaues oder der Rekonstruktion | – | 1872[1–5]) | 1867[6]) | 1866 |

Punkt = Betriebsnummern nicht durchgehend

1 53 8201 u. 53 8202 (1872), 53 8203 u. 53 8204 (1873) Schwartzkopff

2 53 8205 (1874) Schwartzkopff

3 53 8206 (1875), 53 8207 u. 53 8208 (1876) Hartmann

4 53 8209 (1876) Henschel

5 53 8210 u. 53 8211 (1887) Hartmann

6 Umbau auf letzte Bauform 1891 in Bahnwerkstätte Esslingen

7 einschl. 53 8587 (ex bad. VIIc[1])

5 53 8501 bis 53 8542 = 6,6

9 53 8597 bis 53 8598 = 11 250

10 53 8597 bis 53 8598 = 14 842

11 53 8501 bis 53 8542 = 39,6

12 53 8501 bis 53 8542 = 13,2

13 53 8597 bis 53 8598 = bad. 3 T 13,5

14 53 8597 bis 53 8598 = 13,5

| | | | | |
|---|---|---|---|---|
| $54^0$ | $54^{2-3}$ | $54^6$ | $54^{8-10}$ | $54^{8-10}$ |
| G 34.13 | G 34.14 | G 34.14 | G 34.14 | G 34.14 |
| 1'C n2 | 1'C n2v | 1'C n2 | 1'C n2v | 1'C h2v |
| pr. G 5[1] | pr. G 5[2] | pr. G 5[3] | pr. G 5[4] | pr. G 5[4]H |
| | | | | Umbaulok |
| 54 001 | 54 201 | 54 601 | 54 801 | 54 813 |
| 54 071 | 54 386 | 54 671 | 54 1092 | 54 1082 ● |
| 65 | 65 | 65 | 65 | 65 |
| 450 | 480/680 | 490 | 500/750 | 500/750[2]) |
| 630 | 630 | 630 | 630 | 630 |
| 1 350 | 1 350 | 1 350 | 1 350 | 1 350 |
| 1 000/– | 1 000/– | 1 000/– | 1 000/– | 1 000/– |
| 10 12[1]) | 12 | 12 | 12 | 12 |
| 5,8 | 5,8 | 5,5 | 5,5 | 5,5 |
| 2,3 | 2,3 | 2,0 | 2,0 | 2,0 |
| 7,9 | 7,9 | 8,3 | 8,3 | 8,3 |
| 12,8/13,1 | 12,8/13,5 | 13,8/14,5 | 13,8/14,5 | |
| 2,3 | 2,3 | 2,3 | 2,29 | 2,29 |
| 221 216[1]) | 216 | 216 | 216 | 148 |
| 50 × 2,5 | 50 × 2,5 | 50 × 2,5 | 50 × 2,5 | 50 × 2,5 |
| – | – | – | – | 18 |
| – | – | – | – | 133 × 4 |
| 4 124 | 4 124 | 4 124 | 4 124 | 4 124 |
| – | – | – | – | 38 × 4 |
| 10,8 | 10,8 | 10,8 | 10,8 | 10,4 |
| 126,2[1]) | 126,2 | 126,2 | 126,2 | 86,2 |
| – | – | – | – | 29,0 |
| 137,0[1]) | 137,0 | 137,0 | 137,0 | 125,6 |
| – | – | – | – | 30,4 |
| – | – | – | – | OV |
| 6 300 | 6 300 | 6 000 | 6 000 | 6 000 |
| 12 610 | 12 751 | 12 626 | 12 626 | 12 626 |
| 15 990 | 16 168 | 16 168 | 16 168 | 16 168 |
| 43,0 | 45,2 | 49,4 | 48,8 | 50,9 |
| 48,5 | 51,1 | 54,1 | 55,1 | 57,2 |
| 39,9 | 43,0 | 42,4 | 44,0 | 44,6 |
| 13,3 | 14,3 | 14,1 | 14,7 | 14,9 |
| 5,30 | 5,40 | 5,60 | 5,64 | 5,76 |
| pr. 3 T 12 | pr. 3 T 12 | pr. 3 T 12 | pr. 3 T 12 | pr. 3 T 12 |
| 12 | 12 | 12 | 12 | 12 |
| 5 | 5 | 5 | 5 | 5 |
| Vulkan | Hanomag | Henschel | Schwartzkopff | Raw |
| 1892 | 1895 | 1903 | 1901 | 1923 |

[1] ab 54 013 [2] später vergrößert auf 520/750 Punkt = Betriebsnummern nicht durchgehend

| | | | | |
|---|---|---|---|---|
| Baureihe/Unterbaureihe | – | $54^{12}$ | $54^{13}$ | $54^{14}$ |
| Betriebsgattung | – | G 34.14 | G 34.14 | G 34.14 |
| abgekürzte Bezeichnung | – | 1′C n2v | 1′C n2v | 1′C n2v |
| frühere Länderbezeichnung | – | meck. G $5^4$ | bay. C VI | bay. G $^3/_4$ N |
| bzw. ergänzende Angaben | – | | | |
| Betriebsnummer von | – | 54 1201 | 54 1301 | 54 1401 |
| bis | – | 54 1203 | 54 1364 | 54 1432 |
| zulässige Fahrgeschwindigkeit | km/h | 60 | 60 | 60 |
| Zylinderdurchmesser | mm | 500/750 | 500/740 | 500/740 |
| Kolbenhub | mm | 630 | 630 | 630 |
| Treib- und Kuppelraddurchmesser | mm | 1350 | 1340 | 1340 |
| Laufraddurchmesser vorn/hinten | mm | 1000/– | 1006/– | 1006/– |
| Kesselüberdruck | bar | 12 | 13 | 13 |
| Wasserraum des Kessels | $m^3$ | 5,5 | 5,5 | 5,5 |
| Dampfraum des Kessels | $m^3$ | 2,0 | 2,2 | 2,2 |
| Verdampfungswasseroberfläche | $m^2$ | 8,3 | 7,8 | 7,8 |
| Masse Kessel ohne/mit Ausrüstung | t | | 14,0/17,3 | 14,0/17,3 |
| Rostfläche | $m^2$ | 2,3 | 2,3 | 2,3 |
| Anzahl der Heizrohre | Stck | 222 | 207 | 207 |
| Heizrohrdurchmesser | mm | 50 × 2,5 | 52 × 3 | 52 × 3 |
| Anzahl der Rauchrohre | Stck | – | – | – |
| Rauchrohrdurchmesser | mm | – | – | – |
| Rohrlänge zwischen den Rohrwänden | mm | 4124 | 4100 | 4100 |
| Überhitzerrohrdurchmesser | mm | – | – | – |
| Strahlungsheizfläche (Feuerbüchse + Verbrennungskammer) | $m^2$ | 10,8 | 10,6 | 10,6 |
| Heizrohrheizfläche | $m^2$ | 129,1 | 122,6 | 122,6 |
| Rauchrohrheizfläche | $m^2$ | – | – | – |
| Verdampfungsheizfläche | $m^2$ | 139,9 | 133,2 | 133,2 |
| Überhitzerheizfläche | $m^2$ | – | – | – |
| Bauart des Vorwärmers | – | – | – | – |
| Achsstand der Lok | mm | 6000 | 6500 | 6500 |
| Achsstand der Lok mit Tender | mm | 12626 | 14570 | 14572 |
| Länge über Puffer mit Tender | mm | 16168 | 17435 | 17457 |
| Masse leere Lok, ohne Tender | t | 49,7 | 49,2 | 49,8 |
| Masse dienstbereite Lok ohne Tender | t | 54,4 | 55,2 | 55,8 |
| Reibungsmasse | t | 42,2 | 42,6 | 43,2 |
| mittlere Kuppelachsfahrmasse | t | 14,1 | 14,2 | 14,4 |
| Metermasse Lok mit Tender | t/m | 5,58 | 5,77 | 5,80 |
| vorwiegend gekuppelt mit Tender | – | meck. 3 T 12 | bay. 2′2′ T 18 | bay. 2′2′ T 18 |
| Wasserkasteninhalt | $m^3$ | 12 | 18 | 18 |
| Brennstoffvorrat | t | 5 | 6,5 | 6,5 |
| Urheberfirma bzw. Umbau- oder Rekonstruktionsausführender | – | Linke-Hofmann | Krauss-München | Krauss-München |
| erstes Baujahr bzw. erstes Jahr des Umbaues oder der Rekonstruktion | – | 1907 | 1899 | 1907 |

| | | | | |
|---|---|---|---|---|
| $54^{15-17}$ | $55^{0-6}$ | $55^{7-13}$ | $55^{16-22}$ | $55^{23-24}$ |
| G 34.16 | G 44.13 | G 44.13 | G 44.14 | G 44.15 |
| 1'C h2 | D n2 | D n2v[2]) | D h2 | D n2 |
| bay. G $^3/_4$ H | pr. G 7[1] | pr. G 7[2] | pr. G 8 | pr. G 9 |
| 54 1501 | 55 001 | 55 702 | 55 1601 | 55 2301 |
| 54 1725 | 55 660 | 55 1392 | 55 2256 | 55 2433 ● |
| 65 | 50 | 45 | 55 | 45 |
| 520 | 520 | 570/750 | 600 | 550 |
| 630 | 630 | 630 | 660 | 630 |
| 1350 | 1250 | 1250 | 1350 | 1250 |
| 950/– | –/– | –/– | –/– | –/– |
| 13 | 12 | 12 | 12 | 12 |
| 6,1 | 6,0 | 4,9 | 5,7 | 7,2 |
| 1,9 | 2,1 | 2,2 | 2,1 | 2,3 |
| 7,6 | 8,6 | 8,2 | 8,5 | 9,1 |
| 15,4/20,1[1]) | 13,1/16,7 | 13,3/17,0 | 15,7/17,6 | |
| 2,6 | 2,3 | 2,3 | 2,4 | 3,1 |
| 138 | 218 | 218 | 152 | 292 |
| 50 × 2,5 | 50 × 2,5 | 50 × 2,5 | 46 × 2,5 | 50 × 2,5 |
| 20 | – | – | 21 | – |
| 133 × 4 | – | – | 133 × 4 | – |
| 4350 | 4500 | 4100 | 4500 | 4500 |
| 36 × 3,5 | – | – | | – |
| 10,1 | 10,8 | 10,3 | 12,6 | 11,8 |
| 84,6 | 138,6 | 126,3 | 88,1 | 185,8 |
| 33,9 | – | – | 36,9 | – |
| 128,6 | 149,4 | 136,6 | 137,6 | 197,6 |
| 37,7 | – | – | 40,4 | – |
| OV | – | – | OV | – |
| 6700 | 4500 | 4500 | 4500 | 4500 |
| 14050 | 11775 | 11775 | 12948 | 11775 |
| 17500 | 16613 | 16620 | 17968 | 16758 |
| 55,4 56,2[1]) | 47,7 | 48,5 | 52,0 | 50,3 |
| 61,4 62,2[1]) | 52,6 | 54,4 | 58,5 | 59,0 |
| 49,0 49,8[1]) | 52,6 | 54,4 | 58,5 | 59,0 |
| 16,3 16,6[1]) | 13,2 | 13,6 | 14,6 | 14,8 |
| 6,00 6,1[1]) | 5,33 | 5,45 | 5,79 | 5,66 |
| bay. 3 T 18,2 | pr. 3 T 12 | pr. 3 T 12 | pr. 3 T 16,5 | pr. 3 T 12 |
| 18,2 | 12 | 12 | 16,5 | 12 |
| 6 | 5 | 5 | 7 | 5 |
| Maffei | Vulkan | Vulkan | Vulkan | Schichau |
| 1919 | 1893 | 1895 | 1906 | 1907 |

[1] ab 54 1666 (Baujahr 1922)

[2] 55 1291 und 55 1293 ab 1922 D h2v

Punkt = Betriebsnummern nicht durchgehend

| | | | | |
|---|---|---|---|---|
| Baureihe/Unterbaureihe | – | $55^{23-24}$ | $55^{25-56}$ | $55^{57}$ |
| Betriebsgattung | – | G 44.16 | G 44.17 | G 44.14 |
| abgekürzte Bezeichnung | – | D h2 | D h2 | D n2v |
| frühere Länderbezeichnung | – | Umbaulok | | |
| bzw. ergänzende Angaben | – | pr. G 9H | pr. G $8^1$ | meck. G $7^2$ |
| Betriebsnummer von | – | 55 2306 | 55 2501 | 55 5701 |
| bis | – | 55 2433 | 55 5622 | 55 5705 |
| zulässige Fahrgeschwindigkeit | km/h | 55 | 55 | 45 |
| Zylinderdurchmesser | mm | 550 | 600 | 530/750 |
| Kolbenhub | mm | 630 | 660 | 630 |
| Treib- und Kuppelraddurchmesser | mm | 1250 | 1350 | 1250 |
| Laufraddurchmesser vorn/hinten | mm | –/– | –/– | –/– |
| Kesselüberdruck | bar | 12 | 14 | 12 |
| Wasserraum des Kessels | $m^3$ | | 6,3 | 4,8 |
| Dampfraum des Kessels | $m^3$ | | 2,2 | 2,2 |
| Verdampfungswasseroberfläche | $m^2$ | | 8,8 | 8,2 |
| Masse Kessel ohne/mit Ausrüstung | t | | 14,2/22,3 | |
| Rostfläche | $m^2$ | 3,05 | 2,66 | 2,29 |
| Anzahl der Heizrohre | Stck | 138 | 139 | 216 |
| Heizrohrdurchmesser | mm | 50 × 2,5 | 50 × 2,5 | 50 × 2,5 |
| Anzahl der Rauchrohre | Stck | 28 | 24 | – |
| Rauchrohrdurchmesser | mm | 133 × 4 | 133 × 4 | – |
| Rohrlänge zwischen den Rohrwänden | mm | 4500 | 4500 | 4100 |
| Überhitzerrohrdurchmesser | mm | 38 × 4 | 38 × 4 | – |
| Strahlungsheizfläche (Feuerbüchse + Verbrennungskammer) | $m^2$ | 11,7 | 13,9 | 10,3 |
| Heizrohrheizfläche | $m^2$ | 87,8 | 88,4 | 125,2 |
| Rauchrohrheizfläche | $m^2$ | 49,5 | 42,1 | – |
| Verdampfungsheizfläche | $m^2$ | 149,0 | 144,4 | 135,5 |
| Überhitzerheizfläche | $m^2$ | 57,0 | 51,88 | – |
| Bauart des Vorwärmers | – | OV | OV | – |
| Achsstand der Lok | mm | 4500 | 4700 | 4500 |
| Achsstand der Lok mit Tender | mm | 11775 | 13155 | 11775 |
| Länge über Puffer mit Tender | mm | 16758 | 18290 | 16620 |
| Masse leere Lok, ohne Tender | t | 58,0 | 62,2 | 51,0 |
| Masse dienstbereite Lok ohne Tender | t | 65,5 | 69,9 | 55,8 |
| Reibungsmasse | t | 65,5 | 69,9 | 55,8 |
| mittlere Kuppelachsfahrmasse | t | 16,4 | 17,5 | 14,0 |
| Metermasse Lok mit Tender | t/m | 6,05 | 6,33 | 5,41 |
| vorwiegend gekuppelt mit Tender | – | pr. 3 T 12 | pr. 3 T 16,5 | meck. 3 T 12 |
| Wasserkasteninhalt | $m^3$ | 12 | 16,5 | 12 |
| Brennstoffvorrat | t | 5 | 7 | 5 |
| Urheberfirma bzw. Umbau- oder Rekonstruktionsausführender | – | Raw | Schichau | Linke-Hofmann |
| erstes Baujahr bzw. erstes Jahr des Umbaues oder der Rekonstruktion | – | 1923 | 1913 | 1914 |

| | | | | | | |
|---|---|---|---|---|---|---|
| $55^{58}$ | $55^{59}$ | $55^{60}$ | | $55^{62}$ | $55^{72}$ | |
| G 44.17 | G 44.14 | G 44.15 | | G 44.15 | G 44.14 | |
| D h2 | D n2v | B'B n4v | | D h2v | D n2 | |
| meck. G 8[1] | pfälz. G 5 | sä. I V | | old. G 7[1] | pfälz. G 4[1] | |
| 55 5801 | 55 5901 | 55 6001 | | 55 6201 | 55 7201 | |
| 55 5852 ● | 55 5922 | 55 6013 | | 55 6213 | 55 7215 | |
| 55 | 45 | 45 | | 60 | 45 | |
| 600 | 540/810 | 2 × 420/650 | | 500/750 | 530 | |
| 660 | 660 | 600 | | 660 | 630 | |
| 1 350 | 1 250 | 1 260 | | 1 350 | 1 250 | |
| –/– | –/– | –/– | | –/– | –/– | |
| 14 | 14 | 12 | | 12 | 12 | |
| 6,3 | 5,8 | | | 6,2 | 6,8 | |
| 2,2 | 1,2 | | | 1,9 | 1,6 | |
| 8,8 | | 7,9 | | 8,1 | | |
| | | | | 19,5/25,4 | | |
| 2,7 | 2,5 | 2,1 | | 2,2 | 2,3 | |
| 139 | 235 | 205 | | 138 | 213 | |
| 50 × 2,5 | 50 × 2,5 | 50 × 2,5 | | 46 × 2,5 | 50 × 2,5 | |
| 24 | – | – | | 28 | – | |
| 133 × 4 | – | – | | 133 × 4 | – | |
| 4 500 | 4 350 | 4 500 | | 4 200 | 4 500 | |
| 38 × 4 | – | – | | 38 × 4 | – | |
| 13,9 | 11,6 | 10,7 | | 9,6 | 10,3 | |
| 88,4 | 144,5 | 130,4 | | 74,7 | 135,4 | |
| 42,1 | – | – | | 45,8 | – | |
| 144,4 | 156,1 | 141,1 | | 130,1 | 145,7 | |
| 51,88 | – | – | | 52,43 | – | |
| OV | – | – | | OV | – | |
| 4 700 | 4 500 | 5 750 | | 4 500 | 4 450 | |
| 13 155 | 12 488 | 12 458 | 13 185[1]) | 12 020 | 12 015 | |
| 18 290 | 17 396 | 16 706 | 17 658[1]) | 17 395 | 16 770 | 16 970[3]) |
| 61,4 | 50,5 | 55,0 | | 54,2 | 47,8 | |
| 67,7 | 56,7 | 60,0 | | 61,2 | 54,8 | |
| 67,7 | 56,7 | 60,0 | | 61,2 | 54,8 | |
| 16,9 | 14,2 | 15,0 | | 15,3 | 13,7 | |
| 6,21 | 5,56 | 5,33 | | 5,96 | 5,21 | 5,13[3]) |
| meck. 3 T 16,5 | bay. 3 T 16 | sä. 3 T 9 | sä. 3 T 12[1]) | old. 3 T 16 | bay. 3 T 12 | |
| 16,5 | 16 | 9 | 12 | 16 | 12 | |
| 7 | 7 | 4 | 6 | 6 | 6 | |
| Linke-Hofmann | Krauss-München | Hartmann | | Hanomag[2]) | Maffei | |
| 1918 | 1905 | 1898 | | 1912 | 1898 | |

[1] ab Baujahr 1903 (55 6012 und 55 6013)
[2] 1925 auf Heißdampf umgebaut
[3] ab Baujahr 1899 (55 7213 bis 55 7215)
Punkt = Betriebsnummern nicht durchgehend

| | | | | | |
|---|---|---|---|---|---|
| Baureihe/Unterbaureihe | – | $56^0$ | | $56^1$ | $56^2$ |
| Betriebsgattung | – | G 45.13 | | G 45.17 | G 45.13 |
| abgekürzte Bezeichnung | – | 1'D n2v | | 1'D h3 | 1'D n2v |
| frühere Länderbezeichnung | – | pr. G $7^3$ | | pr. G $8^3$ | meck. G $7^3$ |
| bzw. ergänzende Angaben | – | | | | |
| Betriebsnummer von | – | 56 001 | | 56 101 | 56 201 |
| bis | – | 56 005[1]) | | 56 185 | 56 205 |
| zulässige Fahrgeschwindigkeit | km/h | 45 | | 65 | 45 |
| Zylinderdurchmesser | mm | 530/750 | | 3 × 520 | 530/750 |
| Kolbenhub | mm | 630 | | 660 | 630 |
| Treib- und Kuppelraddurchmesser | mm | 1 250 | | 1 400 | 1 250 |
| Laufraddurchmesser vorn/hinten | mm | 1 000/– | | 1 000/– | 1 000/– |
| Kesselüberdruck | bar | 12 | 14[2]) | 14 | 14 |
| Wasserraum des Kessels | $m^3$ | 6,0 | | 6,9 | 6,0 |
| Dampfraum des Kessels | $m^3$ | 2,9 | | 2,7 | 2,9 |
| Verdampfungswasseroberfläche | $m^2$ | 8,3 | | 9,4 | 8,3 |
| Masse Kessel ohne/mit Ausrüstung | t | | | 18,0/25,0 | |
| Rostfläche | $m^2$ | 2,3 | | 3,4 | 2,3 |
| Anzahl der Heizrohre | Stck | 235 | | 189 | 235 |
| Heizrohrdurchmesser | mm | 50 × 2,5 | | 46 × 2,5 | 50 × 2,5 |
| Anzahl der Rauchrohre | Stck | – | | 34 | – |
| Rauchrohrdurchmesser | mm | – | | 133 × 4 | – |
| Rohrlänge zwischen den Rohrwänden | mm | 4 100 | | 4 100 | 4 100 |
| Überhitzerrohrdurchmesser | mm | – | | 38 × 4 | – |
| Strahlungsheizfläche (Feuerbüchse + Verbrennungskammer) | $m^2$ | 10,8 | | 12,8 | 10,8 |
| Heizrohrheizfläche | $m^2$ | 133,2 | 136,2[2]) | 99,6 | 136,2 |
| Rauchrohrheizfläche | $m^2$ | – | | 54,7 | – |
| Verdampfungsheizfläche | $m^2$ | 144,0 | 147,0[2]) | 167,1 | 147,0 |
| Überhitzerheizfläche | $m^2$ | – | | 53,1 | – |
| Bauart des Vorwärmers | – | – | | OV | OV |
| Achsstand der Lok | mm | 6 300 | | 7 000 | 6 300 |
| Achsstand der Lok mit Tender | mm | 13 025 | 14 105[2]) | 13 895 | 14 105 |
| Länge über Puffer mit Tender | mm | 16 283 | 17 378[2]) | 16 995 | 17 378 |
| Masse leere Lok, ohne Tender | t | 49,7 | 53,3[2]) | 76,7 | 53,3 |
| Masse dienstbereite Lok ohne Tender | t | 56,9 | 59,6[2]) | 84,3 | 59,6 |
| Reibungsmasse | t | 50,7 | 51,8[2]) | 70,7 | 51,8 |
| mittlere Kuppelachsfahrmasse | t | 12,7 | 12,9[2]) | 17,7 | 13,0 |
| Metermasse Lok mit Tender | t/m | 5,7 | 5,9[2]) | 7,7 | 5,9 |
| vorwiegend gekuppelt mit Tender | – | pr. 3 T 12 | pr. 3 T 16,5[2]) | pr. 3 T 20 | pr. 3 T 16,5 |
| Wasserkasteninhalt | $m^3$ | 12 | 16,5 | 20 | 16,5 |
| Brennstoffvorrat | t | 5 | 7 | 6 | 7 |
| Urheberfirma bzw. Umbau- oder Rekonstruktionsausführender | – | Hanomag | | Henschel | Maffei |
| erstes Baujahr bzw. erstes Jahr des Umbaues oder der Rekonstruktion | – | 1893 | | 1919 | 1917 |

[1] 55 701 ebenfalls ex pr. G $7^3$ [2] ab Baujahr 1917 (56 003 bis 56 005)

| | | | | | |
|---|---|---|---|---|---|
| $56^{2-8}$ | $56^4$ | $56^5$ | | $56^6$ | $56^7$ |
| G 45.16 | G 45.14 | G 45.15 | | G 45.15 | G 45.16 |
| 1′D h2 | 1′D n2 | 1′D n2v | | 1′D h2v | 1′D n4v |
| pr. G $8^1$ | bay. G $^4/_5$ N | sä. IX V | | sä. IX HV | bad. VIII $e^1$ |
| mit Laufachse | | | | | |
| 56 201 | 56 401 | 56 501 | | 56 601 | 56 701 |
| 56 891 ● | 56 404 | 56 516 | | 56 625 | 56 709 |
| 70 | 60 | 50 | | 50 | 65 |
| 600 | 540 | 530/770 | | 530/770 | 2 × 395/635 |
| 660 | 610 | 630 | | 630 | 640 |
| 1 350 | 1 270 | 1 260 | | 1 260 | 1 350 |
| 850/– | 1 006/– | 1065/– | | 1 065/– | 850/– |
| 14 | 12 | 14 | | 15 | 16 |
| 6,3 | 6,4 | | | | 6,4 |
| 2,2 | 2,8 | | | | 3,6[2]) |
| 8,8 | 8,7 | 10,4 | | 10,4 | 8,0 |
| 14,2/22,3 | 15,4/18,7 | | | | 18,7/22,0 |
| 2,7 | 2,9 | 3,2 | | 3,2 | 3,8 |
| 130 | 260 | 259 | | 156 | 332 |
| 51 × 2,5 | 52 × 3 | 50 × 2,5 | | 50 × 2,5 | 52 × 2,5 |
| 24 | – | – | | 24 | – |
| 133 × 4 | – | – | | 127 × 4 | – |
| 4 500 | 4 500 | 4 600 | | 4 600 | 3 650 |
| 38 × 4 | – | – | | 33 × 3,5 | – |
| 13,9 | 10,7 | 12,2 | | 12,2 | 13,0 |
| 90,3 | 169,0 | 168,4 | | 101,4 | 182,0 |
| 42,1 | – | – | | 41,3 | – |
| 146,3 | 179,7 | 180,6 | | 154,8 | 195,0 |
| 51,9 | – | – | | 42,2 | – |
| OV | – | – | | OV | – |
| 7 200 | 7 100 | 7 640 | 7 760[1]) | 7 760 | 7 450 |
| 14 935 | 15 489 | 13 940 | 13 893[1]) | 14 443 | 16 200 |
| 18 296 | 18 354 | 17 410 | 17 516[1]) | 18 241 | 19 124 |
| 68,9 | 58,5 | 64,8 | | 64,3 | 70,4 |
| 74,6 | 64,8 | 72,0 | | 72,0 | 77,1 |
| 64,1 | 55,9 | 60,0 | | 60,8 | 65,5 |
| 16,0 | 14,0 | 15,0 | | 15,2 | 16,4 |
| 7,1 | 6,03 | 5,58 | | 5,74 | 6,80 |
| pr. 3 T 16,5 | bay. 2′2′ T 18,2 | sä. 3 T 9 | | sä. 3 T 12 | bad. 2′2′ T 20 |
| 16,5 | 18,2 | 9 | | 12 | 20 |
| 7 | 6,5 | 4 | | 6 | 7 |
| Borsig | Krauss-München | Hartmann | | Hartmann | Maffei |
| 1934 | 1905 | 1902 | | 1907 | 1908 |

[1] ab Baujahr 1904 (56 503)  [2] einschließlich Dampftrockner  Punkt = Betriebsnummern nicht durchgehend

| | | | | |
|---|---|---|---|---|
| Baureihe/Unterbaureihe | – | $56^7$ | $56^7$ | $56^8$ |
| Betriebsgattung | – | G 45.16 | G 45.16 | G 45.16 |
| abgekürzte Bezeichnung | – | 1′D n4v | 1′D h4v | 1′D h4v |
| frühere Länderbezeichnung | – | bad. VIII $e^{2-5}$ | bad. VIII $e^{6-8}$ | bay. $G^4/_5$ H |
| bzw. ergänzende Angaben | – | | | |
| Betriebsnummer von | – | 56 711 | 56 751 | 56 801 |
| bis | – | 56 738 | 56 785 ● | 56 809 |
| zulässige Fahrgeschwindigkeit | km/h | 65 | 65 | 60 |
| Zylinderdurchmesser | mm | 2 × 380/610 | 2 × 395/610 | 2 × 400/620 |
| Kolbenhub | mm | 640 | 640 | 610/640 |
| Treib- und Kuppelraddurchmesser | mm | 1 350 | 1 350 | 1 300 |
| Laufraddurchmesser vorn/hinten | mm | 850/– | 850/– | 880/– |
| Kesselüberdruck | bar | 16 | 16 | 16 |
| Wasserraum des Kessels | $m^3$ | 6,1 | 6,5 | 7,4 |
| Dampfraum des Kessels | $m^3$ | 3,1[1]) | 2,1 | 2,2 |
| Verdampfungswasseroberfläche | $m^2$ | 7,3 | 8,0 | 8,5 |
| Masse Kessel ohne/mit Ausrüstung | t | 18,7/22,0 | 18,7/22,0 | 19,4/24,2 |
| Rostfläche | $m^2$ | 3,6 | 3,6 | 3,3 |
| Anzahl der Heizrohre | Stck | 312 | 169 | 162 |
| Heizrohrdurchmesser | mm | 52 × 2,0 | 52 × 2,5 | 52 × 2,25 |
| Anzahl der Rauchrohre | Stck | – | 28 | 32 |
| Rauchrohrdurchmesser | mm | – | 133 × 4 | 133 × 4 |
| Rohrlänge zwischen den Rohrwänden | mm | 3 650 | 4 200 | 4 450 |
| Überhitzerrohrdurchmesser | mm | – | 36 × 4 | 36 × 3,5 |
| Strahlungsheizfläche (Feuerbüchse + Verbrennungskammer) | $m^2$ | 11,88 | 11,85 | 12,0 |
| Heizrohrheizfläche | $m^2$ | 175,21 | 105,56 | 110,5 |
| Rauchrohrheizfläche | $m^2$ | – | 46,96 | 56,0 |
| Verdampfungsheizfläche | $m^2$ | 187,1 | 164,4 | 178,5 |
| Überhitzerheizfläche | $m^2$ | – | 50,1 | 61,7 |
| Bauart des Vorwärmers | – | – | OV | OV |
| Achsstand der Lok | mm | 7 450 | 7 450 | 7 300 |
| Achsstand der Lok mit Tender | mm | 15 860 | 15 860 | 14 950 |
| Länge über Puffer mit Tender | mm | 18 784 | 18 804 | 18 250 |
| Masse leere Lok, ohne Tender | t | 70,4 | 69,4 | 69,4 |
| Masse dienstbereite Lok ohne Tender | t | 75,3 | 76,0 | 76,6 |
| Reibungsmasse | t | 63,2 | 64,0 | 63,6 |
| mittlere Kuppelachsfahrmasse | t | 15,8 | 16,0 | 15,9 |
| Metermasse Lok mit Tender | t/m | 6,40 | 6,70 | 6,70 |
| vorwiegend gekuppelt mit Tender | – | bad. 2′2′ T 20 | bad. 2′2′ T 20 | bay. 3 T 20,2 |
| Wasserkasteninhalt | $m^3$ | 20 | 20 | 20,2 |
| Brennstoffvorrat | t | 7 | 7 | 6,5 |
| Urheberfirma bzw. Umbau- oder Rekonstruktionsausführender | – | Karlsruhe | Karlsruhe | Maffei |
| erstes Baujahr bzw. erstes Jahr des Umbaues oder der Rekonstruktion | – | 1910 | 1913 | 1916 |

[1] einschließlich Dampftrockner

Punkt = Betriebsnummern nicht durchgehend

| | | | | |
|---|---|---|---|---|
| $56^{9-10}$ | $56^{11}$ | $56^{20-29}$ | $56^{20-29}$ | $56^{22}$ [6]) |
| G 45.16 | G 45.16 | G 45.17 | G 45.17 | G 45.17 |
| 1'D h4v | 1'D h4v | 1'D h2 | 1'D h2 | 1'D h2 |
| bay. G $^4/_5$ H | bay. G $^4/_5$ H | pr. G $8^2$ | Umbaulok | old. G $8^2$ |
| | | | Kohlenstaubfeuerung AEG | |
| 56 901 | 56 1101 | 56 2001 | 56 2130 und[4]) | 56 2276 |
| 56 1035 | 56 1125 | 56 2916 ● | 56 2801 | 56 2280 |
| 60 | 60 | 65 | 65 | 65 |
| 2 × 400/620 | 2 × 400/620 | 630 | 630 | 630 |
| 610/640 | 610/640 | 660 | 660 | 660 |
| 1 300 | 1 300 | 1 400 | 1 400 | 1 400 |
| 880/– | 880/– | 1 000/– | 1 000/– | 1 000/– |
| 16 | 16 | 14 | 14 | 14 |
| 7,5 | 7,4 | 6,9 | 6,9 | 6,9 |
| 2,2 | 2,2 | 2,7 | 2,7 | 2,7 |
| 8,5 | 8,5 | 9,4 | 9,4 | 9,4 |
| 19,0/23,4[1]) 19,4/24,2[2]) 19,3/24,1[3]) | 19,3/24,1 | 20,5/26,4 | 20,5/26,4 | 19,4/26,3 |
| 3,3 | 3,3 | 3,4 | | 3,4 |
| 195[1]) 162[2]) 168[3]) | 168 | 190 | 190 | 190 |
| 52 × 2,25 | 52 × 2,25 | 44,5 × 2,5 | 46 × 2,5 | 44,5 × 2,5 |
| 24[1]) 32[2]) 30[3]) | 30 | 34 | 34 | 34 |
| 135 × 4,5 | 133 × 4 | 133 × 4 | 133 × 4 | 133 × 4 |
| 4 450 | 4 450 | 4 100 | 4 100 | 4 100 |
| 36 × 3,5 | 36 × 3,5 | 38 × 4 | 38 × 4 | 38 × 4 |
| 12,0 | 12,0 | 12,6 | 12,6 | 11,8 |
| 132,5[1]) 110,8[2]) 114,7[3]) | 114,7 | 96,2 | 100,1 | 97,0 |
| 42,2[1]) 56,5[2]) 52,3[3]) | 52,3 | 54,7 | 54,7 | 54,6 |
| 186,7[1]) 179,3[2]) 179,0[3]) | 179,0 | 163,5 | 167,4 | 163,4 |
| 44,0[1]) 61,7[2]) 58,0[3]) | 58,0 | 53,1 | 53,1 | 53,3 |
| OV | OV | OV | OV | OV |
| 7 300 | 7 300 | 7 000 | 7 000 | 7 000 |
| 14 950 | 14 950 | 13 875 | 13 895 | |
| 18 250 | 18 250 | 16 975 | 16 995 | |
| 68,6[1]) 69,4[2]) 69,8[3]) | 69,8 | 75,6 | | 76,2 |
| 75,9[1]) 76,6[2]) 77,0[3]) | 77,0 | 83,5 | 83,3 | 83,7 |
| 62,9[1]) 63,6[2]) 64,0[3]) | 64,0 | 70,2 | 70,1 | 69,9 |
| 15,7[1]) 15,9[2]) 16,0[3]) | 16,0 | 17,6 | 17,5 | 17,5 |
| 6,70[1]) 6,70[2]) 6,80[3]) | 6,70 | 7,60 | 7,80 | 7,20 |
| bay. 3 T 20,2 | bay. 3 T 20,2 | pr. 3 T 20 | 3 T 14,5 Kst AEG | pr. 3 T 16,5 |
| 20,2 | 20,2 | 20 | 14,5 | 16,5 |
| 6,5 | 6,5 | 6 | 14[5]) | 7 |
| Maffei | Maffei | Henschel | AEG | Hanomag |
| 1915 | 1918 | 1919 | 1930 | 1922 |

[1] 56 901 bis 56 912 und 56 928 bis 56 937
[2] 56 913 bis 56 927 und 56 938 bis 56 979
[3] 56 980 bis 56 1035
[4] 56 2906 und 56 2907 bereits 1928 von AEG umgebaut
[5] $m^3$ Kohlenstaub
[6] mit Lentz-Ventilsteuerung mit außen liegendem Antrieb nach Heusinger

Punkt = Betriebsnummern nicht durchgehend

| | | | | |
|---|---|---|---|---|
| Baureihe/Unterbaureihe | – | $57^0$ | $57^0$ | $57^1$ |
| Betriebsgattung | – | G 55.15 | G 55.14 | G 55.14 |
| abgekürzte Bezeichnung | – | E n2v | E n2v | E h2 |
| frühere Länderbezeichnung | – | sä. XI V | sä. XI V | sä. XI H |
| bzw. ergänzende Angaben | – | | | |
| Betriebsnummer von | – | 57 001 | 57 021 | 57 101 |
| bis | – | 57 014 | 57 083 | 57 105 |
| zulässige Fahrgeschwindigkeit | km/h | 50 | 50 | 50 |
| Zylinderdurchmesser | mm | 590/860 | 590/860 | 620 |
| Kolbenhub | mm | 630 | 630 | 630 |
| Treib- und Kuppelraddurchmesser | mm | 1 260 | 1 260 | 1 260 |
| Laufraddurchmesser vorn/hinten | mm | –/– | –/– | –/– |
| Kesselüberdruck | bar | 13 | 13 | 12 |
| Wasserraum des Kessels | $m^3$ | | | |
| Dampfraum des Kessels | $m^3$ | | | |
| Verdampfungswasseroberfläche | $m^2$ | 10,9 | 10,9 | 10,6 |
| Masse Kessel ohne/mit Ausrüstung | t | | | |
| Rostfläche | $m^2$ | 3,3 | 3,3 | 3,3 |
| Anzahl der Heizrohre | Stck | 282 | 282 | 95 |
| Heizrohrdurchmesser | mm | 50 × 2,5 | 50 × 2,5 | 50 × 2,5 |
| Anzahl der Rauchrohre | Stck | – | – | 96 |
| Rauchrohrdurchmesser | mm | – | – | 70 × 3 |
| Rohrlänge zwischen den Rohrwänden | mm | 4 700 | 4 700 | 4 500 |
| Überhitzerrohrdurchmesser | mm | – | – | 23 × 2,5 |
| Strahlungsheizfläche (Feuerbüchse + Verbrennungskammer) | $m^2$ | 13,2 | 13,2 | 13,1 |
| Heizrohrheizfläche | $m^2$ | 187,4 | 187,4 | 60,4 |
| Rauchrohrheizfläche | $m^2$ | – | – | 86,8 |
| Verdampfungsheizfläche | $m^2$ | 200,6 | 200,6 | 160,3 |
| Überhitzerheizfläche | $m^2$ | – | – | 60,0 |
| Bauart des Vorwärmers | – | OV | OV | OV |
| Achsstand der Lok | mm | 5 600 | 5 600 | 5 600 |
| Achsstand der Lok mit Tender | mm | 13 788 | 13 788 | 13 738 |
| Länge über Puffer mit Tender | mm | 18 506 | 18 506 | 18 486 |
| Masse leere Lok, ohne Tender | t | 64,6[1]) 65,8[2]) | 61,9[3]) 62,3[4]) 64,6[5]) | 61,8 |
| Masse dienstbereite Lok ohne Tender | t | 73,1[1]) 74,2[2]) | 69,8[3]) 70,5[4]) 73,1[5]) | 69,6 |
| Reibungsmasse | t | 73,1[1]) 74,2[2]) | 69,8[3]) 70,5[4]) 73,1[5]) | 69,6 |
| mittlere Kuppelachsfahrmasse | t | 14,6[1]) 14,8[2]) | 13,9[3]) 14,1[4]) 14,6[5]) | 13,9 |
| Metermasse Lok mit Tender | t/m | 5,77 | | 5,56 |
| vorwiegend gekuppelt mit Tender | – | sä. 3 T 12 | sä. 3 T 12 | sä. 3 T 12 |
| Wasserkasteninhalt | $m^3$ | 12 | 12 | 12 |
| Brennstoffvorrat | t | 5 | 5 | 5 |
| Urheberfirma bzw. Umbau- oder Rekonstruktionsausführender | – | Hartmann | Hartmann | Hartmann |
| erstes Baujahr bzw. erstes Jahr des Umbaues oder der Rekonstruktion | – | 1914 | 1905 | 1905 |

[1] ab 57 001 (Baujahr 1914)
[2] ab 57 010 (Baujahr 1915)
[3] ab 57 021 (Baujahr 1905)
[4] ab 57 023 (Baujahr 1909)
[5] nur 57 081 (Baujahr 1915)

| | | | | |
|---|---|---|---|---|
| $57^2$ | $57^2$ | $57^2$ | $57^2$ | $57^3$ |
| G 55.14 | G 55.14 | G 55.15 | G 55.15 | G 55.15 |
| E h2v | E h2v | E h2v | E h2v | E h2v |
| sä. XI HV | sä. XI H V | sä. XI H V | sä. XI H V | wü. H |
| 57 201 | 57 203 | 57 211 | 57 213 | 57 301 |
| 57 202 | 57 210 | 57 212 | 57 218 | 57 304 |
| 50 | 50 | 50 | 50 | 45 |
| 590/860 | 590/860 | 590/860 | 590/860 | 620/860 |
| 630 | 630 | 630 | 630 | 612 |
| 1 260 | 1 260 | 1 260 | 1 260 | 1 250 |
| –/– | –/– | –/– | –/– | –/– |
| 13 | 13 | 13 | 13 | 15 |
| | | | | 6,0 |
| | | | | 3,3 |
| 10,6 | 10,9 | 10,9 | 10,9 | 9,0 |
| | | | | 14,6/20,8 |
| 3,3 | 3,3 | 3,3 | 3,3 | 2,8 |
| 95 | 172 | – | 172 | 156 |
| 50 × 2,5 | 50 × 2,5 | – | 50 × 2,5 | 52 × 2,5 |
| 96 | 24 | 160 | 24 | 25 |
| 70 × 3 | 127 × 4 | 70 × 3 | 127 × 4 | 133 × 4 |
| 4 500 | 4 700 | 4 700 | 4 700 | 4 700 |
| 23 × 2,5 | 33 × 3 | 24 × 2,5 | 33 × 3 | 40 × 4,5 |
| 13,1 | 13,3 | 13,2 | 13,3 | 10,0 |
| 60,4 | 114,3 | – | 114,3 | 109,0 |
| 86,8 | 42,2 | 151,2 | 42,2 | 49,0 |
| 160,3 | 169,7 | 164,4 | 169,7 | 168,0 |
| 60,0 | 49,0 | 98,9 | 49,0 | 50,5 |
| OV | OV | OV | OV | OV |
| 5 600 | 5 600 | 5 600 | 5 600 | 5 600 |
| 13 738 | 13 658 | 13 658 | 13 658 | 12 440 |
| 18 486 | 18 376 | 18 376 | 18 376 | 17 035 |
| 66,4 | 63,8 | 66,4 | 65,5 | 68,2 |
| 70,4 | 71,8 | 74,5 | 73,4 | 76,2 |
| 70,4 | 71,8 | 74,5 | 73,4 | 76,2 |
| 14,1 | 14,4 | 14,9 | 14,7 | 15,2 |
| 5,58 | | 5,77 | 5,71 | 6,67 |
| sä. 3 T 12 | sä. 3 T 12 | sä. 3 T 12 | sä. 3 T 12 | wü. 3 T 15,5 |
| 12 | 12 | 12 | 12 | 15,5 |
| 6 | 6 | 5 | 6 | 6 |
| Hartmann | Hartmann | Hartmann | Hartmann | MF Esslingen |
| 1905 | 1916 | 1915 | 1917 | 1905[1]) |

[1] 1925 Umbau auf Heißdampf

| | | | | |
|---|---|---|---|---|
| Baureihe/Unterbaureihe | – | $57^4$ | $57^5$ | $57^5$ |
| Betriebsgattung | – | G 55.15 | G 55.15 | G 55.16 |
| abgekürzte Bezeichnung | – | E h2 | E h4v | E h4v |
| frühere Länderbezeichnung bzw. ergänzende Angaben | – | wü. Hh | bay. G $^5/_5$ | bay. G $^5/_5$ |
| Betriebsnummer von | – | 57 401 | 57 501 | 57 511 |
| bis | – | 57 417 | 57 507 | 57 575 |
| zulässige Fahrgeschwindigkeit | km/h | 45 | 60 | 60 |
| Zylinderdurchmesser | mm | 620 | 2 × 425/650 | 2 × 450/690 |
| Kolbenhub | mm | 612 | 610/640 | 610/640 |
| Treib- und Kuppelraddurchmesser | mm | 1 250 | 1 270 | 1 270 |
| Laufraddurchmesser vorn/hinten | mm | –/– | –/– | –/– |
| Kesselüberdruck | bar | 13 | 16 | 16 |
| Wasserraum des Kessels | m³ | 6,0 | 7,6 | 7,6 7,7[1]) |
| Dampfraum des Kessels | m³ | 3,2 | 2,3 | 2,3 |
| Verdampfungswasseroberfläche | m² | 9,2 | 9,4 | 9,4 |
| Masse Kessel ohne/mit Ausrüstung | t | 15,2/21,6 | 20,8/26,0 | 20,8/26,6 |
| Rostfläche | m² | 2,6 | 3,7 | 3,7 |
| Anzahl der Heizrohre | Stck | 156 | 213 | 213 183[1]) |
| Heizrohrdurchmesser | mm | 52 × 2,5 | 52 × 2,25 | 52 × 2,5 |
| Anzahl der Rauchrohre | Stck | 25 | 24 | 24 28[1]) |
| Rauchrohrdurchmesser | mm | 133 × 4 | 135 × 4,5 | 133 × 4 |
| Rohrlänge zwischen den Rohrwänden | mm | 4 400 | 4 600 | 4 600 |
| Überhitzerrohrdurchmesser | mm | 37 × 3,5 | 36 × 3,5 | 36 × 3,5 |
| Strahlungsheizfläche (Feuerbüchse + Verbrennungskammer) | m² | 14,3 | 13,2 | 13,2 |
| Heizrohrheizfläche | m² | 102,1 | 149,6 | 148,3 128,0[1]) |
| Rauchrohrheizfläche | m² | 42,8 | 43,2 | 43,0 50,2[1]) |
| Verdampfungsheizfläche | m² | 159,2 | 206,0 | 204,5 191,4[1]) |
| Überhitzerheizfläche | m² | 46,5 | 47,0 | 47,8 53,6[1]) |
| Bauart des Vorwärmers | – | OV | – | OV |
| Achsstand der Lok | mm | 5 600 | 6 000 | 6 000 |
| Achsstand der Lok mit Tender | mm | 12 440 | 14 700 | 15 210 |
| Länge über Puffer mit Tender | mm | 17 035 | 19 232 | 19 974 |
| Masse leere Lok, ohne Tender | t | 66,9 | 70,4 | 75,1 75,8[1]) |
| Masse dienstbereite Lok ohne Tender | t | 73,8 | 78,5 | 82,7 83,4[1]) |
| Reibungsmasse | t | 73,8 | 78,5 | 82,7 83,4[1]) |
| mittlere Kuppelachsfahrmasse | t | 14,8 | 15,7 | 16,6 16,7[1]) |
| Metermasse Lok mit Tender | t/m | 6,53 | 6,74 | 6,82 |
| vorwiegend gekuppelt mit Tender | – | wü. 3 T 15,5 | bay. 2′2′ T 21,8 | bay. 2′2′ T 21,8[2]) |
| Wasserkasteninhalt | m³ | 15,5 | 21,8 | 21,8 21,9[1]) |
| Brennstoffvorrat | t | 6 | 7,5 | 8 |
| Urheberfirma bzw. Umbau- oder Rekonstruktionsausführender | – | MF Esslingen | Maffei | Maffei |
| erstes Baujahr bzw. erstes Jahr des Umbaues oder der Rekonstruktion | – | 1909 | 1911 | 1920 |

[1] ab 57 551 (Baujahr 1923) [2] ab 57 551 bay. 2′2′ T 21,9

| | | | | |
|---|---|---|---|---|
| $57^{5}$ | $57^{10-35}$ | $58^{0}$ | $58^{1}$ | $58^{2-3}$ |
| G 55.17 | G 55.15 | G 56.17 | G 56.17 | G 56.16 |
| E h4v | E h2 | 1′E h3 | 1′E h3 | 1′E h3 |
| bay. G $^{5}/_{5}$ | pr. G 10 | pr. G $12^{1}$ | sä. XIII H | bad. G $12^{1-7}$ |
| | | | | |
| 57 576 | 57 1001 | 58 001 | 58 101 | 58 201 |
| 57 590 | 57 3524 ● | 58 015 | 58 114 | 58 318 ● |
| 60 | 60 | 60 | 60 | 65 |
| 2 × 450/690 | 630 | 3 × 560 | 3 × 560 | 3 × 570 |
| 610/640 | 660 | 660 | 660 | 660 |
| 1 270 | 1 400 | 1 400 | 1 400 | 1 400 |
| –/– | –/– | 1 000/– | 1 000/– | 1 000/– |
| | | | | |
| 16 | 12 | 14 | 14 | 14 |
| 7,7 | 6,1 | 9,4 | | 8,4 |
| 2,3 | 2,4 | 3,8 | | 3,2 |
| 9,4 | 8,9 | 11,7 | 12,1 | 10,9 |
| | 19,7/21,5 | 25,0/27,9 | 19,0/30,7 | 21,2/28,8 |
| | | | | |
| 3,7 | 2,6 | 3,3 | 3,3 | 3,9 |
| | | | | |
| 183 | 119 | 159 | 206 | 189 |
| 52 × 2,5 | 50 × 2,5 | 46 × 2,5 | 45 × 2,5 | 45 × 2,5 |
| 28 | 26 | 38 | 32 | 34 |
| 133 × 4 | 133 × 4 | 133 × 4 | 133 × 4,5 | 133 × 4 |
| 4 600 | 4 700 | 5 000 | 5 000 | 4 800 |
| 36 × 3,5 | 38 × 4 | 38 × 4 | 40 × 4 | 36 × 4 |
| | | | | |
| 13,2 | 14,5 | 18,7 | 18,8 | 14,2 |
| 128,0 | 80,8 | 102,4 | 129,4 | 116,7 |
| 50,2 | 48,0 | 74,6 | 62,3 | 64,1 |
| 191,4 | 143,3 | 195,6 | 210,5 | 195,0 |
| 53,6 | 58,9 | 77,72 | 81,26 | 68,42 |
| OV | OV | OV | OV | OV |
| | | | | |
| 6 000 | 6 000 | 9 000 | 9 000 | 8 500 |
| 15 210 | 14 050 | 17 345 | 17 488 | 15 375 |
| 19 974 | 18 910 | 20 340 | 20 703 | 18 475 |
| | | | | |
| 76,8 | 69,6 | 86,7 | 90,8 | 86,9 |
| 84,4 | 76,6 | 98,8 | 101,1 | 93,6 |
| 84,4 | 76,6 | 84,3 | 86,0 | 81,6 |
| 16,9 | 15,3 | 16,9 | 17,2 | 16,3 |
| 6,87 | 6,48 | 7,37 | 7,77 | 7,61 |
| | | | | |
| bay. 2′2′ T 21,9 | pr. 3 T 16,5 | pr. 2′2′ T 21,5 | sä. 2′2′ T 21 | pr. 3 T 20 |
| 21,9 | 16,5 | 21,5 | 21 | 20 |
| 8 | 7 | 7 | 7 | 6 |
| | | | | |
| Maffei | Henschel | Henschel | Hartmann | Karlsruhe |
| | | | | |
| 1924 | 1910 | 1915 | 1917 | 1918 |

Punkt = Betriebsnummern nicht durchgehend

| | | | | |
|---|---|---|---|---|
| Baureihe/Unterbaureihe | – | $58^{4}$ | $58^{5}$ | $58^{10-21}$ |
| Betriebsgattung | – | G 56.16 | G 56.16 | G 56.16 |
| abgekürzte Bezeichnung | – | 1'E h3 | 1'E h3 | 1'E h3 |
| frühere Länderbezeichnung | – | sä. XIII H | wü. G 12 | pr. G 12 |
| bzw. ergänzende Angaben | – | | | |
| Betriebsnummer von | – | 58 401 | 58 501 | 58 1002 |
| bis | – | 58 462 | 58 543 | 58 2143 |
| zulässige Fahrgeschwindigkeit | km/h | 65 | 65 | 65 |
| Zylinderdurchmesser | mm | 3 × 570 | 3 × 570 | 3 × 570 |
| Kolbenhub | mm | 660 | 660 | 660 |
| Treib- und Kuppelraddurchmesser | mm | 1 400 | 1 400 | 1 400 |
| Laufraddurchmesser vorn/hinten | mm | 1 000/– | 1 000/– | 1 000/– |
| Kesselüberdruck | bar | 14 | 14 | 14 |
| Wasserraum des Kessels | $m^3$ | 8,4 | 8,8 | 8,4 |
| Dampfraum des Kessels | $m^3$ | 3,2 | 3,5 | 3,2 |
| Verdampfungswasseroberfläche | $m^2$ | 10,8 | 10,7 | 10,9 |
| Masse Kessel ohne/mit Ausrüstung | t | 22,0/27,5 | 21,6/29,2 | 21,7/29,3 |
| Rostfläche | $m^2$ | 3,9 | 3,9 | 3,9 |
| Anzahl der Heizrohre | Stck | 189 | 189 | 189 |
| Heizrohrdurchmesser | mm | 45 × 2,5 | 46 × 2,5 | 46 × 2,5 |
| Anzahl der Rauchrohre | Stck | 34 | 34 | 34 |
| Rauchrohrdurchmesser | mm | 133 × 4,5 | 133 × 4 | 133 × 4 |
| Rohrlänge zwischen den Rohrwänden | mm | 4 800 | 4 800 | 4 800 |
| Überhitzerrohrdurchmesser | mm | 40 × 4 | 38 × 4 | 38 × 4 |
| Strahlungsheizfläche (Feuerbüchse + Verbrennungskammer) | $m^2$ | 14,7 | 14,2 | 14,2 |
| Heizrohrheizfläche | $m^2$ | 114,0 | 116,9 | 116,7 |
| Rauchrohrheizfläche | $m^2$ | 63,5 | 63,9 | 64,1 |
| Verdampfungsheizfläche | $m^2$ | 192,1 | 195,0 | 195,0 |
| Überhitzerheizfläche | $m^2$ | 68,42 | 68,42 | 68,42 |
| Bauart des Vorwärmers | – | OV | OV | OV |
| Achsstand der Lok | mm | 8 500 | 8 500 | 8 500 |
| Achsstand der Lok mit Tender | mm | 15 467 | 15 375 | 15 395 |
| Länge über Puffer mit Tender | mm | 18 567 | 18 475 | 18 495 |
| Masse leere Lok, ohne Tender | t | 86,8 | 85,2 | 85,4 |
| Masse dienstbereite Lok ohne Tender | t | 96,5 | 94,3 | 95,7 |
| Reibungsmasse | t | 82,8 | 80,9 | 82,5 |
| mittlere Kuppelachsfahrmasse | t | 16,6 | 16,2 | 16,5 |
| Metermasse Lok mit Tender | t/m | 7,74 | 7,63 | 7,56 |
| vorwiegend gekuppelt mit Tender | – | sä. 3 T 21 | pr. 3 T 20 | pr. 3 T 20 |
| Wasserkasteninhalt | $m^3$ | 21 | 20 | 20 |
| Brennstoffvorrat | t | 6 | 6 | 6 |
| Urheberfirma bzw. Umbau- oder Rekonstruktionsausführender | – | Hartmann | MF Esslingen | Henschel |
| erstes Baujahr bzw. erstes Jahr des Umbaues oder der Rekonstruktion | – | 1919 | 1919 | 1917 |

| | | | | |
|---|---|---|---|---|
| $58^{10-21}$ | $58^{10-21}$ | $58^{10-21}$ | $58^{30}$ | $59^{0}$ |
| G56.16 | G 56.16 | G 56.16 | G 56.16 | G 67.16 |
| 1′E h3 | 1′E h3 | 1′E h3 | 1′E h3 | 1′F h4v |
| Umbaulok | Umbaulok | Umbaulok | Rekolok DR | wü. K |
| Kohlenstaubfeuerung AEG | Kohlenstaubfeuerung Stug | Kohlenstaubfeuerung Wendler | | |
| 58 1416 und | 58 1353[2]) und 58 1722[3]) und | 58 231 | 58 3001 | 59 001 |
| 58 1894 | 58 1677 58 1794 | 58 2135 ● | 58 3056 | 59 044 |
| 65 | 65 | 65 | 70 | 60 |
| 3 × 570 | 3 × 570 | 3 × 570 | 3 × 570 | 2 × 500/750 |
| 660 | 660 | 660 | 660 | 650 |
| 1 400 | 1 400 | 1 400 | 1 400 | 1 350 |
| 1 000/– | 1 000/– | 1 000/– | 1 000/– | 943/– |
| 14 | 14 | 14 | 16 | 15 |
| 8,4 | 8,4 | 8,4 | 8,4 | 8,6 |
| 3,2 | 3,2 | 3,2 | 3,7 | 4,0 |
| 10,9 | 10,9 | 10,9 | 12,4 | 12,8 |
| 21,7/29,3 | 21,7/29,3 | 21,7/29,3 | 18,5/24,6 | 23,7/30,5 |
| | | | 3,71 | 4,2 |
| 189 | 189 | 189 | 124 | 183 |
| 44,5 × 2,5 | 44,5 × 2,5 | 44,5 × 2,5 | 51 × 2,5 | 52 × 2,5 |
| 34 | 34 | 34 | 38 | 32 |
| 133 × 4 | 133 × 4 | 133 × 4 | 133 × 4 | 133 × 4 |
| 4 800 | 4 800 | 4 800 | 4 700 | 5 500 |
| 38 × 4 | 38 × 4 | 38 × 4 | 38 × 4 | 38 × 4 |
| 14,2 | 14,2 | 14,2 | 17,9 | 15,5 |
| 113,2 | 113,2 | 113,2 | 84,2 | 148,3 |
| 64,1 | 64,1 | 64,1 | 70,2 | 68,2 |
| 191,5 | 191,5 | 191,5 | 172,3 | 232,0 |
| 68,42 | 68,4 | 68,4 | 65,4 | 80,0 |
| OV | OV | OV | MV | OV |
| 8 500 | 8 500 | 8 500 | 8 800 | 9 900 |
| 15 395 | 15 395 | 17 105 | 18 310 | 17 180 |
| 18 495 | 18 495 | 20 435 | 22 110 | 20 190 |
| | 87,8 | 85,4 | 88,0 | 98,2 |
| 95,4 | 95,6 | 95,7 | 97,2 | 108,0 |
| 82,6 | 82,4 | 82,5 | 83,3 | 94,6 |
| 16,5 | 16,6 | 16,5 | 16,7 | 15,8 |
| 7,84 | 7,96 | 7,68 | 7,26 | 7,59 |
| 3 T 14,5 Kst AEG | 3 T 15 Kst Stug | 2′2′ T 23 Kst | 2′2′ T 28 | wü. 2′2′ T 20 |
| 14,5 | 15 | 23 | 28 | 20 |
| 19[1]) | 20[1]) | 10 | 10 | 6 |
| AEG | Henschel | Raw „7. Oktober“ Zwickau | Raw „7. Oktober“[4]) Zwickau | MF Esslingen |
| 1930 | 1928/1930 | 1953 | 1958 | 1917 |

[1] $m^3$ Kohlenstaub
[2] Umbau 1928
[3] Umbau 1930
[4] Ersatzkessel mit Verbrennungskammer vom Raw „7. Oktober“ Zwickau

Punkt = Betriebsnummern nicht durchgehend

# alba-BÜCHER FÜR EISENBAHNFREUNDE

Franz P. Flury

## Dampflokomotiven und ihre Bauteile

Eine Technikgeschichte in Bildern. Das Buch zeigt und erläutert, daß die Dampflok eine sinnvolle Komposition einzelner Bauteile ist. Ein Nachschlagewerk über Gestalt und Gestaltung der Dampflokomotive mit einer großen Zahl von Detailbildern und Zeichnungen, nach technischen Kriterien geordnet.

**144 S., 500 Abbildungen, geb., Format 21 x 22,5 cm**
**ISBN 3-87094-034-4 DM 38,–**

Hans W. Rogl

## SWEG

**Südwestdeutsche Eisenbahnen AG**

Die SWEG mit ihrem ausgedehnten Schienennetz in Baden-Württemberg, gehört zu den größten Privatbahn-Unternehmen in der Bundesrepublik. Ihre Gründungsgeschichte ist ebenso interessant wie ihr Fahrzeugpark, der die reizvollen Nebenstrecken der SWEG bedient. Das Buch ist die gut illustrierte Chronik dieser Gesellschaft.

**128 S., 155 Abb., z.T. farbig Paperback, Format 16 x 20 cm**
**ISBN 3-87094-532-X DM 18,–**

Detlef Guhl

## Zugmeldung

**Der Betriebsdienst bei der Deutschen Bundesbahn**

Endlich eine flüssige und gut lesbare Darstellung dieser für Eisenbahnfreunde und Modelleisenbahner interessanten, aber weitgehend unbekannten Materie. Erklärung aller Fachbegriffe, umfassendes Stichwortregister zur schnellen und gezielten Information, geschrieben von einem Bundesbahn-Insider.

**80 S., 91 Abb., 41 in Farbe, Paperback, Format 16 x 20 cm**
**ISBN 3-87094-061-1 DM 18,–**

Hans D. Reichardt

## Eisenbahn auf Briefmarken

**1. Westeuropa**

Immer mehr Eisenbahnfreunde entdecken ein neues, reizvolles Sammelgebiet: Eisenbahndarstellungen auf Briefmarken. Die mehr als 350 von westeuropäischen Postverwaltungen herausgebrachten Eisenbahnmotive sind abgebildet und erklärt. Eine sinnvolle Ergänzung vorhandener Kataloge.

**132 S., 350 Abbildungen, z.T. farbig, Ppb., Format 16 x 20 cm**
**ISBN 3-87094-048-4 DM 18.–**

Alfred B. Gottwaldt

## Die Lübeck-Büchener-Eisenbahn

**Eine Privatbahn als Wegbereiter neuer Techniken**

Das Buch über eine der bedeutendsten deutschen Privatbahnen. Der Schnellverkehr Hamburg–Lübeck, Doppelstockwagen, Stromlinien-Tenderloks, Wendezüge waren eisenbahntechnische Pioniertaten.

**112 S., 94 Abbildungen, Paperback, Format 16 x 20 cm**
**ISBN 3-87094-029-8 DM 14,80**

Otmar Krettek

## Rollen · Schweben Gleiten

**Unkonventionelle Verkehrsmittel im spurgebundenen Verkehr**

Eine reich bebilderte Geschichte ungewöhnlicher Schienenverkehrsmittel des 19. und 20. Jahrhunderts. Bemerkenswerte Systemtypen werden beschrieben und in vergleichbaren Zeichnungen dargestellt. Mit Zeittafel.

**180 S., 25 Fotos, 148 Zeichn., geb., Format 21 x 22,5 cm**
**ISBN 3-87094-033-6 DM 38,–**

# Eisenbahn-Fahrzeug-Archiv

## Dampflokomotiven deutscher Eisenbahnen

**Band 1.1: Baureihe 01-39**

Die Reisezuglokomotiven, insgesamt 88 Baureihen

**3. Aufl., 276 S., 117 Fotos,**
**101 Zeichn., geb., Ft. 20 × 22 cm**
**ISBN 3-87094-081-6 DM 28,—**

**Band 1.2: Baureihe 41–59**

Der vielfältige Güterzug-Lokpark der DRG, DR und der DB

**3. Aufl., 224 S., 90 Fotos,**
**79 Zeichn., geb., Ft. 20 x 22 cm**
**ISBN 3-87094-082-4 DM 28,—**

**Band 1.3: Baureihe 60–96**

Die normalspurigen deutschen Tenderlokomotiven der Regelbauart

**2. Aufl., 268 S., 92 Fotos,**
**75 Zeichn., geb., Ft. 20 x 22 cm**
**ISBN 3-87094-050-6 DM 28,–**

**Band 1.4: Baureihe 97–99**

Deutsche Tenderlok-Sonderbauarten: Zahnrad-, Lokalbahn- und Schmalspurlokomotiven der DRG, der DR und der DB

**252 S., 108 Fotos,**
**84 Zeichn., geb., Ft. 20 x 22 cm**
**ISBN 3-87094-075-1 DM 28,–**

Wolfgang Glatte

## Diesellokomotiven deutscher Eisenbahnen

Alle Diesel- und Kleinlokomotiven der DRG, der DR und der DB werden hier exakt beschrieben. Die technischen Daten fehlen ebensowenig wie die wichtigsten Angaben zur Lokgeschichte, insbesondere die Nachweise über Herkunft und Verwendung. Jede Beschreibung wird ergänzt durch Foto und Maßskizze.

**272 S., 105 Fotos, 86 Zeichn.**
**25 Tab., geb., Ft. 20 x 22 cm**
**ISBN 3-87094-077-8 DM 28,—**

Rainer Zschech

## Triebwagen deutscher Eisenbahnen

**Band 1: Elektro- und Akkumulatorentriebwagen (ET und ETA)**

**2. Aufl., 252 S., 79 Fotos,**
**78 Zeichn., geb., Ft. 20 x 22 cm**
**ISBN 3-87094-052-2 DM 28,–**

**Band 2: Dampf- und Verbrennungstriebwagen (DT und VT)**

**240 S., 63 Fotos, 80 Zeichn.,**
**geb., Format 20 x 22 cm,**
**ISBN 3-87094-062-X DM 28,–**

Wagner/Wagner/Deppmeyer

## Reisezugwagen deutscher Eisenbahnen

Sämtliche Reisezugwagen deutscher Eisenbahnen, von der Länderbahnzeit bis heute sind aufgeführt. Jede Bauart mit Beschreibung, Foto und Maßskizze. 45seitiger Tabellenanhang.

**3. Aufl., ca. 570 S., 560 Fotos u.**
**Zeichnungen, geb.,**
**Format 20 x 22 cm**
**in Vorbereitung**

## Rund 100 Bücher . . .

. . . zu den Themen Eisenbahn, Modelleisenbahn, Stadtverkehr und Modellbau umfaßt das große Buchprogramm aus dem alba-Buchverlag. Erhältlich in allen Buchhandlungen und im Spielwarenfachhandel.

**alba**
**Buchverlag**
**4000 Düsseldorf 30**